高等学校计算机专业系列教材

UML面向对象分析与设计

董　东　编著

清华大学出版社
北　京

内 容 简 介

本书主要介绍统一建模语言及其应用。首先介绍面向对象方法与软件过程、面向对象分析、面向对象设计、面向对象程序设计等与面向对象软件工程相关的内容，然后基于 UML 2.5.1 规范，介绍 UML 的基本概念、用例模型与用例图、类模型与类图、状态机与状态机图、活动图、交互图、包图、组件图和部署图等常用的模型和图，最后以一个学生选课系统的案例研究综合展示了几个模型。每章后面都附有思考题。本书以面向对象程序设计语言 Java 作为模型的实现语言，使用 StarUML 作为建模工具，不仅阐述 UML 图的语法，还强调模型与代码的映射。书后有三个附录：StarUML、UML 标准版型和中英文术语对照。

本书可作为计算机专业高年级本科生和电子信息专业硕士学位研究生学习 UML 与面向对象建模的教材，也可作为软件开发人员自学 UML 与面向对象软件工程的参考书。

图书在版编目(CIP)数据

UML 面向对象分析与设计/董东编著. —北京：清华大学出版社，2021.6
高等学校计算机专业系列教材
ISBN 978-7-302-58145-1

Ⅰ.①U… Ⅱ.①董… Ⅲ.①面向对象语言－程序设计－高等学校－教材 Ⅳ.①TP312.8

中国版本图书馆 CIP 数据核字(2021)第 088696 号

责任编辑：龙启铭　薛　阳
封面设计：常雪影
责任校对：胡伟民
责任印制：朱雨萌

出版发行：清华大学出版社
　网　　址：http://www.tup.com.cn，http://www.wqbook.com
　地　　址：北京清华大学学研大厦 A 座　　**邮　　编：**100084
　社 总 机：010-62770175　　**邮　　购：**010-83470235
　投稿与读者服务：010-62776969，c-service@tup.tsinghua.edu.cn
　质量反馈：010-62772015，zhiliang@tup.tsinghua.edu.cn
　课件下载：http://www.tup.com.cn，010-83470236
印 装 者：三河市科茂嘉荣印务有限公司
经　　销：全国新华书店
开　　本：185mm×260mm　　**印　　张：**21.75　　**字　　数：**546 千字
版　　次：2021 年 8 月第 1 版　　**印　　次：**2021 年 8 月第1次印刷
定　　价：59.00 元

产品编号：086342-01

前言

当前，软件已经融入社会生活的各个角落，成为一种社会服务。遗憾的是，软件服务的提供者感到服务的构建越来越复杂；软件服务的客户感到对软件系统的变更越来越困难，对服务供应商的变更也越来越困难。其本质原因在于软件的复杂性。

结构化方法和面向对象方法是控制软件系统复杂性的有效方法。面向数据流的功能分解、把对数据流的变换映射到模块是结构化分析和设计方法的要点；把现实世界问题空间的事物映射到计算机系统内求解空间的对象，通过对象间消息的交互完成业务功能则是面向对象软件开发方法的范型。

控制复杂性的另外一个方面是控制软件的可理解性。结构化方法使用数据流图、数据字典、程序流程图，使得人们不必学习计算机程序设计语言就能理解软件的结构和行为；统一建模语言(UML)综合了各种对象建模模型，成为工业界流行的建模语言，支持UML的建模工具也很多。用例模型、类模型和状态机等为早期软件开发阶段的分析提供了表达工具；交互图(顺序图、协作图、交互概览图和时序图)和活动图有力地表达了面向对象的设计决策和业务流程；包图、组件图和部署图则更多关注实现和部署。

大多数理工科的毕业生都至少学习过一门高级程序设计语言，程序设计语言中的控制结构、模块调用、人机交互等概念形成软件服务的利益相关者理解软件行为的本体。另外，建立模型的最终目标也是为了得到可运行的程序。所以本书把"从模型到代码的映射"作为范式，使得读者能够根据源代码的语义理解UML模型或者UML图的语义。

全书内容分为三部分：面向对象范型、UML以及案例研究。面向对象范型部分介绍面向对象方法、技术以及面向对象软件工程过程。从控制依赖复杂性角度，介绍了架构设计、设计模式等；从可理解性角度出发，还介绍了编码规范和软件质量等内容。UML部分根据UML 2.5.1介绍了常用的UML模型和UML图。使用StarUML作为建模工具，该工具支持模型元素与图形元素分离。最后一部分内容是一个综合案例"面向对象的学生选课系统开发"。该案例以迭代开发方式，依次设计和构建了无界面无持久化设施的控制台应用版本、无界面并以文件作为持久化设施的应用版本、无界面以MySQL数据库管理系统作为持久化设施的应用版本、有桌面图形用户界面但无持久化设施的GUI版本以及基于Web的版本。通过该案例，不仅展示了如何应用面向对象的方法和技术构造系统，还展示了界面、业务逻辑和持久化等重要的架构设计概念。

三个附录依次是如何使用建模工具StarUML、UML标准版型和中英文术语对照表。

书中所用案例是2012年以来作者面向专业硕士讲授的学位基础课“面向对象软件工程”所使用的案例的精简版，该案例于2019年被评为省级专业学位教学案例(库)。其他内容是在讲义的基础上进一步修改和补充资料而成。在UML章节，每章都是先介绍模型元素，再介绍UML图的语法和语义，最后是一个小型案例研究。所有章节后面均有思考题。

限于学识，书中不当和疏漏之处敬请读者批评指正。

董　东

于河北师范大学

2021年8月

第1章 面向对象方法与过程 /1

第2章 面向对象分析 /33

第3章 面向对象设计 /46

第8章 类模型与类图 /150

第9章 状态机与状态机图 /179

第 10 章 活动图 /193

第 11 章 交互图 /208

第 12 章 物理模型 /235

第 13 章 面向对象的学生选课系统开发 /254

第1章 面向对象方法与过程

1.1 控制软件复杂性

John Ousterhout 在 *A Philosophy of Software Design*(《软件设计的哲学》)一书中谈到,软件设计的最大目标,就是降低复杂性(Complexity)。源代码令人费解和依赖关系是造成复杂性的两个原因。降低复杂性的基本方法是把复杂性隔离。他说:"如果能把复杂性隔离在一个模块,几乎不与其他模块互动,就达到了消除复杂性的目的。"

复杂性是软件固有的性质。首先,软件受计算机体系结构限制。在冯·诺依曼体系结构中,计算模块和存储单元是分离的,不停地"取指—执行"是计算机运行的基本模式。软件不仅要理解真实世界中的问题,还要在冯·诺依曼体系结构的限制下进行问题求解。问题本身的复杂性、硬件计算模型的简单性是造成软件复杂性的先天因素。

其次,软件是一种知识产品。概念、定律、公理、规则、模式、规律等都需要在软件中表达,知识本身具有复杂性,也很难设计一门计算机语言简洁地、无二义地表达知识。

第三,从理论上说,事物是广泛联系的和运动变化的。现实世界和软件系统都在变化,软件系统中各个元素都存在联系,而且,随着元素数目增加,元素之间的联系呈非线性递增趋势。现实世界的变化促使软件不断演化,而演化又增加了新的元素和联系。自计算机诞生以来,软件在两个方向上演化:纵向上不断升级,不断更新版本,增加新的功能,适应技术发展,例如,从基于单机的信息管理系统演化为基于局域网的信息管理系统,再演化为面向互联网的信息管理系统;横向上不断催生新的软件解决老问题,如为了解决异构数据库访问问题,提出了中间件 ODBC、JDBC;为了解决复用问题提出了各种框架;为了解决信息孤岛问题,又引入新的系统。这类现象可统称为软件衍生现象。衍生现象增加了软件的复杂性。

软件系统复杂到一定程度,人往往就束手无策了,或者解决成本激增。修改一行代码因为层层审核而需要程序员一个星期的时间已经不是什么新鲜事儿了。

由于软件复杂性是固有的,人们无法消除,只能采取控制的办法,尽量减少软件复杂性对软件质量的影响。分而治之、抽象、模块化、信息隐藏是控制软件复杂性的有效方法。

分而治之,就是把一个复杂的问题分成两个或更多的相同或相似的子问题,直到最后子问题可以简单地直接求解,原问题的解即子问题的解的综合。例如,从最终的软件产品开始,一层一层往下,把一个大型交付件划分为小型、具体的交付件。划分的结果往往是一树状功能结构。折半查找算法就是典型的采用分治策略的查找算法。该算法将原来的问题递归地拆成两个一半规模的子问题。通过分解,使得软件复杂性在特定的层次和范

围内不会超出人的理解能力。分而治之的思想衍生了很多重要的设计概念,例如,关注点分离、接口分离、模块化等。一个关注点是一个特征,被指定为软件需求模型的一部分。接口分离指采用多个与特定客户类有关的接口优于采用一个通用的接口。模块是软件中被划分为独立命名的、可处理的部件,把这些部件集成到一起就可以满足问题的需求。模块化是关注点分离的结果。

抽象是从许多事物中,舍弃个别的、非本质的属性,抽出共同的、本质的属性的过程。抽象使得人们能够先将注意力集中在某一层次上考虑主要问题,而忽略低层次的细节。一般地,抽象分为数据抽象和过程抽象。通过数据抽象,得到不同的数据模型和数据结构,如关系模型、树状结构等;通过过程抽象可以形成不同的顺序、分支和循环,还可以进行逐层细化。抽象的结果取决于使用者的目的,并没有唯一的答案。

信息隐藏指的是模块中的信息(算法和数据结构)不能被不需要这些信息的模块访问。把模块的接口和实现分离,客户程序通过接口了解和使用该模型而无须关心实现细节,不能直接访问模块的内部信息;模块的实现通过限制对数据结构和算法的访问权限进行信息隐藏,从而使得本模块的一些变更不会影响其使用者。在Java语言程序中,通过设置类成员的可访问性实现了对其客户隐藏属性和方法体,仅对外公开方法签名,以达到信息隐藏的目的。方法名字和方法形式参数类型序列合起来称为方法签名(Method Signature),签名唯一标识了同一类中的方法。

例如,Java语言中群集对象"栈"的接口可定义如下。

```
public interface Stack {
    /**
     * 入栈.
     * @param e 入栈元素.
     * @return 如果栈满,返回 false;否则 true.
     */
    boolean push(Object e);

    /**
     * 出栈.
     * @return 如果栈空,返回 false;否则 true.
     */
    boolean pop();

    /**
     * 访问栈顶元素,栈并不发生变化.
     * @return 最近入栈元素,如果栈空则返回 null.
     */
    Object top();

    /**
     * 判断是否栈空.
     * @return 栈空则返回 true;否则返回 false.
```

```
     */
    boolean isEmpty();
    /**
     * 判断是否栈满.
     * @return 栈满则返回 true;否则返回 false.
     */
    boolean isFull();

    /**
     * 清空栈.
     */
    void clear();
}
```

栈的使用者根据这个接口定义设计使用代码;而栈的实现者根据这个接口既可以采用链式存储结构,也可以采用顺序表存储结构,从而具有不同的实现。例如,顺序存储结构的实现:

```
/**
* 顺序存储结构的栈实现.
* @author Donald Dong
*/
public class ArrayStack implements Stack {

    private Object[] objectArray;
    private int topOfStack;
    private static final int CAPACITY = 128;

    public ArrayStack() {
        objectArray = new Object[CAPACITY];
        topOfStack = -1;
    }

    public boolean push(Object e) {
        if (this.isFull()){
            return false;
        }else {
            objectArray[++topOfStack] = e;
            return true;
        }
    }
    //其余代码略
}
```

在这个实现中,把实现入栈、弹栈等功能存储结构,包括数组 objectArray 和栈顶指针 topOfStack 这些成员变量定义为私有变量，仅公开方法 push(Object)等，从而对客户程序隐藏了实现细节。

1.2 面向对象范型

1.2.1 面向对象语言的发展

1946 年，第一台完成通用任务的计算机 ENIAC 诞生。此后，计算模式不断演化。最初是单机单用户完成单个科学计算任务，后来是单机多用户完成多个计算任务、多机局域网系统完成更为复杂的业务活动。目前，上千台服务器堆叠在一起形成的大数据中心、亿万台计算机(含智能手机)通过互联网的连接，以及人工智能的应用使得人们在线上完成如飞机火车订票、外卖、快递、银行转账等实时动态分布式的交易更加方便迅捷。计算机以及网络已经融入现代社会，成为经济社会活动中信息流的载体，与水、电、气设施一样的社会基础设施之一。

一个基于计算机的信息系统包括服务器、网络、数据库、程序、业务过程以及与服务器交互的人，如图 1-1 所示。服务器是实际完成信息存储和计算的硬件设备，程序指完成业务功能的指令序列。客户端向服务器发送功能请求，服务器调度资源完成所请求的功能并把结果返回客户端。数据库则是指按照一定模式组织在一起的数据的集合。过程是指人与计算机系统的交互完成了各种各样的业务活动序列。直接与系统交互的人称为终端用户。

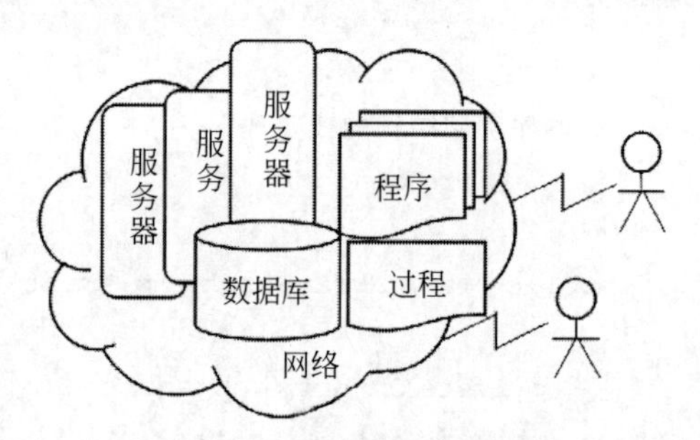

图 1-1 信息系统中的人与计算机

虽然计算模式不断演化，但是计算机协助人完成工作的基本原理没有变化，那就是“存储程序，顺序执行”。需要计算机如何按照人的意图做一些事情以“程序”的形式事先存储在计算机中。程序是计算机指令的序列。当这些程序被人机交互活动触发后，能够被计算机逐条执行。这样，不同的计算任务，设计不同的程序就可以了。程序的集合就形成了计算机软件，执行程序的硬件称为中央处理单元，存储程序的硬件称为主存。

这样，一台计算机就由硬件和软件两大部分组成。设计软件就是使用计算机程序设计语言告诉计算机如何做一件事情。计算机程序设计语言的发展经历了从机器语言、汇编语言到高级语言的历程。

预先按照一定规则设计二进制数表示的指令集，就称为机器语言(Machine Language)(也称为指令系统)。不同系列的 CPU，具有不同的机器语言。机器语言是计算机唯一能识别并直接执行的语言，但是可读性差，容易出错，修改程序难度大。汇编语言用比较容易识别和记忆的符号替代指令中的二进制串，在一定程度上提高了可读性，但是设计程序的效率远远不能满足需求。与自然语言和数学表达式相当接近的高级语言很大程度上解决了程序设计效率问题，使得人与计算机的“沟通”障碍越来越小。半个多世

纪以来，有几百种高级语言问世，影响较大、使用较普遍的有 FORTRAN、ALGOL、COBOL、BASIC、LISP、Pascal、C、PROLOG、SQL、C++、Object-C、Java、C#、R、Python等，呈现面向过程、面向声明、面向函数、面向对象、面向数据等多种范型(Paradigm)并存态势。需求决定了程序设计语言的选择。

在面向过程的程序设计语言中，结构化程序设计(Structural Programming)思想占有重要的地位。结构化程序设计思想采用“自顶向下、逐步求精”的方法，将复杂的程序系统分解成许多易于控制和处理的模块；而且要求每个模块的控制结构仅有三种：顺序、分支和循环。结构化程序设计方法大大提高了程序开发效率和可维护性。

支持结构化程序设计要求的高级程序设计语言称为结构化程序设计语言，例如C语言。到了20世纪70年代末期，随着计算机应用领域的不断扩大，软件的规模越来越大，一个软件系统已经由最初的几百字节迅速增长到几百兆；源程序代码行由几十行增长到了几亿行；参与一个软件的程序设计员由一名变成了一个团队，团队的人数达几十人甚至上万人；软件最初仅部署在一台计算机上，现代软件系统大多部署在多台计算机上，呈现分布式特征。新的需求使得软件系统的复杂性越来越高，从而需要能够应对复杂性的新的程序设计语言。

观察一个顾客到饭店就餐的场景：顾客首先根据菜单跟服务员点菜，服务员把菜单传递给厨房的师傅；厨师制作完成后装盘传递给服务员，服务员再把菜盘摆放到餐桌上；顾客用餐完毕到收款台结账。在这个场景中，涉及顾客、服务员、厨师和收款员。顾客的行为就是“吃”；服务员的行为有“点菜”“上菜”等；厨师的行为就是“炒菜”；收款员的行为就是“收款”。顾客通过服务员完成“点菜”“上菜”等功能。把现实生活中这种解决问题(吃饭)的模型抽象出来应用于告诉计算机如何解决复杂的业务问题，这种模型就称为面向对象方法。面向对象设计思想模拟自然界认识和处理事务的方法，将数据和对数据的操作方法放在一起，形成一个相对独立的整体——对象(Object)，对同类型对象抽象出共性，形成类(Class)。任何一个对象中的数据都只能用该对象自有的方法进行处理，并通过简单的接口与外部联系。对象之间通过消息(Message)进行通信，从而协作完成一定的功能。由于面向对象的程序设计思想简单、易于学习，很快成为软件工业界流行的程序设计思想，面向对象的程序设计语言，例如 Java、C++，近些年来一直居于计算机流行语言排行榜的前几名，如表1-1所示。

表1-1　编程语言排行榜

Jan 2020	Jan 2019	Change	Programming Language	Ratings	Change
1	1		Java	16.896%	−0.01%
2	2		C	15.773%	+2.44%
3	3		Python	9.704%	+1.41%
4	4		C++	5.574%	−2.58%
5	7	^	C#	5.349%	+2.07%
6	5	˅	Visual Basic .NET	5.287%	−1.17%

续表

Jan 2020	Jan 2019	Change	Programming Language	Ratings	Change
7	6	⌄	JavaScript	2.451%	−0.85%
8	8		PHP	2.405%	−0.28%
9	15	⌃⌃	Swift	1.795%	+0.61%
10	9	⌄	SQL	1.504%	−0.77%

TIOBE Programming Community Index. Source：https://www.tiobe.com/tiobe-index/。

1.2.2 面向对象范型的基本概念

范型(Paradigm)是哲学层面的思维框架，也称为范式。面向对象范型为控制软件复杂性提供了有效途径。面向对象范型中的基本概念有对象、类、消息和继承等。

1. 对象

顾客、服务员、厨师、收款员、菜品等现实世界中的实体都是对象。这些对象一般都处在某个状态之中，如厨师备菜、炒菜、起锅等。有的对象能够主动向其他对象发送请求，称为主动对象，例如顾客；而有的对象只能被动接受请求消息，例如菜品。我们把描述对象状态的一些特征，例如厨师的年龄、工种、技术资格等称为对象的属性；把对象能够完成的功能称为对象的行为，例如厨师能够炒菜，"炒菜"就是对象的行为。面向对象的程序设计就是把现实世界的对象映射到计算机的"虚拟"世界中，模拟其现实世界的行为完成其现实世界的业务功能。但是，这个映射不是完全映射，而是把现实世界的对象与完成一定业务目标相关的属性和行为映射过去。对象是系统运行时刻处于主机中的实体，通过对象间的相互功能的访问(消息)完成业务需求。当系统宕机，所有对象全部消失。

经过抽象的对象一般含有对象的身份标识、对象间的关系、对象的状态和对象的行为等信息，包含对象对自身能做的事情和为其他对象能够做的事情。

2. 类

在系统初起的时候，我们就要创建对象，从而建立起一个虚拟世界。依据什么创建对象呢？依据我们对现实世界的认识。顾客、服务员、厨师等社会角色都是我们对现实世界的认识。概念是一种基本的认识形式。概念是怎样形成的呢？对一类事物进行抽象，然后归纳成一个概念。在面向对象的术语中，把概念使用"类"表示。也即是说，通过抽象的方法，从一些对象中概括出此类对象共有的属性和行为，形成类(Class)。类用来描述这类对象所共有的、本质的属性和行为。任何一个对象都是这个类的一个具体实例(Instance)。同类对象之间具有相同的属性和行为。类是抽象的、共同的；而对象是具体的、个体的。厨师甲和厨师乙年龄可以不同，擅长菜品可以不同，但是都具有厨师所共有的属性和行为。

在进行面向对象程序设计之前，程序员必须建立创建对象所需要的类，明确类与类之间的关系，这称为"类模型"。然后把类模型使用某种面向对象语言进行程序设计。所以，从静态角度看，使用面向对象方法设计的程序就是类的集合。在Java语言中，把属性编码为成员变量(Member Variable)；把行为通过语言表达为成员方法(Member Method)。

3. 消息

对象之间产生相互传递的信息称作消息(Message)。例如,顾客对服务员说"炒一份醋溜土豆丝",就是一个消息。对象A向对象B发送消息,相当于对象A告诉对象B执行某个行为。顾客对服务员说"炒一份醋溜土豆丝",意思是顾客让服务员端上来一盘醋溜土豆丝。"上菜"是服务员的行为之一,而炒醋溜土豆丝则是厨师的行为。服务员通过一张纸条把顾客点的菜传递给厨师,或者扯开嗓子喊一声"一份醋溜土豆丝"都是消息传递的形式。厨师接收到消息,开火热油翻炒装盘等程序完成,实现了炒菜功能。再例如,轿车和驾驶员是两个对象,驾驶员转动方向盘,就是向轿车发送消息,其中转动的角度是消息中的参数。轿车接收到消息后,按照消息及其参数执行相应的操作;驾驶员按动喇叭,也是向轿车发送消息,轿车接收到消息后,发出"嘀嘀"的声音。

在面向对象设计的程序中,消息的发送是通过对行为的访问实现的。在Java语言中,调用某个对象上的方法就是向该对象发送了消息。

面向对象范型认为,客观世界是由对象组成的,这些对象之间存在一定的关系。要以问题域(现实世界)中的事物为中心认识问题,把现实世界的对象模型识别清楚后再将这些对象映射到解空间(虚拟世界)。对象是现实世界中具有状态和行为的实体在虚拟世界中的映射。

对象既含有属性也含有行为。对象内部的实现细节一般不对外公布。每个对象都有自己的内存空间,并有一个明确的生存期。复杂对象是由简单对象组成的,对象之间通过消息通信。

类是对现实世界事物的抽象,也是对一组具有共同属性和行为的对象的抽象,对象是类的实例。按照继承关系,类被组织成树状的层次结构。

把现实世界的事物经过抽象、建模和程序设计,映射到计算机中虚拟世界的思想如图1-2所示。

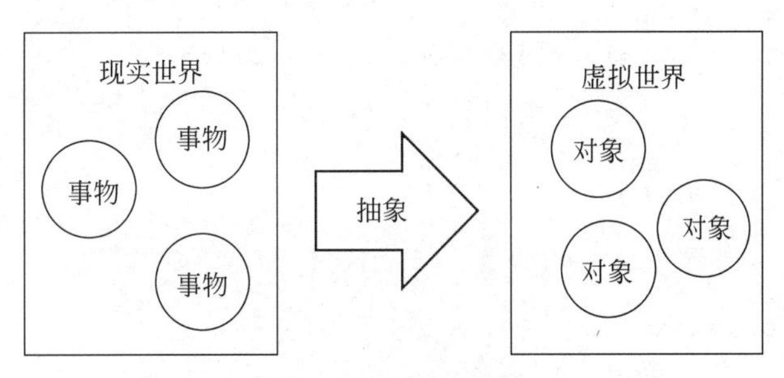

图1-2　对象示意图

现实世界中识别对象以及对象之间的关系,经过分析,摒弃与需求无关的部分,形成解决问题的类模型(概念模型,或称为领域模型);再补充其他模型,形成目标系统的逻辑模型;接下来从架构设计出发,开始目标系统物理模型的设计。架构描述了目标系统主要组成部分及其之间的关系,如模型-视图-控制器(Model-View-Controller)架构。设计每个类的数据结构和算法。由于问题解决是依靠对象之间的消息传递完成的,所以需要设计动态的对象间的消息传递模型;使用某种语言将模型编码并部署在目标机器上,形成了可运行的目标软件系统。最后通过人机交互协同完成业务目标。

1.2.3 面向对象程序设计语言 Java

在面向对象的语言中都有支持面向对象程序设计的一些语法和语义，包括类的定义、对象的创建、对象的访问、接口、包的定义和访问等。下面以 Java 语言为例介绍这些内容。

1. 类的定义

Java 语言使用保留字 class 定义类。使用成员变量和成员方法描述了类的属性和行为。

例如，厨师(Chef)的属性有：姓名(name)、年龄(age)、资格证(certificateOfCook)等。厨师能够炸(fry)、蒸(steam)、煮(boil)等，这些是厨师的行为。

厨师的 Java 语言类定义如下。

```
public class Chef {
    private String name;
    private int age;
    private StringcertificateOfCook;

    public Chef() {
        name = "N/A";
        age = 0;
        certificateOfCook = "N/A";
    }
    public Chef(String name, int age, String cetificateOfCook) {
        this.name = name;
        this.age = age;
        this.certificateOfCook = certificateOfCook
    }

    public void fry() {
        //…
    }
    public void steam() {
        //…
    }
    public void boil() {
        //…
    }
}
```

在类的声明中，包括访问修饰符、保留字 class、类名和类体等部分，类体中包含构造方法、成员方法和成员变量等成员，如图 1-3 所示。

成员变量的声明语句中还有对变量可访问性的声明。对变量的读写合称为对变量的

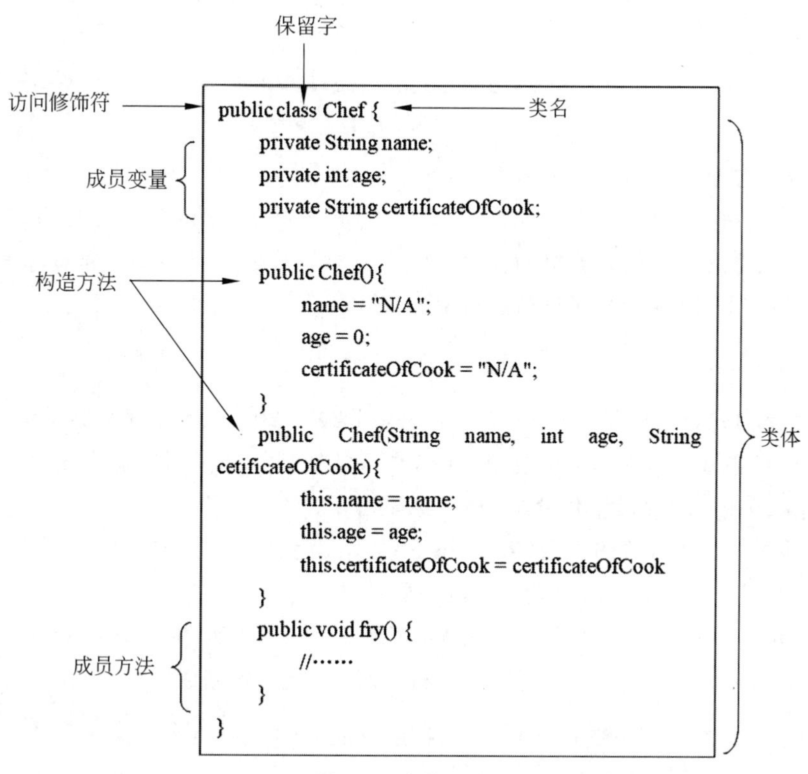

图 1-3　类的组成

访问。在 Chef 的定义中，访问修饰符 private 的意思是，这种变量仅能被本类中的其他成员访问，称为私有变量。类体中通常会声明若干成员变量，也通常声明为 private。

成员方法就是完成一定功能的语句序列。使用方法名标识这一序列。使用一对花括号把语句序列括起来称为方法体。方法名前的返回值类型、各种修饰符及其后面的圆括号中的参数形成了方法头部。所以一个方法由方法头和方法体组成。方法能够被调用，能够接收参数，能够返回给调用者一个值。成员方法的可访问性一般声明为 public。修饰符 public 的含义是该方法允许被任意类调用。对访问的调用，也称为对方法的访问。

在类体中一般还需要声明用以实例化对象的构造方法(Constructor)，也称为构造器。构造方法仅在实例化对象的语句中被调用，一般用来初始化成员变量。构造方法与一般的成员不同之处有二：其一，构造方法没有声明返回值类型；其二，构造方法的名字与类名相同。

在 Chef 的定义中有以下两个构造方法。

```
public Chef() {
    name = "N/A";
    age = 0;
    certificateOfCook = "N/A";
}
public Chef(String name, int age, String cetificateOfCook) {
```

```
    this.name = name;
    this.age = age;
    this.certificateOfCook = certificateOfCook
}
```

2. 对象的创建

有了类,就可以根据类创建对象了。创建对象意味着在 Java 的世界里多了一个事物。创建对象也意味着在计算机的存储空间中为对象分配一块区域。例如,根据 Chef 类的声明,创建一个具体的 Chef 类型的对象的语句如下。

```
Chef  a = new Chef("Zhang San", 20, "20191234");
```

其中,Chef 是预先定义的类,Chef("Zhang San", 20, "20191234")是对构造方法的调用,保留字 new 的意思是根据 Chef 类型声明分配存储空间,并调用构造方法 Chef("Zhang San", 20, "20191234")初始化分配的存储空间。

new 返回所创建对象的引用(Reference)。引用是访问其指向对象的逻辑概念,从物理角度看,引用对应为对象所分配存储区域的地址。

因此,创建一个对象需要做三件事情:声明引用变量,实例化(Instantiation)对象和初始化(Initialization)对象。这三件事情可以使用一条语句完成:

```
Chef  a    =    new    Chef("Zhang San", 20, "20191234");
```

声明引用变量　　　实例化　　　　　初始化

声明引用变量意味着分配一个变量,并使用一个名字标识该变量;该变量中允许存放指定类型的对象的引用。实例化的含义是使用运算符 new 为对象分配存储空间。初始化的含义是调用构造方法执行相应的初始化操作。注意,new 仅为允许作为对象成员变量的类中声明的那些成员变量分配存储空间作为新创建对象的存储空间,这些成员变量称为实例变量。对象的存储空间中没有成员方法和构造方法。

创建对象的语句:

```
a = new Chef("Zhang San", 20, "20191234");
```

读作:创建类型为 Chef 的对象,并将其引用赋值给变量 a。该语句执行后的内存布局如图 1-4 所示。

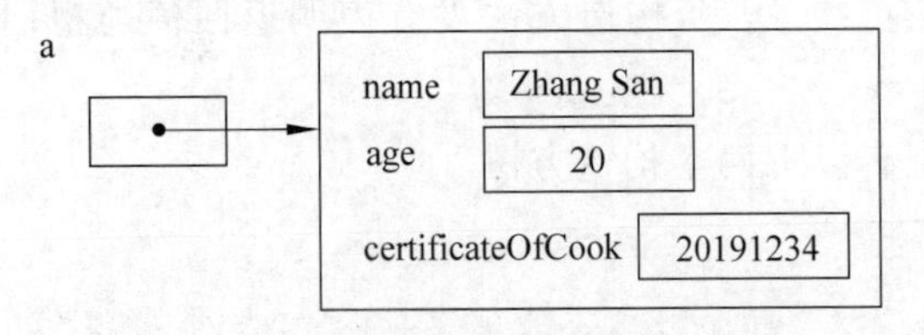

图 1-4　创建对象语句执行后的内存布局

3. 对象的访问

创建了一个 Chef 类型的对象,并将其引用赋值给了变量 a。即变量 a 存放着该对象

的引用。那么，就可以通过变量 a 访问该对象。例如，在另外一个类 Test 的方法 main() 中让 a 所引用的对象执行其上的方法 fry()：

```
public class Test {
    public static void main(String[] args) {
                Chef a = new Chef("Zhang San", 20, "20191234");    //创建对象
        a.fry();                                                    //访问对象
    }
}
```

为了讲起来不啰嗦，访问对象的语句"a.fry();"也可以读作"让对象 a 执行方法 fry"，或者读作"调用对象 a 的方法 fry"。访问某对象的代码称为该对象的客户代码(Client Code)。在对象所属类之外的客户代码必须在方法调用的前面写上对象引用和一个访问运算符"."。

4. 接口

从形式上看，接口是一组抽象方法。从内容上看，接口是客户程序与功能的实现程序之间的一个约定。例如，在客户代码中希望有一个栈对象，并且可以使用实例方法 push、pop、isEmpty 等访问这个对象。那么，约定的这一组实例方法就称为接口，Java 中使用关键字 interface 进行定义。栈的实现既可以采用链式存储结构，也可以采用顺序表存储结构，从而具有不同的实现。

5. 包

前文讲过，Java 应用程序是一些类的集合。当类的数量很大的时候，例如成千上万个，那么以集合这样的数据结构管理这些类就显得很低效了。为了提高管理效率，Java 鼓励把一组相关的类型(类、接口等)定义在同一个包(Package)中。包就是一组相关类型的集合。

这样，一个完全限定的类名就形如：＜包名＞.＜类名＞。

类名的前面有了包名的限制，就为能够允许具有相同名字的类了。例如，如果需要两个类，名字都是 Chef，那么只需把这两个类声明在不同的包里。

但是，如果类名相同，包名也相同，名字冲突依然有可能存在。为了解决名字冲突的问题，需要包的名字具有唯一性。如何起一个"唯一"的名字呢？从互联网主机的域名得到启发，约定以反转互联网域名作为包的名字。例如，某 IT 公司 abc 的互联网域名可能是

```
abc.com.cn
```

那么，该公司研发的包就应命名为

```
cn.com.abc
```

当程序员开始设计类的时候，就应当规划好这个类声明在哪个包中。这些由程序员设计的包称为自定义包。使用关键字 package 定义包。例如：

```
package cn.com.abc;
```

```
public class A {
    //…
}
```

源文件中的包定义语句约束了本源文件中定义的所有类和接口都属于这个包。本例中类 A 就属于包 cn.com.abc。一个源文件中最多有一个包定义语句。如果在源文件中有一个包定义语句,则该语句必须是第 1 条语句。

把类定义在包中后,就有三种方式使用包中的类:完整类名、导入(Import)包的某个成员或者导入包中的所有成员。

假设包 hebtu.cs.dd.packtwo 中的类 E 需要使用包 hebtu.cs.dd.oop 中的类 A,就可以使用完整类名 hebtu.cs.dd.oop.A。

```
package hebtu.cs.dd.packtwo;
class E {
    void accessByOtherClassInOtherPackage() {
        hebtu.cs.dd.oop.A a = new hebtu.cs.dd.oop.A();
        //…
    }
}
```

当偶尔使用其他包中的类时,使用完整类名没什么问题。但当频繁使用其他包中的类时,使用完整类名就显得冗长乏味,程序读起来变得吃力。为了解决这个问题,只需在导入时使用完整类名一次,以后就使用类名而无须包名作为前缀了。导入由 import 关键字完成:

```
package hebtu.cs.dd.packtwo;
import hebtu.cs.dd.oop.A;
class E {
    void accessByOtherClassInOtherPackage() {
        A a = new A();
        //…
    }
}
```

使用 JDK 中的类时,应先导入。例如,使用 java.io 包中的 File 类:

```
import java.io.File;
public class A {
    //…
}
```

如果仅使用一个包中的几个类,使用 import 和完整类名完成导入即可。但是如果使用一个包中的很多类,那么逐个使用完整类名导入就显得啰嗦了。这时就可以使用通配符 * 完成所有类的导入。例如:

```
import hebtu.cs.dd.oop.*;
```

意思是导入 hebtu.cs.dd.oop 包中的所有类。

6. 访问控制

Java 程序可以看作一组类的集合，而类中有若干成员。因此，访问控制就实施在两个级别上：类级别和成员级别。

一个类可以声明为 public，这意味着该类可以被任意类使用。如果在定义类的时候没有给出访问修饰符 public，就意味着该类是包私有的（package-private），仅能够被同一包中的类使用。

类中的每个成员都可以定义访问控制属性，包括四种：公共、保护、包私有和私有。公共、保护和私有访问控制属性分别由保留字 public、protected 和 private 作为修饰符。如果类成员前没有任何访问修饰符，即访问控制属性默认为包私有；可访问性修饰符为 public 的类成员可以被任意类的任意成员方法访问；可访问性修饰符为 private 的类成员仅能够被同一类中成员访问；可访问性修饰符为 protected 的类成员与私有成员近似，这些成员不仅能够被同一类中的成员访问，也能被其所属类的子类访问，还能被同一包中类访问。包私有的类成员仅能被同一包中的类访问。

1.2.4　面向对象程序设计的特点

面向对象程序设计具有封装性、继承性、多态性等特点。

1. 封装性（Encapsulation）

在模块中的信息（算法和数据结构）不能被不需要这些信息的模块访问，如图 1-5 所示。

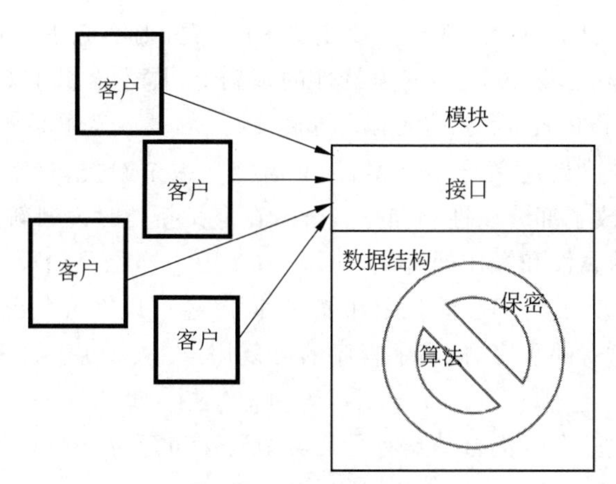

图 1-5　模块的封装性

在模块中，实现功能的数据结构和算法属于特定的设计决策，对于客户程序是隐藏的、保密的。客户程序只能通过接口使用本模块的功能。

对象是一个模块，在其中封装了该对象所具有的数据结构以及对这些数据结构的操作。通过访问控制，可以将一个对象中的成员变量定义为 private，而将成员方法定义为 public，从而实现封装。一个定义完好的类一旦建立，就可看成完全的封装体，作为一个整体单元使用，用户不需要知道这个类是如何工作的，只需要知道如何使用。封装增加了软件的可维护性，当内部的数据结构和算法重构，只要不改变接口，客户程序就无须做任何改变。

封装提供了两种保护：首先保护对象，防止对象被任意修改，从而保证对象的完整性；其次防止对象实现部分的变更可能产生的副作用，不会引起相关模块的变更。

2. 继承性

继承性(Inheritance)描述了类与类之间的“is-a”关系。例如，厨师是人(A chef **is a** person)。假设类B继承了类A，那么类B是类A的子类(Child Class)，也称扩展类(Extended Class)或导出类(Derived Class)。反过来，类A是类B的父类(Parent Class)，也称超类(Super Class)或基类(Base Class)。

图1-6描述了类A、B、C等8个类之间的继承关系。图中的矩形框表示类；末端为空心三角形箭头的实线表示继承关系。如果从B到A有箭头，则表示B是A的子类。

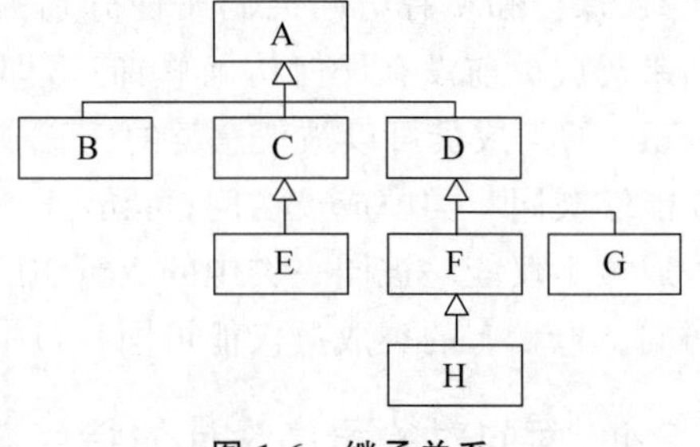

图1-6 继承关系

这些具有继承关系的类就形成了一棵树，称为继承树。每个类就是树中的一个节点。在这棵继承树中，具有相同父类(Parent)的类称为兄弟(Sibling)类，如B、C、D互为兄弟。从树的根到某节点路径上的所有类称为该节点的祖先(Ancestor)类，如类H的祖先类有A、D、F。从树的根到某节点的路径称为继承链。以某节点为根的子树上的节点称为该节点的后代(Descendant)类，如D的后代为F、G、H。

如果已经定义了Person类，现在需要定义Chef类，则不应重复描述属于Person类的那些共有特征，而是在继承Person类特性的基础上，描述出属于Chef类的新的特征。于是称Chef类继承了Person类，也可以称是由Person类派生出来的。面向对象程序设计提供了类似的机制。当定义了一个类后，又需定义一个新类，这个新类与原来的类相比，只是增加了或修改了部分属性和操作，这样，在定义新类时说明新类继承原来类，然后描述出新类所特有的属性和操作即可。

继承性可以简化人们对问题的认识和描述，同时还可以在开发新程序和修改源程序时最大限度地利用已有的程序，提高了程序的可复用性，从而提高了程序修改、扩充和设计的效率。

继承关系实际上蕴含子类自动具有了父类的属性和行为。关键字extends就用于声明类之间的继承关系。

```
public class Chef extends Person {
    private String certificateOfCook;

    public Chef() {
        name = "N/A";
        age = 0;
        certificateOfCook = "N/A";
```

```
    }

    public Chef(String name, int age, String cetificateOfCook) {
        this.name = name;
        this.age = age;
        this.certificateOfCook = certificateOfCook
    }

    public void fry() {
        //…
    }
}

public class Person{
    String name;
    int age;

    public String getName() {
        return name;
    }

    public void setName(String name) {
        this.name= name;
    }
}
```

关键字 extends 声明类 Chef 继承了类 Person。这就使得类 Chef 具有了类 Person 的属性 name、age，以及行为 getName()和 setName()。

3. 多态性

多态性(Polymorphism)是指同样一个消息，被不同对象接收时，产生不同的结果。多态是程序在运行时刻展现出的一种现象：相同的消息却产生了不同的行为。例如，有 A、B、C 三辆机动车停在路边，其中，A 是轿车、B 是救护车、C 是警车。现在让每辆机动车都鸣笛。那么，这三辆车应当发出不同的鸣笛声。这就是生活中的多态现象。

类似的现象，即相同的消息，由于运行时接收并执行消息对象的类型不同，从而产生不同行为，在 Java 程序运行时刻也可以发生。

多态机制为 Java 程序设计带来了便利：允许把不同子类的对象统一看作其超类的对象进行组织，如安排到线性表中，或者安排到树中，或者安排到图中。当执行这些对象上的方法时，Java 运行时刻自动根据当时对象的类型选择该类型上定义的方法版本执行。

多态既可以由类继承实现，也可以通过接口及其实现类完成。例如，下面的代码展示了多态程序设计。在这个例子中，Car(小汽车)、FireTruck(消防车)、Ambulance(急救车)都是 Vehicle(交通工具)类的子类，并且都覆盖了 Vehicle 类中的抽象方法 horn(鸣笛)。但是不同的交通工具鸣笛的声音不同。当让这些交通工具执行 horn 消息开始鸣笛,虽然是相同的消息,但是接收消息的不同对象产生了不同的行为。

```
public class PolyDemo {
    public static void main(String[] args) {
        Vehicle a, b, c;
        a = new Car();
        b = new FireTruck();
        c = new Ambulance();
        a.horn();
        b.horn();
        c.horn();
    }
}

public abstract class Vehicle {
    abstract public void horn();
}

public class Car extends Vehicle {
    public void horn() {
        System.out.println("嘀嘀");
    }
}
public class FireTruck extends Vehicle{
    public void horn() {
        System.out.println("呜…");
    }
}

public class Ambulance extends Vehicle{
    public void horn(){
        System.out.println("嘀嘟嘀嘟");
    }
}
```

输出结果是:

```
嘀嘀
呜…
嘀嘟嘀嘟
```

在代码中,使用超类 Vehicle 类型的引用变量 a、b、c 分别引用了轿车、消防车和急救车三个对象,这三个对象的类型分别是 Car、FireTruck 和 Ambulance。

在超类 Vehicle 中定义的抽象的 horn()方法,其子类 Car、FireTruck 和 Ambulance

都覆盖了该方法，提供了自己的实现。

当分别调用a、b、c三个对象上的方法horn()时，由于此时a、b、c引用的三个对象分别是Car、FireTruck和Ambulance类型，所以分别调用这些类型中定义的horn()方法。

1.2.5 面向对象程序设计的原则

面向对象程序设计的原则有：开闭原则(Open-Closed Principle)、Liskov替换原则(Liskov Substituion Principle)、依赖倒置原则(Dependecy Inversion Principle)、接口分离原则(Interface Segregation Principle)、发布复用等价原则(Release Reuse Equivalency Principle)、共同闭包原则(Common Closure Principle)、共同复用原则(Common Reuse Principle)和单一职责原则(Single Resposibility Principle)等。

1. 开闭原则

开闭原则由Bertrand Meyer于1988年提出，指软件实体应尽量在不修改原有代码的情况下进行扩展。类应该对扩展具有开放性，对修改具有封闭性。对扩展开放意味着有新的需求或需求变化时，可以对现有代码进行扩展，以适应新的情况；对修改封闭意味着一旦设计完成某个类，就不要对其进行任何修改。

实现开闭原则的核心思想就是面向抽象的程序设计，而不面向“具体”进行程序设计，因为抽象相对稳定。让类依赖于固定的抽象，把对“具体”的修改变成对“具体”的增加，从而实现对“修改”的封闭性。也可以通过类的继承，覆盖父类方法改变固有行为，实现新的扩展方法，这样既封闭对父类的修改，也不影响通过子类扩展功能。所以实现开闭原则的设计策略是：稳定的抽象层＋灵活的具体层。

需求总是变化的，所以就需要用开闭原则封闭变化满足需求，同时还能保持软件内部的封装体系稳定，不被需求的变化影响。开闭原则的目的是控制需求变动风险，缩小维护成本。抽象工厂设计模式就是一个很好的满足开闭原则的设计。例如，某五星级饭店需要一个会做中餐的厨师和一个会做西餐的厨师，将来也有可能还需要会做巴西烤肉的厨师。那么先设计厨师的接口和实现类：

```
//接口
/**
 * @author Dong
 * 2020-08-19
 * Ichef.java
 */
public interface IChef {
    void cook();
}

/**
 * @author Dong
 * 2020-08-19
 * ChineseChef.java
```

```
*/
public class ChineseChef implements IChef{
    @Override
    public void cook() {
        System.out.println("醋溜土豆丝");          //此处仅模拟烹饪行为
    }
}
/**
 * @author Dong
 * 2020-08-19
 * WesternCook.java
 */
public class WesternCook implements IChef{
    @Override
    public void cook() {
        System.out.println("炸薯条");              //此处仅模拟烹饪行为
    }
}
```

然后设计生产产品的工厂的接口和实现类。在本例中"生产"厨师的工厂就是培训厨师的学校,所以定义厨师学校的接口:

```
/**
 * @author Dong
 * 2020-08-19
 * IChefSchool.java
 */
public interface IChefSchool {
    IChef train();
}

/**
 * @author Dong
 * 2020-08-19
 * 中餐厨师的培训学校
 * ChineseChefSchool.java
 */
public class ChineseChefSchool implements IChefSchool{

    @Override
    public IChef train() {
        return new ChineseChef();
    }

}
```

```
/**
 * @author Dong
 * 2020-08-19
 * 西餐厨师培训学校
 * WesternCookSchool.java
 */
public class WesternCookSchool implements IChefSchool{
    @Override
    public IChef train() {
        return new WesternCook();
    }

}
```

客户程序如下。

```
/**
 * @author Dong
 * 2020-08-19
 * Client.java
 */
public class Client{
    public static void main(String[] args) {
        IChefSchool school = new ChineseChefSchool();
        IChef chef = school.train();
        chef.cook();
    }
}
```

如果需要增加巴西烤肉厨师,那么只需扩展产品类和工厂类即可。

```
//巴西烤肉厨师
public class ChurrascoChef implements IChef{

    @Override
    public void cook() {
        System.out.println("巴西烤肉");
    }

}
//巴西烤肉厨师培训学校
public class ChurrascoChefSchool implements IChefSchool{

    @Override
    public IChef train() {
```

```
        return new ChurrascoChef();
    }

}
```

这样的设计模式，既扩展了功能，满足了动态需求，又不修改已经有的代码。

2. Liskov 替换原则

Liskov 替换原则由 2008 年图灵奖得主——麻省理工学院教授 Barbara Liskov 和卡内基·梅隆大学 Jeannette Wing 教授于 1994 年提出。继承、封装、多态是面向对象的语言特点，Liskov 替换原则与继承和多态息息相关。继承可能会增加对象间的耦合性：父类需要修改时，必须考虑到所有的子类；父类修改后，所有涉及子类的功能都有可能会产生影响。如果要求子类可以扩展父类的功能，但不能改变父类原有的功能，则可以降低这种耦合性。Liskov 替换原则要求子类可以实现父类的抽象方法，但不能覆盖父类的非抽象方法。实现父类的抽象方法时，方法的后置条件比父类更严格(后置条件描述了方法调用所产生的影响，当方法执行后为真)；当子类的方法覆盖父类的方法时，方法的前置条件比父类方法更宽松(前置条件描述了方法执行前必须满足的资源等条件)；子类中可以增加自己特有的方法。

在满足 Liskov 替换原则的程序中，将一个基类对象替换成它的子类对象，程序不会产生任何行为变化，即上转型总是不改变其功能性。在程序中尽量使用基类类型引用对象，而在运行时再确定其子类类型。

3. 依赖倒置原则

依赖倒置原则源自 Robert C. Martin 在 1996 年为 C++ Reporter 专栏 *Engineering Notebook* 所写的文章，后来该文章出现在他在 2002 年出版的 *Agile Software Development, Principles, Patterns, and Practices* 一书中。

依赖于抽象，而非具体实现。依赖是类与类之间的一种关系。当两个类 A 和 B 之间存在紧密的耦合关系时，最好的方法就是分离 B 的接口和实现：在依赖之间定义一个抽象的接口使得 A 模块使用接口，而设计另外的实现类实现接口，以此有效控制耦合关系，达到依赖于抽象的设计目标。

因为接口是一组规约，一般不变。抽象的稳定性决定了系统的稳定性。依赖于抽象是面向对象设计的精髓，也是依赖倒置原则的核心。要面向接口编程，而不对实现编程。在程序中尽量使用抽象层进行编程。

下面的例子模拟了学生读书的场景。只要给学生一本书，学生就读出书中的内容，代码如下。

```
class Book{
    public String getContent(){
        return "察身而不敢诬,奉法令不容私,尽心力不敢矜,遭患难不避死,见贤不居其上,
                受禄不过其量,……";
    }
}
```

```
class Student{
    public void read(Book book){
        System.out.println(book.getContent());
    }
}

public class Client{
    public static void main (String[] args){
        Student s = new Student();
        s.read(new Book());
    }
}
```

需求变成这样：不是给书而是给一份报纸，让这位学生读报纸，报纸的代码如下。

```
class Newspaper{
    public String getContent(){
        return"天宫二号和神舟十一号成功进行了空间对接";
    }
}
```

这位学生却办不到了。修改 Student，改变方法的入口参数和方法体，显然不是好的设计。原因就是 Student 与 Book 之间的耦合度太高了，必须降低它们之间的耦合度。

引入一个抽象的接口 IReader(读物，只要是带字的都属于读物)：

```
interface IReader{
    public String getContent();
}
```

Student 类与接口 IReader 发生依赖关系，而 Book 和 Newspaper 都属于读物的范畴，各自都去实现 IReader 接口，这样就符合依赖倒置原则了。

```
class Newspaper implements IReader{
    public String getContent(){
        return"天宫二号和神舟十一号成功进行了空间对接";
    }
}

class Book implements IReader{
    public String getContent(){
        return "察身而不敢诬,奉法令不容私,尽心力不敢矜,遭患难不避死,见贤不居其上,
                受禄不过其量,……";
    }
}

class Student{
```

```
        public void read(IReader reader){
            System.out.println(reader.getContent());
        }
    }

    public class Client{
        public static void main(String[] args){
            Student s = new Student();
            s.read(new Book());
            s.read(new Newspaper());
        }
    }
```

4. 接口分离原则

使用多个小的专门接口，而不要使用一个大的通用接口，让客户不依赖它不需要的那些接口。

设计者应该为各个类型的客户都设计特定的接口。只有那些与特定客户类型相关的操作才应该出现在该客户的接口说明中。当一个接口太大时，需要将它分割成一些更细小的接口。使用该接口的客户端仅需知道与之相关的方法。每一个接口应该承担一种相对独立的角色，保持职责单一性，不要眉毛胡子一把抓。

接口有效地将细节和抽象隔离，体现了对抽象编程的一切好处；而接口隔离强调接口的单一性。通用接口会导致实现的类型必须完全实现接口的所有方法、属性等；而某些时候客户并非需要所有的接口定义。在这种情况下，要使客户仅依赖于它们的实际相关的抽象方法。

5. 发布复用等价原则

复用的粒度就是发布的粒度。将复用的类分组打包成能够管理和控制的包并作为一个更新的版本，而不是对每个类分别进行升级。

6. 共同闭包原则

一同变更的类应该安排在一起。类应该根据其内聚性进行打包。当类被打包成组件时，这些类应该处理相同的功能。当必须变更时只需要修改相应包中的类。这样可以进行有效的变更控制和发布管理。

7. 共同复用原则

不能一起复用的类不能被分到一起。如果类没有根据内聚性进行分组，那么这个包中与其他类无关联的类有可能发生变更。而这往往会导致进行没有必要的集成和测试。因此，只有那些一起被复用的类才应该包含在一个包中。

8. 合成复用原则

合成复用原则又称为组合/聚合复用原则(Composition/Aggregate Reuse Principle)，就是在一个新的对象里通过组合关系和聚合关系使用一些已有的对象，使之成为新对象的一部分。新对象通过访问已有对象的方法达到复用功能的目的。复用时应尽量使用组合/聚合关系(关联关系)，少用继承。即优先使用对象组合，而不是继承达到复用的目的。

9. 单一职责原则

一个类只做一件事。单一职责原则是“低耦合、高内聚”的设计原则在面向对象中的引申，通常意义下的单一职责，就是指只有一种单一功能，不要为类实现过多的功能点。一个类(大到模块，小到方法)承担的职责越多，它被复用的可能性就越小。正如专心做事是一个人的优秀品质，职责单一也是一个类的优良设计。交杂不清的职责将使得代码牵一发而动全身，导致系统错误风险。

10. 迪米特法则

每一个软件模块对其他的模块只需关心最少的知识，而且局限于那些与本模块密切相关的模块。迪米特法则又称为最少知识原则(Least Knowledge Principle)。迪米特法则要求一个软件实体应当尽可能少地与其他实体发生相互作用。通过引入一个合理的“第三者”降低现有对象之间的耦合度。

遵守以上面向对象设计原则，可以使代码易于维护，易于复用，易于扩展，可读性高。

1.3 面向对象的软件开发方法

面向对象方法的优势在于它符合人们认识客观世界的思维方式和组织社会活动的模式，并试图把这种模式通过程序也在计算机中的虚拟世界里运行。

前面提到，在进行面向对象程序设计之前，程序员应当事先建立起类模型。事实上，对于一个大型软件系统，类模型仅仅是多种模型中的一个。如何把面向对象的思想方法贯穿软件开发的全过程，这就是面向对象的软件工程所研究的问题。

软件工程是将系统化的、规范的、量化的方法应用于软件开发、运行和维护的学科，即把工程应用于软件。面向对象的软件工程研究复杂软件系统开发、运行和维护的过程、方法与工具。方法是完成软件开发的各项任务的技术方法，解决“如何做”的问题，如识别对象方法；工具就是开发过程中使用自动的或半自动实用软件，如用于单元测试的 JUnit，用于项目编译的 Maven 等。过程是为了获得高质量的软件所需要完成的一系列任务的框架，它规定了完成各项任务的工作步骤，如何将软件工程方法与软件工具相结合，合理、及时地进行软件开发。例如，基于瀑布模型的过程、基于原型的增量迭代软件开发过程等。

除了对象、类和消息，面向对象范型中还有属性、操作、可访问性、接口、包和组件等概念。面向对象方法如图 1-7 所示。该方法首先从问题空间识别全部对象及其属性，确定每个对象的操作，即对象能够完成的功能；然后从具有相同外部特性的对象抽象出类并确定类间的关系，如继承、关联等关系；设计每个类的内部实现(数据结构和算法)并将紧密相关的类组织在包(也称为命名空间)中，若干包可以形成组件；最后创建所需的对象(类的实例)，通过对象间消息传递完成业务功能。

面向对象方法主要用于面向对象的分析(Object Oriented Analysis，OOA)和面向对象的设计(Object Oriented Design，OOD)。分析的主要任务是按照面向对象的概念和方法，从现实世界中抽象出业务系统的结构模型和行为模型。例如，从问题中识别出有意义的对象，以及对象的属性、行为和对象间的消息传递，进而抽象出类。使用某种形式描述

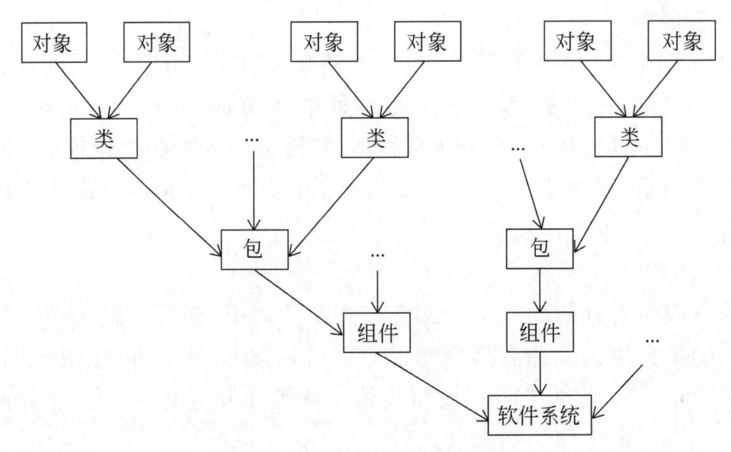

图 1-7 面向对象方法示意图

这些类形成一个领域模型。领域模型仅从静态角度描述了目标系统，属于结构模型。人机如何交互，对象间如何协作等则属于行为模型。面向对象的设计是面向对象分析的平滑过渡，是对分析结果的进一步细化，目标是设计出系统的物理模型。首先进行架构设计，然后设计每个类的数据结构和算法，以及对象间的消息传递模型。

面向对象分析模型一般用 UML 的用例图、类图、活动图、状态机图等图形表达，面向对象设计一般用到 UML 的顺序图、包图、组件图、部署图等表达模型。

面向对象方法把整个复杂的问题域通过“对象”进行分解，以控制复杂性。通过对象分解，降低了问题的规模；通过封装，降低了模块间的耦合性；通过类继承，提高了复用性。

面向对象开发方法与结构化开发方法完全不同，在面向对象方法中，既没有函数和过程，也没有表和记录。在运行时刻，系统是对象的集合；在编译时刻，系统是类的集合。

1.4 软件开发过程

1.4.1 软件开发过程概述

软件工程过程是工作产品构建时执行的一系列活动、动作和任务的集合。过程定义了谁做什么，以及如何达到一定的目标。软件生命周期是软件从孕育诞生直到报废或停止使用的整个时期。软件工程过程定义了软件生命周期内阶段划分以及阶段的不同组合和迭代。例如，有问题定义、可行性研究、分析、设计、编码、调试和测试、验收与运行、维护升级等阶段。

IEEE 1074 定义了 17 个过程，见表 1-2。

其中，软件项目可以有相同的过程组序列，但每个软件项目都有自己的过程和过程次序。项目经理定义项目的过程及其次序称为“选择生命周期模型”。项目管理活动包含预算、进度、人员、开发环境、变更管理和软件质量保证等。前期开发确定愿景和需求，以及

表1-2 IEEE 1074 软件过程

过 程 组	过 程
生命周期模型	选择生命周期模型
项目管理	项目启动;项目监控和控制;软件质量管理
前期开发	概念探讨;系统配置
开发	需求;设计;实现
后期开发	安装;操作和支持;维护;报废
涵盖性过程	验证和确认;软件配置管理;文档;培训

体系结构;开发过程则涉及定义接口、定义需求优先级、设计数据库、选择或开发算法、设计测试用例和集成等。后期开发则由软件发布、软件安装、在运行环境中验收、技术支持等组成。涵盖性过程涵盖了项目所有过程,在整个项目中一直起作用。验证是证明系统模型符合系统规格说明的过程,包括评审、审计和检查;确认则是核对"做了该做的事情",如再拉一次把手以确认门已经锁上了。还有对软件工程数据收集以进行度量和分析;制订测试计划、执行测试;制订培训计划、开发培训教程、考核计划、执行培训等。

普雷斯曼(R. S. Pressman)在《软件工程:实践者的研究方法》一书中定义了软件工程5个框架性活动:沟通(Communication)、规划(Planning)、建模(Modeling)、构造(Construction)和部署(Deployment)。其中,建模包括分析(Analysis)和设计(Design),构造包括代码生成(Code Generation)和测试(Testing)。

线性的过程模型对这些活动按照线性关系组织,如图1-8所示。前一个活动结束,后一个活动才能开始。只有一个活动"沟通"没有前驱,称为"开始活动";只有一个活动"部署"没有后继,称为"结束活动"。W. Royce 于1970年提出的瀑布模型就是典型的线性过程模型。

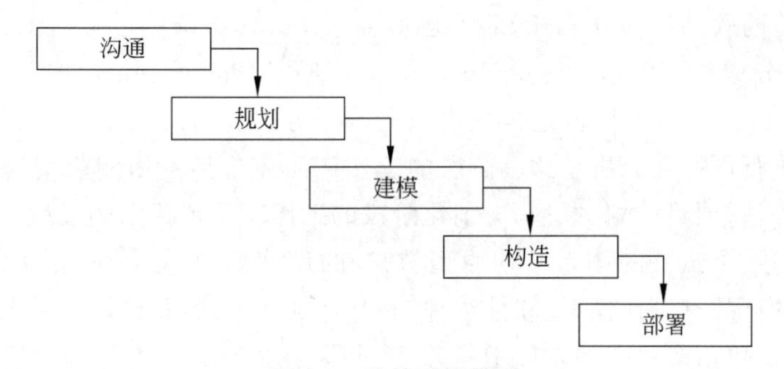

图1-8 线性过程模型

演化模型(Evolutionary Model)则把框架性活动组织到一个迭代结构中:每个活动都有前驱活动和后继活动,每次迭代形成一个发布增量,如图1-9所示。

在并行过程模型(Parallel Model)中,若干活动可以同时进行,如图1-10所示,沟通完毕后,规划和建模两项活动同时进行,然后再进行构造活动。

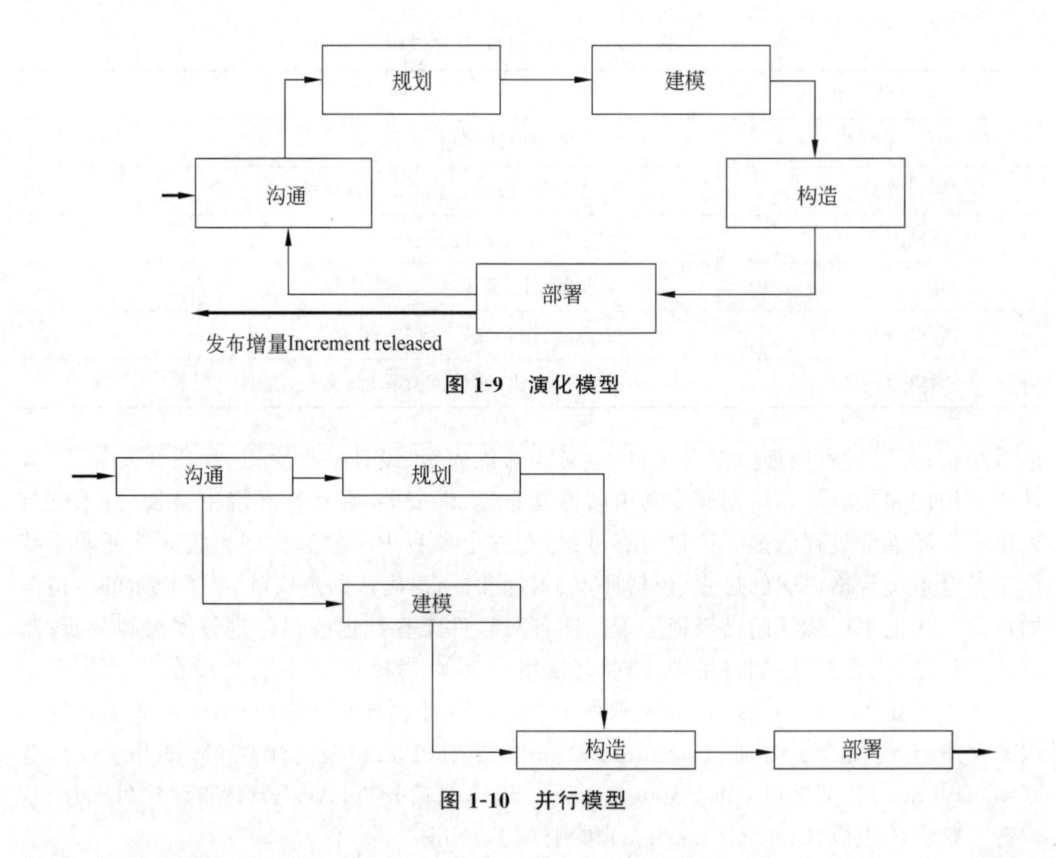

图 1-9 演化模型

图 1-10 并行模型

1.4.2 统一软件开发过程

统一软件开发过程(USDP)是一种用例驱动的、以体系结构为中心的、迭代和增量的软件过程。RUP(Rational Unified Process)是 Rational 软件公司(Rational 公司被 IBM 公司并购)创造的软件工程方法,USDP 也被称为 Rational 统一过程(RUP)。RUP 把软件生命周期划分成 4 个阶段:初始(Inception)、细化(Elaboration)、构造(Construction)和交付(Transition)。各个阶段通过项目里程碑划分。初始阶段定义了软件项目的目标范围、愿景并进行可行性分析。这一阶段的工作产品还包括主用例模型、非功能性需求、术语表、风险评估、项目计划、原型等;细化阶段的工作产品包括用例模型、补充的需求、软件体系结构描述、可执行的体系结构原型、初步的设计模型、修订的风险清单、用户手册等;构造阶段的产品有设计模型、软件组件、测试计划和测试用例、用户手册、安装手册等。交付阶段的产品包括待移交的软件增量、α 测试报告、β 测试报告和用户反馈等。每个阶段至少进行一次迭代。每个阶段都有风险的识别和评估。面向对象的分析和设计活动主要分布在细化和构造阶段。

1.4.3 RUP 4+1 视图

Philippe Kruchten 在 1995 年的 *IEEE Software* 上发表的题为 *The 4 + 1 View Model of Architecture* 的论文中提出了“4+1”视图,后来演变成了“RUP 4+1 视图”,如

图 1-11 所示。在"4+1"视图模型中,一个软件项目的利益相关者从五个不同视角描述软件体系结构的一组视图模型:逻辑视图、开发视图、进程视图、物理视图和用例视图。用例视图从项目需求入手,将四个视图结合为一个整体。四个视图的元素需要协同工作以实现用例视图中的用例。用例视图是距离用户需要最近的视图,也是软件开发中的重要驱动要素。

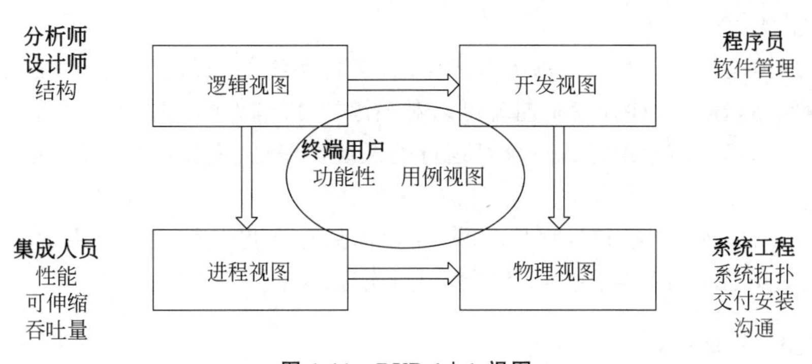

图 1-11 RUP 4+1 视图

用例视图也称为场景视图,关注最终用户需求,是整个技术架构的上下文环境。通常用 UML 用例图描述,并使用状态机图和活动图等作为补充。

逻辑视图主要是整个系统的抽象结构表述,负责反映出系统内部如何组织和协作来实现功能,关注系统提供最终用户的功能,不涉及具体的编译输出和部署,通常使用 UML 类图描述。

开发视图描述软件在开发环境下的静态组织,从程序实现人员的角度透视系统,也叫作实现视图。开发视图关注程序包,不仅包括要编写的源程序,还包括可以直接使用的第三方 SDK 和现成框架、类库,以及开发的系统将运行于其上的系统软件或中间件。通常使用 UML 组件图和包图描述。开发视图与逻辑视图之间可能存在一定的映射关系,例如,逻辑层一般会映射到多个程序包等。

进程视图关注系统动态运行时进程以及相关的并发、同步、通信等问题。开发视图一般偏重程序包在编译时期的静态依赖关系,而这些程序运行起来之后会表现为对象、线程、进程,进程视图比较关注的正是这些运行时单元的交互问题。可用 UML 交互图描述。

物理视图通常也叫作部署视图,关注软件的物理拓扑结构,以及如何部署机器和网络配合软件系统的可靠性、可伸缩性等要求。物理视图重视目标程序的静态位置问题。

"4+1"视图形成了体系结构,刻画了系统的整体设计,去掉了细节部分,突出了系统的重要特征,不依赖于具体实现语言,便于市场人员、工程技术人员和客户的沟通。

体系结构层次的设计问题包括:整个软件系统的分解、总体组织和全局控制、通信协议、并发与同步、数据持久化和访问中间件、缓存、系统的伸缩性、吞吐量和拓扑结构等。

一个系统不可能在所有特性上都达到最优,对于一个系统,不同人员所关心的内容也是不一样的,对于不同类型的人员,只需提供这类人员关心的视图。

如图 1-11 所示的"4+1"视图模型是 RUP 软件开发过程所采用的软件建模视图。分析人员、设计人员和测试人员关注用例视图,从中了解人机交互行为;终端用户关注的是逻辑视图，从中了解系统功能；程序员关注开发视图，从而定义工件规格；系统集成人员关注进程视图，从而设计可伸缩性、吞吐量、分布式事务等解决方案；系统工程师通过部署视图展示和实施系统的发布、安装等。

需求分析、设计、实现、测试都是建立在用例的基础上，使用用例表达需求，根据用例模型设计体系结构，由用例进行详细设计，根据用例设计测试方案，所以RUP称为"用例驱动"的软件开发。

RUP还强调迭代和增量。每次迭代中，只考虑系统的一部分需求，每次增加一些新的功能实现。这样在软件开发早期就可以对关键的、影响大的风险进行处理，处理不可避免的需求变更；可以较早地得到一个可运行的系统，鼓舞开发团队的士气，增强项目成功的信心。

RUP 4+1架构、方法和过程从1995年提出后在业界获得广泛应用，并得以发展完善，在具体应用的时候可结合公司环境和项目实际进行适当裁剪。

1.4.4 RUP主要概念

RUP中的主要概念有：角色（Role）、活动（Activity）、工件（Artifact）和工作流（Workflow）等。

角色定义了在软件工程组织中，个人或多人协同工作的小组的行为和职责。RUP预定义的角色有体系结构师（Architect）、设计人员（Designer）、实现人员（Implementer）、测试人员（Tester）、配置管理员（Configuration Manager）等。软件开发组织的个体成员可能充当不同的角色，发挥不同的作用。项目经理在计划项目、配备人员时对应为角色配备相应的人员，他可以让不同的人充当多种不同的角色，也可以让某个角色由多个人承担。

活动是一个有明确目的的独立工作单元。角色从事活动，活动是参与项目的角色为提供符合要求的结果而进行的工作。一项活动是一个工作单元，由参与项目的某一成员执行。活动有明确的目的，如创建或更新某些工件：一个模型、一个类或一个计划等。每个活动都被分配给具体的角色。一个活动一般延续几个小时到几天，它通常涉及一个角色，只影响一个或少数几个工件。一项活动应该是一个便于实施的计划单元及流程单元。如果活动太小，它将被忽略；而如果活动太大，则应分解为较小的活动。

工件是活动生产、使用或者修改的对象，也称为制品、产品等。

工件有以下多种形式。

（1）模型，例如，用例模型或设计模型。

（2）模型元素，即模型中的元素，例如，一个类、一个用例、一个关系等。

（3）文档，例如，标书、项目计划、测试用例、缺陷报告。

（4）源代码、类库。

（5）可执行程序。

角色、活动和工件的关系如图1-12所示。

工作流定义了一个有意义的产生有价值结果的活动序列，并显示角色之间的交互作用。按UML术语，工作流可以表现为顺序图、协作图或活动图。

工作流之间不一定是完全独立的。例如，在实施和测试工作流中都有集成活动的

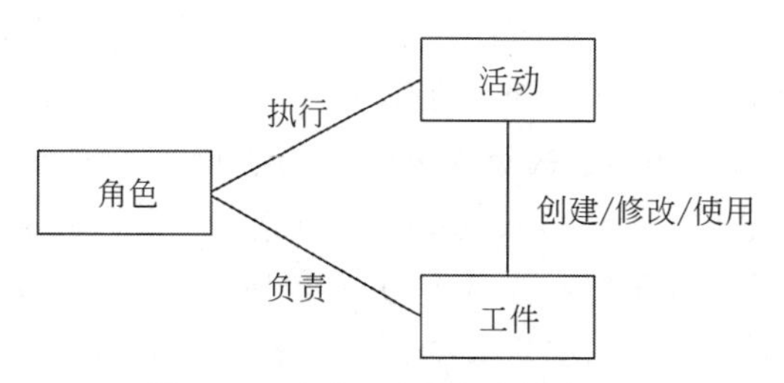

图 1-12　角色、活动和工件的关系

发生。

RUP 预定义的工作流有 9 个，包括 6 个核心工作流和 3 个辅助工作流。6 个核心过程工作流分别介绍如下。

(1) 业务建模(Business Modeling)。业务建模描述客户的愿景，并基于这个愿景在用例模型和业务对象模型中定义组织的过程、角色和责任。

(2) 需求(Requirements)。需求工作流清晰、准确、无二义地描述系统需要做什么，并使开发人员和客户就这一描述达成共识。为了达到该目标，要对需要的功能和约束进行提取、组织、文档化和形式化。例如，"系统响应及时"就不是好的需求定义，而应该说"界面响应时间不超过 3 秒"。最重要的是理解系统所解决问题的定义和范围。

(3) 分析和设计(Analysis & Design)。将需求模型变换成一个设计模型。设计活动以体系结构设计为中心，体系结构由若干结构视图表达，结构视图是整个设计的抽象和简化，该视图中省略了一些细节，使重要的特点体现得更加清晰。

(4) 实现(Implementation)。以层次化的子系统形式定义代码的组织结构；以组件的形式(源文件、二进制文件、可执行文件)实现类和创建对象；将开发出的组件作为单元进行测试以及集成由单个开发者(或小组)所产生的结果，使其成为可执行的系统。

(5) 测试(Test)。测试是在交付用户之前为了发现错误而执行程序的过程。测试工作流要验证软件中所有组件的正确集成，检验所有的需求已被正确地实现，识别并确认缺陷在软件部署之前被发现并处理。

(6) 部署(Deployment)。成功地生成版本并将软件分发给最终用户。部署工作流描述了那些与确保软件产品对最终用户具有可用性相关的活动，包括：软件打包、生成软件本身以外的产品、安装软件、为用户提供帮助。

3 个辅助工作流如下。

(1) 配置和变更管理(Configuration & Change Management)。不管在系统生命周期的哪个阶段，系统总在变更，对变更的预期会一直持续整个生命周期。软件配置管理又称为变更管理，是一组管理变更的活动。包括：标识变更、控制变更、保证恰当地实施变更、向可能的相关人员报告变更等。软件配置项就是变更受控的工件，按照一定的准则管理系统中的软件配置项演化。

(2) 项目管理(Project Management)。软件项目管理平衡各种可能产生冲突的目标，管理风险，克服各种约束并成功交付使用户满意的产品。

(3) 环境(Environment)。环境工作流的目的是为软件开发组织提供软件开发环境，包括过程和工具。环境工作流集中于配置项目过程中所需要的活动,同样也支持开发项目规范的活动,提供了逐步的指导手册并介绍了如何在组织中实现过程。

RUP是风险驱动的,以尽早解决重大风险。整个开发生命周期分为4个阶段:初始阶段(Inception),细化阶段(Elaboration),构造阶段(Construction),交付阶段(Transition)。初始阶段着重化解业务风险,并确保所有利益相关者对项目达成一致的认识。细化阶段主要化解技术风险,要定义并创建可执行的系统架构。当决定开始构造阶段的时候,风险已经比较小了。

RUP的每个阶段又可进行多次迭代,通过每次迭代中分析、按重要性排序并解决主要风险,达到尽早化解风险的目的。

沿着项目时间线出现的重要的、有标记的进度点称为里程碑(Milestone)。RUP里程碑有两种:阶段结束对应的里程碑叫作主要里程碑(Major Milestone);迭代结束对应的里程碑叫作次要里程碑(Minor Milestone)。阶段和迭代为开发团队提供了不同级别的决策时机。

里程碑、阶段和迭代的关系如图1-13所示。一个阶段可关联多次迭代;一个阶段有且仅有一个主要里程碑标识该阶段结束;一个迭代有且仅有一个次要里程碑标识该迭代结束。

迭代的具体进行,是要靠角色执行相关活动。一个迭代涉及多个开发活动,一项开发活动可能涉及多个迭代。

每个后继迭代,都以前一个迭代为基础,不断地进化和完善系统,直至完成最终产品。基线(Baseline)为迭代式开发提供了有力支持。基线是已经通过正式复审和批准的,并可以作为进一步开发基础的工件。只能通过正式的变更控制过程才能变更基线。所以基线有两个特征:一是要通过评审;二是要受配置和变更管理控制。

配置和变更管理完成建立并管理基线的任务。置于配置和变更管理之下的工件,称为配置项(Configuration Item)。而基线就是由多个配置项组成的快照。图1-14展示了工件、配置项、基线和变更的关系。

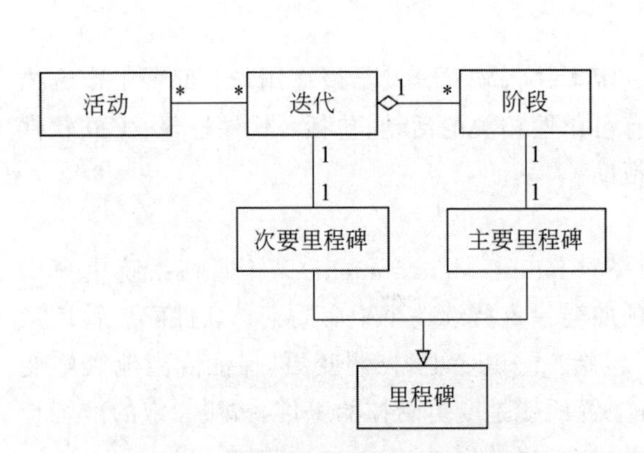

图1-13 里程碑、阶段和迭代的关系

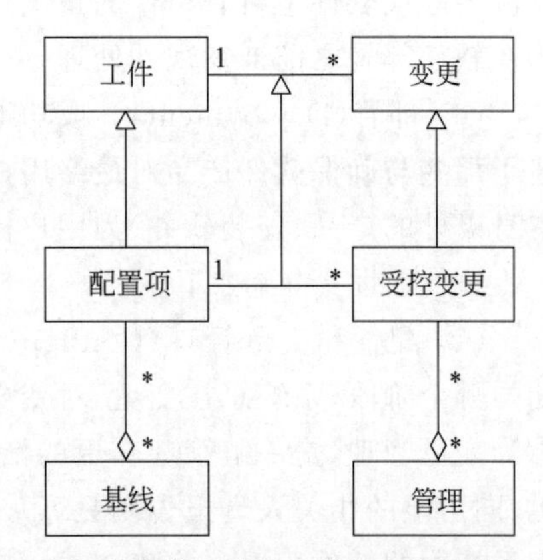

图1-14 工件、配置项、基线和变更的关系

发布(Release)是软件产品的一个稳定的、可执行的版本,它包括发布说明、用户手册等相关工件。单纯的文档或者不能执行的软件版本,不能形成发布。发布是某个迭代周

期的成果，但是并非每个迭代周期都需要发布。

1.4.5　RUP软件生命周期

RUP中的软件生命周期被分解为四个顺序的阶段：初始阶段，细化阶段，构造阶段和交付阶段。每个阶段结束于一个主要的里程碑，所以，阶段本质上处于两个里程碑之间。在每个阶段的结尾执行一次评审。

初始阶段的目标是为系统建立愿景并确定项目的边界。为了达到该目的，必须识别所有与系统交互的外部实体，在较高层次上定义交互。本阶段具有非常重要的意义，在这个阶段中所关注的是整个项目进行中的业务和需求方面的主要风险。对于建立在原有系统基础上的开发项目，初始阶段可能很短。

细化阶段的目标是分析问题领域，建立体系结构基础，编制项目计划，淘汰项目中最高风险的元素。为了达到该目的，必须在理解整个系统的基础上，对体系结构做出决策，包括其范围、主要功能和诸如性能等非功能需求。同时为项目建立支持环境。

在构造阶段，功能被开发并集成为应用程序产品，所有的功能被详细测试。从某种意义上说，构建阶段是一个制造过程，其重点放在管理资源及控制运作以优化成本、进度和质量上。

交付阶段的重点是确保软件对最终用户是可用的。交付阶段可以跨越几次迭代，包括为发布做准备的产品测试，基于用户反馈的少量调整。在生命周期的这一点上，用户反馈应主要集中在产品调整，设置、安装和可用性问题上，所有主要的模块结构问题应该已经在项目生命周期的早期阶段解决。

所以RUP是一个二维模型。横轴是时间维度，分为初始、细化、构造、交付四个阶段；每个阶段进行若干次迭代。纵轴是核心工作流维度，工作流是形成特定的迭代的需求定义、分析、设计、实现和测试等活动序列，如图1-15所示。

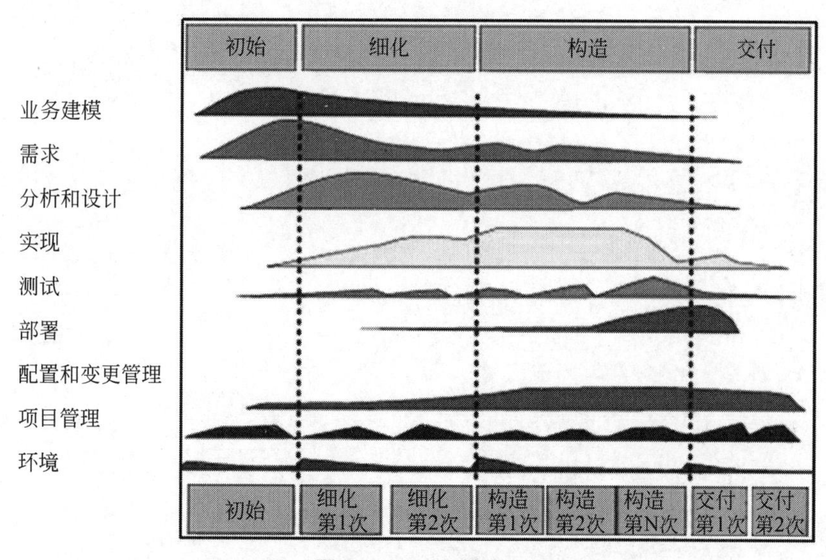

图1-15　RUP模型

思　考　题

1. 什么是软件复杂性？如何控制软件复杂性？
2. 面向对象的基本思想有哪些？
3. 什么是RUP？RUP有什么特点？
4. 在RUP中，角色、活动和工件的关系是什么？
5. 在RUP中，里程碑、阶段和迭代的关系是什么？
6. 在RUP中，工件、配置项、基线和变更的关系是什么？

第2章 面向对象分析

面向对象分析方法将面向对象的方法应用到软件生存周期的分析阶段，关注于识别问题域中的现实世界对象并将其映射成为解空间中的软件对象。从问题域中识别出的对象被抽象成类，类以及类之间的关系形成了领域模型。领域建模也称为问题域的静态建模。

动态建模包括主动对象的状态转移模型、在一个业务场景中对象间交互序列模型。用例模型是为了对系统的功能性建模。自从 I.H.Jacobson 在 1992 年引入用例概念后，用例模型成为面向对象软件工程的基础，出现了“用例驱动”的软件开发。

面向对象分析活动所产生的模型称为分析模型。分析模型应该是正确的、完整的、一致的和可验证的。与需求获取的不同之处在于：分析活动关注于对用户需求进行结构化和形式化描述。分析模型由三个独立的模型构成：使用用例和场景表示的功能模型，使用类表示的静态模型，使用对象状态转移和对象消息顺序表示的动态模型。静态模型关注于系统的结构；而动态模型关注于系统的行为。分析模型中的元素可能有基于场景的元素、基于类的元素和行为元素。

前文提到，继承关系把类组织成了树状的层次结构，这也是概念的层次结构。在这个层次结构中，根节点是最抽象的概念，如图 2-1 所示，展示了 java.lang.Exception 的部分子类以及部分后代类。

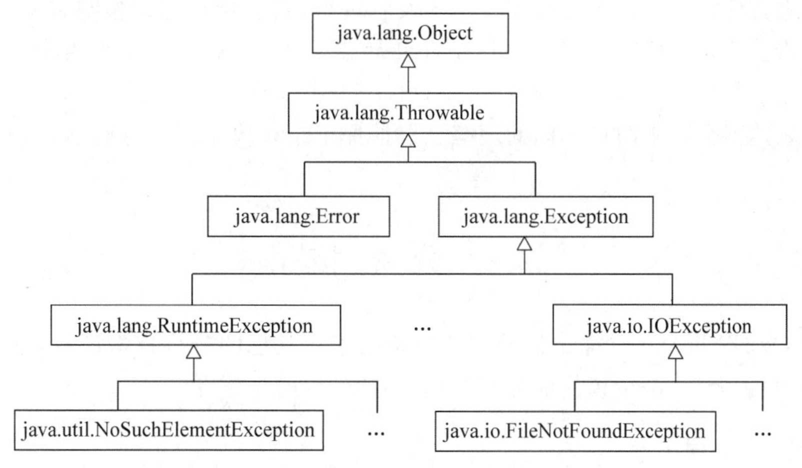

图 2-1 Exception 类的父类和子类(部分)

在这个类层次中，Object 类是最抽象的、最一般的；而叶子节点上的类，如 FileNotFoundException 则是最具体的、最特定的。Exception 类向上泛化（Generalization）为 Object 类；向下可特化（Specialization）为 RuntimeException 等类。泛化是一种建模活动，该活动对多个底层的概念进一步进行抽象，描述其共同的特征；特化也是一种建模活动，该活动从抽象的概念延伸出具体的概念。泛化和特化产生概念的层次模型，也就是说，泛化和特化活动就是寻找出继承关系的活动。

问题域中的对象通过消息传递协同完成工作。发送消息的对象称为客户端；接收消息的对象称为服务提供者。服务提供者按照客户端的要求执行相应的行为。对象状态的改变是通过对象行为的执行完成的。按照 G.Booch 的说法，对象和类的识别是一个发现或者发明的过程：发现问题域中显式的及隐式的事物；发明问题域中原来没有的新的事物。这里的事物可能是可视的、具体的；也可能是不可视的、抽象的。识别对象和类的过程如图 2-2 所示。这个过程是一个迭代的过程，通过迭代不断细化。

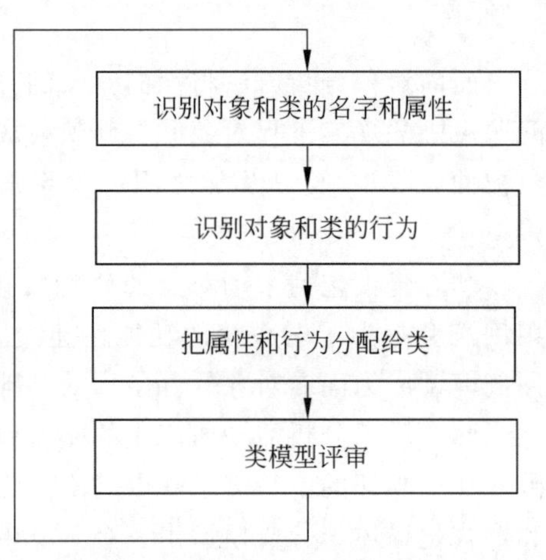

图 2-2　对象和类的识别过程

在如图 2-2 所示的框架中，首先从问题域中初步识别对象和类，得到初始的对象和类的集合。对象的属性随着对象一同识别。然后识别对象之间的交互，从而得到对象和类的行为。最后将属性和行为分配到合适的类中，得到一个明确定义的类的集合。分析模型是使用迭代的方法构建的。没有谁能够一遍得到正确完整的模型。在分析中会经常发现需要补充信息，这就需要与客户进行多回合的交流。

一旦分析模型稳定后，即分析模型的变化范围局部化并且变化数目最小化，就可以对分析模型进行评审了。评审过程首先由开发者进行，然后再让客户参与进来。评审就是要确认分析模型是正确的、完整的、一致的和无二义的。正确性指满足需求规格说明；完整性指覆盖了所有用户感兴趣的特征，一致性模型中没有相互矛盾的成分；无二义指模型的表示和表达不会产生两种不同的理解。根据评审结果决定是否进行迭代，进一步求精模型。

2.1　分析技术

名词-动词分析是一种简单易操作的分析技术。其他的分析技术还有：基于对象-关系的分析、角色分析、基于场景的分析和基于 CRC 卡的分析等。

2.1.1　名词-动词分析

为了从需求规格说明中识别对象和类，可使用名词-动词分析法。这是一种启发式方法。该方法把自然语言中的不同成分（名词、动词、形容词）映射到类模型中的不同元素

(对象名、类名、属性、行为),如表 2-1 所示。

表 2-1 名词-动词法启发式准则

自然语言词性	模型元素	举 例
专有名词	对象	学生张三
普通名词	类	任课教师
动词	行为	评定成绩
是	继承	研究生是一种学生
有	复合	一个教学班中有不同专业的学生
情态动词	约束	学生必须在规定时间范围选课
形容词	属性	必修课程

首先在系统需求规格说明上执行名词短语分析。使用“加粗”突出显示需求说明中的名词短语,形成初始名词集合,也就是候选类的集合。然后对初始的名词集合进行精选,剔除适合作为属性的名词,补充需求说明中没有表述但属于领域知识的名词,定义同义词。形成候选类。并为候选类中每个类和属性的中文名字定义相应的英文名字。

然后为每个类说明其业务含义,形成数据字典。

接下来在需求规格说明上执行动词短语分析。使用“下画线”标出动词作为类之间关联关系的候选,把这些关联关系放在一起形成清单并进行说明。动词反映了类之间的关联,如“学生上课”中的“上”反映了学生与课之间的关联关系;动词“有”则反映了复合关系:可能是聚合关系也可能是组合关系。类似的表述,如“……由……组成”“……由……构成”“……含有……”“……包含……”等,都可能是复合关系候选。“是”则构成继承关系,如汽车是交通工具,喜鹊是鸟等。

对具有相同属性或行为的类进行抽象,形成新的泛化,以消除分析模型中的冗余,修改数据字典,补充新的类。

形容词往往作为类的属性的候选。注意,属性是类模型中最不稳定的部分,在软件生命周期中都有可能增加减少或修改属性。所以,不必期望分析模型是一成不变的。在识别属性时,仅考虑与需求相关的属性。

下面介绍一个“试卷管理系统”案例。在该案例中,需求规格说明如下。

试卷是根据考试目标、大纲范围、考试时长、难度和区分度而设计的题目的集合。为了提高命题质量和效率,拟开发试卷管理系统,从不同题目类型的题库中按照试卷模板要求生成试卷。生成试卷也称为组卷。首先要创建试卷模板,包括考试名称、考试时长等参数,并确定题目类型和数量。题目类型,简称题型,包括单项选择题、填空题、简答题等。单项选择题含有题干、选项、参考答案、答案解析、分值和测试点。填空题含有题干、参考答案、分值、测试点和答案解析。简答题含有题干、参考答案、答案行数、分值、评分标准、测试点和答案解析。每道试题与测试点关联,测试点是根据考试大纲规定的知识单元。每个测试点标记有编号、描述、难度和认知能力层次。在各种类型题目充裕的情况下,用户只需根据考试名称、类别、方式、目的、测试点覆盖率参数等选择模板生成一套试卷。

首先在试卷管理系统需求规格说明上执行名词短语分析。使用“加粗”突出显示需求说明中的名词短语，形成初始名词集合，然后对初始的名词集合进行精选如下：试卷、题目、题目类型、试卷模板、单项选择题、填空题、简答题、测试点、考试大纲、题干、答案、分值、知识单元。

试卷是根据考试目标、大纲范围、考试时长、难度和区分度而设计的**题目**的集合。为了提高命题质量和效率，拟开发试卷管理系统，从不同**题目类型**的题库中按照**试卷模板**要求生成试卷。生成试卷也称为组卷。首先要创建试卷模板，包括考试名称、考试时长等参数，并确定题目类型和数量。题目类型，简称题型，包括**单项选择题**、**填空题**、**简答题**等。单项选择题含有**题干**、**选项**、**参考答案**、**答案解析**、**分值**和**测试点**。填空题含有题干、参考答案、分值、测试点和答案解析。简答题含有题干、参考答案、答案行数、分值、评分标准、测试点和答案解析。每道试题与测试点关联，测试点是根据考试大纲规定的**知识单元**。每个测试点标记有编号、描述、难度和认知能力层次。在各种类型题目充裕的情况下，用户只需根据考试名称、类别、方式、目的、测试点覆盖率参数等选择模板生成一套试卷。

把以下名词当作属性而不是类：“题干、答案、分值”将被整合为类的属性，“知识单元”“考试大纲”不是所关心的，剔除。“选项”仅与单项选择题有关，则作为其属性。

因此，名词短语分析的结果建立了如下候选类列表：试卷，题目，题目类型，试卷模板，单项选择题，填空题，简答题，测试点。

其中，试卷是题目的集合，通常具有若干题目。试卷必须符合试卷模板要求。

试卷模板，定义考试名称、考试时长等参数，并确定题目类型、数量、每题分数和试卷总分数。

题目有三种类型：单项选择题、填空题和简答题，也可能会增加新的题目。不同类型题目中都有题干、答案、答案解析、分值和关联的测试点。具体题型还有自己特有的属性。如单选题有 4 个选项；简答题有答案行数和评分标准等。“单项选择题”和“单选题”是同义词。“题目”和“试题”是同义词。

测试点是考核大纲中定义的知识单元，具有编码、描述、难度、认知能力层次等属性。

以上说明形成了数据字典。

泛化可用于消除分析模型中的冗余。如果有两个或多个类共享的属性或行为，那么应当抽象出更一般的超类。单项选择题、填空题和简答题都是题目，所以作为“题目”的共同属性，如题干、参考答案、答案解析和测试点等，应放在“题目”类中。每种题型的“分值”在考试模板中设定，如单选题每题 2 分或者 3 分。

下面为类和属性定义英文名字，列出识别的类及其属性。

(1) Paper：试卷。

- ID：赋予试卷的唯一标识。
- date：命题日期。
- question：含有若干题目。
- template：满足一个预设模板。

(2) Question：题目。

- stem：题干。
- anwser：参考答案。
- analysis：答案解析。
- test point：测试点。

(3) Single Choice Question：单选题。

- optionA：选项 A。
- optionB：选项 B。
- optionC：选项 C。
- optionD：选项 D。

(4) Completion Question：填空题。

- description：描述。

(5) Short Answer Question：简答题。

- lines：答案行数。
- scoring criteria：评分标准

(6) Template：试卷模板。

- title：考试名称。
- total score：总分(=各个考试题目的分数累加)。
- question structure：题目结构(Question Structure)线性表。
- hours：考试时长。

(7) Test Point：测试点。

- code：知识点编码。
- description：描述。
- difficulty：难度。
- cognitive level：认知能力层次。

接下来，对需求规格说明进行动词短语分析：把所有与前面得到的类列表中的类相关的动词短语通过"下画线"突出显示，抽取出初步的关联以及解释。

从"从不同题目类型的题库中按照试卷模板要求生成试卷"中的动词"按照"可以得出一个试卷必须满足于一个特定模板；由动词"生成"可以得出一个试卷含有若干题目。

从"……试卷模板，包括考试名称、考试时长等参数，并确定题目类型和数量"中的动词"包括"得出，一个试卷模板含有若干考试题目的类型和数量。把考试题目的类型、数量和每题分值合起来定义一个新的术语，称为"题目结构"。这样，一个试卷模板就含有若干题目结构。把这个术语补充到数据字典中。

(8) Question Structure：题目结构。

- NO：序号。
- type：题目类型(题型)。
- score：大题分(=每小题分值×题目数量)。
- number：题目数量。

- detailScore：每小题分值。

从“每道试题与测试点关联”中的动词“关联”得出题目和测试点有关联关系：一个题目可能对应多个测试点；一个测试点也可能由多个题目考核。

这些关联关系在候选类的属性中均有体现。

“题目类型，简称题型，包括单项选择题、填空题、简答题等”的表述可以变换成等价的表述：单项选择题、填空题、简答题是题目的三种类型。从而发现动词“是”连接的实体。这是一种继承关系：单项选择题、填空题、简答题是题目的子类。

2.1.2 基于对象-关系的分析

Coad和Yourdon认为，面向对象的分析主要应该考虑与特定应用有关的对象以及对象与对象在结构和相互作用上的关系。通过面向对象的分析建立的系统模型是以概念为中心的，因此称为概念模型。概念模型由一组相关的类组成。概念模型由五个层次构成：类和对象层，属性层，服务层，结构层和主题层。当五个层次的工作全部完成时，面向对象的分析的任务也就完成了。面向对象的分析按照下面的步骤进行。

(1) 识别对象和类。通过分析领域中目标系统的责任、调查系统的环境，从而确定对系统有用的类和对象，逐步确定整个应用的基础的类和对象。

(2) 识别结构。类与类之间的关系形成的概念模型的结构。典型的关系有两种：一般-特殊关系和整体-部分关系。一般-特殊关系形成了继承结构；整体-部分关系形成了聚合结构。

(3) 识别属性。对象所保存的信息称为它的属性。对象的属性描述了对象的状态，对象属性的值表示该对象的状态值。需要找出在目标系统中每个对象所需要的属性，而后将属性安排到适当的位置。对每个属性应该给出描述，由属性的名字和属性的描述来确定，并指定对该属性存在哪些特殊的限制(如只读、属性值限定于某个范围之内等)。

(4) 识别服务。对象收到消息后执行的操作称为对象提供的服务，它描述了对象能够执行的功能。定义服务的目的在于定义对象的行为和对象之间的通信，识别对象状态、识别必要的服务，识别消息连接和对服务的描述。

(5) 标识主题。主题是一个与应用相关的，而不是人为任意引出的概念，当对于包含大量类和对象的概念模型往往难以掌握时，应用主题对模型进行划分，给出模型的整体框架，划分出层次结构。可以先识别主题，而后对主题进行改进和细化，最后将主题加入到分析模型中。主题层的工作有助于自顶向下地理解分析模型。

2.1.3 角色分析

基于角色分析的分析方法根据对象在现实系统中充当的不同角色，建立角色模型，该模型能够将基于“类”建立的模型和基于“对象”建立的模型统一于同一个角色模型中。这样就更易于组织大系统并且易于进行复用。

角色模型描述了对象的属性、对象之间的关系及对象间传递的消息。一个对象可以扮演不同的角色，形成不同的角色模型，将几个角色模型综合起来，得到一个综合的系统。这样就利于我们处理任何大小的系统。

基于角色的分析方法支持从三种不同的视角去观察系统：环境、外部和内部。环境视角就是站在系统所处的环境观察，从而得到系统与环境的关系；外部视角就是站在角色之间进行观察，从而得到角色之间的关系以及它们之间传递的消息流；内部视角就是站在角色内部观察，从而得到角色是如何实现其功能的。

根据不同视角的观察和不同的需求，从 10 个不同的关注点进行建模：域、激发-响应、角色列表、语义、合作、界面、脚本、过程、状态机图以及方法规格说明。

2.1.4　基于场景的分析

场景描述了在执行某些系统功能时必须出现的从始到终的内部消息(事件)序列。一个用例可以有多个不同的场景。场景由一系列步骤组成。例如，定义试卷模板的场景如下。

场景一：定义试卷模板应经过以下步骤。

(1) 任课教师登录试卷管理系统。

(2) 教师查看系统已有题型。

(3) 新建试卷模板，名称为"'数据结构与算法'期末考试"。

(4) 向模板中添加单选题 10 个，每题 2 分。

(5) 向模板中添加填空题 10 个，每题 2 分。

(6) 向模板中添加简答题 12 个，每题 5 分。

(7) 教师保存模板。

场景二：教师根据模板生成试卷，这个过程如下。

(1) 教师登录学生选课系统。

(2) 教师查看试卷模板。

(3) 选择"'数据结构与算法'期末考试"试卷模板，单击"生成试卷"按钮。

(4) 系统检查该题库中题目数量是否足够，若足够，则显示生成的试卷。

(5) 教师可修改和替换题目。

(6) 系统可将修改和替换后的题目更新到题库中。

(7) 教师保存和打印试卷。

由以上场景，得到以下用例。

用例名：创建试卷模板。

简述：教师制定考试试卷的试卷模板。

参与者：任课教师。

包含：验证身份。

扩展：无。

前置条件：已经定义所需题目类型。

后置条件：生成试卷时能够选择该模板。

细节：场景一。

例外：

限制：

注释：

其中，前置条件是在用例开始时必须为真的一个或多个条件。后置条件是在用例结束时总是为真的条件。细节指详细的交互序列，即在场景中参与者与系统之间最经常的交互。例外指此场景描述的异常情况，可能有多个。

用例名：创建试卷。

简述：教师制定考试试卷。

参与者：任课教师。

包含：验证身份。

扩展：创建试卷模板。

前置条件：已经定义了所需试卷模板。

后置条件：能浏览和打印生成试卷。

细节：场景二。

例外：

限制：

注释：

基于场景的分析是识别问题域中类和对象的最重要的方法，步骤如下。

(1) 与系统的最终用户进行沟通。

(2) 搜集用户故事。

(3) 将用户故事划分为场景。

(4) 识别场景中的参与者和功能。参与者可能是人，也可能是其他系统或者设备。

(5) 一旦识别出参与者和功能，就将相似的参与者和相似的功能抽象成类，独立的参与者和功能则为对象。

(6) 重复上述步骤直到分析完所有场景。这些被识别出的类形成领域模型。

2.1.5 类-职责-协作者分析

类-职责-协作者(Class-Responsibility-Collaborator，CRC)卡建模方法是一种面向对象分析建模方法。CRC建模提供了一个简单的方法，可以识别和组织与系统或产品需求相关的类。

CRC是表示类的标准索引卡片的集合。每张卡片分为三个区域：顶部、左侧和右侧。顶部写类名；卡片主体左侧部分列出类的职责，职责是和类相关的属性和操作，即"类知道或能做的任何事"；右侧部分列出类的协作者。

图2-3展示了试卷管理系统建模时一种可能的CRC卡。

在CRC建模中，用户、设计者、开发人员都有参与，完成对整个面向对象工程的设计。CRC分析流程如下。

(1) 准备。召集相关参与者，以工作陈述(Statement Of Work，SOW)形式描述相关业务流程的需求，从SOW中提炼出需求，为每一个特定的需求赋予一个唯一的标识。

(2) 建立CRC卡。从需求描述中找出一些名词作为类设计的切入点。一开始列出的名词仅是候选，并不见得都要最终设计为一个类。通过第一轮迭代找出需要关注的类。

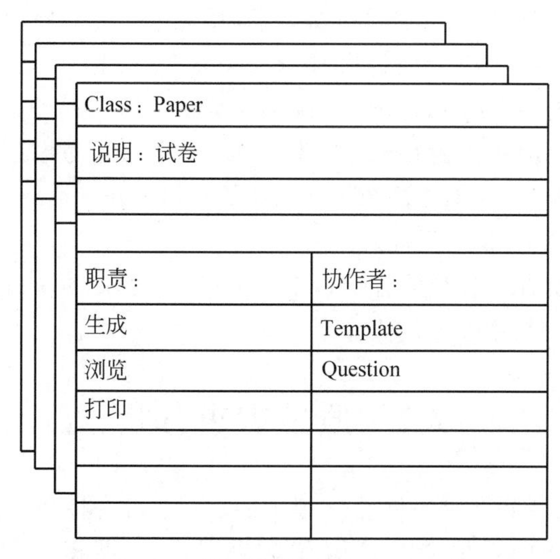

图 2-3　试卷管理建模中的 CRC 卡

接着需要明确类的职责。从需求描述的动词的列表中就可以得到职责候选列表。在这个过程中，并不是每一个动词都会成为一个职责，几个动词可能组成一个职责，最终选择的一些职责可能并没有出现在最初的职责中。可参考以下 5 个指导原则给类分配职责。

① 系统的职能应分布在所有类中以求最佳地满足问题的需求。

② 对每个职责的描述应尽可能具有一般性。

③ 信息和与之相关的行为应放在同一个类中。

④ 某个事物的信息应局限于一个类中而不要分布在多个类中。

⑤ 职责应由相关类共享。例如，管理员、教师、学生都有登录的功能，操作时都要验证身份状态。

在完成类的职责分析后，就根据这些职责及其交互关系明确协作关系。如果为了实现某个职责需要发送任何消息给另一个对象，我们就说这个对象和其他对象有协作。类有一种或两种方法实现其职责：使用其自身的操作，使用其他类的操作。

如果类本身能够实现自身的每个职责，则不需要协作；如果不能，那么需要与其他类交互，就要有协作。此时可以通过用例场景（系统对用户请求或事件做出响应时完成的一个事务或相关操作序列），对于每一个用例，明确交换的对象和消息。在这个过程中，参与的人可以通过角色扮演的方式，在沟通交互中体现每一个类的职责与协作。

（3）当开发出完整的 CRC 卡片后，利益相关者（开发人员、领域专家）在一起按如下程序进行评审。

① 所有参加评审的人员分配一部分 CRC 卡，但每个评审员不得有两张存在协作关系的卡片。一张卡就表示类的一个实例。卡片摊开放在桌面上。

② 把所有的用例场景（以及相关的用例图）作为参考资料备用。

③ 评审组长阅读用例。当组长发现一个命名对象时，给拥有相应类索引卡的人员一个令牌；当前令牌的持有者朗读索引卡上的职责；评审组讨论确定职责（一个或多个）是否满足用例要求，把职责分配到合适的类中，如果有必要，修改 CRC 卡，更新职责和协作类。

④ 评审组长继续阅读用例和分配令牌,直到用例中所有对象遍历完毕。

在系统分析中应遵循如下的经验法则(Rules of Thumb)。

(1) 最小化系统内各个组成部分间的关联。

(2) 关于基础和其他非功能的模型应推迟到设计阶段再考虑。

(3)"不要陷入细节",即不要试图解释系统将如何工作。

(4) 尽可能保持模型简洁,保证模型有用。

(5) 确认需求为所有利益相关者都带来价值,利益相关者是那些对将要开发的系统有直接的兴趣或者直接从中获益的人。

2.2 质量需求分析

在软件开发中,会遇到两种不同哲学理念的质量:符合性质量和适用性质量。符合性质量主要关注于实现的问题,指一组固有特性满足规定要求的程度;适用性质量关注用户体验,指一组固有特性满足使用要求的程度。设计产品的目的在于服务客户,为客户带来价值。"合格的产品 + 好的质量 + 按预算和进度安排交付"形成了客户满意度。

由于目标系统的质量往往是一种隐式需求,从而造成质量往往在设计决策的早期被忽略。下面的案例展示了程序的正确性、响应时间等软件系统的质量影响了机动车驾驶员的生产和生活。

ETC是电子不停车收费系统(Electronic Toll Collection)的简称。在很长一段时间里,它只是司机高速缴费时可选择的通道之一。2019年年底,全国ETC系统开始升级改造,目的是减少甚至取消人工收费口,降低拥堵。某司机在上海一家汽车工厂工作,G60沪昆高速从新桥主线收费站至松江收费站路段,他隔三岔五就会跑一趟。地图显示这段路程约为11km,按照此前的收费规则,单次通行需交10元过路费,ETC用户打九五折。但2020年1月1日之后,一趟高速路下来,银行扣费短信动辄四五条,费用也忽高忽低,有时候8元多,有时候11元多。在媒体报道中,还有"400km收费1312元""550km收费3870元"的夸张案例,甚至有车主在高速收费口被收约17万元过路费。ETC新系统的实施,并未如愿改善拥堵现象,有些地方甚至堵得更严重了。某研发人员说,ETC系统是赶工做出来的,方案设计得不好,以至于在后来的需求发展中,代码质量越来越低,只能为了实现功能而写,不考虑维护和复用性。"前期留的坑太多,所以工作量大"。(案例来源:未来汽车日报,2020年1月21日。有删节。)

质量是产品的固有属性。从用户观点看,如果产品达到预期目标,就显示出质量;从制造商观点看,如果产品符合规格说明,就显示出质量。

软件质量可以这样定义:在一定程度上应用有效的软件过程,创造有用的产品,为生产者和使用者提供明显的价值。

有效的软件过程为生产高质量的软件产品奠定了基础。通过过程管理进行确认和验证,以避免项目混乱。开发人员分析问题、设计可靠的解决方案是生产高质量软件的关键所在。最后,诸如变更管理和技术评审等普适性活动与其他部分的软件工程活动密切相关。

有用的产品是指交付最终用户要求的内容、功能和特征。但最重要的是，以可靠、无误的方式交付这些东西。有用的产品总是满足利益相关者明确提出的那些需求，另外，也要满足一些高质量软件应有的隐性需求，例如易用性、可用性等。

通过为软件产品的生产者和使用者增值，高质量的软件为软件组织和最终用户群体带来了收益。软件组织获益是因为高质量的软件在维护、改错及客户支持方面的工作量降低了。用户群体也得到增值，因为应用系统提供有用的能力，在某种程度上加快了一些业务流程。最后的结果是：①软件产品的收入增加；②当应用系统支持业务流程时，收益更好；③提高了信息可获得性，这对商业来讲是至关重要的。

McCall 等人于 1977 年提出的软件质量分类模型将质量因素分为三类：产品运作(Product Operation)、产品修改(Product Revision)和产品交付(Product Transition)，如图 2-4 所示。

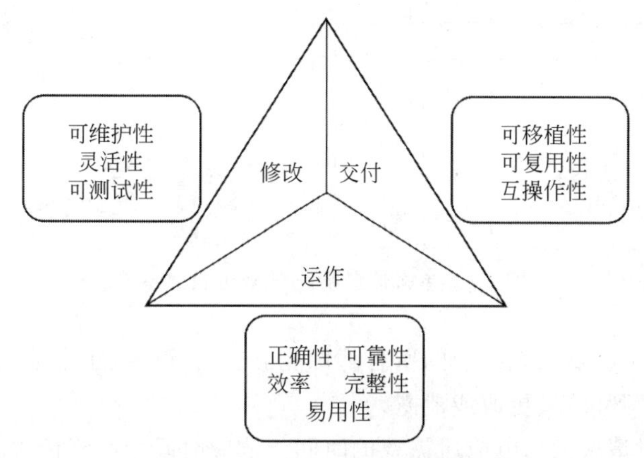

图 2-4 McCall 软件质量模型

正确性(Correctness)是指对于任意有效的输入经过有限步骤运算得到正确的输出，即完成预期功能的程度。

可靠性(Reliability)分为成熟性、容错性和易恢复性。成熟性是指为避免软件自身的缺陷而导致软件失效的能力；容错性指在出现故障或无效接口操作情况下软件维持规定性能级别的能力；易恢复性指软件重建规定的性能级别和恢复受影响数据的能力。

效率(Efficiency)指为了完成预期功能，软件对硬件资源的使用情况，包括 CPU、存储器等。时间复杂度和空间复杂度就是对效率的度量。

完整性(Integrity)指控制系统的任何组成部分未经授权访问的能力。访问指的是读、写或执行。

易用性(Usability)指软件易于使用的程度。《系统与软件易用性 第 1 部分：指标体系》(GB/T 29836.1—2013)中把易用性分解为易理解性、易学性、易操作性和吸引性。

可维护性(Maintainability)指对软件系统进行改正性修改、适应性修改和补充功能的难易程度。

灵活性(Flexibility)指软件系统能够适应输入/输出的变化、业务流程变更的能力。

可测试性(Testability)指对软件进行测试的难易程度。

可移植性(Portability)指软件系统从一个运行环境(硬件、操作系统、网络)迁移到另外一个不同运行环境的难易程度。

可复用性(Reusability)指复用软件系统或其一部分的难易程度。

互操作性(Interoperability)指本软件系统与其他软件系统交换数据和相互调用服务的难易程度。

随着计算模式的演变,软件的形态不断发生变化。一个基于 Web 的信息系统就不同于一个基于单机的信息系统,如图 2-5 所示。基于单机的信息系统部署在一台计算机上,而计算机放置在具有门锁的房间内,房间又处于有门卫的楼宇中,楼宇又处于有围墙有警卫的院落中。而基于 Web 的信息系统与互联网连接,没有了房间、楼宇、院落等物理屏障,首先面临的就是安全性。

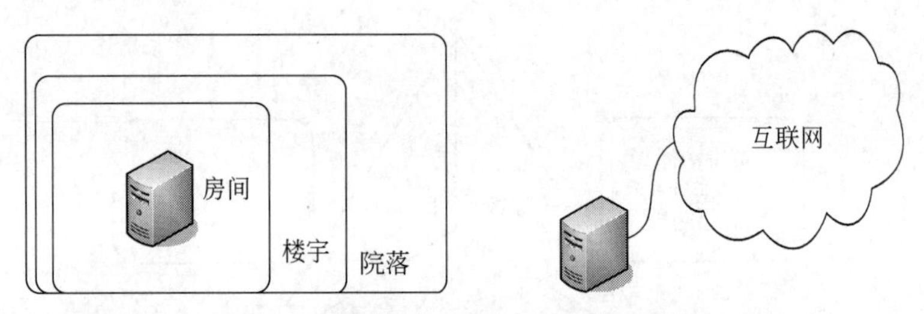

图 2-5 单机信息系统与 Web 信息系统

安全性(Security)要求系统中的所有部件能够连续、可靠、正常地运行,信息不因任何偶然或恶意行为遭到破坏、更改或泄露。

响应时间指对请求做出响应所需要的时间。响应时间=网络传输时间+应用服务器处理时间+数据库服务器处理时间。性能测试时系统响应时间按 2-5-10 原则划分。当用户能够在 2s 以内得到响应时,会感觉系统的响应很快;当用户在 2~5s 得到响应时,会感觉系统的响应速度还可以;当用户在 5~10s 得到响应时,会感觉系统的响应速度很慢,但是还可以接受;而当用户在超过 10s 后仍然无法得到响应时,会感觉系统糟透了,或者认为系统已经失去响应。

系统用户数指系统注册的用户数量,如一个 OA 系统,注册使用该系统的用户总数是 1000 个,那么这个数量就是系统用户数。

并发用户数指在一定的时间范围内同时在线的用户数。并发用户数有两个度量:并发用户平均数和峰值。

并发用户平均数 C 可用如下公式计算。

$$C=\frac{nL}{T}$$

其中,n 是平均每天访问用户会话数(Login Session);L 是一天内用户从登录到退出的平均时长;T 是允许登录和退出的有效时间范围,如早 9 点到晚 5 点共 8h。并发用户数峰值约等于 $C+3\sqrt{C}$,该公式遵循泊松分布。假设某系统有 3000 个用户,平均每天有 400

个用户要访问该系统(可以从系统日志中获得),对于一个典型用户来说,一天之内用户从登录到退出的平均时间为4h,而在一天之内,用户只有在规定的8h之内会使用该系统。那么,并发用户平均数为$C=400\times 4\div 8=200$。并发用户数峰值为$C'=200+3\times\sqrt{C}=243$。运维人员比较关心这个度量。

每秒钟请求数(QPS)指1s内接受并处理完毕请求的数量。计算方法:完成请求的数量÷完成请求所花费的时间(s)。工程师说"每秒并发2000"指的是QPS=2000。

由于Web信息系统直接面临互联网用户,并发用户量、在线事务量、数据负载都是不确定的。例如,中国铁路客户服务中心12306官网的单日会话量峰值达到1577.8亿次。需求应确定Web应用和其他服务器环境如何响应不同的负载条件,包括:并发用户的数量(N)、每单位时间的在线事务数量(T)、每次事务服务器处理的数据负载(D)等。这些度量综合起来构成吞吐量:吞吐量$=N\times T\times D$。

对于一个成功的Web应用,所有组成部件,包括存储系统、数据库、应用等都应能够应付规模的增长,如增加CPU、增加服务器等。集群、负载均衡都是为了解决规模增长问题,这称为系统的"可伸缩性(Scalability)"。

质量属性间可能会冲突,在方案设计时应当权衡。例如,随着并发数增大,单个用户的响应时间通常会随之增加。这很好理解,餐馆吃饭的人越多,单个顾客等待的时间就越长。应把隐式质量需求明确地表达出来,例如,平均响应时间在1ms以内,99.9%的响应时间必须在1ms之内,100%的请求成功。

思 考 题

1. 面向对象分析的一般过程是什么?
2. 应用"名词-动词分析"确定图书借阅管理的类模型。
3. CRC卡中包含哪些项目?建立完整的试卷管理的CRC卡并进行评审。
4. 解释McCall软件质量模型。
5. 解释软件系统的安全性。
6. 如何度量可用性?

第3章 面向对象设计

软件系统离不开硬件系统，一个基于计算机的系统离不开使用该系统的客户和整个社会。所有这些元素：硬件设备、操作系统、网络、应用系统、业务过程、各种机构和社会形成了复杂的“社会技术系统”，如图3-1所示。这个系统的建立、维护是一个系统工程问题。软件工程只是整个社会技术系统中的一部分。

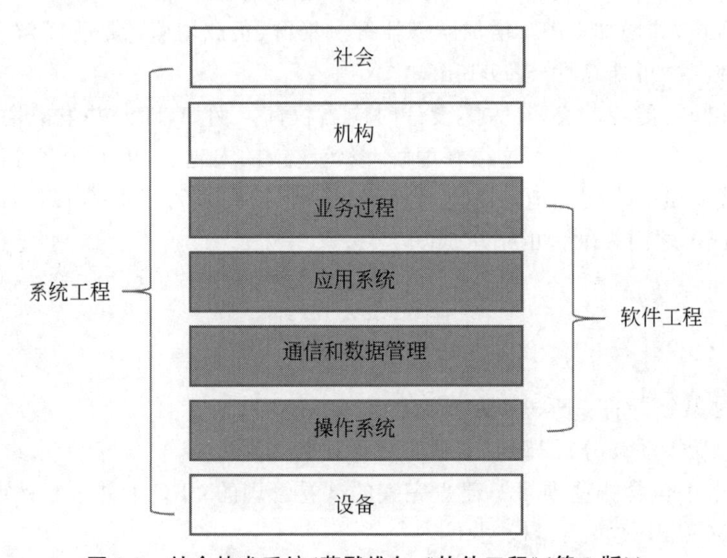

图3-1 社会技术系统(萨默维尔，《软件工程》(第9版))

处于社会技术系统中的软件设计应当展示坚固性(Firmness)、适用性(Commodity)和愉悦(Delight)，以满足“社会性”要求。坚固性指程序不应含有缺陷；适用性指程序应当满足其愿景；愉悦指用户体验应当是愉悦的。

软件工程中的设计包括类/数据设计、体系结构设计、接口设计和组件设计。类设计是对分析模型中的类模型进行补充和修订；体系结构设计定义软件主要构造元素之间的关系；接口设计描述软件与协作系统之间、软件与用户之间如何进行交互；组件级设计对软件组件进行过程性描述。所以，设计过程就是把分析模型映射到设计模型的过程，如图3-2所示。

分析模型中包括从功能、结构和行为三个方面描述的系统逻辑模型，如果有必要，还可以包括面向数据流的模型。分析模型是软件开发者与客户沟通的结果，也是软件设计者的出发点，所以分析模型是需求与设计之间的桥梁。由于概念的一致性，面向对象的分

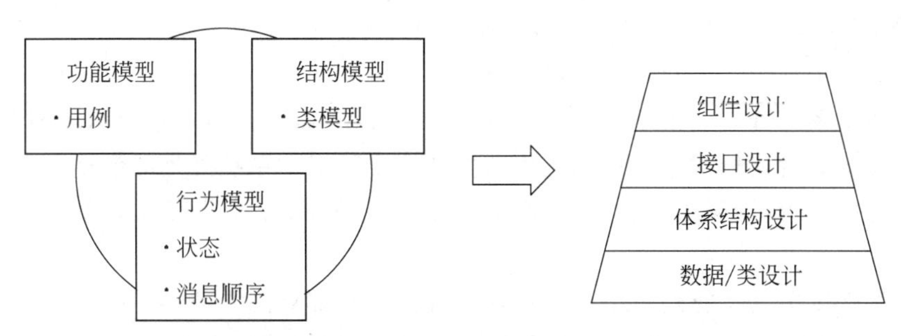

图 3-2　从分析模型到设计模型的映射

析与设计是一个无缝衔接和过渡的过程。

软件体系结构(Architecture)也称为架构、构架，是计算组件以及组件之间的交互。这里的组件可以是子系统、框架等。

一个复杂的软件系统，往往分解成若干个子系统，以完成相对独立的功能。多个子系统相互配合满足整个系统的需求。一个大型企业往往部署了多套系统，通过系统间的互操作，把这些业务系统集成起来，就形成了“集成系统”。子系统的基本组成单元是类，一组相关的类通常被组织在类库中。

框架(Framework)是一个半成品，是一个可实例化的、部分完成的软件子系统，为构造完成的系统提供了基础设施。在面向对象的环境中，框架由接口、抽象类和实现类组成。所以，从设计角度看，框架是一组相互协作的类，是形成某类软件的可复用的设计。开发者通过继承框架类中的类和组合其实例来定制该框架以得到特定的应用。框架也是按照一定的架构开发的。

类库是类的集合，有些类之间可能是相互独立的。框架中的类并不是孤立的，存在协作关系。

软件架构设计的内容包括：规划目标系统的子系统，为子系统分配不同的职责，并使这些子系统通过协作完成功能需求；深入研究预测运行期间系统应满足的质量需求，如响应时间、吞吐量、并发、负载、可用性等运行时刻质量属性，制定相应的设计决策；为满足目标系统可测试性、可维护性、可扩展性、可复用性等开发时期质量属性，做出相应设计决策。约束也是一类特殊的需求，带有一定的强制性，架构的设计决策应满足这些限制。

针对不同的需求类型，产生不同的架构视图，如图 3-3 所示。

逻辑架构
(功能需求)
数据架构
(数据需求)
物理架构
(部署需求)
运行架构
(质量需求)
开发架构
(质量需求)

图 3-3　架构视图

逻辑架构关注于业务功能需求，即目标系统的行为以及目标系统行为的分解。逻辑架构关心的是如何将系统分解为弱耦合的不同部分以及各部分之间如何交互，也就是规定软件系统由哪些宏观逻辑元素组成以及这些逻辑元素之间的关系。逻辑元素有层、子系统、模块等。关系包括交互接口和交互机制等，如使用JDBC中间件连接数据库服务器、使用消息中间件Kafka等。

数据架构关注于持久化数据的组织、传递、复制和同步等策略。侧重于从业务数据流的角度描述本系统数据与上下游系统数据之间的关系,以及针对本系统承载的业务处理,设计了哪些与关键实体对象对应的实体数据表。要明确本系统处理的数据在整个业务数据流链条上的位置,说明数据初始化方式、数据冗余策略、分库分表方法和数据库备份方案等。

物理架构则关注于将通过编译的目标系统安装和部署到服务器、网络、嵌入式设备等硬件设备上,建立软件单元和硬件单元的映射。物理架构关注系统分为几部分、各个部分如何进行物理部署;部署系统各个部分之间的各服务器的协作关系;明确硬件服务器的型号、数量等配置,如多核数目、内存容量、硬盘热插拔、网络端口数及网络带宽要求,软件方面对操作系统的类型、版本要求,服务器软件版本要求、参数的调优设置,各个软件之间的协同配置等;明确整体部署的网络区域,如外联区、DMZ区或内网区等。物理架构还关注可用性、可伸缩性、安全性等质量因素,需要描述清楚通过怎样的集群或热备部署保证可用性、系统做了何种设计或优化以满足伸缩性要求、设计了何种校验机制保障安全。每类非功能性应能够追溯到需求,与业务实际相匹配。

开发架构关注于软件的可扩展性、可移植性、可复用性、可测试性等质量属性,从技术的角度描述本系统在实现过程中用到的关键技术、核心技术组件,包括成熟商业套件以及开源技术产品。架构中的元素包括源文件、配置文件、包、第三方类库等。在程序员看来,开发架构就是基于什么框架。可复用性是技术架构的关键,无论是历史遗留组件还是开源框架,都是复用。要说明类库的版本、功能、适用场景。如果是商业套件,需要说明使用限制、升级支持等;如果是开源框架,需要说明开源协议要求。通过描述所有与外部系统的接口定义系统与外部系统之间的外部接口关系。详细说明每一个外部接口的名称(如××消息推送接口)、所交互的系统名称(如一卡通系统向kafka推送消息)、交互方式(如Web Service)、交互风格(如RESTful风格)、通信方式(如异步)、接口描述(如一卡通系统通过此接口从kafka中获取××业务数据)。

运行架构则关注易用性、响应时间、负载等质量属性。

软件架构设计从大局着手,就技术方面重大问题做出决策,构造了一个具有一定抽象层次的解决方案,而没有深入到细节,从而控制了"技术复杂性"。有了架构设计,不同的开发小组就可以在不同的子系统上按照子系统间的契约并行开发,形成了大规模开发的基础。负责界面开发的团队只需研究用户界面工具包,而不必关心负责数据库访问的SQL语句如何设计;数据库开发人员不再关心界面如何设计,而只需按照约定的应用程序接口设计程序。

3.1 软件体系结构风格

风格是事物的形态特征,是文化、思想的表征。软件体系结构风格定义了组件和组件连接的策略。针对复杂系统的体系结构,先后形成了Layer和Tier两种基本风格。Layer风格面向同族系统,形成紧密的垂直访问体系;Tier风格面向异族系统,形成松散的水平协作体系。另外，还有面向服务的体系结构风格等。

3.1.1　Layer 风格

Layer 风格是面向同族系统的一种软件体系结构风格。所谓同族系统，指内部各个层次之间的关系对外部系统来说是透明的。外部系统只能与该系统的顶层交互。Layer 风格也可称为垂直型层次风格。

垂直型分层结构是一种广泛应用的软件体系结构风格。各个子系统按照层次的形式组织，上层访问下层的各种服务，而下层对上层一无所知。每一层都对自己的上层隐藏其下层的细节。一般是下层为上层提供服务，而且一般不会跨层服务。操作系统的设计就采用了分层架构，如图 3-4 所示。其中定义了一系列不同的层次，每个层次各自完成操作，这些操作逐步接近机器的指令集。在最外层，图形用户界面、命令行窗口等程序完成用户界面的操作，与用户交互；浏览器、字处理软件、图像处理软件等应用软件形成应用程序层；用户通过界面访问应用程序。应用程序访问通过操作系统提供的预定应用程序接口(API)完成存盘、网络传输等功能；而这些 API 则通过核心代码与硬件交互。

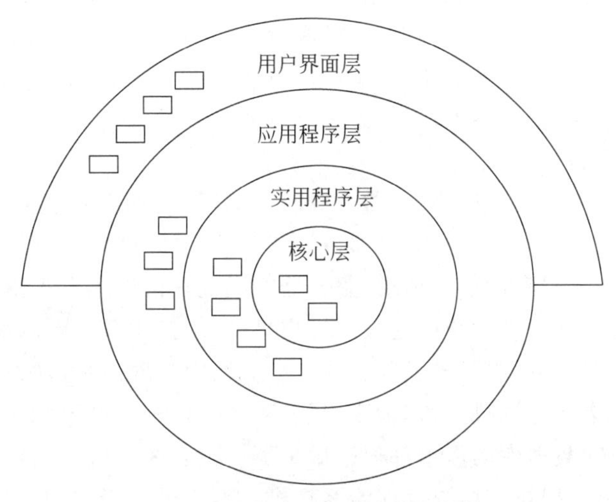

图 3-4　操作体系的层次体系结构

TCP/IP 协议簇是互联网中基本的协议，设计为一个四层的体系结构：应用层、传输层、网络层和数据链路层。应用层的主要协议有远程登录(Telnet)、文件传输协议(FTP)、简单邮件传输协议(SMTP)等，是用来接收来自传输层的数据或者按不同应用要求与方式将数据传输至传输层；传输层的主要协议有传输控制协议(TCP)、用户数据报协议(UDP)，可以实现面向连接的或无连接的端到端数据传输；网络层的主要协议有网际报文控制协议(ICMP)、网际协议(IP)、互联网组管理协议(IGMP)，主要负责网络中数据包的传输路径选择等；而网络访问层，也叫网络接口层或数据链路层，主要功能是提供点到点的链路管理等。例如，地址解析协议(ARP)、反向地址解析协议(RARP)用来管理 IP 地址和物理地址映射。图 3-5 以应用层协议(FTP)为例，展示了这四个层次之间的关系：FTP 客户端将数据打包成报文交给 TCP；TCP 建立目标进程的连接，将报文拆分成

“包”交给 IP 存储转发；IP 层再根据数据链路层协议将包封装到数据帧中传递给下个节点。目标计算机接收数据帧，恢复成 IP 包再交给传输层。等所有包到齐后传输层恢复给 FTP 完整的报文。

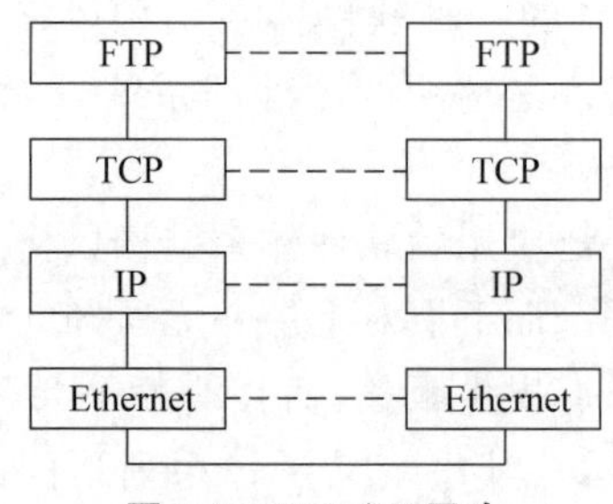

图 3-5　TCP/IP 层次

3.1.2　Tier 风格

Tier 风格是面向异族系统的一种体系结构风格。异族系统指系统中各个子系统之间的关系对外部系统来说是不透明的，外部系统可以与任何子系统交互。Tier 风格一般采用水平型层次以体现这种松耦合的特征。Tier 风格的案例包括客户机/服务器、三层体系结构风格、浏览器/服务器等。

1. 客户机/服务器

客户机/服务器体系结构风格中，整个软件系统分解成两种角色：客户机和服务器。客户机和服务器一般是多对一的关系，即 N 个客户机访问 1 个服务器。用户仅与客户机交互，由客户机向服务器发出访问请求，服务器响应客户机请求完成相应功能。

基于局域网的管理信息系统广泛采用客户机/服务器体系结构，例如，会计核算系统、工资管理系统。一般来说，服务器上部署的一个数据库管理系统，称为数据库服务器。业务处理程序部署在桌面计算机上，作为客户机；若干客户机通过局域网与数据库服务器连接。客户机所有访问数据库的需求都通过服务器完成：客户机发出请求(SQL 语句)，服务器接收请求并执行，把执行结果返回给客户机。客户机/服务器架构如图 3-6 所示。

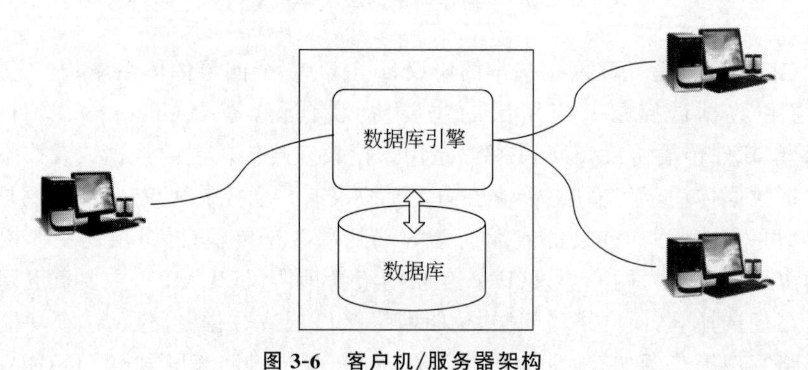

图 3-6　客户机/服务器架构

客户机和服务器实际上是角色的名称。服务器可能指具有接收和处理请求能力的计算机硬件，也可能指进程。客户机也未必一定是一台计算机，也可能是一部手机、一个嵌入式设备,或者一个进程。为了一般起见,后面不再使用“客户机”,而使用“客户端”或者简单将其简称为“客户”。最简单、最常见的客户/服务器体系结构有多个客户端和一个服务器,如图 3-7 所示,称为多客户端-单服务器架构。

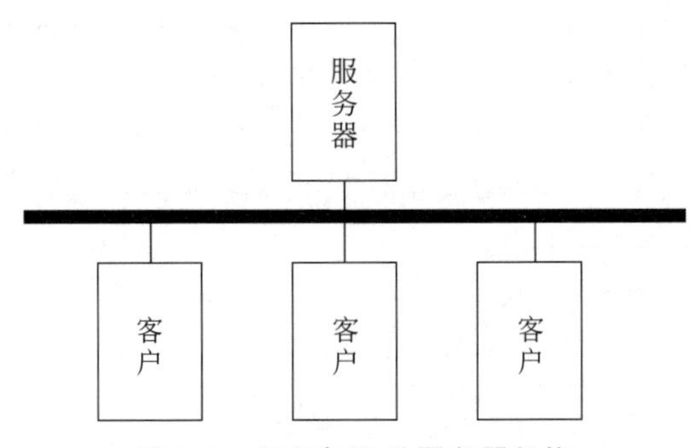

图 3-7　多客户端-单服务器架构

在 TCP/IP 的应用层协议中,FTP、SMTP、HTTP 等都是多客户端-单服务器体系结构风格。

客户/服务器体系结构中允许有多个服务器,每个客户端允许与多个服务器通信,同时服务器之间也允许通信,形成“多客户端-多服务器”架构,如图 3-8 所示。

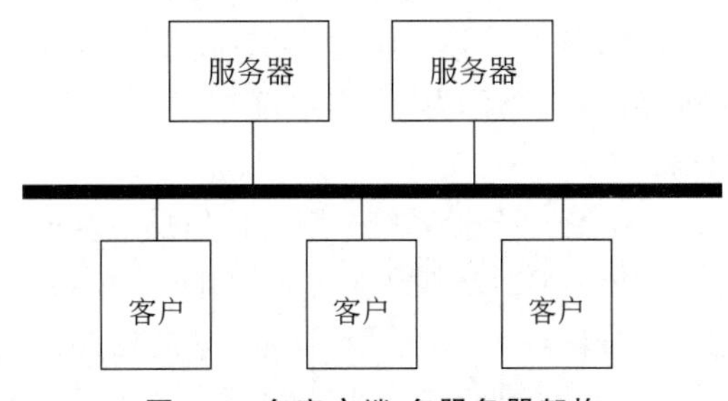

图 3-8　多客户端-多服务器架构

客户端与服务器之间的通信方式有:同步消息通信、异步消息通信、中介模式等。

“请求/响应”通信方式是一种典型的同步消息通信:客户端向服务器发送消息并等待回复。单个客户端和单个服务器之间不需要消息队列,在多客户端和单服务器情形中,服务器端会有一个消息队列。

在异步消息通信模式中,客户端向服务器发送消息后并不等待回复,继续做自己的事情;如果消息到达服务器而服务器正忙,则消息进入等待队列。

如果客户/服务器体系结构中,客户能够承担服务器角色,服务器也能承担客户角色,则形成了对等体系结构风格。

在多对多的客户/服务器体系结构中,有很多服务器提供多种服务,客户可能知道使用哪个服务但是不知道需要的服务在哪里,中介模式即可解决这类问题:客户端首先向中介发送服务请求;中介查询服务的位置并将请求转发;服务器处理请求并将结果回复给中介;中介再把回复转发给客户。

如果客户端知道请求的服务类型而不是特定的服务实例,那么可以使用服务发现通信模式。在这种模式中,客户端发送一个查询请求给中介,请求给定类型的所有服务,中介回复一个服务清单;客户端从中选择一个服务,然后与服务器直接通信。

2. 浏览器/服务器

当 Web 中的服务器不仅能够响应浏览器发出的页面、图片、文件、视频、音频等静态资源请求时,还能够响应浏览器对服务器端脚本的请求时,那么在这种服务器上就能够部署完成应用功能的代码,形成基于 Web 的应用。这种应用的特点是:浏览器是统一的客户端,对业务逻辑的处理主要集中在服务器上,只需部署一次,如图 3-9 所示。

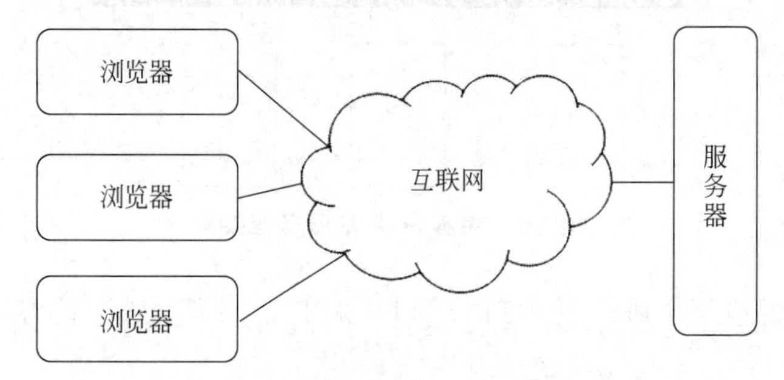

图 3-9 浏览器/服务器架构

浏览器也是一种客户端。由于客户机/服务器体系中的客户端既负责用户界面,又负责应用逻辑,承担较多的责任,所以一般把将客户机/服务器体系中的客户端称为"胖客户端";而浏览器只负责人机界面,所以称为"瘦客户端"。

3. 三层体系结构风格

三层(3－tier)体系结构中有三个子系统:用户接口层(User Interface Layer,UI),业务逻辑层(Business Logic Layer,BLL)和数据访问层(Data Access Layer,DAL)。用户接口层也称为表现层。这种划分体现了"高内聚,低耦合"的思想。用户接口层负责与用户交互,包括表单、脚本、样式等元素;业务逻辑层包含实体对象和控制逻辑,完成业务功能;数据访问层实现对象的持久化和查询。该层直接操作数据库,对数据增添、删除、修改、更新、查找等,如图 3-10 所示。

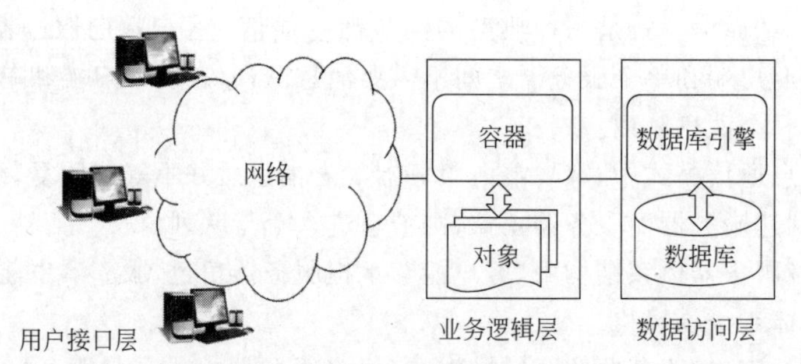

图 3-10 三层体系结构

注意这里的层是 tier 而不是 layer,tier 指的是子系统之间的独立性,每个子系统都是可替换的。每一层之间通过变量或对象作为参数传递数据,这样就构造了三层之间的联系,完成了功能的实现。

图 3-11 展示了现实生活中的三层架构到软件体系结构的映射。在饭店就餐服务业务中，服务员只负责接待客人；厨师只负责烹饪客人点的菜；采购员只管采购食材。顾客直接和服务员（UI）打交道，顾客和服务员说：我要一个醋溜土豆丝。服务员就把请求传递给厨师（BLL），厨师需要土豆，就把请求传递给采购员（DAL），采购员从仓库里取来土豆传回给厨师，厨师切丝炒菜装盘后，传回给服务员，服务员把菜品上桌呈现给顾客。在此过程中，土豆作为参数在三层中传递。这个模型的最大好处就是各层之间耦合度很低，每一层的变化不影响其他层以及整个业务。例如，更换服务员不会影响厨师。

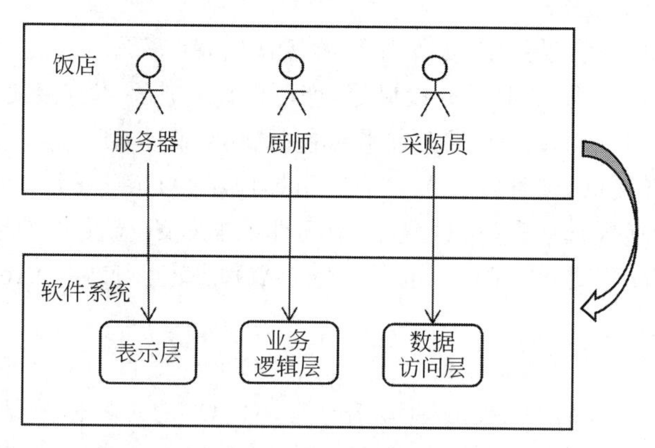

图 3-11　现实世界中的三层架构

再例如，天气预报的手机 APP 首先通过数据访问层得到温度、空气污染指数（API）等数据；业务逻辑层按照一定的逻辑进行处理，如把 API 值映射到“优”“良”“轻度”等状态；用户接口层则以图形、图标、颜色等形式显现给用户，如图 3-12 所示。

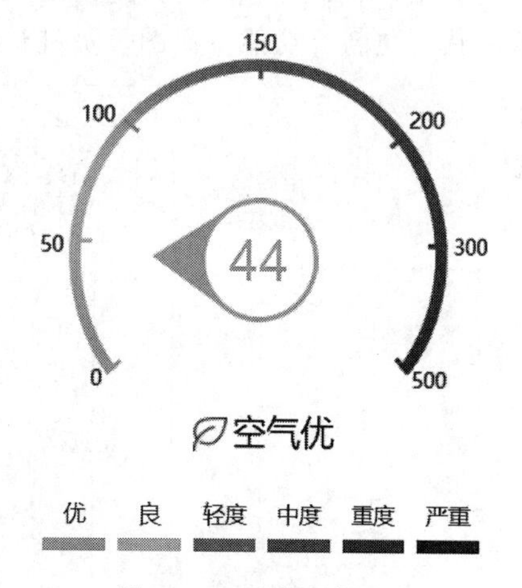

图 3-12　天气预报 APP

三层体系结构必须通过中间层完成，有时会导致级联的修改，对系统的性能有负面影响。如果在用户接口层中需要增加一个功能，为保证其设计符合分层式结构，可能需要在相应的业务逻辑层和数据访问层中都增加相应的代码，从而也会影响可维护性。

4. 四层体系结构

四层体系结构由表示层、请求处理层、业务逻辑层和数据访问层组成，如图 3-13 所示。

表示层是负责终端上的界面渲染并显示的层，当前主要技术包括 Java 脚本、HTML、样式表等；请求处理层（Web 层）主要负责对访问请求进行转发，对各类基本参数校验，或者对业务进行简单处理等；业务逻辑层（Service 层）是相对具体的业务逻辑服务层；数据访问层（DAO 层）与 MySQL、Oracle、HBase 等进行数据交互。

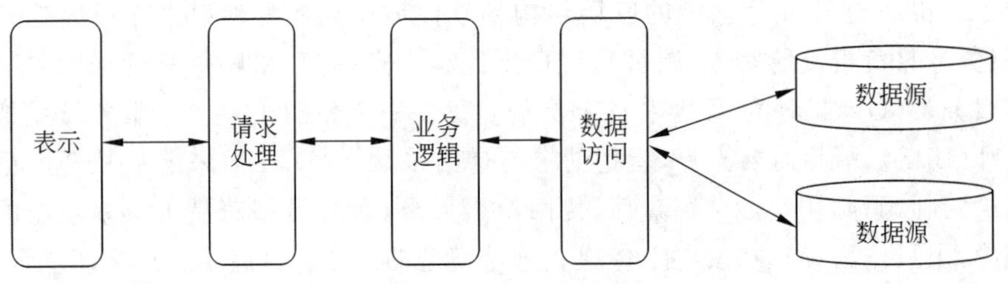

图 3-13　四层体系结构

这种分层的结构很容易扩展，如增加开放接口层，把 Service 方法封装成远程过程调用(RPC)接口或者封装成 Web 服务接口等，就可以让其他系统直接使用业务逻辑层的功能和接口。若要访问外部接口或第三方平台包括其他部门 RPC 开放接口、基础平台、其他公司的 Web 服务接口，则可以引入一个通用处理层(Manager 层)对第三方平台封装，处理返回结果及转换异常信息，通过缓存、中间件增加对 Service 层的通用能力。这样，通用处理层向业务逻辑层提供了服务，也可以与 DAO 层交互，使用 DAO 层的服务。

3.1.3　模型-视图-控制器

模型-视图-控制器(Model-View-Controller，MVC)是一种体系结构风格，如图 3-14 所示。视图是用户看到并与之交互的界面。对 Web 应用程序来说，视图就是由 HTML 元素组成的界面。当用户单击 Web 页面中的超链接或者提交 HTML 表单时，控制器负责接收请求，但本身不输出任何东西和做任何处理，它只是接收请求并决定调用哪个模型处理请求，然后再确定用哪个视图显示返回的数据。所以，在 MVC 中，模型提供了要展示的数据，以及访问数据的行为，是领域模型。也就是模型提供了模型数据查询和模型数据的状态更新等功能。视图负责进行模型的展示，一般就是用户界面。控制器负责接收

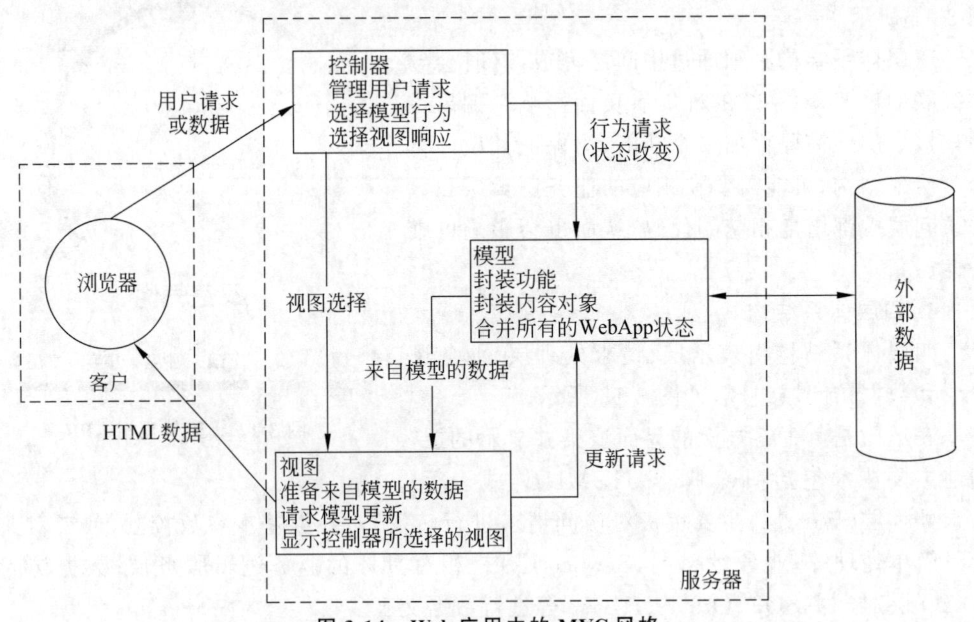

图 3-14　Web 应用中的 MVC 风格

用户请求，委托给模型进行处理，处理完毕后把返回的模型数据返回给视图，由视图负责展示。也就是说，控制器承担调度员角色。

下面使用一个简单的例子进行说明。假设有如下JSP界面。

```
<html>
<head>
    <title>Menu</title>
</head>
<body>
    <a href = "${pageContext.request.contextPath}/AddServlet">列表</a><br>
</body>
</html>
```

这个页面就是一个视图。当用户在Web页面上单击“列表”超级链接时，这个请求就发送给了控制器ListServlet，这个Servlet控制器定义如下。

```
@WebServlet("/ListServlet")
public class ListServlet extends HttpServlet {
    //…
    protected void doGet(HttpServletRequest request
    , HttpServletResponse response) throws ServletException, IOException {
        request.getRequestDispatcher("/WEB-INF/jsp/list.jsp")
                .forward(request, response);
    }
    //…
}
```

该控制器是通过继承HttpServlet实现的，其中的doGet()方法把请求转发给了list.jsp，这就是“选择视图响应”。list.jsp页面通过DbAccess访问数据库，向模型发出“更新请求”，模型访问数据库，返回结果是实体Professor类的对象，这些对象由容器professors管理。JSP把“来自模型的数据”遍历后，逐个在浏览器中显示所有对象，即把“HTML数据”发送给浏览器渲染。

```
<html>
<head>
    <meta http-equiv= "Content-Type" content= "text/html; charset= UTF-8">
    <title>列表</title>
</head>
<body>
<h1>Professors</h1>
<%
    for (Professor p : DbAccess.professors) {
        out.println(p);
        out.write("<br>");
    }
```

```
%>
<br>
</html>
```

3.1.4 面向服务的架构

面向服务的架构(Service-Oriented Architecture,SOA)是由若干自治的服务组成的分布式软件体系结构。各个服务可以运行在不同平台上,可以用不同的语言实现。通过标准的协议注册、发现和协调服务。SOA 是一种粗粒度、松耦合的服务架构,服务之间通过简单、精确定义的接口进行通信,不涉及底层编程接口和通信模型。

尽管面向服务的架构在概念上与平台无关,但是 Web 服务的技术是面向服务架构的成功实现。从客户角度看,Web 服务是部署在 Web 上的对象,具备完好的封装性、松散耦合、自包含、互操作、动态、独立于实现技术、可集成、使用标准协议等特征。从实施角度看,Web 服务把资源、计算能力提供给用户,需要以服务的形式完成,Web 服务是 Web 上可寻址的应用程序接口。如果把 Web 服务看作类库,那么类库不是位于本地的,而是位于远程机器上。从设计角度看,Web 服务通过 WSDL 描述,通过 SOAP 访问,在注册中心发布,从而使客户可以搜索并定位到该服务。在 Web 服务体系结构中有三个角色:服务提供者(Service Provider),服务请求者(Service Requester)和服务中介(Service Broker),图 3-15 显示了它们之间的关系。

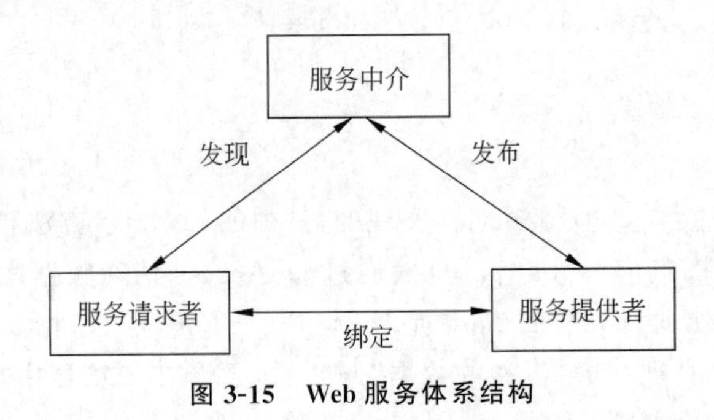

图 3-15 Web 服务体系结构

Web 服务提供者创建服务,发布 Web 服务,并且对服务请求进行响应。Web 服务请求者也就是 Web 服务功能的消费者,它通过 Web 服务中介查找到所需要的服务,再向 Web 服务提供者发送请求以获得服务。Web 服务中介,也称为服务代理,用来注册已经发布的 Web 服务,并对其进行分类,提供搜索服务,把一个 Web 服务请求者和合适的 Web 服务提供者进行匹配。

在这个架构中有三种操作:发布、发现和绑定。通过发布操作,可以使 Web 服务提供者向 Web 服务中介注册自己的功能以及访问的接口。发现(查找)使得 Web 服务请求者可以通过 Web 服务中介查找所需的 Web 服务。绑定就是实现让服务请求者能够使用服务提供者提供的服务了。

Web 服务架构中用到的协议、语言和规范有 UDDI、WSDL、SOAP、XML、HTTP 等。

UDDI是统一描述、发现和集成(Universal Description, Discovery, and Integration)的缩写。它是一个基于XML的跨平台的描述规范,可以使世界范围内的企业在互联网上发布自己所提供的服务。WSDL(Web Services Description Language,Web服务描述语言)是一个基于XML的关于如何与Web服务通信和使用的服务描述语言。简单对象访问协议(SOAP)是一种轻量的、简单的、基于XML的协议,可以和现存的许多因特网协议结合使用,包括超文本传输协议(HTTP)、简单邮件传输协议(SMTP)、多用途网际邮件扩充协议(MIME)等。

例如,国家气象局可以实时以Web服务的形式公开发布全国各地的天气状况,各种应用系统、手机APP便可以通过这个Web服务来访问到天气状况。

3.1.5 微服务架构

微服务提倡将单一应用程序划分成更小的服务,每个服务运行在独立的自己的进程中,服务之间采用轻量级的通信机制互相沟通(通常是基于HTTP的RESTful API)。每个服务都围绕着具体业务进行构建,并且能够被独立地部署,如图3-16所示。

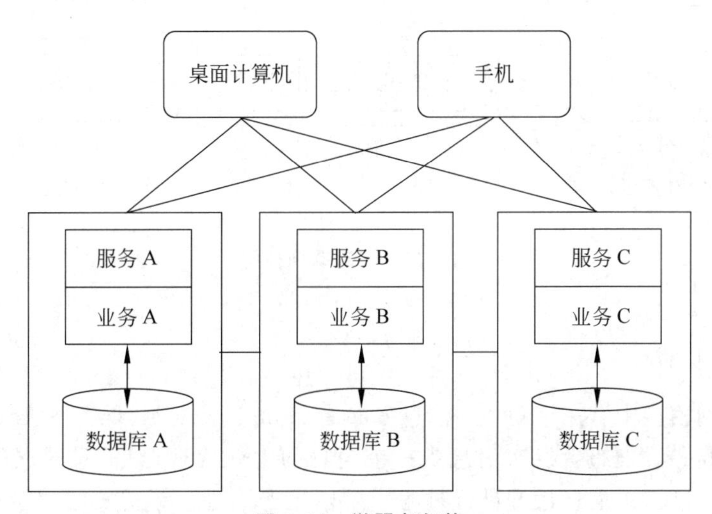

图3-16 微服务架构

在单体式(Monolithic)的架构中,如三层应用,所有的功能打包在一个WAR包里,部署在一个Java EE容器(Tomcat、JBoss、WebLogic等)里,包含数据访问、业务处理和用户界面等所有程序,除了容器基本没有外部依赖。其优点是单点部署,没有分布式的管理和调用代价。但缺点是扩展性不够,无法满足高并发下的业务变更需求。例如,数据库模式被多个应用依赖,无法重构和优化。所有应用都在一个数据库上操作,数据库出现性能瓶颈。开发、测试、部署、维护愈发困难。即使只改动一个小功能,也需要整个应用一起构建和发布。基于微服务架构的设计目的是有效地拆分应用,实现敏捷开发和部署。

3.2 组消息通信模式

分布式系统中相互作用的进程集合称为组。一个发送进程在一次操作中将一个消息发送给组内其他进程的通信，称为组消息通信。组内每个成员都是平等的。进程可以加入或离开组。

3.2.1 消息队列

在消息队列模型中有两种角色：消息的生产者(Producer)和消费者(Consumer)。消息生产者生产消息发送到消息队列中，然后消费者从消息队列中取出并且消费消息。消息从队列中取出被消费以后，队列中不再有存储，所以这个模型中虽然存在多个消费者，但是对一个消息而言，只会有一个消费者可以消费，如图3-17所示。

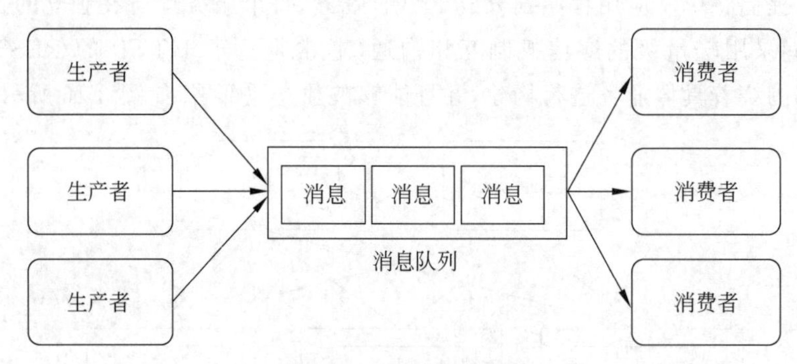

图3-17 消息队列模型

3.2.2 发布/订阅

发布/订阅模型中有三个角色：消息发布者(Publisher)、中介代理(Broker)、消息订阅者(Subscriber)。发布者发布消息到一个消息的中介代理，对消息感兴趣的订阅者向该代理注册和订阅，由消息代理进行过滤。消息代理执行存储转发的功能将消息从发布者发送到订阅者，如图3-18所示。

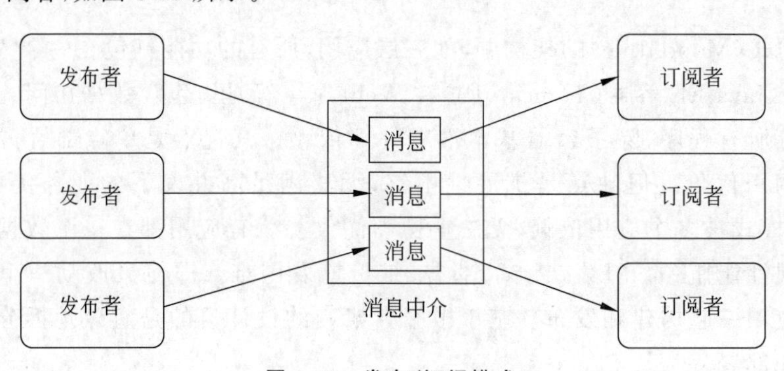

图3-18 发布/订阅模式

在发布-订阅系统中，发布者和订阅者之间不需要互操作；消息的发布者异步地发送到所有对消息感兴趣的订阅者。例如，《读者》杂志社负责出版期刊《读者》，每月发布一刊。但是读者并不直接从杂志社购买，而是通过中国邮政或者其他渠道订阅，一般订阅一年，预交费用。中国邮政则是中介角色，负责接收读者订阅，从杂志社逐月批量获取杂志(消息)，然后按照订阅信息派送到读者手中。

大多数消息系统同时支持消息队列模型和发布/订阅模型，例如，Java消息服务(Java Message Service，JMS)。JMS是一个Java平台中关于面向消息中间件的应用程序接口，用于两个应用程序之间，或分布式系统中发送消息，进行异步通信。

微信订阅号(https://mp.weixin.qq.com/)是一种微信公众号，是为媒体和个人提供的一种"发布/订阅"信息传播方式，主要功能是在微信侧给用户传达资讯，类似报纸杂志，提供新闻信息或娱乐趣事。订阅号认证媒体1天内可群发1条消息。媒体就是"发布者"，而微信订阅号则是"消息中介"，读者通过微信订阅号订阅感兴趣的消息，从而省去了从互联网搜索引擎查找信息的负担。

3.3 设计模式

模式是某种事物的标准形式或使人可以照着做的标准形式。设计模式(Design Pattern)是在软件开发中针对普遍发生的问题而总结的被学术界、企业界和教育界认同的、反复使用的、经过分类编目的代码设计经验。设计模式是在特定环境下为解决某一通用软件设计问题提供的一套有效的解决方案，该方案描述了对象和类之间的相互作用。设计模式的应用提高了代码复用、可理解和可靠的程度。一个设计模式包括以下四个要素。

(1) 名称(Pattern Name)：每一个模式都有自己的名字，起到对该模式的标识作用，方便进行引用。

(2) 问题(Problem)：在面向对象的系统设计过程中频繁出现的特定场景，如在期望系统运行期间希望只有一个实例。设计模式所解决的问题通常是可扩展性等非功能性需求。

(3) 解决方案(Solution)：针对问题所设计的类、类之间的关系、职责划分和协作方式。

(4) 效果(Consequence)：采用该模式对系统的扩充性、可移植性等方面的影响。

例如，适配器模式的描述如表3-1所示。

表3-1 适配器模式

名 称	适 配 器
问题描述	使用客户期望的接口访问遗留类(Legacy Class)，但不期望修改遗留类
解决方案	客户所期望接口的实现类(Adapter)访问遗留类并执行必要的转换
效果	客户使用遗留类工作而无须修改遗留类； 针对不同的客户期望，可设计不同的适配器

与面向对象相关的设计模式分为三类：创建型模式、结构型模式和行为型模式。创建型模式着眼于对象的“创建、组合及表示”。结构型模式着眼于有关如何将类和对象组织和集成起来，以创建更大结构的问题和解决方案。行为型模式解决与对象间任务分配以及影响对象间通信方式的有关问题。

创建型模式有单例模式（Singleton Pattern）、简单工厂模式（Simple Factory Pattern）、工厂方法模式（Factory Method Pattern）、抽象工厂模式（Abstract Factory Pattern）、建造者模式（Builder Pattern）、原型模式（Prototype Pattern）等。

结构型模式有适配器模式（Adapter Pattern）、桥接模式（Bridge Pattern）、组合模式（Composite Pattern）、装饰模式（Decorator Pattern）、外观模式（Facade Pattern）、享元模式（Flyweight Pattern）、代理模式（Proxy Pattern）等。

行为型模式有职责链模式（Chain of Responsibility Pattern）、命令模式（Command Pattern）、解释器模式（Interpreter Pattern）、迭代器模式（Iterator Pattern）、中介者模式（Mediator Pattern）、备忘录模式（Memento Pattern）、观察者模式（Observer Pattern）、状态模式（State Pattern）、策略模式（Strategy Pattern）、模板方法模式（Template Method Pattern）、访问者模式（Visitor Pattern）等。

3.3.1 单例模式

单例模式指一个类有且仅有一个实例，并且自行实例化向整个系统提供。一种常见的实现方案如下面的代码所示。

```
public class MySingleton {
    //静态私有成员变量
    private static final MySingleton instance = new MySingleton();
    //私有构造方法
    private MySingleton() {}
    //静态公共方法
    public static MySingleton getInstance() {
        return instance;
    }
}
```

当类被加载时，静态变量 instance 会被初始化，此时类的私有构造函数会被调用，单例类的唯一实例将被创建。需要该实例的客户通过公共的静态方法 getInstance()获取。

在这个方案中，只要类被加载，实例就会被创建。下面的代码是一种“按需实例化”的设计。

```
public class MySingleton {
    /* 私有构造方法，防止被实例化 */
    private MySingleton() {
    }
    /* 此处使用一个内部类维护单例 */
    private static class SingletonFactory {
```

```
        private static MySingleton instance = new MySingleton();
    }
    /*获取实例*/
    public static MySingleton getInstance() {
        return SingletonFactory.instance;
    }
}
```

在这种设计中，类加载时不会实例化对象 MySingleton。因为第一次调用 getInstance()方法时才加载内部类，初始化在该内部类中定义的静态引用变量 instance，该成员变量只初始化一次。

3.3.2 抽象工厂模式

如果有一组提供相同功能的产品，使用产品的客户只关心产品功能而不关心具体产品的实现细节，当增加新的产品后不愿意修改客户代码，这种场景下适合采用抽象工厂模式。

例如，客户程序需要通过不同方式发送消息：电子邮件或者短信，因此需要一个负责邮件发送的对象(MailSender)和一个负责短信发送(SmsSender)的对象，将来也有可能又需要负责微信发送的对象。

把负责消息发送的对象称为产品，这些产品对客户的接口是相同的；不同的产品使用不同的工厂生产，即创建多个工厂类，这样一旦需要增加新的功能，直接增加新的工厂类就可以了，不需要修改现有的代码。

首先定义产品接口：

```
public interface Sender {
    void send();
}
```

类 MailSender 实现该接口：

```
public class MailSender implements Sender {
    @Override
    public void send() {
        System.out.println("this is a mail sender!"); //此处仅模拟发送行为
    }
}
```

类 SmsSender 也实现该接口：

```
public class SmsSender implements Sender {
    @Override
    public void send() {
        System.out.println("this is a smssender!"); //此处仅模拟发送行为
    }
```

```
}
```

然后定义抽象工厂类：

```
public abstract class Provider{
    Sender produce();
}
```

生产 MailSender 对象的工厂类：

```
public class MailFactory extends Provider {
    @Override
    public Sender produce() {
        return new MailSender();
    }
}
```

生产 SmsSender 对象的工厂类：

```
public class SmsFactory extends Provider {
    @Override
    public Sender produce() {
        return new SmsSender();
    }
}
```

客户类首先创建工厂对象，然后让工厂对象生产产品(MailSender)，最后通过该产品实现消息发送(send)。

```
public class Client {
    public static void main(String[] args) {
        Factory factory = new MailFactory();
        Sender sender = factory.produce();
        sender.send();
    }
}
```

将来如果期望增加新的消息发送形式，如微信发送，那么新增一个产品类 WeChatSender 实现接口 Sender；新增工厂类 WeChatFactory 继承抽象工厂 Factory 即可。对现有代码无须做任何改动。

3.3.3 工厂方法模式

工厂方法模式(Factory Method Pattern)简称工厂模式(Factory Pattern)，又可称作虚拟构造器模式(Virtual Constructor Pattern)、多态工厂模式(Polymorphic Factory Pattern)。工厂父类负责定义创建产品对象的公共接口，而工厂子类则负责生成具体的产品对象。目的是将产品类的实例化操作延迟到工厂子类中完成。

例如，对于发送消息的客户来说，不管是使用电子邮件，还是使用短信，都使用实例方法 void send(String message)，只要工厂子类生产出满足这个接口要求的产品即可。

客户程序如下。

```
public class Client{
    public static void main(String[] args) {
        Sender sender = SendFactory.produceMail();
        sender.send("message");
    }
}
```

这里的产品对象是电子邮件，Sender 是其抽象类或者接口定义。

```
public interface Sender {
    public void Send(String msg);
}
```

电子邮件消息发送器 MailSender 和短信消息发送器 SmsSender 是具体的实现类。

```
public class MailSender implements Sender {
    @Override
    public void Send(String msg) {
        //…;
    }
}
public class SmsSender implements Sender {
    @Override
    public void Send(String msg) {
        //…;
    }
}
```

有了具体的产品，让工厂使用静态方法实例化产品即可。

```
public class Factory {
    public static Sender produceMail(){
        return new MailSender();
    }

    public static Sender produceSms(){
        return new SmsSender();
    }
}
```

可以看到，在工厂方法模式中，关键是客户和工厂事先约定好产品规格，即产品的抽象类或接口定义。然后客户按照这个定义使用产品；工厂按照这个定义生产产品。工厂方法用来创建客户所需要的产品，同时还向客户隐藏了哪种具体产品类将被实例化这一细节。

3.3.4 原型模式

原型模式(Prototype Pattern)首先创建一个对象作为原型实例,然后应用对象克隆根据这个原型实例得到新的对象。通过克隆方法所创建的对象是全新的对象,它们在内存中拥有新的地址,每一个克隆对象都是独立的。在需要一个类的大量对象的时候,使用原型模式是最佳选择,因为原型模式是在内存中对这个对象进行复制,要比直接使用关键字 new 创建这个对象性能好很多,在这种情况下,需要的对象越多,原型模式体现出的优点越明显。

在 Java 语言中,Object 类的 clone()方法用于实现浅克隆,该方法使用起来很方便,直接调用 super.clone()方法即可实现克隆。浅克隆(Shallow Clone)指当原型对象被复制时,只复制它本身和其中包含的值类型的成员变量,而引用类型的成员变量并没有复制。而深克隆(Deep Clone)则除了对象本身被复制外,对象所包含的所有成员变量也将被复制。

假设孙悟空是类 Monkey 的对象,现在孙悟空需要克隆 100 万个跟自己一模一样的猴子对付妖怪。那么首先需要让类 Monkey 实现 Cloneable 接口。

```
public class Monkey implements Cloneable {
    public Monkey() {
        System.out.println("An object of Monkey.");
    }

    @Override
    protected Monkey clone() {
        Monkey a = null;
        try {
            a = (Monkey) super.clone();
        }catch (CloneNotSupportedException e) {
            e.printStackTrace();
        }
        return a;
    }
}
```

然后孙悟空就可以变化了。

```
public class Test{
    public static void main(String[] args) {
        Monkey wuKong = new Monkey();          //创建孙悟空
        Monkey[] a = new Monkey[1000000];
        int i= 1;
        while (i < 1000000) {
            a[i] = wuKong.clone();            //克隆猴子
```

```
        }
    }
}
```

3.3.5　建造者模式

建造者模式将复杂对象的构建与它的表示分离，使得同样的构建过程可以创建不同的表示。当一个类构造方法的参数多于4个，例如，组装计算机类Computer需要5个参数：cpu、ram、usbCount、keyboard和display，其中，cpu与ram是必填参数，而其他3个是可选参数，那么通常设计有如下构造方法。

```
public class Computer {
    //…
    public Computer(String cpu, String ram) {
        this(cpu, ram, 2);                          //默认两个 USB 接口
    }
    public Computer(String cpu, String ram, int usbCount) {
        this(cpu, ram, usbCount, "104");            //默认 104 键盘
    }
    public Computer(String cpu, String ram, int usbCount, String keyboard) {
        this(cpu, ram, usbCount, keyboard, "17");   //默认 17 英寸显示器
    }
    public Computer(String cpu, String ram, int usbCount, String keyboard,
                String display) {
        this.cpu = cpu;
        this.ram = ram;
        this.usbCount = usbCount;
        this.keyboard = keyboard;
        this.display = display;
    }
}
```

这种设计要求程序员首先要决定使用哪一个构造方法，然后理解里面参数的含义，学习成本较高。

在Computer类中创建一个静态内部类Builder，然后将构造Computer所需的参数都作为Builder类的成员变量，并在Builder类中设计实例方法build()构建Computer类的实例并返回。这样对客户程序而言就隐藏了各种零件实例化和组装细节。

客户程序创建内部类Computer.Builder的实例，然后调用build()方法返回Computer对象。代码如下。

```
public class Client{
    public static void main(String[] args){
Computer computer= new Computer.Builder("2.0GHz","256G")
            .setDisplay("24 英寸")
```

```
                .setKeyboard("101")
                .setUsbCount(4)
                .build();
    }
}
```

类 Computer 使用可访问性 public 的内部类 Builder，该类根据参数情况返回含指定参数和默认参数的对象。客户调用对象的实例方法 build()把参数赋值给 Computer 类的实例并返回实例。注意类 Computer 的构造方法设计为私有，这样其实例只能通过内部类构造。

```
public class Computer {
    private String cpu;                          //必需
    private String ram;                          //必需
    private int usbCount;                        //可选
    private String keyboard;                     //可选
    private String display;                      //可选

    public static class Builder{
        private String cpu;                      //必需
        private String ram;                      //必需
        private int usbCount= 2;                 //可选
        private String keyboard= "104";          //可选
        private String display= "17";            //可选

        public Builder(String cpu,String ram){
            this.cpu= cpu;
            this.ram= ram;
        }

        public Builder setUsbCount(int usbCount) {
            this.usbCount = usbCount;
            return this;
        }
        public Builder setKeyboard(String keyboard) {
            this.keyboard = keyboard;
            return this;
        }
        public Builder setDisplay(String display) {
            this.display = display;
            return this;
        }
        public Computer build(){
            return new Computer(this);
```

```
        }
    }

    private Computer(Builder builder){
        this.cpu= builder.cpu;
        this.ram= builder.ram;
        this.usbCount= builder.usbCount;
        this.keyboard= builder.keyboard;
        this.display= builder.display;
    }
}
```

创建型设计模式就介绍到这里,下面介绍结构型设计模式。

3.3.6　适配器

适配器模式主要解决在软件系统中,常常要将一些"遗留的对象"放到新的环境中,而新环境要求的接口是遗留对象不能满足的问题。

假设现在有两个播放器,分别播放音频和视频。

```
interface AudioPlayer {
    public void playAudio(String fileName);
}
interface VideoPlayer {
    public void playAudio(String fileName);
}
class MyAudioPlayer implements AudioPlayer {
    @Override
    public void playAudio(String fileName) {
        System.out.println("正在播放音频: "+ fileName);
    }
}
class MyVideoPlayer implements VideoPlayer {
    @Override
    public void playVideo(String fileName) {
        System.out.println("正在播放视频: "+ fileName);
    }
}
```

现在用户期望有一个新的播放器,这个播放器根据文件类型自动播放,文件的类型由文件的扩展名确定。那么,针对这样的需求,可以先设计新的接口。

```
interface Player {
    public void play(File file);
}
```

然后设计一个适配器类 MyPlayer 实现新的接口，并不加修改地利用上已经存在的音频播放器和视频播放器。

```
class MyPlayer implements Player {
    AudioPlayer audioPlayer = new MyAudioPlayer();
    VideoPlayer videoPlayer = new MyVideoPlayer();
    @Override
    public void play( File file) {
    if ( "avi".equalsIgnoreCase(
    file.getName().substring(fileName.lastIndexOf(".") + 1))) {
        videoPlayer.playVideo(fileName);
    }else if("mp3".equalsIgnoreCase(
            file.getName().substring(fileName.lastIndexOf(".") + 1))){
            audioPlayer.playAudio(fileName);
        }
    }
}
```

客户程序可能这样：

```
public class Client{
    public static void main(String[] args) {
    MyPlayer myPlayer = new MyPlayer();

    myPlayer.play("h.mp3");
    myPlayer.play("me.avi");
    }
}
```

当系统需要使用一些现有的类，而这些类的接口不符合系统的需要，甚至没有这些类的源代码时，适合采用适配器模式。

3.3.7 外观模式

外观模式为子系统中的一组接口提供一个统一的入口。外观模式定义了一个高层接口，这个接口使得子系统更加容易使用。

外观模式又称为门面模式，是迪米特法则的一种具体实现。通过引入一个新的外观角色降低原有系统的复杂度，同时降低客户类与子系统之间的耦合度。

客户类期望使用一个统一的外观类与一个系统的内部很多子系统进行通信，外观类将客户类与系统的内部复杂性分隔开，使得客户类只需要与外观角色打交道，而不需要与内部子系统打交道，如图 3-19 所示。所指的子系统是一个广义的概念，它可以是一个类、一个功能模块、系统的一个组成部分或者一个完整的系统。

在外观模式中有两类角色：外观和子系统。假设有三个子系统：SubSystemA、SubSystemB、SubSystemC，这三个子系统分别提供行为 operatorA、operatorB、operatorC，

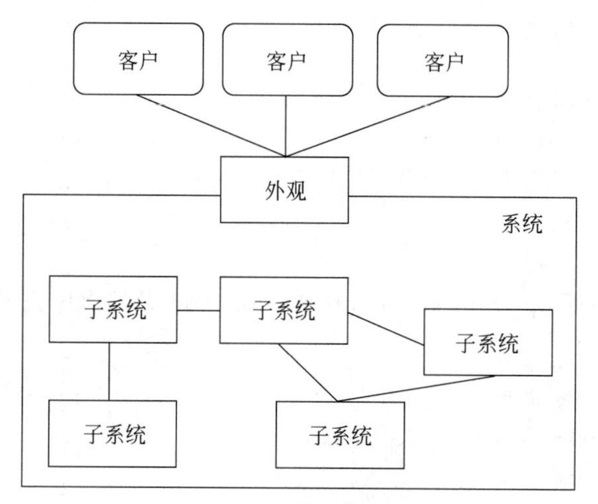

图 3-19 外观模式示意图

客户程序需要访问这三个行为,那么外观类可设计如下。

```
public class Facade {
    private SubSystemA a = new SubSystemA();
    private SubSystemB b = new SubSystemB();
    private SubSystemC c = new SubSystemC();

    public void operator() {
        a.operatorA();
        b.operatorB();
        c.operatorC();
    }
}
```

外观类为客户程序提供了一个简单的访问入口 operator,封装了访问多个子系统的复杂性。如果没有外观类,每个客户类需要和多个子系统之间进行复杂的交互,系统的耦合度很大;引入外观类后,客户类只需要直接与外观类交互,客户类与子系统之间原有的复杂引用关系由外观类实现,从而降低了系统的耦合度。下面是完整的代码。

```
public class SubSystemA {
    public void operatorA() {
        System.out.println("operatorA …");
    }
}

public class SubSystemB {
    public void operatorB() {
        System.out.println("operatorB …");
    }
```

```
}

public class SubSystemC {
    public void operatorC() {
        System.out.println("operatorC …");
    }
}
```

设计外观类，按照 operatorA，operatorB 和 operatorC 的次序完成服务。

```
public class Facade {
    public void wrapOperator(){
        SubSystemA a = new SubSystemA();
        a.operatorA();
        SubSystemB b = new SubSystemB();
        b.operatorB();
        SubSystemC c = new SubSystemC();
        c.operatorC();
    }
}
```

客户程序如下。

```
public class Client {
    public static void main(String[] args) {
        //不使用外观模式,客户需要懂得很多知识才能完成功能
        SystemA a = new SystemA();
        a.operatorA();
        SystemB b = new SystemB();
        b.operatorB();
        SystemC c = new SystemC();
        c.operatorC();

        //使用外观模式完成这个功能,无须懂得更多知识
        new Facade().operator();
    }
}
```

在使用 MySQL 等数据库服务器的应用系统中往往设计 DBUtils 类，把数据库连接、驱动加载、增删改查等都封装起来，提供一个统一的接口。在客户端设计应用的代码时只需要调用接口中提供的方法就可以了，这就是外观模式的思想。

3.3.8 代理模式

代理模式引入一个在客户端对象和访问目标对象之间起到中介作用的代理对象，还能够补充目标对象的功能。这就符合了设计模式的开闭原则，即在对既有代码不改动的

情况下进行功能的扩展。

歌星与经纪人之间就是被代理和代理的关系：一般歌星关注表演艺术，而其他的事情，如档期、媒体、粉丝、广告等，就交给代理人（经纪人）。如果某团体组织演唱会，需要歌星出演，则通过歌星的代理邀请，并由代理完成行程、住宿、酬金、报税等事务性功能。

首先定义歌星接口：

```
interface IStar {
    void sing();
}
```

再定义一位具体的歌星：

```
class LDHStar implements IStar {
    @Override
    public void sing() {
        System.out.println("我爱我的祖国");
    }
}
```

通过代理类访问明星对象：

```
class ProxyStar implements IStar {
    //目标对象的引用
    private IStar star;

    public ProxyStar() {
        super();
    }

    public ProxyStar(IStar star) {
        this.star = star;
    }

    @Override
    public void concert() {
        System.out.println("媒体发布会");
        star.sing();
        System.out.println("乘飞机赶场");
    }
}
```

下面是客户程序。

```
class Test{
    public static void main(String[] args) {
        //创建明星对象
```

```
        IStar ldh = new LDHStar();
        //创建明星的代理
        ProxyStar proxy = new ProxyStar(ldh);
        //通过代理让明星参加演唱会
        proxy.concert();
    }
}
```

Java 语言提供了对动态代理的支持,Java 语言实现动态代理时需要用到 java.lang.reflect 包中的一些类。

结构型设计模式就介绍到这里,后面介绍行为型设计模式。

3.3.9 策略模式

当允许使用多种算法,例如排序、查找、打折等,解决同一个问题时,使用硬编码实现将导致系统违背开闭原则,扩展性差,且维护困难。可以定义一些独立的类封装不同的算法,每一个类封装一种具体的算法,称为策略类,形成策略模式。策略模式让算法独立于使用它的客户而变化。

某软件公司为某电影院开发了一套影院售票系统,在该系统中需要为不同类型的用户提供不同的电影票打折方式,具体打折方案如下。

(1) 学生凭学生证可享受票价 8 折优惠。

(2) 年龄在 10 周岁及以下的儿童可享受每张票减免 10 元的优惠(原始票价需大于等于 20 元)。

(3) 影院 VIP 用户除享受票价半价优惠外还可进行积分,积分累积到一定额度可换取电影院赠送的奖品。

该系统在将来可能还要根据需要引入新的打折方式。现使用策略模式设计该影院售票系统。

首先把折扣设计为策略类:一个抽象策略类 IDiscount 和三个具体策略类——学生折扣类 StudentDiscount、儿童折扣类 ChildrenDiscount 和 VIP 折扣类 VIPDiscount。

```
interface IDiscount{
    double calculate(double price);
}
class StudentDiscount implements IDiscount{
    double calculate(double price){
        //8 折
    }
}
class ChildrenDiscount implements IDiscount{
    double calculate(double price){
        //减免 10 元
    }
}
```

```
class VIPDiscount implements IDiscount{
    double calculate(double price){
        //半价,积分
    }
}
```

电影票具有价格(price)属性,首先通过定价设置一个初始的价格(setPrice),把“折扣”也设计为电影票的属性,客户程序售出(getPrice)前设置折扣,然后再根据折扣计算电影票价格。

```
class MovieTicket{
    private double price;
    private IDiscount discount;
    public void setPrice(double price){
        this.price = price;
    }
    publce void setDiscount(IDiscount discount){
        this.discount = discount;
    }
    public double getPrice(){
        return discount.calculate(this.price);
    }
}
```

其中,通过 setDiscount()方法注入了具体的策略。一个可能的客户程序如下。

```
class Client{
    public static void main(String[] args){
        IDiscount discount = new VIPDiscount();
            MovieTicket ticket = new MovieTicket();
        ticket.setPrice(70);
        ticket.setDiscount(discount);
        System.out.println(ticket.getPrice());
    }
}
```

在策略模式中,电影票类 MovieTicket 是策略的使用环境,称为环境(Context)类;学生票折扣类 StudentDiscount、儿童票折扣类 ChildrenDiscount、VIP 会员票折扣类 VIPDiscount 是具体策略(Concrete Strategy)类,折扣类 IDiscount 是抽象策略(Abstract Strategy)类。环境、具体策略和抽象策略形成策略模式的三个角色。一般环境类的代码如下。

```
class Context {
    private Strategy strategy;          //维持一个对抽象策略类的引用

    //注入策略对象
```

```
    public void setStrategy(Strategy strategy) {
        this.strategy= strategy;
    }

    //调用策略类中的算法
    public void algorithm() {
        strategy.algorithm();
    }
}
```

一个系统需要动态地在几种算法中选择一种，并且不希望客户端知道复杂的、与算法相关的数据结构时可以选择使用策略模式。

3.3.10 观察者模式

当一个对象的状态或行为的变化导致其他对象的状态或行为也相应随之改变，它们之间具有状态一致性或行为一致性需求时，可以应用这种模式。

观察者模式定义了对象间的一种一对多依赖关系，使得每当一个对象状态发生改变时，其相关多个依赖对象都得到通知并被自动更新。观察者模式包含两个角色：观察目标和观察者。发生改变的对象称为观察目标(Subject)，被通知的对象称为观察者(Observer)，一个观察目标可以对应多个观察者。

观察目标又分为抽象观察目标(Abstract Subject)和具体观察目标(Concrete Subject)；观察者分为抽象观察者(Abstract Observer)和具体观察者(Concrete Observer)。

抽象观察目标应当有一个属性引用对其感兴趣的观察者，并提供注册和注销观察者的方法。

```
public abstract class Subject {
    //一个观察者群体用于引用所有观察者对象
    protected ArrayList<Observer> observers = new ArrayList<Observer>();
    //对象状态
    private int a;
    //注册方法,用于向观察者群体中增加一个观察者
    public void addObserver(Observer observer) {
        observers.add(observer);
    }

    //注销方法,用于在观察者群体中删除一个观察者
    public void deleteObserver(Observer observer) {
        observers.remove(observer);
    }

    //通知
    public abstract void notify();
```

```
}
```

具体的观察目标的实现如下。

```
public class ConcreteSubject extends Subject {
    //实现通知
    public void notify() {
        //遍历观察者,向每一个观察者发送更新消息
        for(Observerobs:observers) {
            obs.update(this);
        }
    }
}
```

定义观察者接口如下。

```
interface IObserver{
    void update(Subject o);
}
```

观察者模式又叫作发布/订阅(Publish/Subscribe)模式、模型/视图(Model/View)模式、源/监听器(Source/Listener)模式或从属者(Dependent)模式。

温度有两种度量：摄氏温度(Celsius Temperature)和华氏温度(Fahrenheit Temperature)。假设某应用要求分别显示摄氏温度和华氏温度显示同一个温度,如图3-20所示,那么可以把实际的温度(TemperatureModel)作为观察目标,把温度的华氏显示和摄氏显示作为观察者,如图3-21所示。

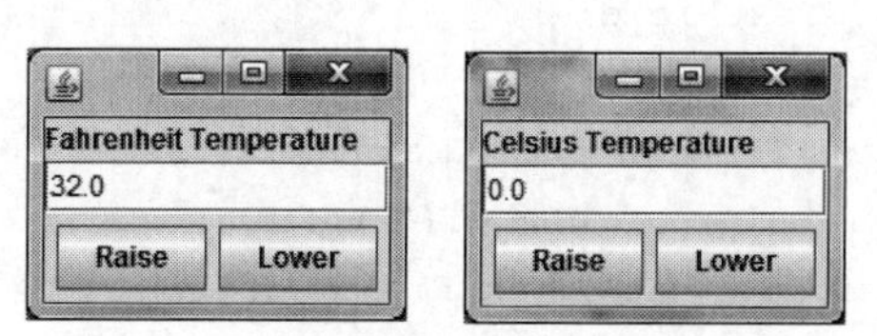

图3-20 摄氏温度显示和华氏温度显示

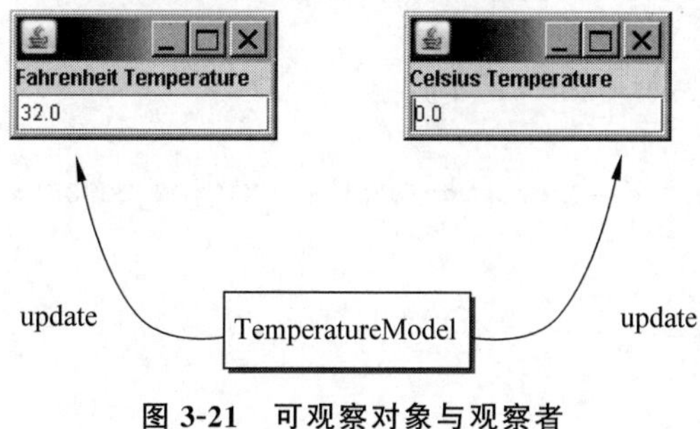

图3-21 可观察对象与观察者

在图3-21中,标有“TemperatureModel”的矩形框表示观察目标。箭头指向所标识的方法的执行者。TemperatureModel的实现如下。

```
public class TemperatureModel extends ConcreteSubject {
    private Double temperatureF = 32.0;

    public double getF() {
        return temperatureF;
    }
    /**
    * 一旦温度发生变化则立即通知已经注册的观察者
    * /
    public void setF(double tempF) {
        temperatureF = tempF;
        notify();
    }
}
```

这个“温度”观察目标中只有一个成员变量 temperatureF，初始值是 32。默认是华氏温度。

由于摄氏温度的显示窗口与华氏温度的显示窗口相似，所以下面的实现设计了一个共同的窗口类，让摄氏温度窗口和华氏温度窗口继承这个共同的窗口类。这两个窗口都是观察者。

共同的窗口类如下。由于不需要实例化该类，所以设计为抽象类。

```
import javax.swing.JFrame;
import javax.swing.JLabel;
import javax.swing.JTextField;

public abstract class TemperatureGUI extends JFrame implements Observer {
    private JLabel label = new JLabel("");;
    JTextField textField = new JTextField("32");

    TemperatureGUI(String title) {
        label.setText(title);
        add("North", label);
        add("Center", textField);

        setDefaultCloseOperation(JFrame.EXIT_ON_CLOSE);
        pack();
        setVisible(true);
    }

    public void setTemperature(String s) {
        textField.setText(s);
    }
}
```

这个抽象类虽然实现了 Observer 接口，但并没有实现接口中的抽象方法 update()，留待子类实现。抽象类定义了华氏温度窗口和摄氏温度窗口共有的部件以及通用的界面部件访问方法。下面的华氏窗口类实现了华氏温度的 update()方法。

```
public class FahrenheitGUI extends TemperatureGUI {
    public FahrenheitGUI() {
        super("Fahrenheit Temperature");
        this.setLocation(200, 200);
    }

    public void update(Observable t) {
        setTemperature("" + t.getF());
    }
}
```

当模型执行 notify()方法时会自动让观察者执行约定的 update()方法。虽然是同一个温度，但是由于观察者的 update()方法不同，显示结果也不同。摄氏温度窗口的实现与华氏温度窗口类似，不同之处在于把模型中的华氏温度转换成摄氏温度。

```
public class CelsiusGUI extends TemperatureGUI {
    public CelsiusGUI() {
        super("Celsius Temperature");
        this.setLocation(200, 400);
        this.textField.setText("0");
    }

    public void update(Subject t) {
        setTemperature("" + t.getF() -32.0) * 5.0 / 9.0);
    }
}
```

下面是实例化窗口的客户类。

```
import javax.swing.JOptionPane;

public class TemperatureApp {

    public static void main(String[] args) {
        TemperatureModel temperature = new TemperatureModel();
        FahrenheitGUI fg = new FahrenheitGUI();
        CelsiusGUI cg = new CelsiusGUI();
        temperature.addObserver(fg);
        temperature.addObserver(cg);
        temperature.setF(64);

    }
}
```

这个应用中创建了一个可观察对象和两个观察者,然后把两个观察者注册到可观察对象上,接着设置温度 64,改变模型的状态。模型状态一旦变化,两个观察者窗口同时发生变化:华氏温度窗口显示 64,而摄氏温度窗口则显示 17.7。

3.3.11 迭代器模式

当需要遍历一个群集对象,但又不知道其内部数据结构,或者需要为一个群集对象提供多种遍历方式时,可采用迭代器模式。

Java 中的群集框架(Java Collections Framework)精心设计了用于存储和管理一组对象的接口和类,以方便客户程序完成添加、删除、替换、查找和遍历等操作。其中,"遍历"操作通过迭代器完成,客户程序无须知道内部的数据结构和算法。迭代器对象可由群集对象的实例方法 iterator()获取,该方法返回 Iterator 类型的对象。

下面是 Java 中 Iterator 接口的定义。

```
public interface Iterator<E> {
    boolean hasNext();          //如果群集中还有元素,返回 true
    E next();                   //返回下一个元素
    //…
}
```

其中,hasNext 方法用于查看群集中是否还有元素没有访问;next()方法返回本次迭代中的下个元素。有了用于遍历群集的迭代器对象后,就是用该对象上的 next()方法获取群集中的下个对象。

集合(Set)是互不相同的对象组成的群集。Java 中对集合接口的定义如下。

```
public interface Set<E> extends Collection<E> {

    boolean add(E e);                       //添加元素
    boolean remove(Object o);               //删除元素
    boolean contains(Object element);       //是否包含参数指定的元素
    int size();                             //元素的个数
    boolean isEmpty();                      //是否空集

    Iterator<E> iterator();                 //返回迭代器

    //…
}
```

HashSet 是 JDK 中提供的 Set 接口的一种通用实现。实现类 HashSet 使用哈希表作为存储结构,这是最快的实现,提供了"常数级"的时间复杂度性能。下面的代码创建了一个 HashSet 对象并用 h 引用这个集合,然后向集合添加了"A""B""C"三个字符串对象,接着从集合对象中通过 iterator()方法获取迭代器,通过迭代器使用一个循环遍历了集合中的元素。

```
import java.util.Set;
import java.util.HashSet;
import java.util.Iterator;

public class SetTest {
    public static void main(String[] args) {
        Set<String> h = new HashSet<String>();
        h.add("A");
        h.add("B");
        h.add("C");

        //通过迭代器遍历
        Iterator<String> iter = h.iterator();
        while (iter.hasNext()) {
            System.out.print(iter.next());
        }
        System.out.println();
    }
}
```

迭代器封装了集合 Set 的内部实现(哈希表、红黑树),使得客户程序能够访问到每个元素。迭代器模式包含如下四种角色：抽象迭代器(Iterator)、具体迭代器(Concrete Iterator)、抽象群集类(Collection)和具体群集类(Concrete Collection)。在上面的代码中,Set 就是抽象群集类,而 HashSet 就是具体群集类。

3.3.12 访问者模式

对于一个比较复杂的数据结构,访问者模式允许客户在不改变各元素的类的前提下定义作用于这些元素的新操作。

访问者设计模式为访问具有异类元素的复合对象提供了一种解决方案。客户程序可以对不同类型的元素施加不同的操作。把数据结构和作用于数据结构上的操作解耦合,使得操作集合可相对自由地扩展。

访问者设计模式的实现主要通过约定的 Visitor 接口实现：访问者实现 Visitor 接口,提供具体的访问行为(accept()方法);被访问元素使用 accept()方法接受访问者,从而使元素其他实例方法能够调用访问者的 visit 方法。

假设有一个含两类节点的数据结构,就会对应两个访问操作。访问者接口定义如下。

```
public interface Visitor {
    void visit(NodeA node);
    void visit(NodeB node);
}
```

有了接口定义,再定义具体访问者。假设使用 VisitorA 类对元素 NodeA 和 NodeB 进行 getName()方法操作。

```
public class VisitorA implements Visitor {
    @Override
    public void visit(NodeA node) {
        System.out.println(node.getName());
    }
    @Override
    public void visit(NodeB node) {
        System.out.println(node.getName());
    }
}
```

具体访问者 VisitorB 调用了 NodeA 的 getStartPosition 和 NodeB 的 getLength()方法。

```
public class VisitorB implements Visitor {
    @Override
    public void visit(NodeA node) {
        System.out.println(node.getStartPosition());
    }
    @Override
    public void visit(NodeB node) {
        System.out.println(node.getLength());
    }
}
```

这两个访问者都在被访问的节点上通过节点已经有的实例方法做了些工作。那么这些工作何时执行呢?下面看节点的定义。假设抽象节点类已经定义如下。

```
public abstract class Node {
    public abstract void accept(Visitor visitor);
}
```

假设复合对象有两个节点,类型分别是 NodeA 和 NodeB。

```
public class ObjectStructure {
    private NodeA nodeA;
    private NodeB nodeB;
    //…
}
```

具体节点类 NodeA 和 NodeB 如下。

```
public class NodeA extends Node {
    @Override
```

```
    public void accept(Visitor visitor) {
        visitor.visit(this); //此处执行客户想做的事情
    }
    //NodeA 特有的方法
    public String getName() {
        return "NodeA";
    }
    public int getStartPosition() {
        //…
    }
}
public class NodeB extends Node {
    @Override
    public void accept(Visitor visitor) {
        visitor.visit(this);
    }
    //NodeB 特有的方法
    public String getName() {
        return "NodeB";
    }
    public int getLength() {
        //…
    }
}
```

客户代码如下。

```
public static void main(String[] args) {
    //创建复杂结构对象
    ObjectStructure os = new ObjectStructure();
    //创建一个访问者
    Visitor visitorA = new VisitorA();
    //通过访问者访问节点,让 NodeA 执行 visitorA 中的 visit()方法
    os.getNodeA().accept(visitorA);
    //通过访问者访问节点,让 NodeB 执行 visitorB 中的 visit()方法
    Visitor visitorB = new VisitorB();
    os.getNodeB().accept(visitorB);
    //…
}
```

3.3.13 命令模式

命令模式将请求封装为一个对象,从而允许客户程序对请求参数化、排队、记录日志以及撤销。命令模式又称为动作(Action)模式或事务(Transaction)模式。

命令模式的本质是对请求进行封装,使得发送请求的一方不必知道接收请求一方的

接口,更不必知道请求如何被接收、操作是否被执行、何时被执行,以及是怎么被执行的。

例如,设计一个能够完成加法运算和减法运算的计算器。把加法运算和减法运算看作两条命令,首先把命令封装成对象,并约定通过命令对象的实例方法 execute()具体执行命令。

```
public interface Command {
    Integer execute();
}
```

定义实现加法的命令:

```
public class AddCommand implements Command {
    int a;
    int b;
    public AddCommand(int a, int b) {
        this.a = a;
        this.b = b;
    }
    @Override
    public Integer execute() {
        return a + b;
    }
}
```

定义实现减法的命令:

```
public class SubstractCommand implements Command {
    int a;
    int b;
    public SubstractCommand(int a, int b) {
        this.a = a;
        this.b = b;
    }
    @Override
    public Integer execute() {
        return a - b;
    }
}
```

然后计算器类的实例方法 calculate()只需要接收命令对象,然后执行命令对象上的 execute()方法。

```
public class Calculator{
    public int calculate(Command command) {
    return command.execute();
    }
}
```

客户程序：

```
public void calculateUsingCommand() {
    Calculator calculator = new Calculator();
    int result = calculator.calculate(new AddCommand(3, 7));
}
```

3.4 模块设计

模块(Module)是一个抽象的概念，在不同的场合可能有不同的含义。在C程序中，一个函数就可以称为一个模块；在Java程序中，一个方法可以称为一个模块，一个类也可以称为一个模块，一组协作类也能称为一个模块。模块中的每个类在设计阶段都会被详细阐述，包括所有的属性和操作。软件设计师从分析模型开始，把分析模型中的相关元素分配到设计模型中，模块设计是重要的设计活动之一。实施模块级设计的步骤如下。

(1) 标识出所有与问题域相对应的设计类。

(2) 确定所有与基础设施域相对应的设计类。

(3) 确定协作类以及协作细节。

(4) 细化设计类：

① 说明消息的细节。

② 为每个类确定适当的接口。

③ 细化属性，设计完成功能所需的数据结构。

④ 详细描述每个操作中的算法过程。

(5) 说明持久数据源(数据库和文件)并确定访问数据源所需要的类。

(6) 细化部署模型。

(7) 根据面向对象程序设计的原则，如开闭原则，以及通用的低内聚高耦合的原则评审协作类。

前文已经介绍了面向对象程序设计的原则，本节介绍模块的内聚性和模块间的耦合性。

内聚性和耦合性是衡量模块设计优劣的重要特征。内聚性(Cohesion)指模块的专一性。在为面向对象系统进行模块级设计时，内聚性意味着协作类或者类只封装那些相互关联密切，以及与协作类或类自身有密切关系的属性和操作。按照内聚性的强度由强到弱，内聚类型有：功能内聚(Functional Cohesion)、顺序内聚(Sequential Cohesion)、通信内聚(Communicational Cohesion)、过程内聚(Procedural Cohesion)、时间内聚(Temporal Cohesion)、偶然内聚(Coincidental Cohesion)和逻辑内聚(Logical Cohesion)。

当一个模块的各个元素都是完成某一功能的必要元素时，称此模块为功能内聚。顺序内聚是指模块内各元素的执行顺序是以确定的顺序进行，不能任意改变。往往前一功能片段的输出就是后一功能片段的输入，并且这些功能片段是与同一功能密切相关的。功能内聚和顺序内聚属于高内聚。

通信内聚是指模块内各元素有公用的数据区，或者说模块中所有元素都使用相同的输入或产生相同的输出。例如,“学生选课系统”中有两个功能:“选课”与“退课”。由于因为座位已满而没能选上课的同学进入该课程的等待队列;如果有同学退课,则通知等待队列中的同学出队。所以“选课”和“退课”这两个功能都要用到“等待队列”,从而产生通信内聚。显然,这种内聚使模块中各功能元素关系更加密切,因为它们使用或产生关于同一数据区中的相应数据,说明功能是密切相关的,所以理解性和可维护性都还可以。过程内聚是指一个模块内的各元素是相关的,并且必须以特定次序执行。过程内聚的内部结构通常是用程序流程图作为工具,通过研究程序流程图来确定模块划分。通信内聚和过程内聚属于中内聚。

时间内聚是指某一软件运行中有几个动作经常需要在同一个时间段内完成。例如,为各种变量置初值的动作和打开文件的动作经常在系统初始化时进行。因此,把这些在时间上同时进行的动作组合起来形成一个模块,该模块的内聚称为时间内聚。其特点是:模块各元素是在同一时间段执行;时间内聚模块内各部分的处理动作只执行一次,但往往影响到其他许多模块的运行,因此与其他模块的耦合程度比较高,可维护性比较低。偶然内聚是指模块内各元素之间并不存在有意义的联系。逻辑内聚是指把几个在逻辑上具有相关功能的模块合并,而形成一个新的模块,包含若干个在逻辑上具有相似功能段的模块,由传送给模块的参数来确定该模块完成哪一种功能。逻辑内聚往往不具备功能单一性。时间内聚、偶然内聚和逻辑内聚属于低内聚。

耦合(Coupling)是模块之间彼此依赖程度的一种定性度量。根据耦合程度自高到低,耦合性有以下类型:内容耦合(Content Coupling)、公共耦合(Common Coupling)、控制耦合(Control Coupling)、标记耦合(Stamp Coupling)、数据耦合(Data Coupling)、例程调用耦合(Routine Call Coupling)、类型使用耦合(Type Use Coupling)、导入耦合(Import Coupling)和外部耦合(External Coupling)等。下面分别介绍。

3.4.1 内容耦合

类 B 在类 A 不知道的情况下修改了类 A 的内部数据。下面的代码中,类 A 有一个成员变量 count,类 B 中的成员方法 aMethod()修改了这个变量的值(默认值是 0),而这件事情类 A 并不知情。

```
public class A {
    public static int count;
    //…
}

public class B {
    //…
    void static aMethod()
    {
        A.count = 10;
    }
}
```

通过访问修饰符 private 能够防止这种情形的发生。例如，把 count 设置为 private，另外再增加一个 public 方法 setCount()就可以达到在类 A 知情的情况下修改其成员了，因为是通过类 A 完成的修改。

```
public class A {
    private static int count;
    public void setCount(int count) {
        this.count = count;
    }
    //…
}

public class B {
    //…
    void static aMethod() {
        A.setCount(10);
    }
}
```

3.4.2 公用耦合

模块 A 和模块 B 共同访问同一个全局变量。在下面的代码中，类 A 和类 B 都访问了类 G 中的成员变量 count，那么，类 A 和类 B 之间就发生了公共耦合。

```
public class G {
    public static int count;
    //…
}

class A{
    void aMethod() {
        G.count = 0;
    }
    //…
}

class B{
    void aMethod() {
        G.count = 1;
    }
    //…
}
```

3.4.3 控制耦合

模块 A 使用标志(flag)或者命令(command)显式地控制被调用函数(方法)的功能。

在下面的代码中,类A中的方法aMethod()通过参数1调用类B的方法printReport(),控制了该方法的功能是打印月报表还是打印季度报表。

```
class A{
    void static aMethod(){
        B.printReport(1);
    }
}
class B{
    void static printReport(int which) {
        switch (which) {
          case 1: /*打印月报表 */
          case 2: /*打印季度报表*/
          //…
        }
    }
}
```

控制耦合在模块设计中经常发生。下面是一个更为具体的例子。订单处理类OrderProcessor的ProcessOrder方法根据参数customer(顾客)的种类选择不同的折扣。

```
public class OrderProcessor {
    public int ProcessOrder(Customer customer, int orderTotal) {
        if (customer instanceOf Employee) {
            //八五折;
            return orderTotal * 0.85
        }
        else if (customer instanceOf NonEmployee) {
            //九五折;
            return orderTotal * 0.95
        }
    }
}
```

应用多态能够很好地消除控制耦合。把折扣策略discountPercentage()方法设计在Customer类中:

```
public abstract class Customer{
    public abstract decimal discountPercentage();
}

public class Employee extends Customer {
    public decimal discountPercentage{
        return 0.15;
    }
}
```

```
public class NonEmployee extends Customer{
    public override decimal discountPercentage(){
        return 0.05;
    }
}
```

那么,对订单的处理就不会有复杂的判断逻辑了。

```
public class OrderProcessor {
    public int ProcessOrder(Customer customer, int orderTotal){
        orderTotal -= orderTotal * customer.discountPercentage;
        return orderTotal;
    }
}
```

3.4.4 标记耦合

模块间通过参数传递复杂的内部数据结构形成标记耦合。例如,模块 A 向模块 B 传递 Employee 类型的数据而且 Employee 类的所有成员变量都是非私有的。这种情况下,模块 A 和模块 B 就是标记耦合。使用接口或者抽象类作为参数类型,或者直接使用基本数据类型作为参数类型可以消除这种耦合。

3.4.5 数据耦合

模块间通过参数传递基本类型的数据。在下面的代码中,方法 aMethod()通过整型数据 2 调用了方法 anotherMehtod(),那么这两个方法之间就是数据耦合。

```
public class A {
    void aMethod {
        anotherMethod(2);
    }
    private void anotherMethod(int i) {
        //…
    }
}
```

3.4.6 例程调用耦合

一个方法调用了另外一个方法。下面的代码中类 A 的 aMethod()的方法调用了类 B 的 anotherMethod(),那么类 A 和类 B 之间产生例程调用耦合。

```
public class A {
    void static aMethod {
        B.anotherMethod();
    }
```

```
}
public class B {
    static void anotherMethod() {
        //…
    }
}
```

3.4.7 类型使用耦合

一个类使用了另外一个类作为数据类型。下面的代码中，类B使用了类A，那么二者就产生了类型使用耦合。

```
public class A{
    private int count;
    //…
}
public class B{
    A a;
    //…
}
```

3.4.8 导入耦合

如果在类A中导入了另外一个类B，那么类A和类B之间就产生导入耦合。

```
import hebtu.dd.B
public class A{
    B b;
    //…
}
```

C++语言中使用了保留字include完成类似的功能，也可称为包含耦合。

3.4.9 外部耦合

外部指的是主机外部。当两个模块共享了文件等外部资源，就产生外部耦合。如下面代码所示，方法methodA()写入一个CSV文件；而方法methodB()读取该文件，那么二者之间就是外部耦合。

```
class A{
    void methodA{
        //写入 CSV 文件;
    }
    void methodB{
        //从 CSV 文件读出;
    }
}
```

思　考　题

1. 举例说明 MVC 模式的一个具体应用。
2. 微服务架构有哪些优势和劣势？
3. 举例说明“发布/订阅”消息通信模式的具体应用。
4. 研究一个抽象工厂设计模式的应用案例。
5. 研究一个观察者设计模式的应用案例。

第4章 实现与维护

前文提到,"源代码令人费解"是软件复杂性的两个原因之一。任何一个人都能写出计算机可以理解的代码,但是优秀的程序员才能写出人类容易理解的代码。本章讨论增强源代码可理解性、提高软件可维护性的技术。

4.1 代码习惯用语

代码习惯用语(Code Idiom)是源代码中具有单一语义目标的频繁出现的语法片段(Syntactic Fragment)。这个语法片段可以使用抽象语法树(Abstract Syntax Tree, AST)的子树表示。了解代码习惯用语并在程序设计中应用代码习惯用语是提高代码可理解性的一种途径。例如,反转一个字符串"abc" 的习惯写法是:

```
new StringBuilder("abc").reverse().toString();
```

下面列举几个 Java 语言中的习惯用语。

4.1.1 对象相等 equals()方法的实现

通常需要通过覆盖 Object 的 equals()方法定义对象相等的语义。例如:

```
class Person {
    private String name;
    private int birthYear;
    private byte[] raw;
    //getter()和 setter()方法略

    public boolean equals(Object other) {
        if (!other instanceof Person){
            return false;
        }
        Person other = (Person)obj;
        return name.equals(other.getName())
                && birthYear = = other.getBirthYear()
                && Arrays.equals(raw, other.getRaw());
    }
}
```

其中,equals方法的参数必须是Object类型;如果equals(null)则返回false,不会抛出NullPointerException,因为null instanceof Object总是返回false。基本类型成员变量(如int)的比较使用比较运算符==,引用类型成员变量的比较使用equals()方法。覆盖equals()方法时,要相应地覆盖hashCode()方法,与equals()方法语义保持一致。

4.1.2　生成某区间内的随机整数

使用Random对象生成指定区间的随机整数。例如,返回[1,6]区间内的整数:

```
Random rand = new Random();
int diceRoll() {
    return rand.nextInt(6) + 1;
}
```

使用Java API方法去生成一个整数区间内的随机数。一般地,生成区间[lower,upper]中的随机数使用如下代码。

```
static int randomFromRange(int lower,int upper) {
    Random r = new Random();
    return r.nextInt(upper - lower + 1) + lower;
}
```

4.1.3　try-finally块

使用try-finally块进行输入输出:

```
void writeStuff() throws IOException {
    OutputStream out = new FileOutputStream(…);
    try {
        out.write(…);
    } finally {
        out.close();
    }
}
```

这个例子的语义目标是向文件中写入字节数据,其习惯用法是把完成写入的方法放置在try块中并把释放资源的语句安排在finally块中。这样保证无论在写入时是否有异常抛出都能释放资源。

Java SE 7中的try-with-resources语句完成资源的自动管理。这个语句要求在try块中声明对象(这个对象必须实现了AutoCloseable接口),这样该语句就隐式地调用了对象的close()方法。同样,上面的完成字节输出的代码就可以简化为

```
try (OutputStreamout = new FileOutputStream(…)) {
    //…
}
```

可以不用在 finally 块中显式地释放资源。

4.1.4 验证实在参数

下面的例子是针对“验证实在参数”的习惯用语。方法 factorial()的功能是求 N!。要求入口参数 n 的取值为[0,13]。代码如下。

```
int factorial(int n) throws IllegalArgumentException, ArithmeticException{
    if (n < 0)
        throw new IllegalArgumentException("参数小于 0");
    else if (n >= 14)
        throw new ArithmeticException("参数大于 14");
    else if (n == 0)
        return 1;
    else
        return n * factorial(n -1);
}
```

再例如,Java 类库中定义的一些运行时刻异常(RuntimeException),如下标越界异常(IndexOutOfBoundsException)、空指针异常(NullPointerException)等,应通过预先检查进行规避,而不应该通过 catch 处理。假设 obj 是形式参数,那么应在方法体中使用 JDK 8 的 Optional 来处理空指针;而不要使用 catch 块捕捉异常。

```
try {
    obj.method()
} catch (NullPointerException e) {
    //…
}
```

4.1.5 遍历时删除

在遍历过程中删除 List 群集对象中符合条件的元素习惯用语是迭代器。

```
List<Student> students ;
//…
Iterator<Student> iterator = students.iterator();
while (iterator .hasNext()) {
    Student student = iterator .next();
    if (iterator.getId() % 3 == 0) {
        iterator.remove();
    }
}
```

这里要使用 Iterator 类的 remove()方法移除当前对象;如果使用 List 类的 remove()方法,则会出现 ConcurrentModificationException。使用普通 for 循环会造成元素的遗漏。增强型 for 循环 foreach 遍历循环删除符合条件的元素,不会出现普通 for 循环的遗漏元素问题，但是会产生 java.util.ConcurrentModificationException 并发修改异常。

读源程序代码时，应注意到语言所使用的习惯用语；写程序代码时，把习惯用语应用到代码中。习惯用语的确存在，而且在不断发展。

4.2 代码异味

代码异味(Code Smell)是指软件的一些结构特征，这些特征表示代码的设计问题，这使得软件很难演化和维护，只能通过重构移除这些代码异味。M.Fowler 等提出的 22 种代码异味，分别简单介绍如下。

(1) 长方法(Long Method)：一个方法太长，造成了方法很难被理解、修改和扩展，违背软件设计规则。

(2) 超大类(Large Class)：一个类试图做的事情太多，这样的类一般都有过多的方法和成员变量。

(3) 重复代码(Duplicate Code)：大量重复的代码。写代码的时候应该遵循 DRY 原则：Don't Repeat Yourself。

(4) 特征依恋(Feature Envy)：一个方法对其他类比自己所在类更感兴趣，即访问其他类的属性或方法数量远大于访问自身所在类的属性和方法数量。特征依恋说明这个方法与其他类高度耦合。把这个方法移动到其依恋的类，就可以消除这种异味。

如图 4-1 所示，类 B 中的方法 methodB1()调用了类 A 中的方法 methodA1()，并访问了类 A 中的属性 attributA1，attributA2，但并没有访问自己所在类(也就是类 B)的方法和属性。

class_A	class_B

``class class_A {
    public static void methodA1() {
        attributA1 = 0;
        methodA2();
    }
    static void methodA2() {
        attributA2 = 0;
        attributA1 = 0;
    }
    static void methodA3() {
        attributA1 = 0;
        attributA2 = 0;
        methodA1();
        methodA2();
    }
    static int attributA1;
    static int attributA2;
}```
	``class class_B {
	    public static void methodB1() {
	        class_A: attributA1 = 0;
	        class_A: attributA2 = 0;
	        class_A: methodA1();
	    }
	    static void methodB2() {
	        attributB1 = 0;
	        attributB2 = 0;
	    }
	    static void methodB3() {
	        attributB1 = 0;
	        methodB1();
	        methodB2();
	    }
	    static int attributB1;
	    static int attributB2;
	}```

图 4-1 特征依恋异味的例子

(5) 基本类型偏执(Primitive Obsession)：过度使用基本类型。如不创建“电话号码”类型而是类中添加属性和操作。

(6) 长参数列表(Long Parameter List)：方法的参数太多。

(7) 数据泥团(Data Clumps)：两个类中有相同的字段，许多方法签名中有相同的参数。

(8) Switch 语句(Switch Statement)：Switch 控制结构中有过多 case 分支语句或 IF-ELSE 控制结构中的 ELSE 分支语句。面向对象的一个最明显特征就是少用 SWITCH-CASE 语句。这时 Switch 语句可以用多态或者策略设计模型等技术来替换。

(9) 临时字段(Temporary Field)：指类的一个变量只用在了某些特定的场景中。

(10) 被拒绝的馈赠(Refused Bequest)：子类只继承了父类一小部分成员方法，或者拒绝实现父类功能的接口。如果子类复用了父类的行为(实现)，却又不愿意实现父类的接口，那就使用委托而不是继承。

(11) 异曲同工的类(Alternative Classes with Different Interfaces)：有相同的行为却有不同名字的类，这时就可能造成一个类可以访问两个可替代的类，但这两个可替代的类的接口是不同的，应该设计这两个可替代的类有共同的接口。

(12) 平行继承层次(Parallel Inheritance Hierarchy)：主要是缺乏合适的继承关系设计。这种情况下，当为一个类创建一个子类时，就必须再创建另一个类的子类。可以通过识别是否存在不同继承层次中类的类名前缀是否相同识别这种异味。

(13) 分歧式变更(Divergent Change)：指在各种不同的原因下，以不同的方式变更同一个类，使类成为分歧者。

(14) 散弹式外科手术(Shotgun Surgery)：这种异味与分歧者变更相反，指代码中一个地方发生小的变化时，就必须修改很多相关类，而每个被修改的类变化很小。

(15) 懒惰类(Lazy Class)：指一个类承担的责任太少，从而能干的活儿太少。这样的类应该移除。

(16) 数据类(Data Class)：指一个类只有若干成员变量以及访问这些成员变量的方法，没有完成业务功能的方法。

(17) 夸夸其谈的未来性(Speculative Generality)：指太多关注未来的变化。

(18) 过度耦合消息链(Message Chains)：一个对象向另一个对象发送消息；下一个对象又向下一个对象发送消息；……这种异味造成一系列的类耦合。当被依赖的类发生变化时，第一个类就必须改变。

(19) 中间人(Middle Man)：过度运用委托。某个类接口有一半的方法都委托给另外的类。让客户类取消方法委托类就可以移除中间人。如果还访问中间人的其他行为，以继承取代委托。

(20) 过度亲密(Inappropriate Intimacy)：指两个类高度耦合。

(21) 不完整的库(Incomplete Library)：类库所提供的 API 不完整，又不能进行扩展。

(22) 注释过多(Comments)：必要的注释使代码更具有可读性，多余注释反而会降低可读性。注释的最高境界——代码即注释。

这里列举的代码异味只是定性的概念，研究者正在讨论一些度量方法。例如，类中的方法的个数是多少为宜？Java JDK 1.8 源代码 src 文件夹中 com、java、javax、org 及其子文件夹中平均每个类包含 16 个方法，那么是否含有 16 个方法左右的类就是“不胖不瘦”的类呢？可能需要一些实验的方法来验证。

4.3 代码规范

源代码设计规范，简称代码规范，是软件开发团队、软件开发企业对程序源代码中标识符的命名、视觉组织和注释等方面的规定，目的是提高源代码的可读性和可维护性。本节以 Java 语言为例，介绍四个方面的规范。

首先，可约定如下标识符的标识符命名规范。

(1) 类名使用大驼峰命名(UpperCamelCase)风格；方法名、参数名、成员变量、局部变量都统一使用小驼峰(lowerCamelCase)风格。例如，类名 NullPointerException 由三个英文单词组成，那么每个单词首字母大写按顺序连接成一个标识符；方法名字 getName 由两个单词组成，第一个单词保持首字母小写，其他单词首字母大写，按顺序连接成一个方法的标识符。某些特殊情况，如业内熟知的首字母简写，可以不把单词补全，如 DAO，PO 等。

(2) 常量命名全部大写，单词间用下画线隔开，要求能够完整清楚地表达其用途。例如，MAX_VALUE、MIN_VALUE 等。

(3) 抽象类命名使用前缀 Abstract；异常类命名使用后缀 Exception；测试类命名以它要测试的类的名称开始，以 Test 结尾。例如，AbstractSet，FileNotFoundException，MyClassTest 等。把表示类型的名词放在常量与变量名词尾，如 waitingQueue，operatorStack 等。

(4) 包名统一使用小写，点分隔符之间有且仅有一个英语单词。例如 org.w3c.dom.events。

(5) 如果模块、接口、类、方法使用了设计模式，在命名时需体现出具体模式。例如，temperatureObserver 等。

(6) 标识符均不能以下画线或美元符号开始，也不能以下画线或美元符号结束；严禁使用汉语拼音与英文混合的方式，更不允许直接使用中文的方式。例如，xingMing(姓名)，mingZu(民族)等。不要把 l(小写 L)作为变量名。

(7) 子类不要覆盖或隐藏父类的成员变量；不同代码块的局部变量应避免同名。

例如：

```
class S extends T{
    //不允许覆盖或隐藏父类的成员变量
    public int age;
}

public class T {
```

```
    public int age;
    public void do() {
        int a = 1;
        //…
    }
    //在同一方法体中,不允许与其他代码块中的 a 命名相同
    int a = 2;
    //…
}
```

其次,对程序的视觉组织可以有如下规范。

(1) 块是使用一对花括号({ })括起来的一组语句。有两种块风格：next-line 风格和 end-of-line 风格。next-line 风格为块另起一行并把开括号({)放在新行的行首。

```
class A
{
    void aMethod()
    {
        //Do something
    }
}
```

end-of-line 风格不为块另起一行,而是直接把开括号({)置于行尾。

```
class A {
    void aMethod() {
        //Do something
    }
}
```

整个项目中要保持块风格的一致性。

(2) 缩进(Indentation)使用平面空间的布局关系反映了程序部件间的逻辑关系(如包含关系)。每个成员均缩进 4 个空格以反映这种包含关系。方法中的语句也缩进 4 个空格,同样反映了这些语句与其所属方法间的包含关系。禁止使用制表字符(Tab)。在 Eclipse 中,可在 Preferences/Java/Code Style/Formatter 中设置,如图 4-2 所示。

由于使用缩进,从如下代码很容易看出,在类 Calculator 中定义了 6 个成员：2 个变量和 4 个方法。

```
public class Calculator {
    private int a;
    private int b;

    void setA(int x) {
        a = x;
    }
```

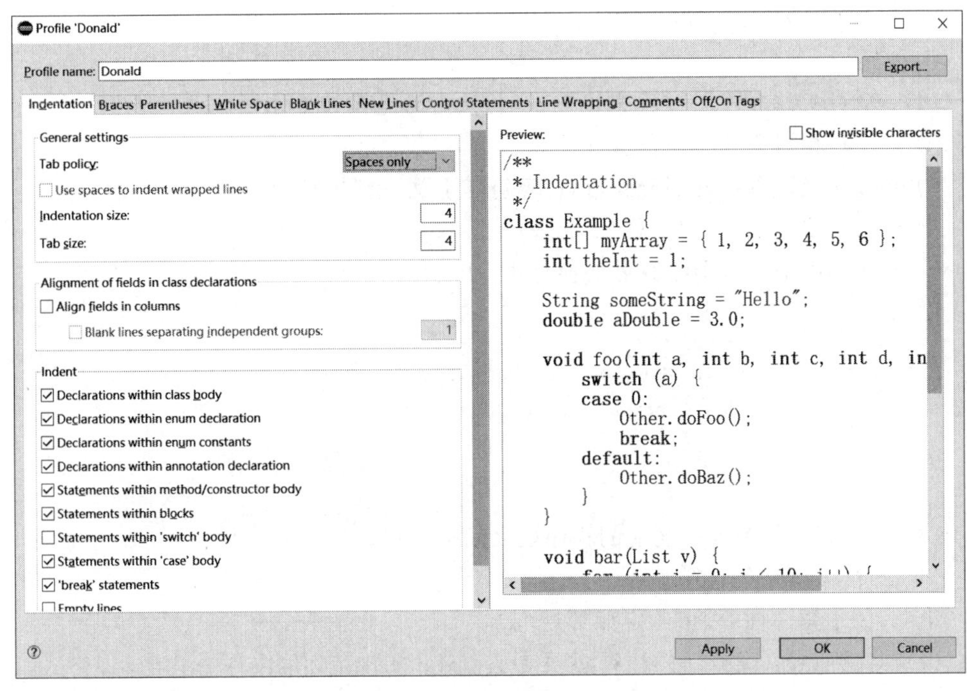

图 4-2　Eclipse 中禁用 Tab 缩进

```
    void setB(int y) {
        b = y;
    }

    int add() {
        return a + b;
    }

    int minus() {
        return a - b;
    }
}
```

(3) 任何二目、三目运算符的左右两边都加一个空格。if/for/while/switch/do 等保留字与括号之间都必须加空格。左圆括号和字符之间没有空格；同样，右圆括号和字符之间也不出现空格；而左花括号前需要空格。注释的双斜线与注释内容之间有且仅有一个空格。方法的多个形式参数的逗号后边必须加空格；方法的多个实在参数逗号后边也必须加空格。例如：

```
void method(int a,□int b,□int c)□{
    if□(c□==□0)□{
        //□a single line comment
        c□=□a□+□b;
```

```
    }
}
```

(4) 单行字符数超过 80 个则需要换行,换行时遵循如下原则。

① 第二行相对第一行缩进 4 个空格。

② 低优先级运算符处划分新行,运算符与下文一起换行。

③ 方法调用的点符号与下文一起换行。

④ 方法调用中的多个参数需要换行时,在逗号后进行。

例如:

```
if (file.getName().substring(fileName.lastIndexOf(".") + 1)
                             .equalsIgnoreCase("avi")) {
        videoPlayer.playVideo(fileName);
    }
```

(5) 相对完成较为独立功能的程序段之间空一行。

(6) 一行只写一条语句。

第三,关于程序注释,可约定如下规范。

(1) 类、类属性、类方法的注释必须使用 Javadoc 规范,使用/ * * 内容 * /格式,而不使用单行注释// xxx 方式或多行注释/ * xxx * /形式。在 IDE 编辑窗口中,Javadoc 方式会提示相关注释,并能生成 API 帮助文档。

(2) 所有的抽象方法(包括接口中的方法)必须要用 Javadoc 注释,除了返回值、参数、抛出异常说明外,还必须指出该方法实现什么功能、示例等。

(3) 所有的类都注释创建者和创建日期。所有的枚举类型字段必须注释用途。例如:

```
package com.abc.domain;
/**
 * 课程类。课程是大学专业教学计划中设置的学习单元,有课程号、名称、学分等属性。
 *
 * @creation 2013年8月15日
 * @last-modifiedTime 2020年1月17日
 * @author Donald Dong
 * /
class Course{
    //…
}
```

在 Eclipse 中新建类时可以自动生成类注释标签,配置路径: window/preferences/java/code style/code templetes/comments/types。

(4) 对公共和保护的方法给出文档注释,包括一句功能描述、详细功能描述、输入参数、输出参数、返回值、异常等。方法内部单行注释,在被注释语句上方另起一行,代码对齐。例如:

```
/**
 * Adds an element to the top of the stack.
 *
 * @param e
 *            the element to add.
 * @return the element added.
 */
public E push(E e) {
    elements.add(e);
    return e;
}
```

完整的格式如下。

```
/**
* <一句话功能描述>
* <详细功能描述>
* @param <参数 1><参数 1 说明>
* @param <参数 2><参数 2 说明>
* @return <返回类型说明>
* @exception/throws <异常类型><异常说明>
* @see <类、类#方法>
* @since <版本>
* @deprecated
*/
```

(5) 在 if/else/for/while/do 语句中必须使用花括号。即使只有一行代码,也不能采用单行方式,例如:

```
if (i == 5)  break;
```

(6) 先写注释,再写代码。注释与代码比至少为 3∶7。

(7) 先修改注释,再修改代码,保持注释与代码一致性。最坏的注释就是过时或者错误的注释,这对于代码的维护者(也许就是几个月后的自己)是巨大的伤害,可惜,除了 code review,并没有简单易行的方法来保证代码与注释的同步。

(8) 如果代码能够表达完整语义,就不要使用注释。例如,使用代码:

```
if (student.isEligibleForEnrollment())
```

其本身就能表达"如果学生具有选课资格"的语义,就无须使用带注释的代码:

```
//检查学生是否具有选课资格
if ((student.getStatus == NORMAL)
        && (student.getMajor().equals("Computer Science")))
```

除了前面介绍的标识符命名、程序的视觉组织和注释,其他编码方面的规范如下。

(1) IDE 的 text file encoding 设置为 UTF-8;IDE 中文件的换行符使用 UNIX 格式,

不使用 Windows 格式。

(2) 不允许任何魔法值(即未经预先定义的字面量)直接出现在代码中。例如,i=128;创造一个常量,根据其意义为它命名,并将上述字面数值替换为常量。要将常量声明为 static final,并以大写命名。这样在编译期间就可以把这些内容放入常量池中,避免运行期间计算生成常量的值。将常量的名字以大写命名也可以方便地区分出常量与变量。

(3) 直接用类名来访问此类的静态变量或静态方法,而不要通过一个类的对象引用访问此类的静态变量或静态方法。

(4) 所有的覆写方法,必须加@Override 注解。加@Override 可以帮助编译器准确判断是否覆盖成功;如果在抽象类中对方法签名进行修改,其实现类会马上编译报错。

(5) 不能使用过时的类或方法(@Deprecated 注解的)。例如,Java Date 的构造方法:

```
@Deprecated
public Date(int year, int month, int day)
```

在帮助文档中说明为过时(Deprecated),不能再使用。

(6) Object 的 equals 方法容易抛出空指针异常,应使用常量或确定有值的对象调用 equals()方法。例如,"abc".equals(reference);推荐使用 JDK 7 引入的工具类 java.util.Objects 的 equals()方法。

(7) 不要保留废弃代码。

(8) 接口规范可要求接口采用 RESTful 风格、统一的接口返回类型、一致的业务层错误编码、每个错误编码映射到一致的错误原因和提示消息。

最后,关于异常处理,要注意以下几点。

(1) 不将异常信息展示给终端用户,避免用户困惑或暴露信息。

(2) 不要用异常来做流程控制。

(3) 禁止捕获异常却不处理(catch 块为空)。

(4) 避免直接抛出 new RuntimeException(),更不允许抛出 Exception 或者 Throwable,应使用有业务含义的自定义异常。

(5) 不要在 finally 块中使用 return。因为 try 块中的 return 语句执行前先去执行 finally 块中的语句,如果 finally 块中有 return 语句,则在此直接返回,从而丢掉了 try 块中的 return 语句。

(6) 不要又记录异常又抛出异常。

```
try {
    new Long("0x789");
} catch (NumberFormatException e) {
    log.error(e);
    throw e;
}
```

（7）包装异常时，一定要把原始的异常设置为cause。捕获标准异常并包装为自定义异常是一个很常见的做法。但是不能丢弃原始异常。习惯用语如下。

```
public void wrapException(String input) throws MyBusinessException {
    try {
        //do something
    } catch (NumberFormatException e) {
        throw new MyBusinessException("异常描述.", e);
    }
}
```

这里把原始的异常作为构造方法的cause参数的实在参数传入。

4.4　可维护性

维护就是在软件交付客户使用后进行的修改行为。一个软件系统可被修改的难易程度称为它的可维护性。从软件的生命周期来讲，软件的运行期要占整个生命周期的大部分，所以，具备高维护性软件系统对于降低软件的总体拥有成本是极其重要的。但是，由于项目交付日期和市场等因素，可维护性往往被忽视。

可维护性并不是软件交付完成之后才考虑的事情，而是需要从项目开始开发就应该加以考虑。首先，要有可维护的软件架构的设计；其次，形成好的维护性开发文化。决定软件可维护性的因素主要有4个：可理解性、可测试性、可修改性和可复用性。

接手代码的程序员能够轻松阅读源代码并理解源代码的思路和功能，而无须原来的编码人员的完整解释。与源代码一致的设计文档、程序内部的文档和接近自然语言的高级程序设计语言程序等，都影响可理解性。

可测试性(Testability)是指在一定的时间和成本的前提下，进行测试设计、测试执行以发现软件缺陷、隔离和定位软件故障的能力。测试的目的在于尽可能多地发现问题(或Bug)，一个成功的测试是发现了迄今为止尚未发现的错误。测试活动验证了软件与需求规格匹配程度，使用最小的成本保证软件的质量。对于程序模块，可以用程序复杂度度量它的可测试性，模块的环形复杂度越大，可执行的路径就越多，全面测试它的难度就高。一个软件的可测试性应具有如下特征。

（1）可操作性：如果设计的软件存在很少缺陷或基本没有缺陷，那么在进行测试时的效率就会很高。

（2）可观察性：可观察性好的软件产品测试时可以容易地观察到测试结果。

（3）可控制性：能够从软件产品的输入控制它的各种输出，软件硬件状态和变量能够直接由测试工程师控制，从而使软件的自动测试工作变得更容易。

（4）可分解性：软件可以分解为独立的模块，能够被独立地测试。

（5）简单性：软件在满足需求的基础上要尽量简单。

（6）稳定性：软件的变化很少，保持稳定的状态。

（7）易理解性：软件的设计易于理解。

可修改性指能够快速地以较高的性价比对软件系统进行变更的能力。对软件的修改活动有以下类型。

(1) 纠正性：发现并修复 Bug。

(2) 适应性：系统需要去适应操作环境的改变，例如，适配 Android 版本升级。

(3) 完善性：用户有新的需求，或者对之前的需求有变化。

(4) 预防性：可以改进质量的重构，或者预防将来可能产生 Bug 的变更。

从软件维护的 4 种类型来看，维护软件面临的限制因素可能更多，需要考虑的问题也更多，也更具挑战性。关键点就是“限制变更范围”，防止变更的内容对其他内容(或者说程序)产生影响。

所谓复用是指同一事物不做修改或稍加改动就能在不同环境中多次重复使用。大量使用可复用的软件组件开发软件，能够提高软件的可维护性。

设计可维护软件可参照以下原则。

(1) 编写短小的方法。Java JDK 1.8 源代码 src 文件夹中 com、java、javax、org 及其子文件夹中所有的类平均每个方法只有 9 行非注释行。一般地，方法体的代码行数(含注释行)不应超过 1 页。

(2) 编写简单的方法。限制每个方法中分支的数量不超过 4 个。Java 中常见的分支控制关键字就是 if 和 switch 语句。分支控制点过多，意味着要有更多的测试用例。为了避免分支，方法不要返回 null，而是返回一个空的对象。也不要返回错误码，而是直接在运行时抛出异常。例如一个计算方法，给定两个操作数和一个运算符，完成加减乘除四种功能，返回结果是四种操作之一的结果。

```
public int calculate(int a, int b, String operator) {
    int result = Integer.MIN_VALUE;
    if ("add".equals(operator)) {
        result = a + b;
    } else if ("multiply".equals(operator)) {
        result = a * b;
    } else if ("divide".equals(operator)) {
        result = a / b;
    } else if ("subtract".equals(operator)) {
        result = a - b;
    }
    return result;
}
```

随着条件越来越多，复杂性也增高，也越来越难以维护。把进行运算的操作抽象出来，定义为接口：

```
public interface Operable {
    int operate(int a, int b);
}
```

让加减乘除四个操作实现该接口(仅给出加法)：

```
public class Addition implements Operable {
    @Override
    public int operate(int a, int b) {
        return a + b;
    }
}
```

建立运算符和操作的映射：

```
public class OperatorFactory {
    static Map<String, Operation> operationMap = new HashMap<>();
    static {
        operationMap.put("add", new Addition());
        operationMap.put("divide", new Division());
        //more operators
    }
    public static Optional<Operation> getOperation(String operator) {
        return Optional.ofNullable(operationMap.get(operator));
    }
}
```

完成计算的程序重构为

```
public int calculate(int a, int b, String operator) {
    Operation targetOperation = OperatorFactory.getOperation(operator);
    return targetOperation.operate(a, b);
}
```

(3) 不写重复代码。至少6行都相同的代码片段就可以被认为是重复代码。如果需要修改的地方正是重复的代码，意味着要做很多重复性的工作，而且容易出错。

(4) 限制每个方法的参数不能超过4个。将多个参数包装成对象，例如，坐标参数x与y可以包装成一个Point对象。

(5) 鼓励应用设计模式和习惯用语。

(6) 避免代码异味。

(7) 自动化开发部署和测试。测试包含单元测试、集成测试、端对端测试、回归测试、验收测试。不同类型的测试需要不同的自动化框架。编写单元白盒测试是开发人员的职责，如使用Java中的单元测试框架jUnit。建议生产代码和测试代码1∶1，提高覆盖率。

4.5 重　　构

重构(Refactoring)就是通过调整程序代码改善软件的质量、性能，使程序的设计模式和架构更趋合理，提高软件的扩展性和维护性。重构是在不影响原有行为的基础之上，对原有功能或者模块进行代码调整,增加其可读性和扩展性,最终改善当前的代码设计以及质量。

当闻到代码异味时,便可以开始重构。没有必要专门拨出时间进行重构,重构应该随时随地地进行。最常见的重构时机是想给软件添加新特性的时候。重构不分大小,小到修改一个名字,大到变更框架。按照主动性不同,分为主动重构和被动重构。主动重构就是通过阅读项目代码,或者依赖一些自动化的代码检测工具,发现重构目标而进行的重构活动;被动重构是在项目开发中,当前代码的设计无法帮助轻松添加所需要的特性,就需要进行重构当前模块,改善原有代码设计的活动。以下列举了一些重构活动。

(1) 尽量避免复杂的 IF 语句。

例如,如下代码使用复杂的 IF 语句处理选课方法 enroll 的返回情况。

```
EnrollmentStatus status = student.enroll();
if (status == Enrollment.success){
    System.out.println("注册成功");
}
else if (status == Enrollment.secFull) {
    System.out.println("注册失败:已满员");
}
else if (status == Enrollment.prereq) {
        System.out.println("注册失败: 前驱课未修");
}
else if (status == Enrollment.prevEnroll) {
        System.out.println("注册失败: 已经注册");
}
```

就可以把选课状态的枚举类型定义为:

```
public enum EnrollmentStatus {
    //枚举量
    success("注册成功"), secFull("注册失败: 已满员"),
    prereq("注册失败: 前驱课未修"), prevEnroll("注册失败: 已经注册");

    //实例变量
    private final String value;

    EnrollmentStatus(String value) {
        this.value = value;
    }

    public String value() {
        return value;
    }
}
```

那么代码就简洁很多了：

```
EnrollmentStatus status = student.enroll();
System.out.println(status.value());
```

(2) 尽量减少重复计算。例如：

```
for (int i = 0; i < list.size(); i++) {
    //…
}
```

应当重构为：

```
for (int i = 0, int length = list.size(); i < length; i++) {
    //…
}
```

(3) 尽量使用 final 修饰符。为类指定 final 修饰符可以让类不可以被继承，为方法指定 final 修饰符可以让方法不可以被重写。如果指定了一个类为 final，则该类所有的方法都是 final 的。Java 编译器会寻找机会内联所有的 final 方法，从而能够提高性能。

(4) 尽量使用局部变量。局部变量随着方法的运行结束而消失，不需要额外的垃圾回收。

(5) 不要在循环中使用 try…catch…，应该把其放在最外层。

(6) 尽量为底层以数组方式实现的群集对象指定初始长度，如 ArrayList、LinkedList、StringBuilder、StringBuffer、HashMap、HashSet 等。StringBuilder 默认仅分配 16 个字符的空间。显式设定初始化容量，这样可以明显地提升性能。

(7) 尽量避免在循环内不断创建对象引用。例如：

```
for (int i = 0; i < count; i ++) {
    Object obj = new Object();
}
```

应重构为：

```
Object obj = null;
for (int i = 0; i < count; i ++) {
    obj = new Object();
}
```

这样由于只有一个引用变量 obj，循环中创建的对象由于不再引用而自动成为孤儿。

(8) 尽量避免随意使用静态变量。当某个对象被定义为 static 的变量所引用，那么通常是不会回收这个对象所占有的内存的。

应用代码质量管理分析工具，可检测出项目代码的漏洞和潜在的逻辑问题。报告代码当中异常和不安全的行为，也可以检查代码是否遵循编程标准，如命名规范、编写的规范等。

如果既有代码实在太混乱，重构它还不如重写。

思 考 题

1. 下面的代码哪里不符合规范？

```
public class Xsxx {
    private String xsbh;            //学生编号
    private String xsmc;            //学生名称

    public String getXsbh() {
        return xsbh;
    }

    public void setXsbh(String xsbh) {
        this.xsbh = xsbh;
    }

    public String getXsmc() {
        return xsmc;
    }

    public void setXsmc(String xsmc) {
        this.xsmc = xsmc;
    }
}
```

2. 下面的代码哪里不符合规范？

```
public static void writeKcxxTxt(ArrayList<Kcxx> kcxxarr) {
 String filepath = "kcxx.txt";
 try {
    FileOutputStream fos = new FileOutputStream(filepath);
    OutputStreamWriter osw = new OutputStreamWriter(fos, "GBK");
    //一行一行读取文件,解决读取中文字符时出现乱码问题
    BufferedWriter bw = new BufferedWriter(osw);
    for (int i = 0; i < kcxxarr.size(); i++) {
        Kcxx kcxx = kcxxarr.get(i);
        bw.write(kcxx.getKcbh() + "," + kcxx.getKcmc() + "," + kcxx.getSksj()
                + "," + kcxx.getZssl() + "," + kcxx.getSyme()
                + "," + kcxx.getSkjs() + "\r\n");
        }
        bw.close();
        osw.close();
     } catch (IOException e) {
        e.printStackTrace();
```

```
    }
}
```

3. 下面的代码哪里不符合规范？

```
public class add {
public add(Student student) {
File file= new File("D:\work");
if(file.exists()) {
}else{
file.mkdirs();
}
file= new File("D:\\work\\datastudent.txt");
if(file.exists()) {
}else{
try {
file.createNewFile();
} catch (IOException e) {
e.printStackTrace();
}
}
```

4. 下面的程序有何问题？

```
//增加所选课程
public void addSelect() {
    System.out.println("输入所选课程的课程号,输入 end 结束");
    while (true) {
        String id = in.nextLine();
        if (!id.equals("end")) {
            Course cr = map.get(id);
            st.getCourses().add(cr);
            System.out.println("选课成功");
        }
        else {
            //System.out.println("添加结束");
            break;
        }
    }
}
```

5. 下面的代码存在什么面向对象方法问题和代码规范问题？

```
//写入学生
public static void Stu(List<String> sc){
    try {
        FileWriter fw = new FileWriter(FStudent);
```

```
        BufferedWriter bufw = new BufferedWriter(fw);
    for(String e:sc)
    {
        bufw.write(e);
        bufw.newLine();
    }
    bufw.close();
    fw.close();
    } catch (IOException e) {
        e.printStackTrace();
    }
}

public class Student extends Person{
    private String major;
    private String degree;
    //…
}
```

第5章 UML概述

统一建模语言(UML)指的是OMG的Unified Modeling Language™(OMG UML®)。UML已经是建立面向对象软件的事实标准。OMG®是一个国际非营利制定分布式对象计算领域标准的软件联盟。UML是一种图形化的语言,用于软件密集系统要素的可视化、规范制定、对象构建和文档编写。UML为描述软件系统的设计提供了标准,设计既包括概念方面,如业务过程和系统功能,也包括具体实现,如对象状态转换和可复用的软件组件。

5.1 UML的作用

建造一座大楼或者装修一套单元房都是复杂的工程,需要不同的材料、不同的技术、大量的工时和精细的项目管理。例如,装修一套单元房,那么在实际施工之前,利益相关者(房主、设计师、物业)首先应该对房子有一个概念上的认识,并对装修需求取得一致。此时平面结构图是双方沟通的一个很好的模型,如图5-1所示。

图5-1 平面结构图

对于水电工程师而言，水路图（如图 5-2 所示）将是改造水路的依据。在改造施工之前，一幅水路图就可以计算出成本。

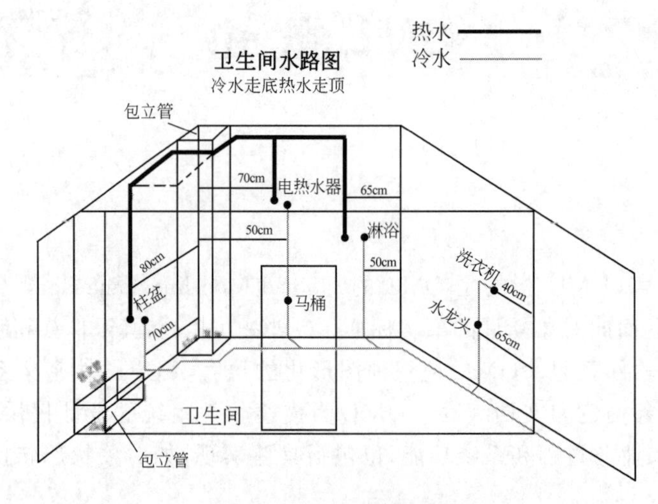

图 5-2　卫生间水路图

可以看到，在建筑装修工程中，不同的时期，面向不同的利益相关者，通过不同的图展示了一套房屋的不同方面。在这些图中，往往约定了一些图形符号表示特定含义，如墙体、门、窗、热水管、冷水管等。所以，在真正的构建活动之前，客户和装修服务供应商之间、装修设计师和施工人员之间需要双方可理解的“图”进行沟通，这些“图”展现了目标的模型。设计图的过程也就是建立模型的过程，简称建模。

建模也是开发大型软件项目的重要活动。模型在软件开发中的作用与模型在住宅楼的建筑过程中的作用是相同的。使用模型，软件开发服务的提供者可以确保自己的业务功能完整且正确，满足最终用户的质量需求，因为一旦施工（将模型转变为代码），那么将使更改变得困难且昂贵。为了保证沟通上不产生歧义和误解，利益相关者需要对模型中使用的符号的含义进行严格的约定，这就是使用 UML 的好处。UML 不但可以按照不同阶段、不同参与者的需要对软件系统进行可视化，还可以对系统的结构和行为做出无二义的描述。

UML 定义了下列四方面的模型元素和图形元素。

（1）人机交互。使用用例模型描述系统和用户之间的界定和交互，也可作为需求模型。

（2）结构。通过类模型描述构成系统的类及其关系，通过物理组件模型描述构成系统的软件（有时也包含硬件），通过物理部署模型描述物理架构与物理架构中组件的部署。

（3）行为。使用协作模型描述系统中的对象彼此之间如何进行交互以完成业务功能。

（4）状态。使用状态机描述随着时间和事件变化对象所呈现的状态和条件，活动图则描述对象行为执行的流程。

UML 也定义了一些扩展机制，如版型，以满足特别需求。

UML涵盖了整个软件生命周期的建模。在需求分析阶段，通过建立用例图等模型来描述系统的使用者对系统的功能要求；在分析和设计阶段，通过类及其关系建立静态模型，通过对象之间的协作进行动态建模，为开发工作提供详尽的规格说明；在编码阶段，把设计的模型转换为编程语言的实际代码，指导并减轻编码工作；在测试和维护阶段，以UML模型作为测试和维护依据。

5.2 UML的发展

UML是由著名面向对象技术专家Grady Booch、James Rumbaugh和Ivar Jacobson发起的。

Grady Booch的对象模型要素主要是封装、模块化、层次类型和并发。使用的图形文档包括类图、对象图、状态转换图、交互图、模块图和进程图六种，该方法使问题域和责任域很好地对应起来，称为Booch方法。1991年，James Rumbaugh提出对象建模技术(Object Modeling Technique，OMT)，从静态建模(类图、包图)、动态建模(顺序图、状态机图、活动图)入手，试图找出问题空间与系统目标之间的关系。1992年，Ivar Jacobson提出了在面向对象软件工程(OOSE)中应用用例驱动的途径。用例一方面为建模找到了原始信息来源，另一方面将建模和需求采集结合起来。

Grady Booch和Jimes Rumbaugh首先将Booch方法和OMT统一起来，于1995年10月发布了第一个公开版本UM 0.8(Unified Method 0.8)，后来Jacobson参与到这一工作中，于1996年6月和10月分别发布了两个新的版本，即UML 0.9和UML 0.91，并将UM重新命名为UML(Unified Modeling Language)。

由十几家公司组成的"UML伙伴组织"将各自的意见加入UML，于1997年1月形成UML 1.0。OMG于1997年11月正式采纳UML 1.1作为建模语言规范，然后成立任务组进行不断的修订，并产生了UML 1.2、1.3和1.4版本，其中，2000年3月发布的UML 1.3是较为重要的修订版。2005年4月，UML 1.4.2成为ISO标准。2005年，OMG发布了UML 2，这次修订采用了更严格的底层建模基础设施——OMG的元对象框架(Meta-Object Framework，MOF™)。MOF意味着UML图不仅对人类可视可理解，还能以机器可读的形式表示，从而可以对设计方案进行推理、执行一致性检查，甚至自动生成部分应用程序代码。以这种方式创建、存储和变换机器可读的模型把建模置于软件生产过程的核心，并形成对象管理组OMG的模型驱动体系结构(Model Driven Architecture®，MDA®)。

当前的版本是2017年12月发布的UML 2.5.1，支持14种图。它们可以分成两大类：结构图和行为图。结构图包括包图、类图、对象图、组件图、部署图、概要图和复合结构图；行为图包括用例图、活动图、状态机图、顺序图、时序图、交互概览图和协作图。其中，顺序图、时序图、交互概览图和协作图统称为交互图。结构图展示了系统的静态结构，包含不同的抽象和实现级别上的事物及其之间的关系；而行为图展示了系统中对象的动态行为，即系统随时间而发生的状态变化。这些图之间的泛化关系如图5-3所示。

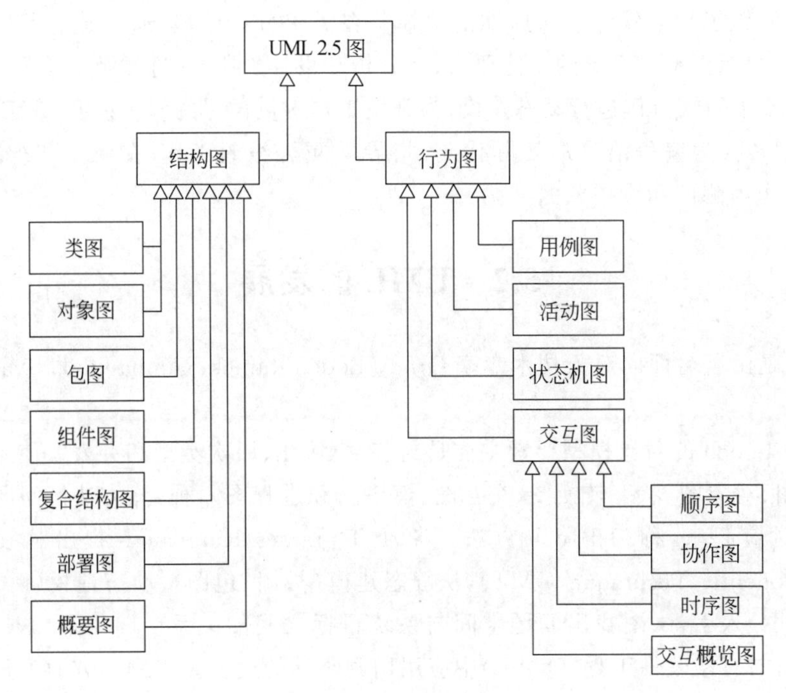

图 5-3 UML 图的分类

类图展示所设计的系统、子系统或组件的类及其之间的关系。类图中的模型元素包括类、关系、属性、操作和接待等。对象图展示类和接口的实例(对象)及其之间的链接。模型元素包括对象、链接等。包图展示包之间的依赖关系。模型元素包括包和依赖关系等。组件图揭示组件和组件之间的关系。部署图展示系统的架构,将软件工件部署(分发)到物理目标上,模型元素包括工件和节点,节点有服务器、路由器、负载均衡器、防火墙等。概要图作为UML标准的轻量级扩展机制,允许定义定制的原型、标记值和约束。概要允许对不同的UML元模型进行调整。复合结构图展示类的内部结构及相互关系。用例图描述软件系统与外部用户协作执行的一组操作,以向利益相关者提供一些可观察和有价值的结果。建模元素包括用例、参与者、主体、扩展、包含、泛化等。活动图展示协调低级行为的顺序和条件。建模元素有活动、动作、控制流、对象流、分区、对象等。状态机图用于通过有限状态转换模拟离散行为。行为状态机图的建模元素有状态、转移、事件、动作、区域等。

顺序图是常用的一种交互图,着眼于对象在生命周期内的消息交互。建模元素有生命线、消息、复合片段、交互使用、状态不变式、泳道等。状态不变式是某类所有对象状态上都为真的谓词。协作图主要目的是展示对象之间的交互。消息的顺序编码展示了消息的顺序。建模元素有三个:对象、链接和消息。时序图重点关注沿着线性时间轴在对象内部和对象之间状态的变化情况。建模元素包括生命线、状态、消息、持续时间约束、时间约束等。交互概览图提供一种概括性的视图,侧重于宏观上的交互和交互使用,建模元素有交互、交互使用以及活动图中的控制节点。

5.3 UML的特点

统一建模语言(UML)是一种图形语言,也是一种标准。UML是业务需求分析人员、软件架构师和程序员通用的语言,用于描述、定义、设计和归档现有或新的业务流程、软件系统工件的结构和行为。

模型驱动的体系结构(MDA®)帮助软件用户应对当下软件环境的两个至关重要的事实:多种候选的软件实现技术和面向整个软件生命周期的永不停止的对软件的改正性、扩展性和适应性维护。UML支持创建和管理精确详细的表示应用程序结构和行为的、机器可读的模型,并独立于语言、数据库管理系统、操作系统、技术框架以及软件工程过程。

UML独立于过程,可以应用于不同过程的上下文中。但是,它最适合于用例驱动、迭代和增量开发过程,如Rational Unified Process(RUP)和敏捷开发。虽然UML独立于领域和技术平台,但UML提供一个轻量级用于创建UML"方言"(称为"概要")的定制机制。通过向标准UML工具中加载"概要",就能使得UML建模工具支持或者增强支持特定的技术目标平台或应用领域。标准的UML概要用于定制UML特定语言,如Java和XML。实时系统、容错系统、基于CORBA的分布式计算平台,以及面向服务的体系结构(SOA)平台都可以通过定义概要与UML模型进行衔接。

软件开发有许多利益相关者参与:分析人员、设计人员、程序员、测试人员、质量保证人员、客户等。不同角色的参与者对系统的不同方面感兴趣,例如,程序员需要根据接口设计进行实现类编码;测试人员关心如何生成测试用例。UML涉及各种可能的视角,目标就是与所有利益相关者进行清晰明确的沟通。UML是一种具有充分表达力的语言,使得软件项目的利益相关者都能获得自己关心的信息。UML模型是软件服务的提供者与客户之间进行有效沟通的媒介。UML模型为软件维护提供了准确的、易于理解的、有效的软件系统可视表示,降低了维护成本。由于软件的设计先于软件的编码,所以通过UML模型可以很容易地识别设计中可复用的部分,从而降低软件开发成本,提高软件可维护性。UML模型有利于向开发团队的新成员进行有针对性的培训。

UML展现了一系列最佳工程实践。这些最佳实践在对大规模复杂系统进行建模特别是在软件架构层次方面,已经被验证有效。UML是一个免费可得的标准。基于这个标准形成了一个繁荣的工具供应商和开源工具产品社区。基于标准还允许来自多个供应商的工具在一个项目中一起使用。

5.4 UML建模工具

UML建模工具有StarUML,Enterprise Architect,Rational Software Architect等。

5.4.1 StarUML

StarUML 是一款灵活而且简单易用的高级软件建模工具，其特点是支持模型元素与图形元素的分离。这使得该建模工具成为软件项目模型的管理系统而不仅是一个图形编辑器。该产品的界面如图 5-4 所示。

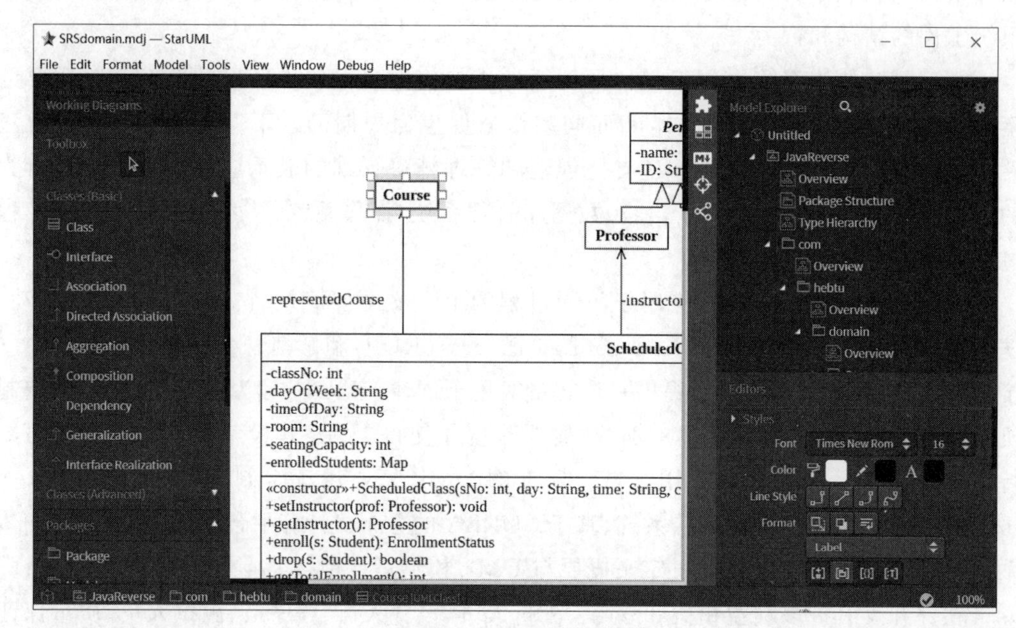

图 5-4　StarUML 界面

StarUML 支持 UML 2.x 标准模型和图：类图、对象图、用例图、组件图、复合结构图、部署图、顺序图、协作图、状态机图、活动图和概要图。除此以外，还支持创建实体-关系图(Entity-Relationship Diagrams，ERD)、数据流图(Data-Flow Diagrams，DFD)和流图(Flowchart Diagrams)。可运行于 Mac OS、Windows 和 Linux。支持 High-DPI 显示，所有图均可导出为 PNG、JPEG 等格式的 High-DPI 影像文件和以 JSON 格式存储建模数据。通过扩展，支持主流编程语言 Java、C# 和 C++ 等的代码生成和反向工程。打开和保存模型时自动执行预定义的验证规则(Validation Rules)。通过把模型转换为 HTML 文档，可以与分析师、架构师和程序员分享模型。可以把图导出为 PDF 格式实现高清晰度打印。使用标记语法(Markdown Syntax)编辑建模元素的文档，支持语法高亮和预览。

详细的 StarUML 用法见附录 A。

5.4.2 Enterprise Architect

Enterprise Architect 是一款高效专业的 UML 软件建模工具，这款工具软件不仅实现了 UML 图的编辑，还为用户提供了软件开发需要的各种功能：需求分析、详尽的设计、测试、发布、部署等。其界面如图 5-5 所示。

Enterprise Architect 支持全方位、全生命周期建模：业务和 IT 系统、软件和系统工

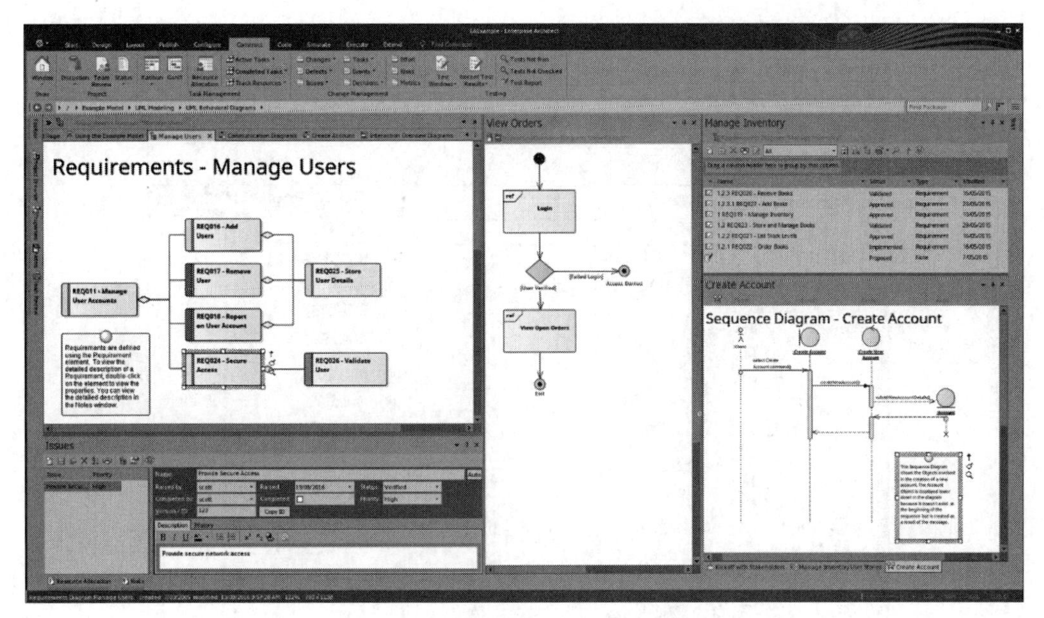

图 5-5　Enterprise Architect 界面

程、实时和嵌入式开发等。Enterprise Architect 支持遵循 UML、SysML(Systems Modeling Language,系统建模语言)、BPMN(Business Process Model and Notation,业务流程建模与标注)和其他开放标准分析、设计、实现、测试和维护模型。通过 BPMN 和 Eriksson-Penker 概要文件把业务流程、信息和工作流程结合到了 UML 模型中。

Enterprise Architect 通过关系矩阵和层次视图等功能,可以在整个生命周期内进行有效的验证,进行影响分析,以构建稳健可维护的系统。具有完整的 WYSIWYG 模板编辑器、文档生成和报告工具。内置的源代码编辑器允许在同一环境中快速从模型直接导航到源代码。代码生成模板则支持根据自定义规范生成源代码。支持许多流行语言的源代码的生成和逆向工程,包括 C、C++、C#、Java、Delphi、Verilog、PHP、VHDL、Python、System C、B.Net 和 Visual Basic 等。

5.4.3　Rational Software Architect

IBM® Rational® Software Architect(RSA)是一个高级而又全面的应用程序设计、建模和开发工具,用于实现端到端的软件交付,支持软件开发的全过程。全面支持 BPMN2、SOA 和 Java 企业版,还提供了与 IBM 的应用程序生命周期管理解决方案相集成的工具。RSA 是 IBM 公司在 Rational Rose 的基础上开发的产品,其中的 Rational Software Modeler 是一个基于 UML 2.0 的工具,它允许创建系统的不同视图,在建模视图下能够进行创建 UML 图、生成代码等操作,提供对 Java、C++、VB、Delphi、SQL、Oracle 等软件的支持。RSA 界面如图 5-6 所示。

其他工具软件还有 Visual Paradigm、Visio、Together、GreenUML、UMLet 等。

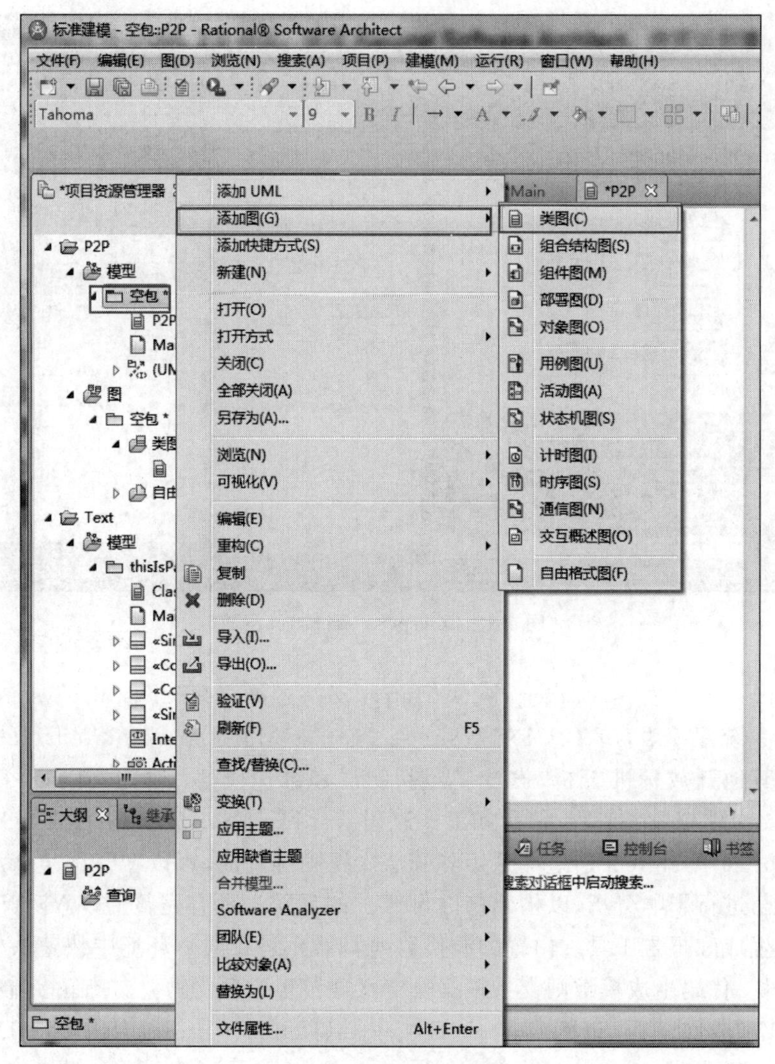

图 5-6 IBM RSA 界面

思 考 题

1. UML 2.5.1 规范中有哪些图?
2. UML 概要有何作用?
3. UML 与软件开发过程、软件开发方法和软件开发工件有何关系?

第6章

UML 基本概念

模型是人们对所关心的事物的抽象的结果。通常将被建模的事物的全体称为论域。对于一个现有系统，模型是该系统特征的抽象表达；对于一个计划开发的系统，模型是对该系统如何被构造以及系统行为的规格说明。

元素(Element)是 UML 模型中的基本成分，每个元素都可以拥有其他元素。一个 UML 模型包含三种模型元素：特征集(Classifier)、事件(Events)和行为(Behaviors)。特征集是具有相同特征和行为的对象的集合。对象是具有状态的并和其他对象有关系的个体。对象特征以及相应的值构成了对象的状态。事件是一些事情的集合，这些事情的发生对系统产生了影响。行为是执行的集合，执行指的是生成事件或响应事件的一系列动作，包括可能访问或改变了对象的状态的动作。注意，UML 模型中并没有对象、事情和执行，因为它们是论域中的事物。

关系(Relationship)也是一种元素，这种元素表示另外两个元素之间的关系。有向关系(Directed Relationship)是源模型元素用于目标模型元素的关系。

特征集、事件和行为等 UML 所使用的术语称为 UML 元类(Metaclass)。元类的名字使用大驼峰命名法，例如 DirectedRelationship；特征名字使用小驼峰命名法，例如 ownedAttribute。

数学建模就是使用数学语言表达具体的问题；UML 建模就是使用 UML 描述目标系统。UML 建模总是按照一定的目的、从某一角度、从纷繁复杂的细节中抽取出感兴趣的个体事物的特征集、事件和行为。

6.1 类型和多重性

类型(Type)和多重性(Multiplicity)都是对一些值增加约束。类型定义了所允许的值(Value)的集合，这些值称为类型的实例(Instance)。包含在集合中的值的数目称为集合的基数(Cardinality)。对集合的有效基数约束称为多重性，这个约束要求基数不得小于指定的下界，也不得大于指定的上界(除非多重性是无限的，在这种情况下，上界没有限制)。例如，一门课的容量是 40，那么“选课学生清单”这个集合的多重性就是闭区间[0,40]。

多重性元素(Multiplicity Element)是指定它所表示的集合的有效基数的 UML 元素。多重性元素的 isOrdered 特性用于设置是否有序，isUnique 特性用于设置是否唯一。根据有序性和唯一性，一组值就可以形成四种类型的群集(Collection)，如表 6-1 所示。

表 6-1 四种类型的群集

isOrdered	isUnique	群集
假	真	集合(Set)
真	真	有序集合(OrderedSet)
假	假	包(Bag)
真	假	序列(Sequence)

在UML中,使用文本字符串记号“＜下界＞..＜上界＞”表达多重性。下界是一个整数,上界是一个整数或者“*”,“*”表示“没有限制”。如果多重性元素和记号为字符串的元素关联(例如特性),那么把多重性元素使用中括号“[]”括起来并放置在文本字符串里;如果多重性元素和记号为图形符号的元素关联(如关联的端点),则直接把该元素放置在所关联的元素附近。如果下界和上界相等,则直接使用上界。例如,“1”等价于“1..1”。下面是多重性的BNF定义。

```
<多重性> ::= <多重性范围> [ [ '{'<有序性> [',' <唯一性> ]}] | [ '{ '唯一性> [',
'<有序性> ] '}']]
<多重性范围> ::= [ <下界> '..' ] <上界>
<下界> ::= <值>
<上界> ::= <值>
<有序性> ::= 'ordered' | 'unordered'
<唯一性> ::= 'unique' | 'nonunique'
```

例如,对于一门容量为40的课的“选课学生清单”,要求记录选课的先后次序,并且不能重复选课,则其多重性可以表达为:

```
enrolledStudents: Student[0..40]{ordered, unique}
```

巴科斯-诺尔范式(Backus-Naur Form,BNF)是一种形式化的语法规则描述语言。每条语法规则有左部和右部两部分:左部是一个语法成分,右部是由语法成分和字符组成的字符串,中间以“::=”连接,读作“定义为”。具有相同左部的规则可以共用一个左部,各右部之间以直线“|”隔开,读作“或”。语法成分用尖括号括起来,字符或者字符串用单引号括起来。方括号“[ ]”表示其中内容为可选项,花括号“{ }”表示其中项目可重复0次或若干次。

6.2 名字空间

名字空间(Namespace)是包含一组命名元素(Named Element)的建模元素。命名元素是可通过名字(Name)标识的建模元素。包(Package)就是一种名字空间。

名字空间是命名元素的容器。这些命名元素称为名字空间所拥有的成员(ownedMember)。一个名字空间可以从另外一个名字空间导入命名元素。如果名为N的命名空间中有成员名为x的命名元素,则可以由形式N::x的限定名(Qualified Name)

引用该成员。由于名字空间本身也是命名元素，所以命名元素的完全限定名（Full Qualified Name）可以包含多个名字空间，例如 M∷N∷x。

6.3 特　征　集

特征集（Classifier）是根据实例特征（Feature）对实例分类的特征的集合，也称为“类目”。特征集是一种类型，是一种名字空间，也是一种命名元素。图 6-1 展示了某项目所依赖的 jar 包，那么其 XML 配置文件：

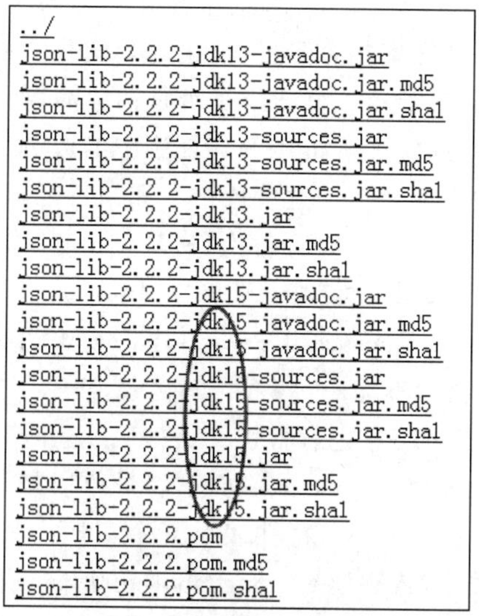

```
../
json-lib-2.2.2-jdk13-javadoc.jar
json-lib-2.2.2-jdk13-javadoc.jar.md5
json-lib-2.2.2-jdk13-javadoc.jar.sha1
json-lib-2.2.2-jdk13-sources.jar
json-lib-2.2.2-jdk13-sources.jar.md5
json-lib-2.2.2-jdk13-sources.jar.sha1
json-lib-2.2.2-jdk13.jar
json-lib-2.2.2-jdk13.jar.md5
json-lib-2.2.2-jdk13.jar.sha1
json-lib-2.2.2-jdk15-javadoc.jar
json-lib-2.2.2-jdk15-javadoc.jar.md5
json-lib-2.2.2-jdk15-javadoc.jar.sha1
json-lib-2.2.2-jdk15-sources.jar
json-lib-2.2.2-jdk15-sources.jar.md5
json-lib-2.2.2-jdk15-sources.jar.sha1
json-lib-2.2.2-jdk15.jar
json-lib-2.2.2-jdk15.jar.md5
json-lib-2.2.2-jdk15.jar.sha1
json-lib-2.2.2.pom
json-lib-2.2.2.pom.md5
json-lib-2.2.2.pom.sha1
```

图 6-1　项目所依赖的 jar 包

```
<dependency>
    <groupId>com.abc.json-lib</groupId>
    <artifactId>json-lib</artifactId>
    <version>2.2.2</version>
    <classifier>jdk15</classifier>
</dependency>
```

中的 dependency 元素表示版本为 2.2.2 的工件 json-lib 的所有 jar 包与 JDK 有依赖关系，有的依赖于 jdk13，有的依赖于 jdk15。classifier 元素＜classifier＞jdk15＜/classifier＞表示按照 jar 包的特征“jdk 版本”来分类，选取“jdk15”分类中的成员。

每个特征集有一组特征，每个特征称为其成员（Member）。特征可以是结构特性（Structure Property），也可以是行为特性（Behaviour Property）。罗贯中在《三国演义》中描述诸葛孔明“纶巾羽扇，身衣鹤氅，素履皂绦，面如冠玉，唇若抹朱，眉清目朗，身长八尺，飘飘然有神仙之概”，其中，“眉清目朗”等描述的是结构特征，“飘飘然”描述的是行为特征。被特征集分类的事物称为该特征集的实例。特征集拥有实例。

泛化（Generalization）定义了特征集之间的一般化和具体化（Generalization/

Specialization)关系,参与泛化关系的两个特征集就称为一般(General)特征集和具体(Specific)特征集。特征集泛化特征集的传递闭包也称为其泛化;特征集具体化特征集的传递闭包也称为其具体化。特征集的直接泛化称为该特征集的父特征集;特征集的直接具体化称为该特征集的子特征集。

具体特征集的实例也是一般特征集泛化类的实例。任何应用于某特征集一般特征集实例上的约束都在该特征集的实例上有效。

除了私有成员,特征集中的其他成员可被子特征集继承,就好像定义在子特征集中一样。

如果类型 S 相容(Conform)于类型 T,意味着类型 S 的实例可以按照类型 T 的实例使用。特征集是一种类型,特征集相容于自身,也与其泛化特征集相容。

特征集的特性 isAbstract 指示该特征集是否是抽象的,抽象的特征集没有直接实例。

可以在具体特征集中重新定义其继承的特征集中的成员。重新定义的目的是在具体特征集的上下文中补充、约束或者覆盖这些成员。如果特征集 S 是特征集 T 的协议特征集,那么特征集 S 的实例可以在运行时刻替换(Substitution)特征集 T 的实例。只有遵守公共的协议才能进行替换。如果 T 实现了某接口(Interface),那么 S 也要实现该接口。

特征集的结构方面性质(Structural Characteristics of Classifiers)称为特征集的特性(Property)。特性有"所有物""不动产""财产"的含义,表示了"所有"关系。在本书中,特性也称为"属性"。关联的成员端点也有特性。特性以"名-值"对的方式表示了实例状态。可以为特性指定默认值(defaultValue)作为初值,特性可以是继承而来的(isDrived)。

特征集使用其聚合(Aggregation)特性表示某个实例由另外一些实例聚合而成的情形,该特性值是一个枚举类型,枚举值有 none、shared 和 composite 三个。none 表示该特性没有聚合语义;shared 表示共享聚合,当聚合体消失,参与聚合的实例并不随之消失;composite 表示组成聚合,当聚合体消失,参与聚合的实例随之消失。例如,某学生参加了社团"计算机爱好者协会",协会解散后,学生还照样学习生活;一辆汽车由一台发动机和四个车轮组成,汽车报废后,发动机以及车轮随之报废。正如在汽车报废之前允许卸下还有用的车轮一样,部件对象可以在复合对象被删除之前从复合对象中移除,从而不会作为复合对象的一部分被删除。

特性可以是另外特性的真子集,或者是一些值的并集,或者是对某特性的重新定义。

特性可以是实例的标识符(isID 为真),可通过关系数据库的主键或者 XML 文档的 ID 来实现。如果多个特性的 isID 都为真,则表示这些特性组合起来作为实例的标识。

特性的 BNF 定义为:

```
<特性> ::= [<可访问性>]['/'] <名字> [':'<类型>]['['<多重性范围>']']['= '<默认值>][{<修饰符>[, <修饰符>]* }]
<可访问性> ::= '+' | '-' | '#' | '~ '
<修饰符> ::= 'readOnly' | 'union' | 'subsets'<特性名字> | 'redefines'<特性名字> |
'ordered' | 'unordered' | 'unique' | 'nonunique' | 'seq' | 'sequence' |'id' |
<约束>
```

其中:

readOnly 表示只读。

ordered 表示有序，unordered 表示无序。

unique 表示唯一，nonunique 表示不唯一。

seq 或者 sequence 表示有序的包，即要求有序、不要求唯一。

/表示该特性的值是推导出来的(isDrived)，这样的特性称为派生特性。一般通过约束来定义如何推导。派生特性一般是只读的，默认的多重性是1。

一个标准的特征集记号使用分隔间的矩形表示，一个分为三个隔间的矩形形状如图6-2左部所示。顶部隔间放置特征集的名字，中间隔间放置特性，底部隔间放置操作。除了名字隔间外，其他隔间都可以不显示。如图6-2右部只显示了名字隔间。

图6-3展示了在特征集A和特征集B中的特性的各种表示记号。带空心三角的实线表示B继承了A。

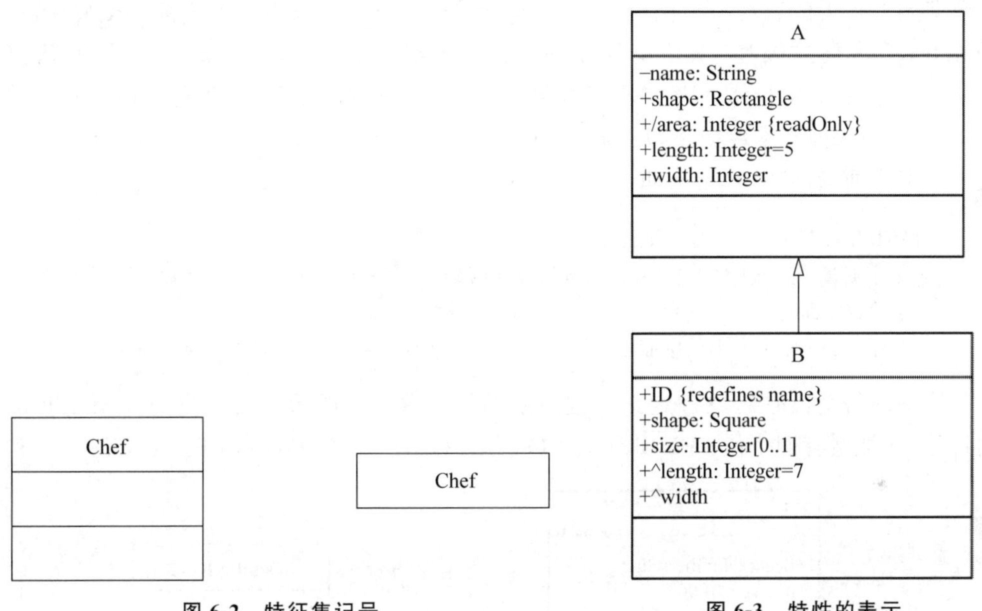

图6-2 特征集记号

图6-3 特性的表示

特征集A中有类型为String的特性name，类型为矩形(Rectangle)的特性shape，类型为整数(Integer)的特性有面积(area)、长(length)和宽(width)。其中，斜线符号"/"表示area是导出特性：area = lenght×width，并且area是只读的。length的默认值是5。除了名字是私有的，其他特性都是公共的。

特征集B有类型为String的特性ID，类型为正方形(Square)的特性shape。其中，ID重新定义了特征集A的特性name，shape也是对特征集A中shape的重新定义：类型为正方形而不是矩形。length和width前的插入符号"^"表示是从A中继承而来。B的特性length改变了默认值。新增的特性size表示正方形的边长，类型是Integer，后面的[0..1]是多重性元素，表示至多有一个值，也可以为空。

特征集有简单特征集(Simple Classifier)和结构化特征集(Structured Classifier)两种。

数据类型(Data Type)是一种简单特征集,是仅通过值进行实例区分的类型。如果某数据类型的两个实例具有相同的值,则这两个实例相等。数据类型分为两种:基本数据类型(Primitive Type)和枚举(Enumeration)。在基本数据类型上可以定义UML之外的代数运算和操作。UML基本数据类型有Integer、Boolean、String、UnlimitedNatural和Real。

Integer实例是整数集合{…,-2,-1,0,1,2,…}中的元素;Boolean的实例是预定义的值true或者false;String的实例是一个字符序列,不限制字符集。String类型的字面量是用双引号括起来的字符序列;UnlimitedNatural的实例是自然数集合{1,2,3,…}中的元素以及预定义的值unlimited,通常用于表示多重性的上界和下界,unlimited记为"*",注意unlimited的含义是没有限制而不是"infinity";Real的实例是实数集合中的元素,使用浮点数标准ISO/IEC/IEEE 60559:2011实现实数的机内表示。图6-4展示了基本数据类型在类的属性上的使用。其中,车牌号码licenceNumber是字符串类型;行驶里程mileage是整数类型,默认值为1000;是否私家车isPrivate是布尔类型,默认值为true;车身质量weight是实数类型。如果在建模工具中导入了Java语言概要,则可以使用Java中的八种基本数据类型:boolean、char、byte、short、int、long、float、double。

数字字面量的NBF定义如下。

```
<自然数字面量> ::= ('0'..'9')+
<小数字面量> ::=['+' | '-']<自然数字面量> |['+' | '-'][<自然数字面量>]'.
'<自然数字面量>
<实数字面量> ::= <小数字面量>[('e' | 'E')['+' | '-']<自然数字面量>]
```

枚举的每个值是用户自定义的枚举字面量。图6-5展示了枚举类型VisibilityKind的记号,该类型有四个值:PUBLIC,PROTECTED,PACKAGE和PRIVATE。

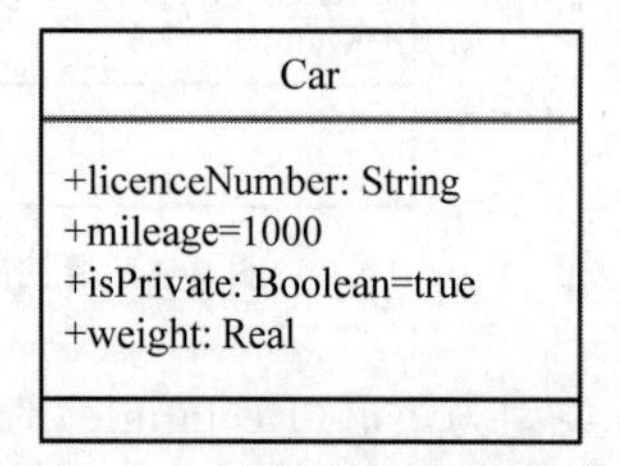

图6-4 基本数据类型的使用

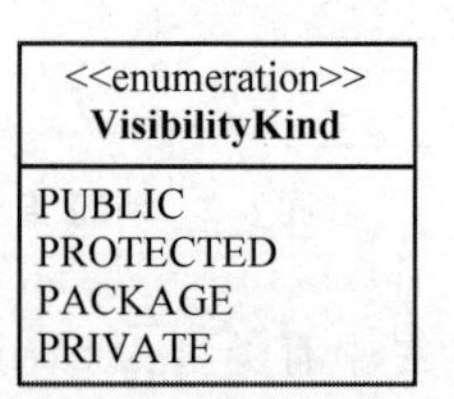

图6-5 枚举类型的记号

结构化特征集指具有内部结构的特征集。例如,在汽车(Car)的内部有一个发动机(Engine)和两对车轮(Wheel),发动机通过传动轴(Axle)连接后轮(Rear),如图6-6所示。使用internal structure隔间展示特征集Car的内部结构。其中,两个矩形框表示类型为Engine和Wheel的两个部件,类型名字前是实例所承担的角色名字,使用冒号隔开。

对两个特征集的实例链接称为关联;而对承担某角色的两个实例的链接称为连接器(Connector)。连接器端点把连接器固定到了可被链接的元素上。连接器相应的链接随着其所在特征集实例的创建而创建,随其销毁而销毁。当某个实例不再承担某个角色时,则与该实例有关的链接被删除。

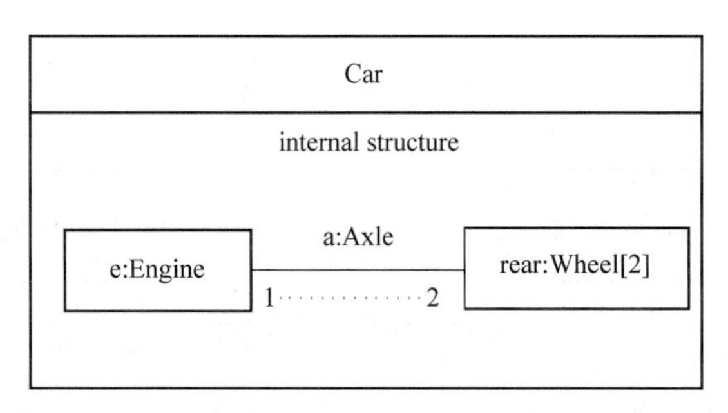

图 6-6 结构化特征集的记号——以 Car 为例

对于二元连接器,连接器端点A的多重性指示了链接到另一端点B每一实例的A实例个数。例如,图6-6中,Engine端的多重性"1"和Wheel端的多重性"2"表示一个引擎和两个后轮链接;一个后轮和一个引擎链接。

注意,结构特征集的内部结构在特征集记号中以"内部结构"命名的单独的隔间中绘制,"内部结构"隔间在特性隔间和操作隔间的下面,图6-6中没有显示特性隔间和操作隔间。形成内部结构的参与者称为角色(Role),例如,汽车内部结构中的车轮担当"后轮"的角色。

部件(Part)是一种与其包含实例具有组合(Composition)关系的角色,其记号是一个具有实线框的矩形,可以嵌套。与包含实例具有非组成关系的角色使用虚线框。在这两种情况下,矩形都可以称为部件框。对于具有简单端口的部件,可使用球窝记号(Ball-and-Socket)表示通过端口安装连接器,复杂端口不用该符号。

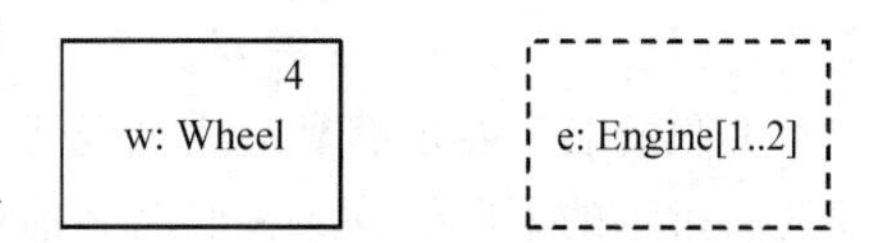

图 6-7 部件框

图6-7左侧的实线部件框表示某实例由4个轮子组成,多重性"4"在部件框的右上角;右侧的虚线部件框表示某实例引用了1个或者2个引擎(Engine类的实例),多重性记在方括号内,这1个或2个引擎并不是实例的组成部分。

端口(Port)是某实例与环境进行交互的交互点。图6-8展示了两个部件通过端口安装连接器的记号。球状记号的端口表示服务的提供方;窝状记号的端口表示服务的需求方。两个小正方形及实线表示连接器,两端的小正方形表示连接器端点。

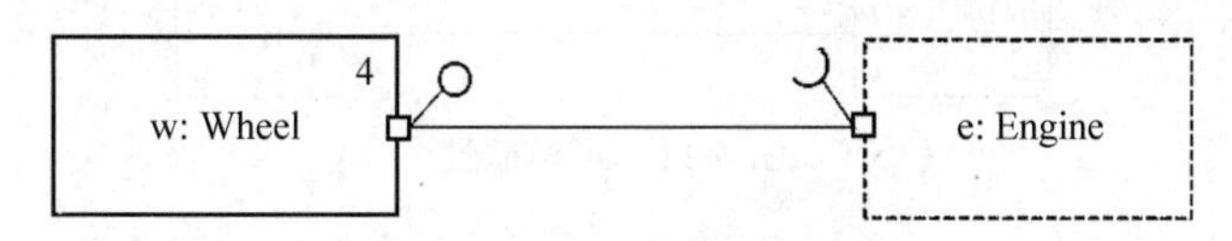

图 6-8 通过端口安装连接器

图6-9展示了"引擎"具有一个名字为p、类型为接口IPower的端口,接口IPower定义了引擎所提供的动力服务规格。汽艇(Boat)要安装引擎才能工作,引擎通过传动轴把端口p连接到螺旋桨(Propeller)的端口q上。只要双方都按照接口规格说明交互,那么汽艇就能够行驶。注意,Boat类使用连接器通过端口把部件Engine和Propeller进行连接。

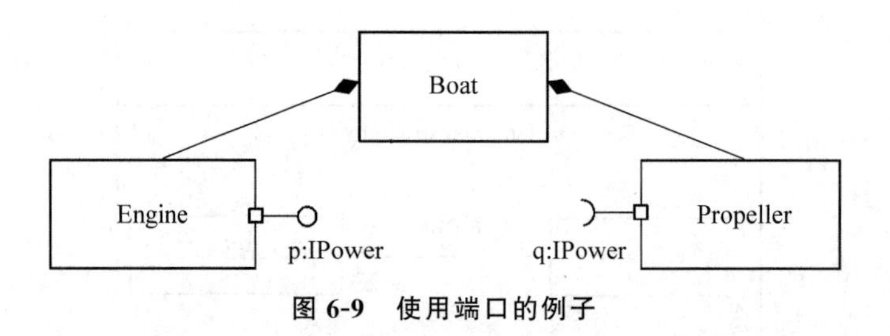

图 6-9　使用端口的例子

6.4　关　　联

关联(Association)表示两个实例间的链接(Link)关系,可表示为二元元组形式。关联至少有两个成员端点(Member End)。关联用菱形来表示,并使用两个实线分别连接参与关联的实例的特征集。当关联的端点多于两个时,必须使用菱形记号,如图 6-10 所示。

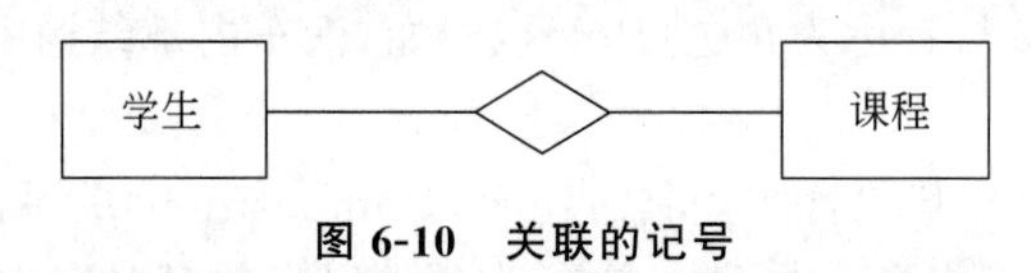

图 6-10　关联的记号

二元关联直接使用实线表示。实线可以由几个线段组成。分成几个线段没有特别的语义,仅仅是图形布局的需要。

关联的名字要足够靠近实线但要远离端点。可在关联名字前使用实心三角表示应按照箭头指示的方向阅读。关联名字前使用斜线(/)表示这是导出的关联。

关联的端点上可以标记多重性、可访问性、约束,以及 readOnly、union、subsets、redefines、ordered、unordered、unique、nonunique、seq、sequence、id 等修饰符。关联端点处的开箭头表示该结尾是可导航的。关联的导航性(Navigability)指在运行时刻参与链接的实例能够被另外一个实例访问。关联端点的小×指示该端点不可导航。图 6-11 表示 A 的实例可以访问 B 的实例,但 B 的实例不能访问 A 的实例。

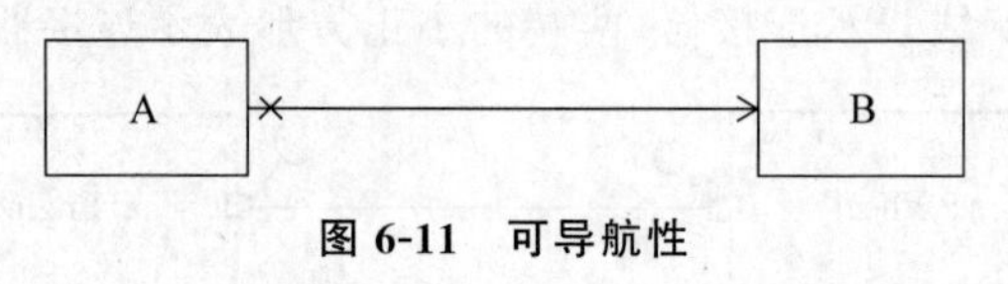

图 6-11　可导航性

多重性元素在关联的端点上。例如,一名学生在某学期可以注册 5 门不同的课程,那么多重性元素是学生端的“0..5”,如图 6-12 所示。

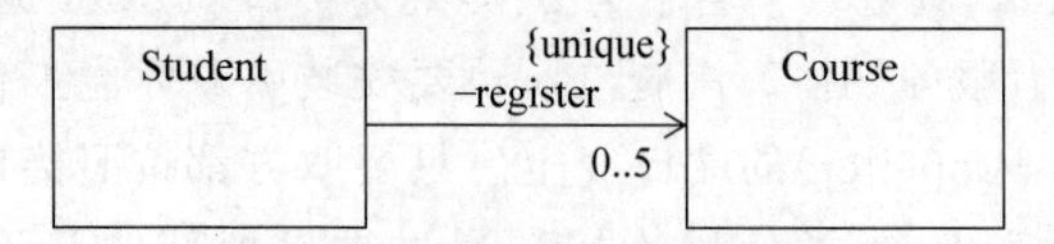

图 6-12　关联端点上的多重性

参与关联的特征集对关联端点的拥有关系(Ownership)用一个小的实心圆来表示,为简洁起见,将该实心圆称为“圆点”。圆点位于关联的端点和特征集记号之间。拥有关系指在关联另一端的特征集拥有圆点所紧靠的特征集的端点。图 6-13 表示特征集 B 拥有与特征集 A 关联的端点。UML 不强制要求软件工具绘制这个记号。

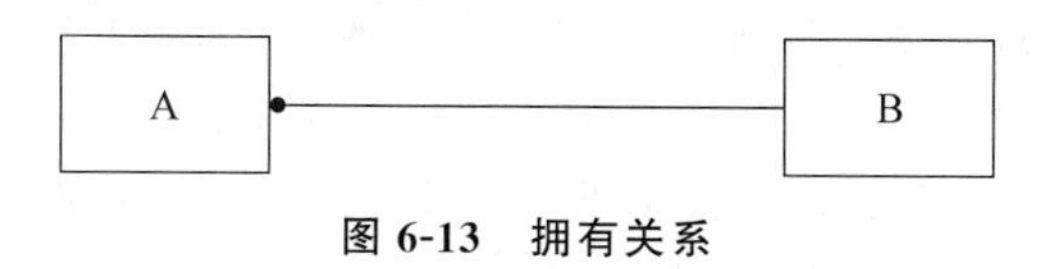

图 6-13　拥有关系

图 6-14 展示了关联的端点以及各种各样的修饰。

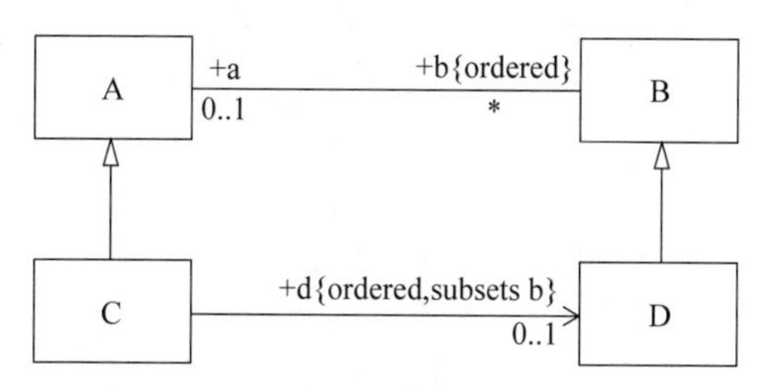

图 6-14　关联的端点

图中,a、b、d 分别是关联端点的名字。“+”表示可访问性是公共的(public)。0..1 和 * 表示多重性。b 和 d 是有序的(ordered);d 是 b 的子集。

图 6-15 展示了关联类(Association Class)的记号。在这个例子中,关联类的名字 Job 出现了两次:特征集的名字和关联的名字。这是因为关联类既是类也是关联。

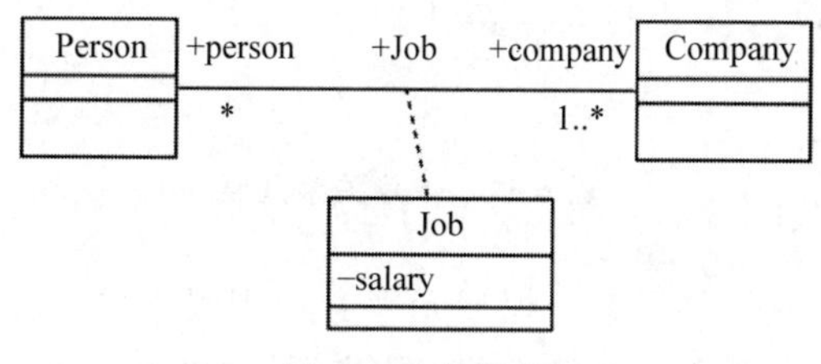

图 6-15　关联类

图 6-16 展示了如何在菱形记号上标记关联类。菱形的名字是 Job,关联类的名字也是 Job。菱形和表示关联类的矩形使用虚线连接。注意:在关联类 Job 中并没有 Person 类和 Company 类的特性,只有一个特性 salary。

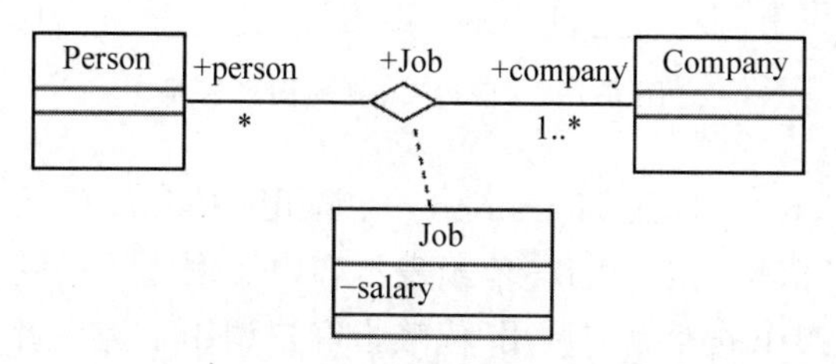

图 6-16　使用菱形记号的关联类

6.5 依　　赖

依赖关系描述了两个特征集的实例之间服务与被服务的关系：被依赖的元素称为客户；依赖元素称为服务提供者。当服务提供者发生改变，那么客户也相应发生改变。形式一点儿来说，对于两个特征集 A 和 B，A 是服务提供者，B 是 A 的客户，A 的任何变动都可能对 B 产生影响，若没有 A，B 无法完成自己的工作，则称 A 和 B 之间存在依赖关系。

依赖关系可以存在于类之间、包之间、复合结构中、组件之间或者部署模型中。

图 6-17 展示的依赖关系有：使用(Use)、抽象(Abstraction)和部署(Deploy)。

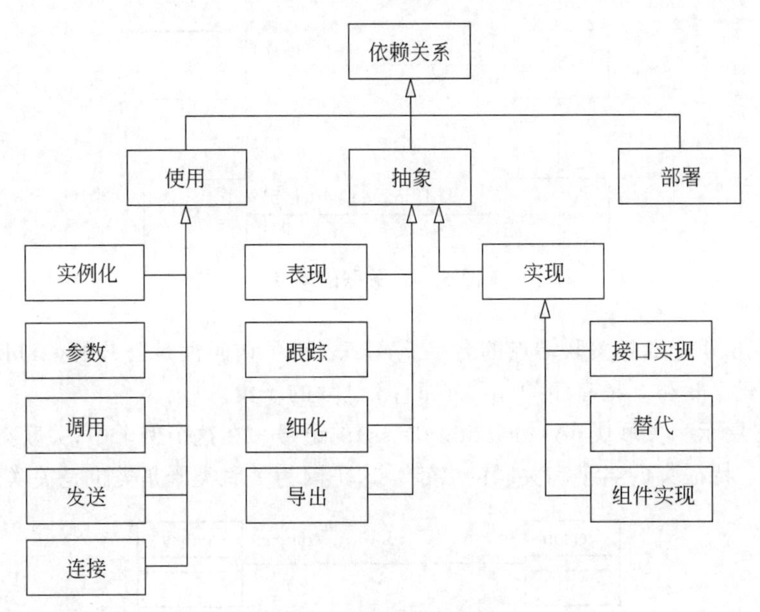

图 6-17　依赖关系概要

使用是一种依赖关系。如果客户模型元素 B 使用服务提供者 A 来实现或者运作，则称 B 依赖于 A。“使用”依赖使用带箭头的虚线表示，虚线使用版型<<use>>标识，如图 6-18 所示。

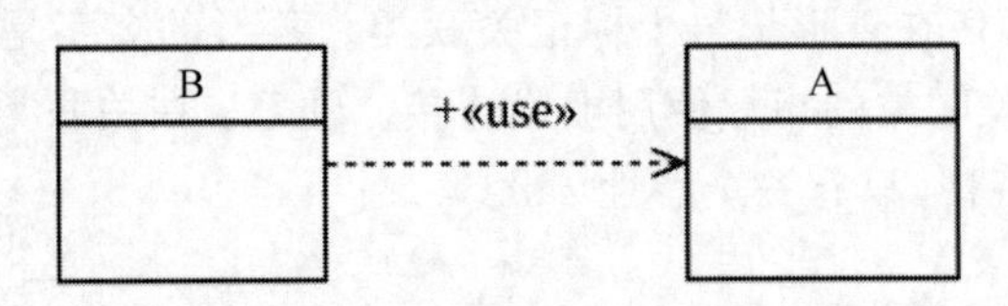

图 6-18　“使用”依赖的图形表示

实例化(Instantiate)、参数(Parameter)、调用(Call)、信号发送(Send)和连接(Connect)都是“使用”依赖。“实例化”依赖表示客户实例化了提供者的对象，“参数”依赖指客户把提供者作为操作的参数，“调用”依赖指客户调用了提供者的操作，“信号”发送依赖指客户使用了提供者发送的信号，“连接”依赖指客户使用了提供者的连接器。

在表示依赖的两个模型元素之间的带箭头虚线表示尾部的模型元素(客户)依赖于箭头指向的模型元素(服务提供者)。带箭头虚线上可以标识名字或版型等。例如,如果在"工厂"中实例化了"汽车"对象,则"工厂"类依赖于"汽车"类,这是一种"实例化"依赖,并使用标准版型<<Instantiate>>标识,如图 6-19 所示。

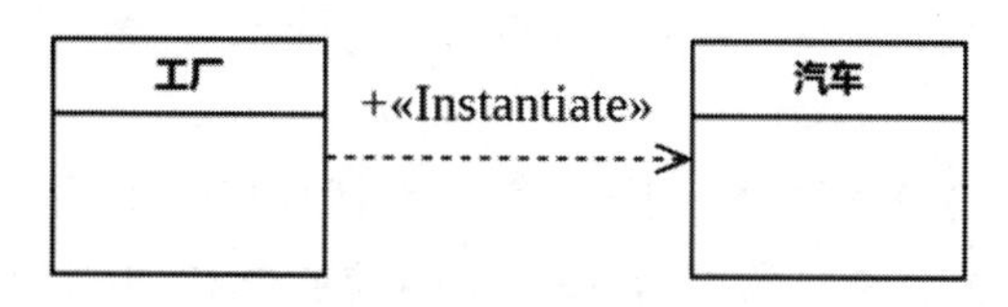

图 6-19　版型与依赖

抽象(Abstraction)是一种依赖关系。如果模型元素 A 是模型元素 B 的抽象,那么 B 的实现依赖于 A,则称 A 与 B 之间存在依赖关系"抽象"。抽象依赖使用版型<<abstraction>>标识,如图 6-20 所示。由于类 A 是抽象的,在 UML 中要求名字用斜体。

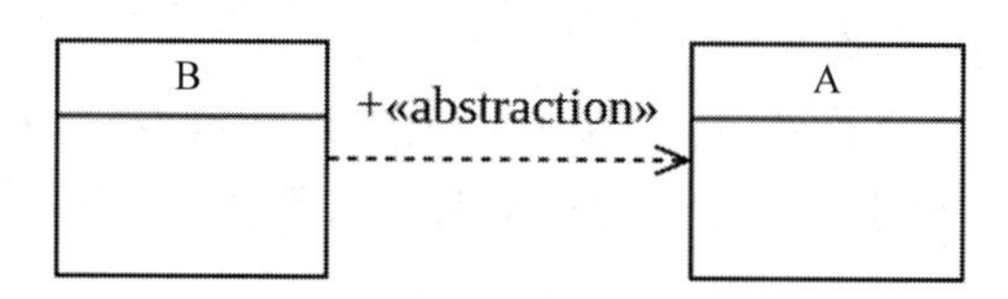

图 6-20　"抽象"依赖的图形表示

实现(Realization)是一种特殊的抽象关系。如果模型元素 A 表示了规约,模型元素 B 实现了该规约,则称二者之间存在实现关系。"实现"关系使用带空心箭头的虚线表示,如图 6-21 所示。

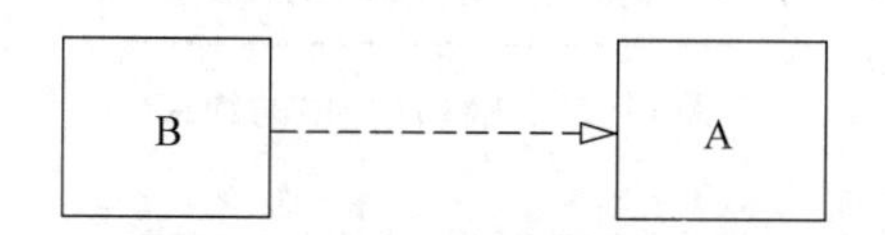

图 6-21　"实现"依赖的图形表示

部署依赖指的是将工件安装到设备等部署目标上从而产生的依赖关系。

版型(Stereotype)也称构造型,它是对 UML 元模型的扩展,使得扩展后的模型适用于特定的场合。例如,接口、边界类、实体类、控制类等都是类的版型。UML 提供了一组可以应用于模型元素的标准版型。例如,对"使用"关系应用<<call>><<instantiate>>和<<send>>版型,以准确指示一个模型元素如何使用另一个模型元素。版型默认的表示方法是在关键词前后加上尖角双括号。版型几乎适用于 UML 中的任何元素,包括类、属性、操作以及关联等,既可以使用这些标准版型,也可以定义自己的版型。一个图形元素可以使用多个版型。

常见的特征集有类、接口、参与者、用例、节点等。泛化、关联和依赖是 UML 模型元素特征集之间的三种关系。具有泛化关系的两个特征集中,一个相对一般,一个相对特殊。相对特殊的特征集的实例可以出现在相对一般的特征集实例任意能够出现的位置。相对特殊的特征集的实例可以包含更多的特征或修改父特征集的特征。关联是两个特征集之间的“链接”关系：双方的实例参与到了某件事情中。

6.6 约　束

约束是在 UML 元素上附加的一种断言。元素和约束之间是多对多关系。如果约束的表达式为真，则表示此时满足约束；否则表示不满足约束，此时模型的实现无效。

某些类型的约束在 UML 中是预先定义的，某些是用户定义的。用户定义的约束通常表示为文本字符串，其语法和语义由某种语言确定，例如，对象约束语言（OCL）或编程语言（如 Java），还可以使用自然语言或者数学语言。下面是约束的 BNF 定义。

```
<约束> ::= '{'[<名字>':'} <布尔表达式>'}'
```

其中，“名字”是约束的名字；布尔表达式是关于约束的断言。

通常把约束放置在注释符号中，并通过注释连接（虚线）把注释符号附加到被约束的元素上，如图 6-22 所示，要求选课学生的每学期所修课程总学分小于 30 分。

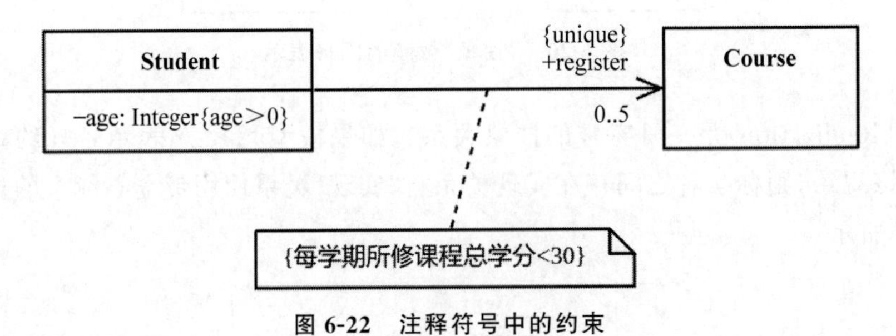

图 6-22　注释符号中的约束

注释的图形符号是右上角折角的矩形框，如图 6-23 所示。

如果被约束元素的记号是文本字符串，例如属性，那么则直接把约束放置在记号的后面的一对大括号中。图 6-24 展示了在学生类 Student 的属性 age 上添加了约束：age>0。

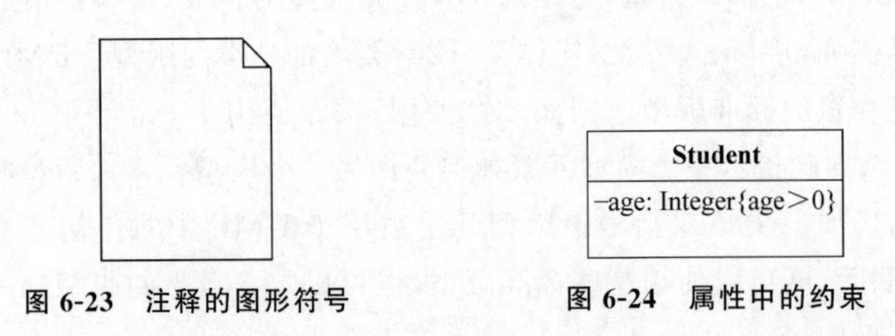

图 6-23　注释的图形符号　　　　图 6-24　属性中的约束

对于应用到两个元素的约束，如两个类或者两个关联，则使用虚线连接两个元素并使用约束进行标识。假设银行账号要么是个人结算账号，要么是单位结算账号，则使用预定义的约束 xor 表示银行账号与个人或单位之间的异或关系，如图 6-25 所示。

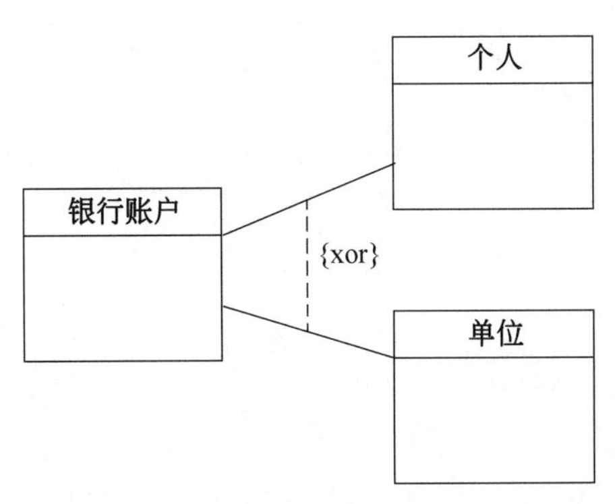

图 6-25 预定义约束 xor

6.7 类

类(Class)是具有封装性和操作的特征集。类的实例称为对象(Object)。当实例化对象的时候,所有的属性都赋予默认的初值。通过对象执行在对象上定义的操作。被动的对象只能在另外一个对象中活动;而主动的对象没有这个约束。一个类不能访问另外一个类的私有成员,也不能访问非祖先类的保护成员。

类使用特征集记号表示,但要求必须有四个隔间:属性、操作、接待和内部结构。除了名字外,其他隔间可不显示。常见类的图形记号的四种显示结果如图 6-26 所示。

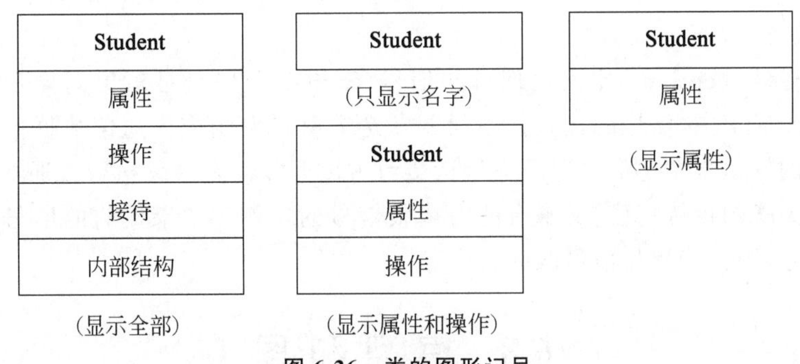

图 6-26 类的图形记号

类的属性语法同前文特征集特性。

类、接口或者数据类型的行为特征称为操作(Operation)。操作有名字、类型、参数、约束等规格说明。操作的类型就是其返回值的类型。调用操作前应满足的条件称为该操作的前置条件(Precondition)。操作的具体实现可以假设前置条件为真。在前提条件满足的情况下,操作成功执行后所满足的条件称为操作的后置条件(Postcondition)。操作的具体实现必须满足后置条件。在执行操作期间可能会抛出异常。抛出异常后,不能假设后置条件为真。如果是查询(isQuery)操作,则该操作不能够修改执行该操作的实例的状态。

操作的文本表示:

```
[<可访问性>] <名字>'(' [<参数清单>] ')' [':' [<返回值类型>] ['['<多重性范围>']']
['{'<操作特性> [','<操作特性>]* '}']]
```

其中,

```
<可访问性> ::= '+' | '-' | '#' | '~'
<参数清单> ::= <参数> [','<参数>]*
<参数> ::= [<方向>] <名字>':'<类型表达式> ['['<多重性范围>']'] ['= '<默认值>]
['{'<参数特性> [','<参数特性>]* '}']
<方向> ::='in'|'out'|'inout' (默认 'in')
<参数特性> ::='ordered'|'unordered'|'unique'|'nonunique'|'seq'|'sequence'
<操作特性> ::='redefines' <操作名称> | 'query'|'ordered'|'unordered'|'unique'|
'nonunique'|'seq'|'sequence'| <操作约束>
```

"redefines ＜操作名称＞"表示重新定义了继承来的操作;"query"表示不改变实例的状态;"ordered"表示返回的多个值是有序的;"unordered"表示返回的多个值是无序的;"unique"表示返回的多个值无重复;"nonunique"表示返回的多个值可能有重复值;"seq" or "sequence"等价于 isUnique=false 而且 isOrdered=true。

下面名字为 getWindow 的操作

```
+getWindow (location: Coordinates, container: Container [0..1]): Window
```

的可访问性为公共,类型为 Window,传入参数有 location 和 container,参数类型分别为 Coordinates 和 Container。container 的多重性范围是 0..1,表示窗口的父窗口至多一个,即允许为空。

类的接待(Receptions)定义处理哪些信号(Signal)。信号是对象间异步通信的规格说明。在异步通信中,信号的接收方不回复发送方就触发响应。通信数据由信号的属性说明。信号的发送方发送信号后不去等待接收方的回复而是继续执行。通过在特征集上定义与信号关联的接待,就定义了有能力接收信号的实例。如果接收的信号是接待规格说明中的信号,则称接待与信号匹配。

6.8 模型和图

建模就是建立模型,是为了理解事物而对事物做出的一种抽象,是对事物的一种无歧义的书面描述。模型是对事物、事情和事件的抽象。事物就是客观世界的存在,无论是可见的还是不可见的;事情就是事物间的信息关联;事件激发了事物的行为。UML 中,类、包、关联、信号等相关模型元素的有机组合构成了 UML 模型,UML 模型的图形表示就是 UML 图(Diagram)。UML 图中的图形元素(Graphical Element)简称图元,是 UML 模型元素的可视表示。例如,一条连接两个类的实线表示了这两个类之间的关联。

如图 6-27 所示,每张 UML 图由绘图区和图框组成,图框使用矩形形状表示,可以省略。在状态机图中如果有进入或者离开整个状态机的状态转移,则应使用边框。

图的左上角为标题区,标题也可以省略。

标题的语法是：[＜类型＞]＜名称＞[＜参数＞]，它表示绘图区图元所表示的模型元素所归属的名字空间的类型、名称和参数。如图6-28表示类C1和类C2是定义在包P中的类。

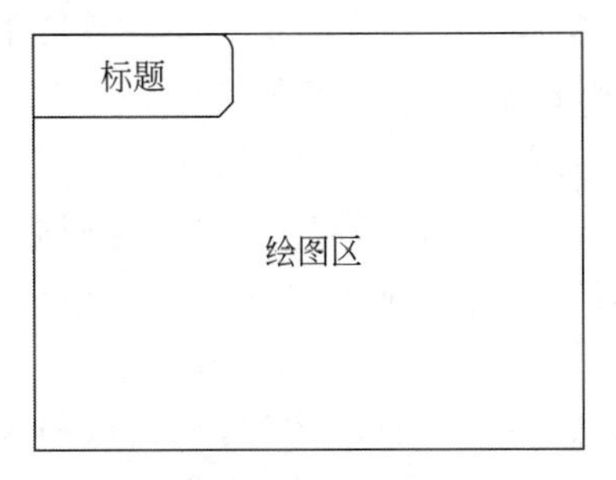

图6-27 UML图

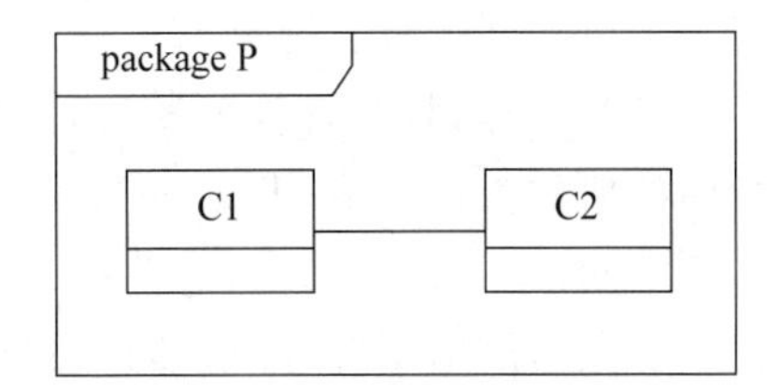

图6-28 UML图的标题

UML图的类型有：use case、class、activity、deployment、interaction、package、state、achine、component九种。也可以使用如下简写形式。

- act：activity
- cmp：component
- dep：deployment
- sd：interaction
- pkg：package
- stm：state machine
- uc：use case

绘图区是放置图元的区域。最主要的图元就确定了图的类型。如果主要图元是"用例"，则肯定是用例图。

UML图分为两大类：结构图和行为图。结构图描述了系统的静态结构。静态图中的模型元素表示了有意义的、与时间无关的、抽象的、现实世界或与实现有关的概念。行为图则描述系统中对象的动态行为，包括方法的执行、对象的协作、对象状态的转移等。所谓动态行为是指在运行时刻随时间发生的一系列对系统状态的改变。

结构图包括类图、对象图、组件图、复合结构图、概要图、部署图和包图；行为图包括活动图、用例图、状态机图和交互图。其中，交互图又分为顺序图、协作图、交互概览图和时序图。

UML没有使用颜色来表达语义，所以颜色的使用完全取决于建模者的偏好。

用例图和类图产生于面向对象分析(OOA)阶段。面向对象设计(OOD)是面向对象分析的延伸，在设计阶段会产生面向逻辑的设计模型和面向物理的设计模型。逻辑模型有面向结构的类模型，这是对面向对象分析阶段所产生类模型的细化；面向行为的交互模型，包括消息顺序、对象协作、状态机模型和过程模型等。顺序图、协作图、状态机图和活动图展示交互模型。包图、组件图和部署图用以可视化面向物理视图模型。

注意，UML没有为开发系统规定某个过程。UML基于面向对象范型，从而是面向对象软件开发的建模工具。

6.9 概　要　图

概要(Profile)是扩展 UML 的元模型的机制。扩展是一种关联形式,版型是基本的扩展方式。版型定义了对一个或者多个元类的扩展(Extension),使得能够在 UML 中使用特定的术语或者记号。版型并不是对元类的泛化或者继承。一个元类可以被多个版型扩展。就像类一样,版型有自己的特性,称为标记(Tag)。当在模型元素中应用版型时,版型特性的值称为标记值(Tagged Value)。版型本身就是一种形式的类,概要定义了版型的名字空间。

在版型上通过引用图像可以附加图标等记号。如果版型具有图像,那么该图像就会附加在版型所应用的模型元素上。每个具有图形表示的模型元素都可以附加图像。图像(Image)类包含图形、图标、布局和格式等信息。描述格式的枚举字面量有 SVG、GIF、PNG、JPG、WMF、EMF、BMP 等。如果模型元素表示为框,则使用图像替换;如果模型元素表示为线,则紧挨着这个先放置图像;如果模型元素表示为文本记号,则把图像放置在文本记号左侧。通过版型的 icon 特性设置图像。

版型的记号与类的记号一样,都是具有隔间的矩形框。不同的是,版型的名字前方或者上方是<<stereotype>>。当把版型应用到模型元素时,必须把版型的名字放在双尖括号中并放置在模型元素的名字的前方或者上方。当应用多个版型时,使用逗号把版型名字隔开并使用一对双尖引号括起来,如<<A>><<C>>或者<<A,C>>。版型的名字跟类的名字一样,使用大驼峰命名风格。版型名字是大小写敏感的。

图 6-29 展示了版型 Bean 的定义,意思是 Bean 是对 UML 元类 Component 的扩展。扩展的记号是尾部为实心三角箭头的实线。名字 Bean 是斜体,表示抽象类。

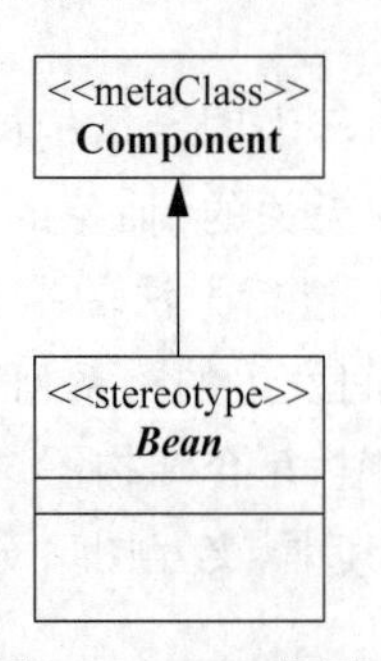

图 6-29　Bean 版型

图 6-30 展示了企业 Java Bean(EJB)的 UML 概要图。一个概要的图形表示为带标签的矩形框,在概要图的标签中,要把版型<<profile>>注册在概要名字的左侧或上方。

在这个概要图中,定义了抽象版型 Bean,扩展了 UML 元类 Component。Bean 有两个子类: Entity 和 Session。Session 有标记 state,其取值是枚举类型 StateKind。枚举类型 StateKind 有两个枚举量: STATELESS 和 STATEFUL。

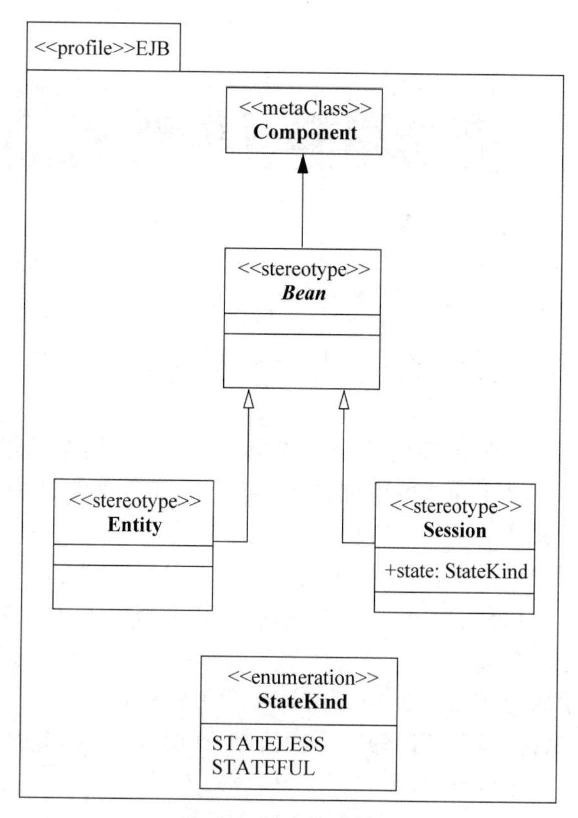

图 6-30　EJB 概要图

思　考　题

1. 什么是模型？什么是图？
2. UML 2.5.1 中面向结构的图有哪些？面向行为的图有哪些？
3. 什么是特征集？分别举例说明简单特征集和结构化特征集。
4. 举例说明多重性的概念。
5. 关联和依赖关系的区别是什么？
6. 使用概要图定义 Java 语言的八种基本数据类型的版型。

第7章 用例模型与用例图

7.1 用例模型

用例是用户如何在一特定环境下和系统交互的故事。这个故事可以是叙述性的文本、任务或交互的概要、基于模板的说明或图形表示。不管其形式如何,用例从最终用户的角度描述了软件或系统。

在分析“学生选课系统”的需求时,分析员和客户可以一起想象下面的场景。

一个学生(假设名字是“张三”)在学校规定的选课阶段,成功选课应经过以下步骤。

(1) 登录学生选课系统。

(2) 查看当前学期的开课计划表,思考希望学习的课。

(3) 请求“数据结构与算法”课的一个座位,课程编号为:CMP101-1班。

(4) 软件系统确认座位有效性。

(5) 软件系统将这门课添加到课程的选课清单中。

描述正常流程的场景有时被称作主场景。学生称为场景的参与者。对主场景的每个步骤提问:

(1) 参与者能做其他动作吗?

(2) 参与者可能遇到的错误条件?

(3) 参与者可能遇到的其他行为(事件)?

这些问题的答案导致一系列次场景。例如,张三在选择一门课程时,系统发现请求的课程已经满员。具体的事件序列如下。

(1) 学生“张三”登录学生选课系统。

(2) 查看当前学期的开课计划表。

(3) 请求“数据结构与算法”的一个座位,课编号为:CMP101-1班。

(4) 系统检查座位有效性时发现已经满员。

(5) 选课拒绝。

不妨把这个场景称为“场景二”。还可以想象更多的场景,如场景三:

(1) 学生“张三”登录学生选课系统。

(2) 查看当前学期的开课计划表。

(3) 请求“数据结构与算法”的一个座位,课编号为:CMP101-1班。

(4) 系统检查座位有效性时发现该生没有选修课程的先驱课程“C程序设计”。

(5) 选课拒绝。

以上场景的集合构成了用例。每个场景描述了一个动作序列，每个动作是由用户或者其他外部系统发起的。也有可能用例是由某个定时器发起的。异常交互行为序列或者错误交互行为序列都属于用例。

用例主体(Subject)是子系统、组件或者类，主体具有一些行为和一组用例应用。一个用例可以应用到不同的主体中去。用例描述了由主体和若干参与者协同完成的行为序列。用例在不知道主体内部结构的情况下描述了主体所提供的行为序列。这些涉及主体与参与者交互的行为可能会导致主体状态的改变。

用例的主体可以是一个系统或任何其他可能具有行为的元素，例如，组件或类。每个用例都指定了一个有用的功能单元，主体向其用户提供了这些功能(即与主体交互)。用例结束时刻也就是功能完成时刻，否则主体将处于错误状态。

用例是由一个或多个参与者(Actor)执行的完整功能单元。用例产生的可观察的结果对于参与用例的每个主体或其他利益相关者都有一定的价值。参与者是外部实体与所关联的主体系统进行交互时所扮演的角色。例如，某学生"张三"与选课系统交互时，扮演的是参与者角色。参与者可以是存在于系统外部并直接与系统交互的用户、其他系统或设备等。按是否使用系统核心功能，参与者可分为主要参与者与次要参与者。参与者不是特定的物理实体，而是某个实体的特定角色。因此，单个物理实例可以扮演几个不同的角色；反之，一个给定的角色可以由多个不同的实例来扮演。

同一个参与者可以执行多个不同用例，单个用例可以和不同的参与者相关，所以用例和参与者之间是多对多关系。通过验证用例和参与者的交叉引用，可以确保在最终的分析中不会出现一个对系统根本没有用的参与者；相反，也不会出现一个没有人关心的用例。

参与者与用例关联描述了用户作为某个参与者的角色如何与某个主体进行交互。如果用例与参与者的关联在参与者端的多重性大于1，则意味着用例中涉及多个参与者实例。多重性表示参与到关联中的实例个数。一个用例可能需要两个参与者同时(并发)采取行动，或者可能需要多个参与者的同步和互斥的动作。例如，在"炒菜"用例中，一个参与者停止切菜，另一个参与者开始起火热油。参与者与用例的关联在用例端的多重性大于1，意味着给定的参与者可以参与该类型的多个用例。

用例是获取需求的一种方式，要保证用例能够正确地捕捉功能性需求。注意：①要使用动宾短语表达用例，如"选课""查看候选清单"等；②用例要有可观测的执行结果；③一个用例是一个功能单元，用例是相对独立的；④参与者启动用例；⑤在用例中只描述参与者和系统彼此要求对方做什么事情，不描述怎样做。

用例并不是系统的全部需求，用例仅描述了功能方面的需求，而且没有必有把所有的功能需求都使用用例方式表达，用例建模应关注重要的、复杂的交互过程。用例是与实现无关的关于系统功能的描述。在UML中，可以用协作、顺序等交互模型细化对用例实现的规格说明。

7.2 用 例 图

由参与者、用例及其之间的关系构成的用于描述系统功能的模型图称为用例图(Use Case Diagram)。用例图可用来收集系统的需求、记录现有的业务流程、识别影响系统外部和内部因素、分析目标系统的业务流程等。

用例用椭圆来表示。用例的名字要么在椭圆中,要么在椭圆下面,如图 7-1 所示。

用例也可以使用标准的特征集记号表示,如图 7-2 所示。在矩形框的右上角增加了一个椭圆形状。当需要表达用例多个特征或者扩展点时适合使用这种记号。

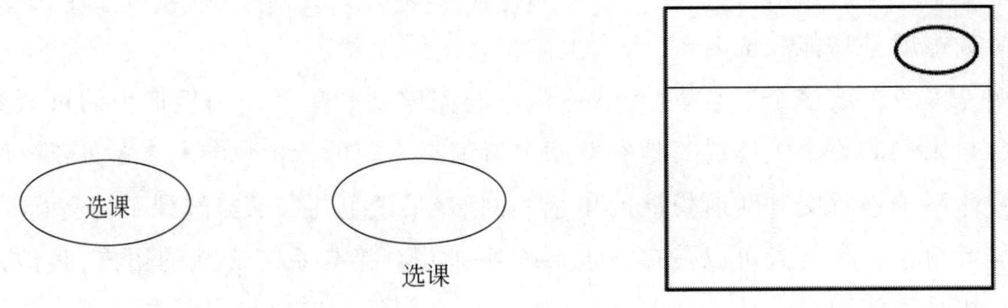

图 7-1 用例的椭圆形状表示

图 7-2 用例的标准特征集记号表示

一组用例的主体表示为矩形框,主体名称在左上角。表示用例的椭圆排列在矩形框内。同一个用例可以出现在多个矩形框内,即一个"用例"模型元素可以对应多个"椭圆"图元。主体是具有标准版型(stereotype)的特征集,版型放置在主体名字的上方,如图 7-3 所示使用标准版型<<Subsystem>>表示子系统,子系统名字为 SRCSystem。

参与者使用一个人形的图标(icon)表示,如图 7-4 所示。

或者,参与者使用特征集记号表示,如图 7-5 所示。

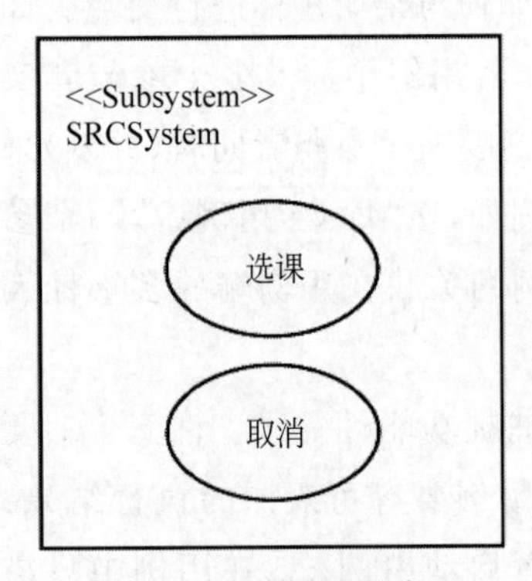

图 7-3 主体的图形表示

图 7-4 参与者的人形图标表示

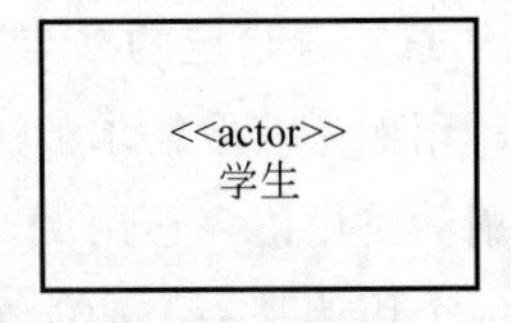

图 7-5 参与者的矩形形状表示

参与者也可以使用图标表示,如图 7-6 所示表示"财务系统"。

参与者与用例之间的关联就是参与者使用系统的功能,使用实线表示,如图 7-7 所示。

图 7-6　参与者的图标表示

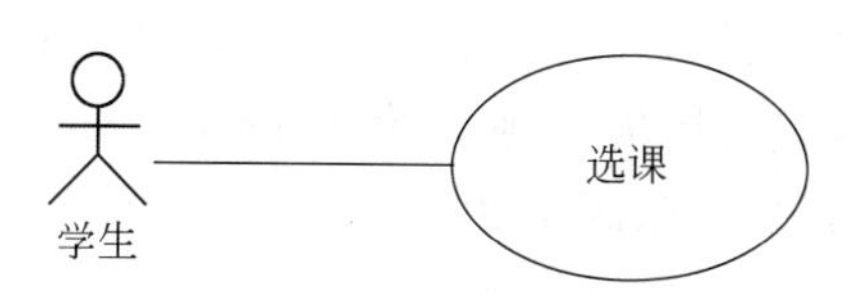

图 7-7　参与者与用例的关联

一个参与者可以与多个用例关联；一个用例也可以与多个参与者关联。通过关联端点的多重性记号具体说明参与到关联的实例数目。当有多个用例参与到关联中，意味着这些用例可能是并行的或者并发的，可能是在不同的时间点发生的，或者在时间上是互斥的。参与者的多重性意味着特定的用例可能需要多个参与者的并行或者并发行为。例如，在一次航班上必须有两个驾驶员。特定的用例要求参与者之间具有互补和连续的行为，例如，课程的主讲教师和助理教师的行为具有互补性：主讲负责课堂讲授，助教负责课后作业和辅导。对关联的设计是系统接口设计和后续建模的基础。

参与者是具有行为特征的特征集，参与者之间可能具有泛化关系。参与者 A 是 B 的泛化就意味着 B 继承了 A。参与者之间的泛化关系表示一个一般性的参与者(称为父参与者)和另外一个具体的参与者(称为子参与者)之间的关系：子参与者继承了父参与者非私有的特征，并且能够增加自己的特征或者重新定义父参与者的特征。子参与者可以出现在父参与者可以出现的任何位置上。

图 7-8 展示了参与者“学生”是参与者“研究生”的泛化。其中，“学生”是父参与者，“研究生”是子参与者。

用例也是具有行为特征的特征集。用例之间也存在泛化关系。泛化关系是一般与具体的关系，子用例继承了父用例的特征，子用例可以增加自己的特征或者覆盖父用例的特征。图 7-9 展示了用例之间的泛化关系：用例“指纹验证”和“密码验证”继承了用例“验证用户”，或者说，用例“验证用户”是用例“指纹验证”和“密码验证”的泛化。用例“验证用户”是父用例，用例“指纹验证”和“密码验证”是子用例。父用例的名字使用斜体，表示该用例是抽象的。

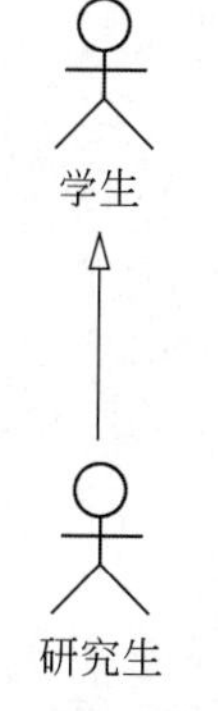

图 7-8　参与者之间的泛化关系

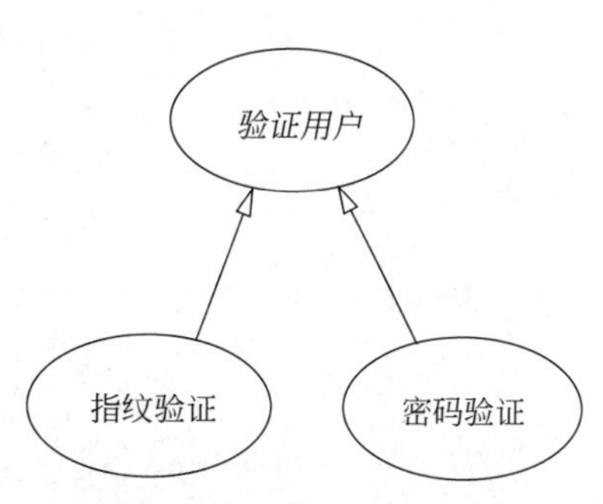

图 7-9　用例之间的泛化

扩展关系是用例之间的一种有向关系：从扩展用例到被扩展用例。扩展关系说明扩展用例的行为何时以及如何添加到被扩展用例中。被扩展的用例必须声明一个或若干个命名的“扩展点”(Extension Point)，扩展用例只能在这些扩展点上执行。被扩展的用例是一个完整的用例，即使没有子用例的参与，也可以完成一个完整的功能。只有当扩展点被激活时，扩展用例才会被执行。一个扩展点是一个具有逻辑条件的位置，如果扩展点上的条件为真，就去执行扩展的用例，执行完毕后继续执行被扩展用例的其余部分；如果扩展点上的条件为假，则扩展不会发生。

一个用例可以具有多个扩展用例。扩展关系使用带箭头的虚线表示，箭头从扩展用例指向被扩展关系。虚线上使用版型<<extend>>作为标签。图 7-10 展示了用例“演示”在扩展点“演示”扩展了用例“银联方式付款”，扩展条件是“用户选择‘演示’”。

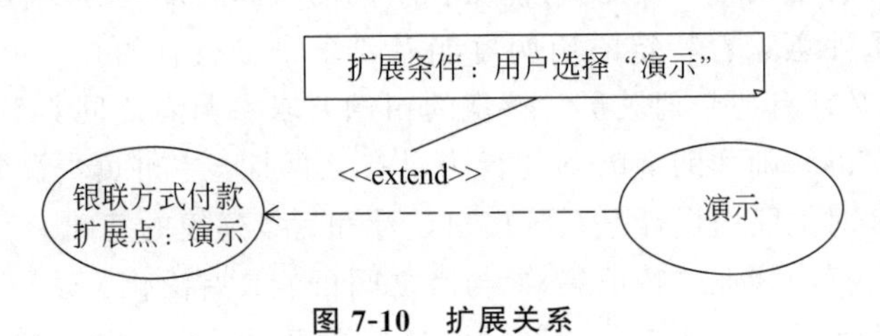

图 7-10　扩展关系

包含关系也是一种有向关系，用例 A 包含用例 C 的意思是用例 A 只有执行了用例 C 才能完成完整的功能。当两个或多个用例中共用一组相同的行为，这时可以将这组相同的行为抽出来作为一个独立的用例 C，供多个用例所共享。因为用例 C 被抽出，被抽取的用例变成一个不完整的用例，所以必须把用例 C 通过包含关系一起使用才完整，用例 C 也必然被执行。总之，被包含的用例对于包含用例来说是必需的而不是可选的。

用例之间的包含关系使用带箭头的虚线表示，箭头指向包含用例而不是被包含用例。虚线上使用版型<<include>>作为标签。注意，<<include>>是该有向关系记号的一部分而不是包含关系的名字。

在有的自助银行终端(ATM)，用户先让设备识别银行卡，然后从界面上按下“取款”“查询余额”或“转账”按钮。无论选择哪个业务，ATM 都会要求用户输入 PIN 以进行验证。图 7-11 展示了用例“取款”“查询余额”和“转账”都包含用例“验证 PIN”。

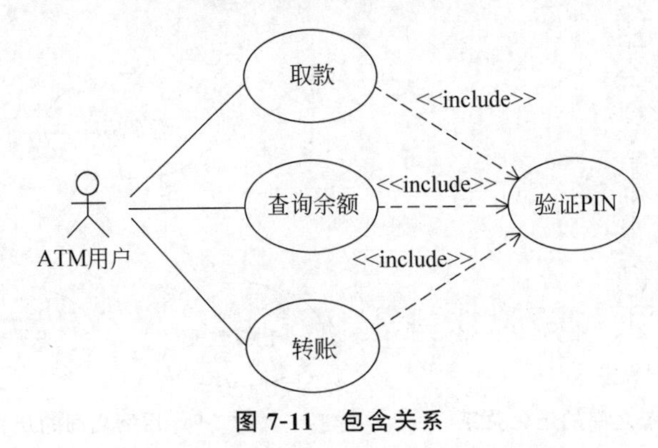

图 7-11　包含关系

注意以下几点。

(1) 如果用例图有助于增强用例的表达与沟通，则使用图；否则，叙述文字就足够了。

(2) 用例的命名方式一般是基于它所归属的参与者的角度来进行命名，例如，在电子商务系统中，下订单是客户的行为，接受订单是系统的被动行为，所以用例应该命名为“下订单”，归属客户。

(3) 应沿着箭头的方向阅读关系。

7.3　用例的规格说明

用例的图形记号中的名字一般不能表达这个用例的具体情况。如果不阅读文字说明，仅靠用例图，利益相关者从一个名词很难准确把握到该功能具体要完成什么目的，具体要怎么做。用例是“行为序列的说明”，所以用例的规格说明，即对用例的详细描述才是用例的主要部分。在国家电子信息行业标准(SJ/T 11291—2003) 面向对象的软件系统建模规范第3部分《文档编制》里，对用例的规格说明包括如下几个部分。

用例名称：用以标识用例，是一个动宾短语。

用例描述：一两句概括性描述。

参与者：列举所有参与者。启动用例的参与者称为主要参与者，其他参与者称为次要参与者。

包含：所包含的用例(如果有)，主要目的是复用。

扩展：所扩展的用例。要说明扩展点，所谓扩展点就是在什么条件下扩展。

前置条件：在用例开始时必须为真的一个或多个条件。

后置条件：在用例结束时总是为真的条件，如数据库表变化、界面变化等。

细节：详细的交互序列，主场景、参与者与系统之间最经常的交互。

异常：在用例执行过程中可能的异常情况、次场景，可能有多个。

限制：执行用例需要满足的一些约束，例如状态不变量等。

注释：用例执行的频次等其他需要说明的事情。

其中，主场景和次场景均称为事件流。事件流用来说明一个用例的具体行为：何时开始、何时结束、与参与者有什么交互。事件流分为两类：基本事件流和备选事件流。基本事件流就是主事件流，一个用例的没有任何意外发生的正常流程就是主事件流，或称为主场景、正常事件流；有意外情况发生，那么就是备选事件流，又称为次场景、异常事件流。用例文档可以使用Excel方式，使用结构化表格书写，也可以使用Word方式，按照无结构文档编写。用例的每个叙述都必须是肯定句，在叙述中，切记不要描述过多细节。例如，在学生选课系统中“选课”用例的规格说明如下。

用例名称：选课。

用例描述：学生在规定的时间注册下学期课程。

参与者：学生。

包含：身份验证。

扩展：

前置条件：待修学期课程已经发布，在规定的选课时间段内。

后置条件：在成功选课的课程名单中有该学生。

正常流(主场景)：

(1) 登录学生选课系统。

(2) 查看当前学期的开课计划表，思考希望学习的课。

(3) 请求“数据结构与算法”课的一个座位，课程编号为：CMP101-1。

(4) 软件系统确认座位有效性。

(5) 软件系统将这门课添加到课程的选课清单中。

备选流(次场景一)：

(1) 学生“张三”登录学生选课系统。

(2) 查看当前学期的开课计划表。

(3) 请求“数据结构与算法”的一个座位，课程编号为：CMP101-1。

(4) 系统检查座位有效性时发现已经满员。

(5) 选课拒绝。

备选流(次场景二)：

(1) 学生“张三”登录学生选课系统。

(2) 查看当前学期的开课计划表。

(3) 请求“数据结构与算法”的一个座位，课程编号为：CMP101-1。

(4) 系统检查座位有效性时发现该生没有选修课程的先驱课程“C程序设计”。

(5) 选课拒绝。

限制：同一门课程(Course)至多注册一次，同一门课(Class)至多注册一次。

注释。

备选流本身只是正常流的“分支”而非“主干”。基本流总会被执行，而备选流不是总要执行。举例来说，如果在正常流步骤4有三个备选流，那么备选流依次编号为4a、4b、4c。在这三个备选流的说明中，仍然遵循着每一句都是“肯定句”的原则。备选流4a交互的编号前缀保持4a：4a1，4a2，…。对于正常流所产生的异常情况可使用“异常流”描述。例如，用例“用户登录”的基本事件流为：参与者输入账号密码，登录，密码正确，进入系统；备选事件流1：用户不存在，重新登录；异常事件流2：密码错误，重新填写。备选事件流不一定执行。

由于在场景中描述的是参与者和软件系统的交互，所以有的软件开发企业规定的用例规格说明模板中把场景分成两列，左边是参与者的行为序列，而右边是软件系统的行为序列，如表7-1所示。

在用例的规格说明中，容易发生的错误有：

(1) 只描述了软件系统的行为而没有描述参与者行为；或者只描述了参与者行为，没有描述软件系统行为。

(2) 描述过于冗长。

(3) 对用户界面的描述过于详细，如单击OK按钮等。

(4) 如果在正常流中有“备选路径”，直接在正常流中写“if-then-else”而不是使用另

外的流来说明。

表 7-1　用例模板一例

用 例 名 称	注 册 课 程	
用例描述	学生在规定的时间注册下学期课程	
参与者	学生	
包含	身份验证	
扩展	无	
前置条件	待修学期课程已经发布，在规定的选课时间段内	
后置条件	在成功选课的课程名单中有该学生	
正常流（主场景）	1. 登录到学生选课系统 2. 查看当前学期的开课计划表，思考希望学习的课 3. 请求“数据结构与算法”课的一个座位，课程编号为 CMP101-1	4. 软件系统确认座位有效性 5. 软件系统将这门课添加到课程的选课清单中
备选流（次场景）		4.a.1 系统检查座位有效性时发现已经满员 4.a.2 选课拒绝
备选流（次场景）		4.b.1 系统检查座位有效性时发现该生没有选修课程的先驱课程“C 程序设计” 4.b.2 选课拒绝
限制	同一门课程（Course）至多注册一次，同一门课（Class）至多注册一次	
注释		

7.4　建立用例模型

用例是从系统外部可见的行为，是系统为某一个或几个参与者（Actor）提供的一段完整的服务。从原则上来讲，用例之间都是独立、并列的，它们之间并不存在着包含从属关系。但是为了体现一些用例之间的业务关系，提高可维护性和一致性，用例之间可以抽象出包含、扩展和泛化关系。这些关系的共性都是从现有的用例中抽取出公共的那部分信息，作为一个单独的用例，然后通过不同的方法来复用这个公共的用例，以减少模型维护的工作量。

建立用例模型可按照下面的步骤进行。

（1）识别系统的外部参与者，确定主体。

（2）识别单个用例，匹配用例与参与者，提炼用例中的公共行为与扩展行为，设计新的用例以供其他用例使用。

(3) 识别用例间的关系(泛化、包含和扩展)。

(4) 编写用例的规格说明。

(5) 绘制用例图。

(6) 细化、优化和美化用例图,如果一个用例中存在不相关的功能,则分解。

(7) 验证与确认用例图。验证用例的名称是动宾短语。确认系统中所有角色都映射到参与者,每个参与者至少与一个用例关联;确认每个用例至少与一个参与者关联。

7.4.1 寻找参与者的方法

定义参与者其实就是定义角色,对系统进行分析时可以从下面几个角度来思考。

- 使用系统的主要功能的人是谁(即主要角色)?
- 需要借助于系统完成日常工作的人是谁(依赖关系)?
- 谁来维护、管理系统(次要角色),保证系统正常工作?
- 系统控制的硬件设备有哪些?
- 系统需要与哪些其他系统交互(第三方系统)?
- 对系统产生的结果感兴趣的人或事是哪些?

注意,参与者不是特指人,是指系统以外的,在使用系统或与系统交互中所扮演的角色。参与者可以是角色、岗位、组织、系统、硬件设备或软件设备等。参与者并不是某个具体的个体,虽然可以用具体的实例名称命名参与者,但是对于用例图而言,要关注的是该个体所代表的角色。

7.4.2 识别用例

识别用例就是识别可标识的交互行为序列。可通过下列启发式问题识别用例。

- 角色需要从系统中获得哪种功能?角色需要做什么?
- 角色需要如何访问存储系统(创建、读取、更新或删除)?
- 系统中发生的事件需要通知角色吗?或者角色需要通知系统外部事件吗?这些事件(功能)能干些什么?
- 用系统的哪些功能简单化了角色的日常工作,或者提高了工作效率?

还可从面向数据流的角度的问题帮助建模者发现用例,例如:

- 系统需要的输入/输出是什么信息?这些输入/输出信息从哪儿来,到哪儿去?
- 系统中信息从输入到输出的路径上有哪些对信息的加工节点?

只要是关系密切的一组用例,都可以把它们定义在一个子系统(或称为主体)里面。子系统不一定非得对应系统的某一个模块。

7.4.3 识别用例关系

用例之间的关系有三种:泛化、包含和扩展。与参与者的泛化关系相似,用例的泛化关系将特化的用例与一般化的用例联系起来。子用例继承了父用例的属性、操作和行为序列,并且可以增加属于自己的附加属性和操作。父用例同样可以定义为抽象用例。

泛化关系用带空心的箭头表示,箭头方向指向父用例。例如,“图书查询”的子用例有简单查询、基本查询和高级查询，那么可使用如图 7-12 所示用例图表示。

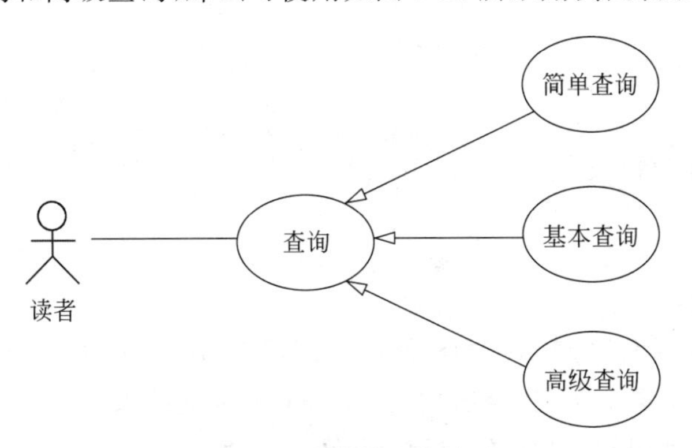

图 7-12　用例的泛化关系

子用例可以使用父用例的一段行为，也可以重载它。父用例通常是抽象的。子用例中的特殊行为都可以作为父用例中的备选流。泛化关系就是“isA”关系，当断言“用例 B 是用例 A”为真，则存在泛化关系。例如，学生“查询成绩”是“查询”，学生“查询课表”也是“查询”，则应使用泛化关系，如图 7-13 所示。

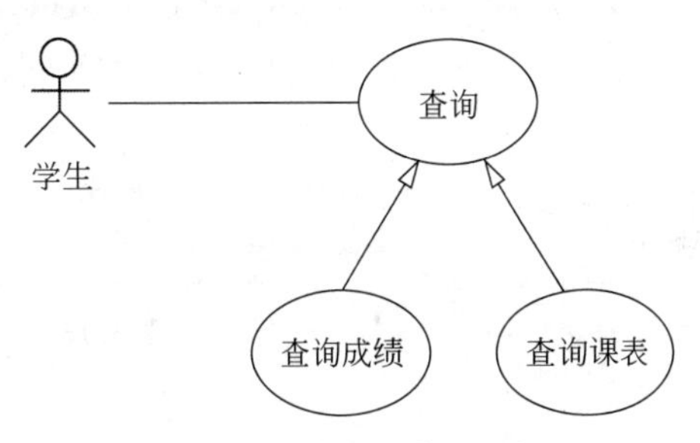

图 7-13　查询及其子用例

包含指的是一个用例(基用例)可以包含其他用例(包含用例)具有的行为，其中包含用例中定义的行为将被插入基用例定义的行为中。对“包含”关系有以下两个基本约束。

(1) 基用例可以看到包含用例，并需要依赖于包含用例的执行结果，但是它对包含用例的内部结构没有了解。

(2) 基用例一定会要求包含用例执行。

如果在与系统交互中，用例 A 总是要使用某个功能；用例 B 也使用同样的功能，则把该功能提取出来作为用例 C，让需要该用例的用例 A 和用例 B 通过包含关系来使用。注意，包含关系不是用例用来进行功能分解的。用例不是功能而是对功能的使用。包含关系目的是解决对公共子行为的共享问题。

例如，系统管理员的维护用例有“修改用户”和“删除用户”，这两个用例都要查询用户，如果每个用例中都编写有关查询用户事件序列，那么会造成冗余。可以使用包含关系使“修改用户”和“删除用户”用例包含“查询用户”，如图 7-14 所示。

扩展指的是一个用例(扩展用例)对另一个用例(基用例)行为的增强。在这一关系中，扩展用例包含一个或多个片段，每个片段都可以插入到基用例中的一个单独的位置上，而基用例对于扩展的存在是毫不知情的。使用扩展用例就可以在不改变基用例的同时，根据需要自由地向用例中添加行为。

如果允许用户对查询的结果进一步执行导出或者打印等操作，则适合设计为扩展关系，因为导入或者打印相对查询而言是独立的功能，而且是为查询添加了的新行为。在

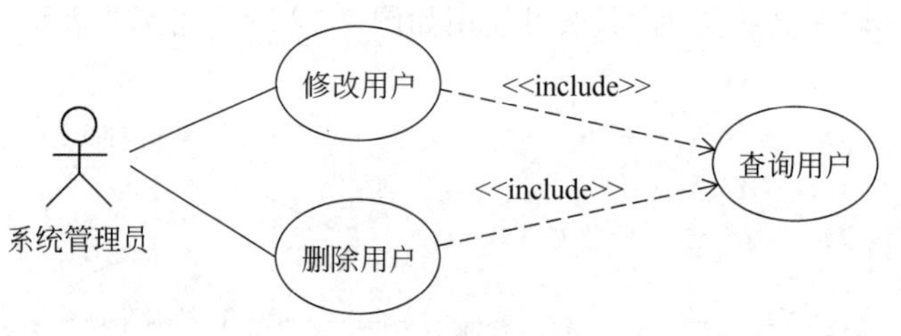

图 7-14 包含关系

图 7-15 所展示的中国大学 MOOC“查看课程数据”界面中显示了选择“查看课程数据”菜单项后的查询结果。右上角的“导出数据”按钮可把查询结果导出为 Excel 文件。那么，“导出数据”就是扩展用例。相应的用例图如图 7-16 所示。

查看课程数据 课程总数据管理提供章节维度的数据查看 常见问题 　　导出数据

参与计分类型：单元测验、单元作业、课程考试，单元作业和课程考试只有确认成绩发布后学生才能看到自己的成绩

	名称	发布时间	当前状态	提交人数	平均得分/总分	评分方式	操作
单元测验	行列式单元测验	2020年2月20日 7:30	已结束	78人	11.2分/16分	系统评分	查看或修改 成绩已确认
	矩阵单元测验	2020年3月12日 13:00	进行中	41人	17.7分/18分	系统评分	查看 确认成绩
	向量组的线性相关性单元测试	2020年3月21日 15:30	进行中	0人	-/20分	系统评分	查看 确认成绩

图 7-15 查看课程数据的用例

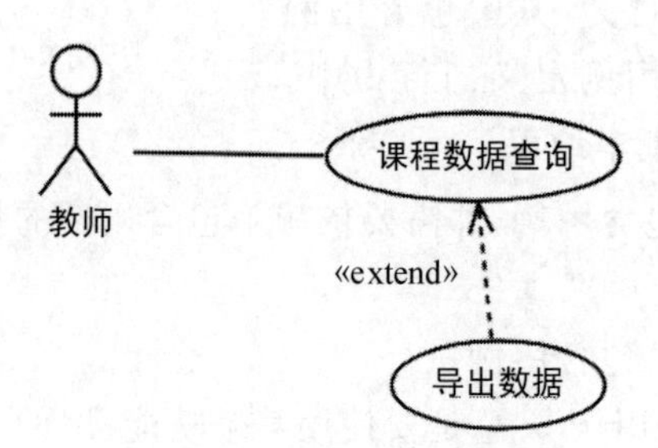

图 7-16 导出数据的用例

学生可以查询图书，借阅图书，归还图书。如果借阅超期，就要缴纳罚金。可以在归还图书中增加扩展点，在“图书超期”的条件下执行“缴纳罚款”扩展用例，如图 7-17 所示。

注意，“包含”关系使用版型<<include>>标识；“扩展”关系使用版型<<extend>>标识。包含关系的箭头指向包含用例；而扩展关系的箭头指向基用例。被包含的用例总是被执行；而扩展用例则根据基用例中扩展点的当前状态来判断是否执行。扩展用例相对于基用例不可见。在阅读用例图的时候，应当按照箭头的方向阅读：“缴纳罚款”扩展了“归还图书”。用例 A 被用例 B 扩展还是用例 A 是用例 B 的泛化，关键的区别点在于“用例 A 能否独立执行”，如果能，则是扩展关系；否则是泛化关系。子用例将继承父用例的所有结构、行为和关系。子用例可以使用父用例的一段行为，也可以重载它。父用例通常是抽象的。实践中子用例中的特殊行为都可以作为父用例中的备选流。

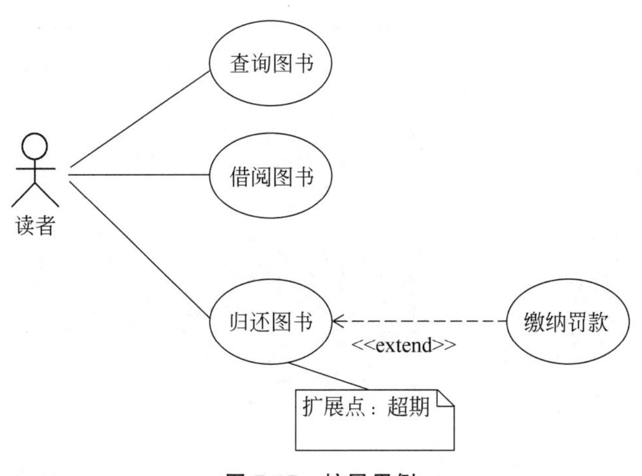

图 7-17　扩展用例

用例的粒度是指一个用例参与者与计算机系统进行交互的次数。学生去图书馆借书，具有验证读者身份、确认是否符合借阅条件、完成借阅登记三次交互，但这三次每个都可以算作一个用例。建模人员应根据实际情况把握适当的用例粒度。

对于简单的软件系统，用例的个数在 7 个左右，则使用一张图、7 个规格说明就能够表达清楚软件系统用例模型。而对于复杂的软件系统，几十个用例，那么就要使用“主体”把用例划分到若干幅图中去。注意每幅图中用例的个数应在 7±2 个。

7.5　案例研究

图书管理系统是对书籍的借阅及读者信息进行统一管理的系统。系统中有读者、馆员和系统管理员。读者通过系统进行联机图书查询、借阅和归还。外借书刊超过借阅期限，每册书刊每超一天，罚款 1 角。馆员负责图书采购、捐赠、编目等。系统管理员负责系统维护，包括用户账号管理、数据库备份等。

很容易识别出系统的参与者有三类：读者、馆员和系统管理员。

与读者相关的用例有：查询、借阅、归还，另外还有系统登录。学生和教师都是读者。

与馆员相关的用例有：采购、捐赠、编目，另外还有系统登录。在采购之前需要进行馆藏图书查重，避免重复采购。采购分为数字资源采购、期刊采购和图书采购三种。

与系统管理员有关的用例有：用户账号管理、数据库备份。

可以把整个业务系统分成三个子系统：借阅、采编和系统管理，从而形成三个主体。“借阅”主体的用例模型如图 7-18 所示。其中有查询、借阅和归还等用例。借阅时要执行“查询”用例；查询和归还两个用例都有执行“登录”用例。如果超期，归还时还要执行“缴纳罚款”用例。

“采编”主体的用例模型如图 7-19 所示。模型中有 1 个参与者、7 个用例、3 个泛化关系、3 个包含关系和 3 个关联关系。

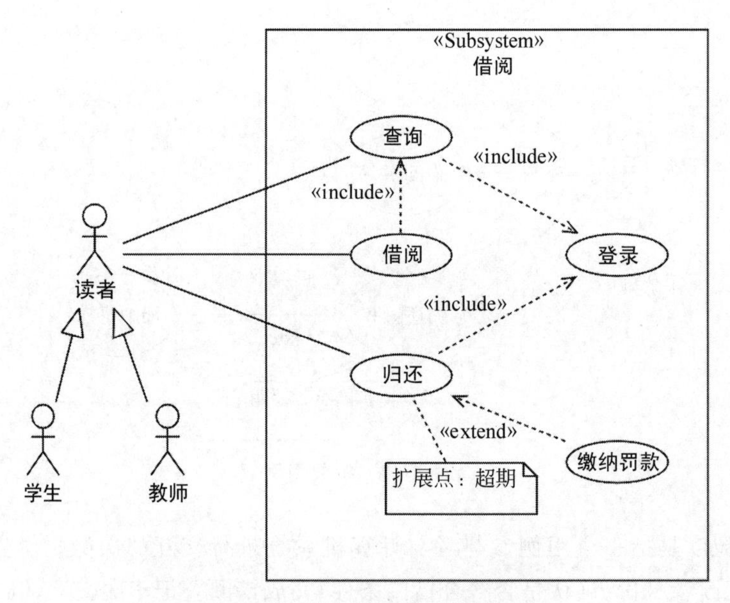

图 7-18 “借阅”主体的用例模型

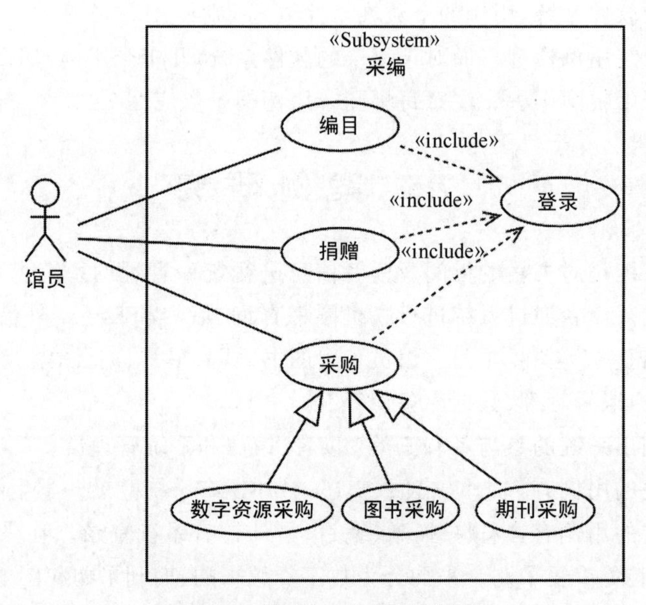

图 7-19 “采编”主体的用例模型

假设“采购”业务流程如下：负责采购的馆员列出年度采购计划；提交图书馆采购会议讨论决定后公开招标，根据招标委员会推荐结果，与中标供应商签订采购合同；图书供应商把采购的图书送到图书馆；图书馆组织验收，验收合格根据合同约定付款；负责编目的馆员制作和粘贴条形码，条形码是一本图书在图书馆中的唯一标识。给出图书的分类号和主题词，并将图书的标题、副标题、出版社、出版时间、作者、单价等信息录入计算机系统以便读者查询和借阅；打印和粘贴排架标识(索书号)，图书上架。

“采购”用例的规格说明如下。

用例名称：图书采购。

用例描述：采编部门的馆员采购图书并纳入馆藏。

参与者：馆员。

包含：登录。

扩展：

前置条件：采购预算已经发布，在规定的采购时间段内。

后置条件：读者能够查询和借阅。

正常流(主场景)：

(1) 登录图书管理系统。

(2) 制作馆藏条形码。

(3) 录入分类号、ISBN、主题词、图书标题等信息。

(4) 打印排架标识。

(5) 退出登录。

备选流(次场景)：

限制：一本书所有复本的分类号必须相同，尽管复本的采购日期不同。

注释：每年采购一次。

注意，主场景仅描述馆员与计算机系统交互，诸如会议评审、招标等活动与本计算机系统无关，或者说处于系统边界之外。

“系统管理”主体的用例模型比较简单，这里略去。

思　考　题

1. 什么是用例？

2. 简述什么是“用例驱动的软件开发方法”？

3. 举例说明UML用例图的组成元素及含义。用例之间有哪些关系？表达这些关系的图形符号是什么？

4. 如何识别用例？

5. 用例就是功能需求吗？如果不是，区别在什么地方？

6. 例如，有的超市提供顾客自助结账服务：在超市收银区设置一台自助结账设备，顾客把购物车里的商品逐一在设备上进行扫描。根据如下顾客自助结账的用例描述，设计用例模型。

用例名称：自助结账。

参与者：顾客。

前置条件：结账设备空闲。

主场景：

(1) 顾客扫描购物车中的商品。

(2) 系统显示商品名称、单价和累计。

(3) 重复以上步骤。

(4) 顾客选择付款方式(现金、信用卡、微信、支付宝)。

(5) 付款。

如果顾客选择“现金”付款方式,则执行用例“现金结账”。

用例名称:现金结账。

参与者:顾客。

扩展:自助结账。

前置条件:顾客扫描了商品。

主场景:

(1) 顾客选择现金付款。

(2) 系统提示放入纸币。

(3) 顾客放入纸币。

(4) 系统识别。

(5) 系统找零。

7. 某文献资料管理系统中有一用例“立体化检索”,如图 7-20 所示,分为五种类型的检索:按栏目、按资料类型、按历史时期、按单一精准方式和按照全文检索方式。系统分析人员给出用例图如图 7-20 所示。该图中存在什么问题?

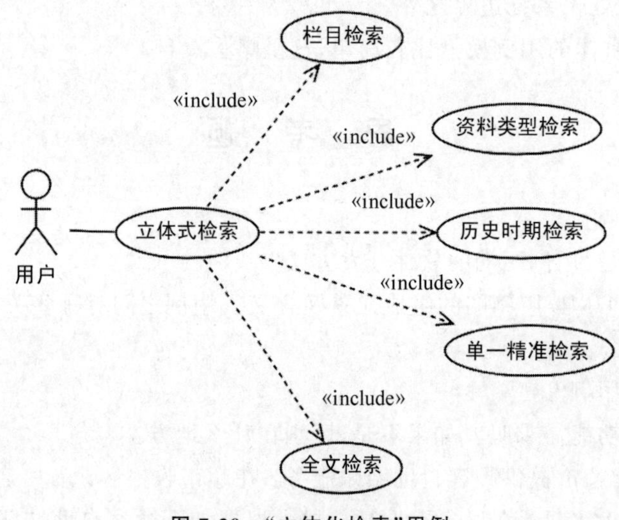

图 7-20 “立体化检索”用例

8. 在某企业设备维修管理系统中,用户通过智能手机客户端新建故障,可以输入文字描述,使用手机摄像头拍摄照片,使用手机麦克风录音。如果不满意,则删除重新拍摄或录音。将故障的文字描述、照片、录音文件加密后保存到文件中并生成一个 XML 文件。用例图如图 7-21 所示。该用例图存在什么问题?

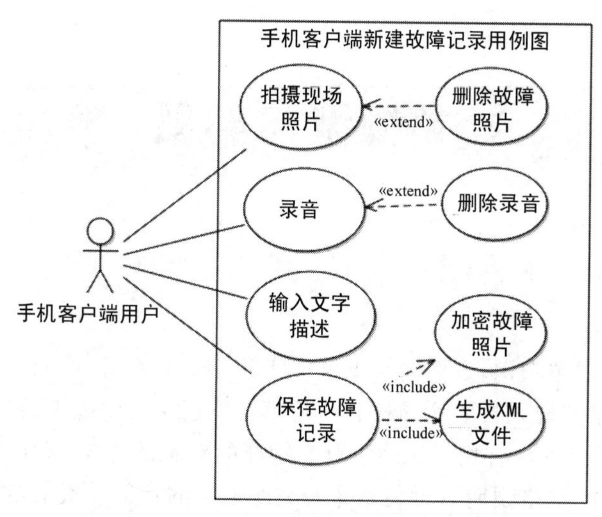

图 7-21　“新建设备故障记录”用例图

9. 某单位网站的新闻管理员负责对网站新闻模块的发布、更新和删除。所有这些操作都需要先登录。如图 7-22 所示的用例模型是否恰当？如不恰当怎样修改？

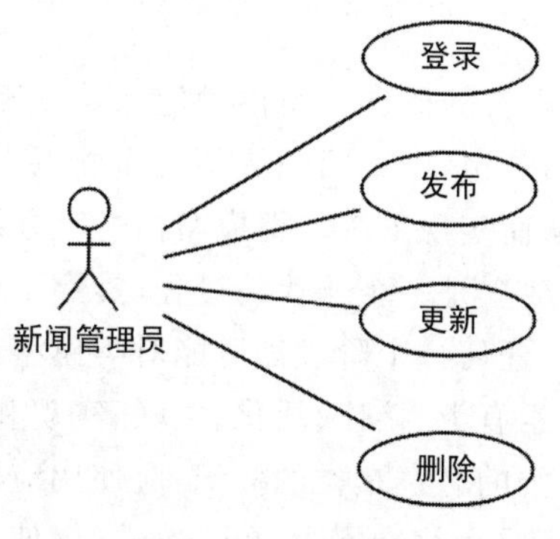

图 7-22　新闻管理

第 8 章 类模型与类图

类模型描述了领域知识，是面向对象软件工程中重要的模型之一。它不但是设计人员关心的核心，也是实现人员关注的核心。建模工具也主要根据类模型生成代码。

类(Class)是对一组具有相同属性和行为特征的对象的抽象，也是按照属性和行为特征将对象进行分类的规格说明。封装意味着类所拥有的特征是类的“不动产”，类的属性、操作、信号接待、端口和连接器均是类的“不动产”。通过类的对象调用操作，实现行为的执行。

8.1 类 模 型

类是面向对象系统中最重要的概念。类模型定义了一组类、接口以及它们之间的关系。密切相关的一组类组织在“包”中。问题域中的事物及其之间的关系通过类来建模，通过编程语言构建这些类，从而实现系统。类模型描述了系统的静态结构，帮助利益相关者迅速理解系统。类模型的建立是一个迭代的过程，贯穿于整个软件生命周期，从需求分析、设计、编码到测试和维护，任何一个阶段都可能对类模型产生变动。

类模型中基本的建模元素有类、接口、泛化、关联、实现和依赖。

类至少拥有一个名字。类的名字是类的标识，应使用应用领域中标准的、无歧义的术语，一般是一个名词。当名字是由多个英文单词构成时，使用大驼峰命名法，如“支票账户”的名字为 CheckingAccount，“储蓄账户”的名字为 SavingAccount。

类的成员中有属性(Attribute)、操作(Operation)、接待(Reception)和内部结构(Internal Structure)，有的类成员还可以是信号(Signal)、端口(Port)或者连接器(Connector)。

8.1.1 定义类的属性

每个属性至少定义一个名字。在属性名字的前后都可以对属性做进一步的说明，对属性进行说明的 BNF 语法如下。

```
[<可访问性>]['/']<名字>[':'<类型>]['['<多重性范围>']']['='<默认值>][<修饰符清单>]
```

其中，<可访问性>有四种符号：＋、－、＃和～，分别表示公共、私有、保护和包私有。“/”表示该属性是导出属性，一般是只读的。例如，从“出生日期”可以导出“年龄”。

＜类型＞可以是 UML 中的 Boolean、Integer、Real、String 和 UnlimitedNatural 五种基本数据类型、枚举(Enumeration)等。所有特征集都可以作为类型。

＜多重性范围＞形如"＜下界＞ .. ＜上界＞"或者只有"＜上界＞"。

＜默认值＞定义该属性在没有显式赋值的情况下的取值。例如，人的体温默认为36.7℃。

＜修饰符＞用以说明对属性的一些约束，多个修饰符使用西文逗号隔开。例如，修饰符 readOnly 表示只读、ordered 表示有序、unordered 表示无序、unique 表示唯一、nonunique 表示不唯一、seq 或者 sequence 表示有序的包(有序但不要求唯一)。一对花括号括起来的约束也是修饰符。还有修饰符 union 表示并、subsets 表示真子集、redefines 表示重新定义。

举例来说，表 8-1 是类 A 的几个属性的规格说明。

表 8-1　类 A 的属性的规格说明。

规格说明	含　义
-name: String	私有属性 name，类型是 String
～size:Integer[0..1]	包私有属性 size，类型是 Integer，多重性范围是[0..1]，也就是说，size 的值要么是一个整数，要么为空
＃height:Integer＝5	保护的属性 height，类型为 Integer，默认值为 5
＃width:Integer	保护的属性 width，类型为 Integer
＋/area:Integer	公共属性 area 是推导出来的(width×height)，类型是 Integer
＋isFilled:Boolean {ReadOnly}	公共的 isFilled，类型是布尔型、只读

这些属性表示在 UML 类图中如图 8-1 所示。

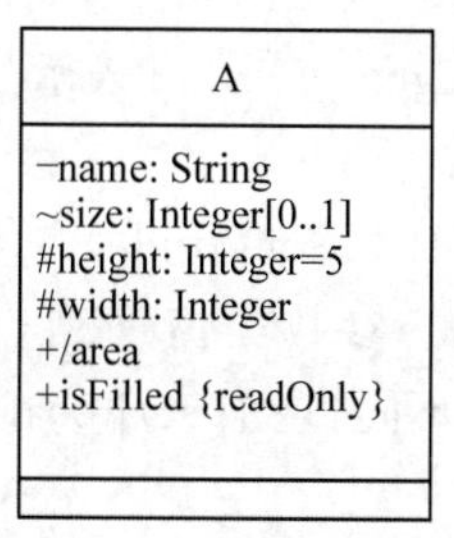

图 8-1　属性的定义

8.1.2　类的操作

类的操作是类所拥有的行为特征。通过类的实例执行这些操作，操作的执行可能会影响对象的状态或者系统的状态。对操作进行规格说明的 BNF 语法如下。

```
[<可访问性>] <名字>'(' [<参数清单>] ')' [':' [<返回值类型>] ['[' <多重性范围>']']
['{' <操作特性清单>'}']
```

其中，＜可访问性＞同属性的可访问性一样，有四种符号：＋、－、＃和～，分别表示公共、私有、保护和包私有。参数清单是西文逗号隔开的若干个参数，每个参数的BNF语法如下。

<参数> ::=[<方向>] <名字>':'<类型表达式>['['<多重性范围>']'] ['='<默认值>]

参数的方向可以是in、out和inout。在定义操作时使用的参数称为"形式参数(Parameter)"，在调用操作时给出的参数称为"实在参数(Arguments)"。如果约定只能从实在参数到形式参数赋值，则参数的方向是in；如果约定只能从形式参数到实在参数赋值，则参数的方式是out；如果约定既可以从实在参数到形式参数赋值，也可以从形式参数到实在参数赋值，则参数的方向是inout。

参数的＜多重性范围＞是对该参数＜类型表达式＞的进一步约束。语法形如"＜下界＞ .. ＜上界＞"或者只有"＜上界＞"。例如，Integer[0..100]表示0～100的整数。

参数的＜默认值＞是运行时刻没有给出实在参数情形下形式参数的初值。

操作＜返回值类型＞可以进一步约束＜多重性范围＞，语法形如"＜下界＞ .. ＜上界＞"或者只有"＜上界＞"。操作的返回值类型就是操作的类型。

＜操作特性清单＞是西文逗号隔开的若干操作特性。操作特性可以是query、ordered、unordered、unique、nonunique、seq、sequence、redefines和约束。

操作的名字和操作的参数类型序列合称为操作的签名(Signature)，起到类内唯一标识操作的作用。这也就意味着在类中允许相同名字的操作，只要操作的参数类型序列不相同，就能够把这些操作区分开来。

下面是几个操作定义的例子。

＋getName()：String表示一个公共的操作，名字是getName，返回值类型是String。

＋setName(name:String)：void表示一个公共的操作，名字是setName，有一个参数类型为String的参数，返回值类型是void，即不返回任何值。

＋setLocation(Integer x, Integer y)：void表示公共操作setLocation有两个整型参数，不返回任何值。

＋setLocation(Real latitude, Real longitude)：void表示公共操作setLocation有两个实型参数，不返回任何值。由于参数类型序列(Real, Real)不同于参数类型序列(Integer, Integer)，所以方法签名不同，这个setLocation操作和上一个setLocation操作可以同时作为某个类的成员。

假设以上四个操作定义在类A中，那么类A的UML类图如图8-2所示。

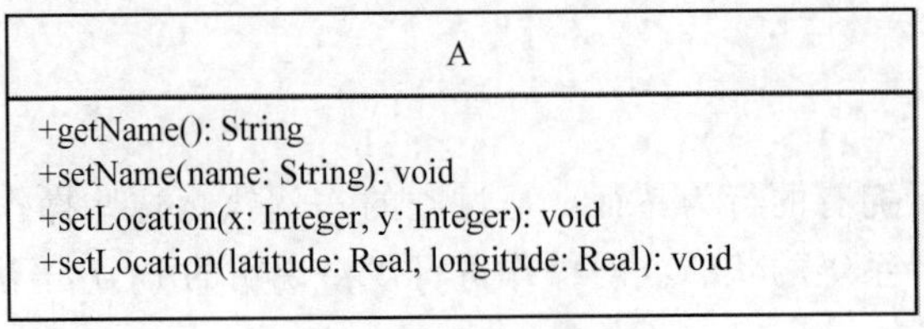

A

+getName(): String
+setName(name: String): void
+setLocation(x: Integer, y: Integer): void
+setLocation(latitude: Real, longitude: Real): void

图8-2 操作的定义

8.1.3 类之间的关系

类与类之间的关系有泛化、关联、实现和依赖等。

泛化是从特殊到一般的过程，为具体的类提供了共享通用的类的属性和行为的机制。假设类A是类B的泛化，也称为类B继承了类A，那么类B是类A的子类(Child Class)。也称为扩展类(Extended Class)或导出类(Derived Class)。反过来，类A是类B的父类(Parent Class)，也称为超类(Super Class)或基类(Base Class)。泛化关系由子类拥有。泛化关系并非仅是类与类之间的关系，用例之间、参与者之间、接口之间等建模元素之间也会存在泛化关系。

从特殊到一般称为"泛化"；反过来，从一般到特殊则称为"继承(Inherite)"。继承描述了建模元素之间的"Is-A"关系。例如，轿车是机动车(A car is a vehicle)。

关联(Association)是类之间的一种相关关系：参与到关联关系的类的实例间具有链接关系。例如，学生"张三"选修了某学期安排的课程"程序设计"，那么这两个对象间就产生了链接关系。"链接"指的是逻辑上的引用。例如，"程序设计"课程的选课名单中有学生"张三"，那么名字"张三"就是一个链接，课程通过该链接与学生产生"上课"关系。类"学生"和类"课程"之间则具有关联关系。关联关系一般具有长期性，而且一般双方是平等关系，关联可以是单向或者双向。在Java语言中，通过引用来表达关联关系。双向关联在代码中的表现为双方都拥有对方的引用。下面的代码：

```
class A {
    //…
    private B b;
    public void setB(B b) {
            this.b = b;
    }
}
class B {
    //…
    private A a;
    public void setA(A a) {
            this.a = a;
    }
}
```

展示了类A的对象通过引用变量b引用类B的对象；类B的对象通过引用变量a引用类A的对象，对象a和b之间通过引用建立了链接，类A和类B之间则存在双向关联。

在关联关系中涉及端点(Association End)、导航性(Navigation)、多元关联(N-ary Association)和聚合类型等概念。

关联的端点是参与到关联关系的实例集合，在关联的每个端点上可以设置如下内容：端点上的对象在关联中扮演什么角色，有多少对象可以参与关联，对象之间是否按一定的顺序进行排列，是否可以用对象的一些特征对该对象进行访问，以及一个端点的对象是否可以访问另一个端点的对象等。

端点中的实例承担某个角色。例如，赵教授承担了“程序设计”课程的教学任务，则该教授和课程之间的关联关系中，赵教授承担了“任课教师(Instructor)”的角色；如果赵教授出版了一本书作为课程教材，则赵教授在教授与图书之间的关联中承担了“作者(Author)”的角色。如果没有为端点命名，则默认使用类名作为角色名。端点可属于关联，也可以属于类。下面的代码：

```
class Teacher {
    String name;
}
class ScheduledCourse {
    String title
    Teacher instructor;
}
```

表示 ScheduledCourse 与 Teacher 具有关联关系，参与到关联的 Teacher 对象承担了任课教师（instructor）角色。关联的端点属于类 ScheduledCourse，这就意味着类 ScheduledCourse 的对象负责链接关系。

角色的多重性表示多少个对象参与到关联关系中来，即与关联中另一角色的一个对象相链接。ScheduledCourse 类中的成员 Teacher instructor 表示有且仅有一个教师作为一门课的任课教师。常见的多重性范围有：

[0..1]表示至多一个。

[1..*]表示至少一个。

[1..1]表示严格一个，简记为 1。

[0..*]表示零个或多个，简记为 *。

对于关联中的两个端点 A 和 B，如果其多重性均为 1，则简称为“一对一关联”，即对于 A 的某个实例，B 的一个实例与之链接，反之亦然；如果其中一个(如 B)的多重性为“*”，则简称为“一对多关联”，即对于 A 的某个实例有多个 B 的实例与之链接，而对于 B 的某个实例只有 A 的一个实例与之链接；如果双方的多重性均是“*”，则简称为“多对多关联”，即对于 A 的某个实例有多个 B 的实例与之链接，而对于 B 的某个实例也有 A 的多个实例与之链接。

在一对一关联中，可以由类 A 或类 B 拥有端点。下面的代码设计由类 A 拥有端点。

```
class A {
    //…
    private B b;
    public void setB(B b) {
        this.b = b;
    }
}
class B {
    //…
```

```
}
```

下面的代码由类B拥有端点。

```
class A {
    //…
}
class B {
    //…
    private A a;
    public void setA(A a) {
        this.a = a;
    }
}
```

或者类A和类B都拥有端点。

```
class A {
    //…
    private B b;
    public void setB(B b) {
        this.b = b;
    }
}
class B {
    //…
    private A a;
    public void setA(A a) {
        this.a = a;
    }
}
```

在"一对多"的关联中，也可以有三种设计方案：类A拥有端点、类B拥有端点和双方均拥有端点。

```
//类A拥有端点
public class A {
    private Set<B> bs;
    public A() {
        bs = new HashSet<B> ()
    }
    public void add(B b) {
        bs.add(b);
    }
}

class B {
```

```
    //…
}

//类B拥有端点
class A {
    //…
}
class B {
    private A a;
    public void setA(A a) {
        this.a = a
    }
}
//双方均拥有端点
public class A {
    private Set<B> bs;
    public A() {
        bs = new HashSet<B> ()
    }
    public void add(B b) {
        bs.add(b);
        b.setA(this);
    }
}

public class B {
    private A a;
    public void setA(A a) {
        this.a = a
    }
}
```

在“多对多”的关联中，如果把关联的端点让类A和类B拥有：

```
public class A {
    private Set<B> bs;
    public A() {
        bs = new HashSet<B>()
    }
    public add(B b) {
    bs.add(b);
    b.add(this);
}

public class B {
```

```
    private Set<A> as;
    public B() {
        as = new HashSet<A>() ;
    }
    public add(A a){
        as.add(a);
        a.add(this)
    }
}
```

那么这种设计对于修改操作的时间复杂性有些高。当关联本身的一些属性时，类 A 或类 B 均不适合拥有这些属性。此时应让关联本身拥有端点：

```
class A {//…}
class B {//…}
class A_B {
    A a;
    B b;
    //关联的属性
}
```

关联类 A_B 的设计方便了管理关联关系和关联的属性。一对多的关联的端点也可以由关联拥有。上面代码中使用了集合对象，实践中也可能是其他群集(Collection)对象。

如果在链接某一端的对象在运行时可以被另一端的对象访问，则称该端点可被导航(Navigable)。在 Teacher 类中没有定义端点，而在课程类中定义了对任课教师端点，则表示单向关联：仅能从课程对象中才能访问任课教师；反过来，从 Teacher 对象中无法访问其承担的课程。如果关联的端点不可导航，意味着"从另一端点不能访问，或者访问无效"。

在类模型中，一般情况下关联关系是两个类之间的关系，这时称为"二元关联(Binary Association)"。三个类之间也可以存在关联关系，此时称为"三元关联"。N 元关联(N-ary Association)是三个以及三个以上类之间的关联。N 元关联中多重性的含义是在其他 $N-1$ 个实例值确定的情况下，关联实例的个数。在类 A、类 B、类 C 形成的多对多关联中，意思是在类 A 的一个实例和类 B 的一个实例确定的情况下，类 C 的多少个实例参与进来。

某个类也可以与自己关联，此时称为自反关联(Reflexive Association)。

关联是 UML 中的概念，表示两个或者多个对象之间链接的集合。然而在 Java 面向对象程序设计语言中没有"关联"的概念，所以需要用语言中的"引用"来表示类模型中的"关联"。

聚合(Aggregation)关联和组合(Composition)关联是两种特殊形式的关联。聚合关联表示 Has-A 的关系，是一种不稳定的包含关系，但程度较强于一般关联，表达整体与局部的关系，但是如果整体消失，局部仍然存在，不会消失。例如，某个同学参加了某学生社团，如果社团被解散，这位同学还可以参加其他社团。聚合关系是传递的、反对称的，也就是说，聚合关系是偏序关系，具有聚合关系的类的对象不能形成环路。组合关联表示Contains-A的关系，是一种稳定的包含关系，是一种更强的聚合关系。部分不能脱离整体存在，即整体消失，部分也随之消失。例如，公司和部门的关系，没有了公司，部门也不能存在了；调查问卷中问题和选项的关系、订单和订单明细的关系等都是组合关联。在类模型中，聚合关系和组合关系简化了模型，支持了类的复用。

下面的代码展示了学术委员会和教授成员之间的聚合关系。

```
public class AcademicCommittee {
    public Set<Professor> members;
    public join(Professor p){
        members.add(p);
    }
}
public class Professor{
    public AcademicCommittee academicCommittee;
}
```

下面的代码描述了计算机和CPU、内存之间的组合关系。

```
class Computer{
    private CPU cpu;
    private Memory memory;
    public Computer() {
        cpu = new CPU();
        memory= new Memory();
    }
}
class CPU {…}
class Memory {…}
```

约束是类模型中各种建模元素的条件或者限制。约束是一个由花括号括起来的逻辑表达式，例如：

```
-balance: Integer {balance >= 1}
```

表示账户余额balance是整数类型并且必须大于等于1。约束也可以放在注释符号中。约束是一个断言，通常使用“不透明表达式(Opaque Expression)”。这种表达式基于自然语言、计算机语言或者数学语言而不是UML语言。例如，“性别 ∈{男，女}”“账户余额≥−30”等。

依赖关系是一种“服务提供者-客户”关系：提供者为客户提供服务，客户消费服务。所以客户依赖于服务提供者，服务提供者的任何变更会影响客户。类之间的依赖是一种弱关系，只要一个类用到另一个类，但是和另一个类的关系不是太明显的时候，就可以把这种关系看成依赖。依赖关系在代码中表现在局部变量、方法的参数，以及对方法的调用等。

下面的代码展示了工人 Worker 和电动工具 ElectircScrewDriver 之间的参数使用依赖关系。

```
public class Worker{
    //使用电动工具拧螺丝
    public void screw(ElectricScrewDriver driver){
        driver.screw();
    }
}
```

依赖关系除了表现为形式参数，还可以表现为局部变量、成员变量或静态变量。

```
class Worker{
    //通过局部变量发生依赖关系
    public void screw2() {
        ElectricScrewDriver driver = new ElectricScrewDriver ();
        dirvier.screw();
    }
    //通过成员变量发生依赖关系
    ElectricScrewDriver driver = new ElectricScrewDriver ();
    public void screw3() {
        driver.screw();
    }
}
```

依赖关系存在于对于两个相对独立的对象，其中一个对象负责构造另一个对象的实例，或者依赖另一个对象的服务。

实现(Implementation)表示一个类提供一个或多个接口的方法体。接口是约定好操作的集合，由实现类去完成接口的具体操作，在 Java 中使用 implements 表示。在 Java 中，如果实现了某个接口，那么就必须实现接口中所有的方法。例如，在 JDK 中有如下接口。

```
public interface Comparable<T> {
    public int compareTo(T o);
}
```

那么，该接口的实现类 Student 必须实现方法 compareTo。

```
public class Student implements Comparable<Student> {
    private String name;
    double weight, height;
    public int compareTo(Student o) {
        return (int) (this.weight - o.weight);
    }
}
```

8.2 类　　图

类图是类模型的可视表示，被广泛地应用于面向对象的软件工程。类图所表示的类模型可映射到某种面向对象语言的源代码。类图直观、形象地展示了类的所有特征，包括属性和行为，以及类与类之间的关系。

下面介绍类图中使用的基本图形符号。

8.2.1 类的记号

类是一种特征集，使用具有隔间的矩形记号表示。常用具有三个隔间的矩形记号：最顶部的隔间显示类的名字，类的名字居中、加重，抽象类的名字为斜体；中间的隔间显示类的属性；底部的隔间显示类的操作。除了名字隔间外，其他隔间都可以不显示。例如，下面 Person 类的定义相应的 UML 类记号如图 8-3 所示。

```
class Person {
    private String name;
    private String ID;
    public void setName(String name) {
        this.name = name;
    }
    public String getName() {
        return name;
    }
}
```

可以不显示“行为”隔间，如图 8-4 所示。

Person
−name: String −ID: String
+setName(name: String): void +getName(): String

图 8-3　Person 类的记号

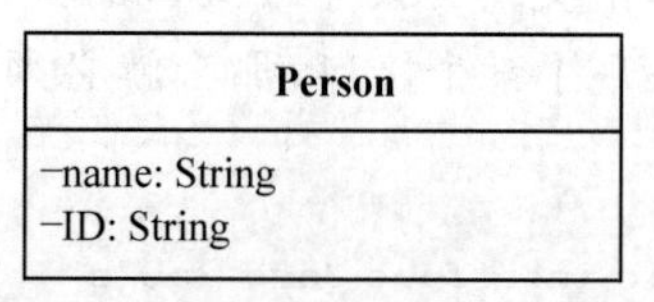

图 8-4　Person 类-不显示行为

还可以把属性和行为隔间都禁止显示，如图 8-5 所示。

属性和操作者必须左对齐，而且为常规字形。使用小写驼峰命名法命名。属性和操作可以按照可访问性进行排序。图 8-6 展示了类 Car 的属性和操作。类 Car 有四个私有属性，licenceNumber 是 String 类型，可作为对象唯一标识；mileage 是 Integer 类型，默认值为 1000，只读；isPrivate 是 Boolean 类型，默认值为 true；weight 是 Real 类型。还有一个名字为 getMileage 的操作，可访问性是 public，并且该操作仅查询，不改变对象状态。

接口是彻底的抽象类。可以使用带有版型的矩形框表示接口，如图 8-7 所示，表示名字为 List 的接口。也可以使用“球”记号，如图 8-8 所示。

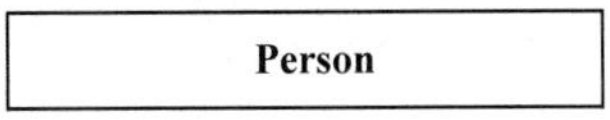

Person

图 8-5　Person 类-不显示属性和行为

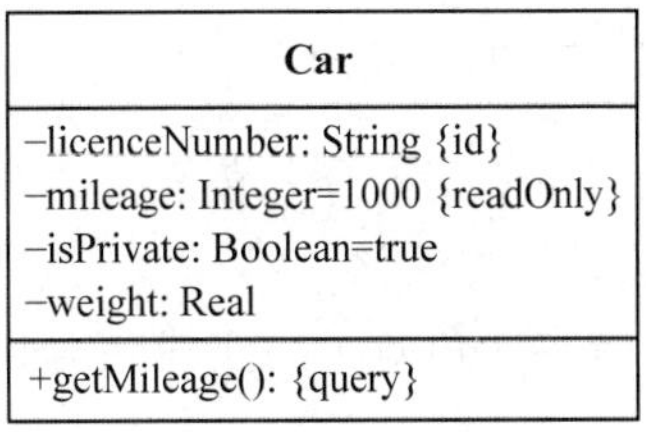

Car
–licenceNumber: String {id}
–mileage: Integer=1000 {readOnly}
–isPrivate: Boolean=true
–weight: Real
+getMileage(): {query}

图 8-6　Car 类

也可以使用球记号，如图 8-8 所示。

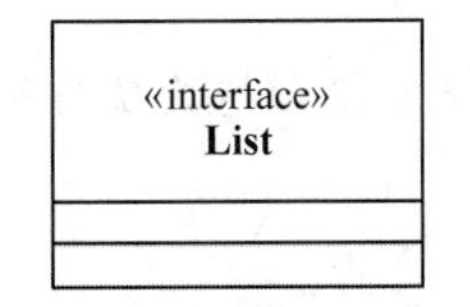

«interface»
List

图 8-7　接口的记号-版型

List

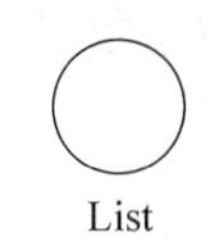

图 8-8　接口的记号-球

8.2.2　实体类、控制类和边界类

UML 有三种主要的类版型：实体类、边界类和控制类。实体类对应于业务实体，包含业务实体的特征。实体类对象的状态应能够保存到持久化设施。持久化设施就是数据库、文件等可以永久存储数据的设备。通常每个实体类在数据库中有相应的表，实体类中的属性对应数据库表中的列。实体类通常使用领域术语命名。

边界类位于系统与外部环境的交界处，是参与者与系统接口的对象。桌面应用的窗口、按钮、文本输入框、下列列表和菜单，浏览器中的表单都是界面对象的例子。直接与外部设备交互的类、直接与外部系统交互的类等也是边界类。通过用例图可以确定需要的边界类，每个 Actor/Use Case 对至少要一个边界类，但并非每个 Actor/Use Case 对要唯一的边界类。

控制类主要用来作为业务转发和请求控制之类的工作，是介于边界和实体之间的对象。它们充当边界元素和实体元素之间的黏合剂，实现管理各种元素及其交互所需的逻辑。每个用例通常有一个控制类，控制用例中的事件顺序，控制类也可以在多个用例间共用。其他类并不向控制类发送很多消息，而是由控制类发出消息。注意：参与者只能与边界对象交互；边界对象只能与控制器和参与者交互；实体对象只能与控制器交互；控制器可以与边界对象和实体对象以及其他控制器交互，但不能与参与者交互。

图 8-9 依次展示了实体类、边界类和控制类的记号。

类名
类名
类名

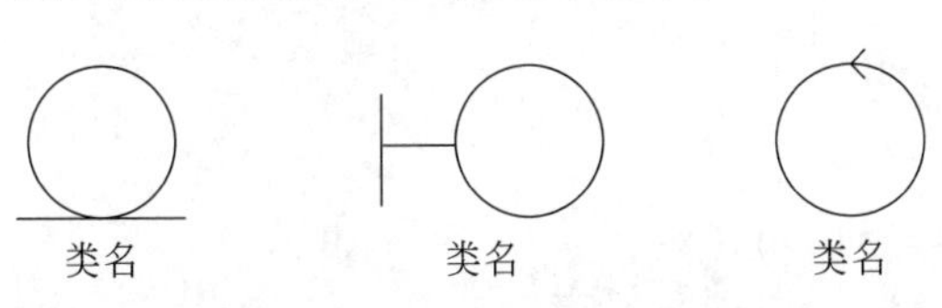

图 8-9　实体类、边界类和控制类

8.2.3 类之间的关系

泛化关系使用带有三角箭头的实线表示。例如,图 8-10 中的带有三角箭头的实线表示类 A 是类 B 的泛化。

这条带有三角箭头的实线映射到 Java 语言中的 extends 保留字:

```
public class A {
}
public class B extends A {
}
```

类与类间的关联使用菱形表示,并使用实线分别连接参与关联的类,如图 8-11 所示。

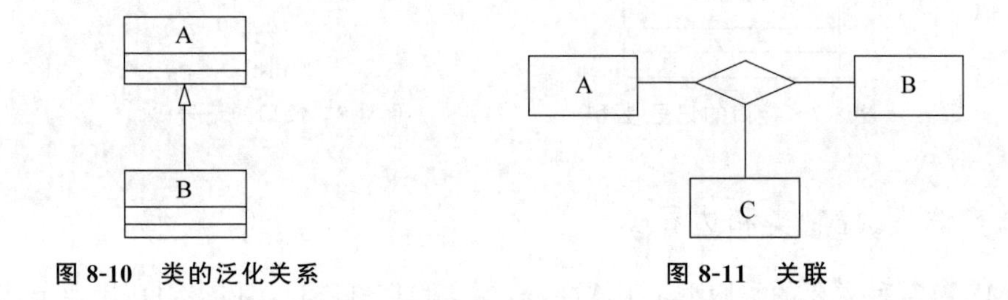

图 8-10 类的泛化关系　　**图 8-11 关联**

二元关联省略菱形符号,直接使用实线表示。默认是双向关联,默认的多重性范围是 1。

图 8-12 展示了二元关联的记号,关联端点的名字分别是 a 和 b,其可访问性都是私有。该关联在代码中就通过在成员变量中声明对象的引用来实现。

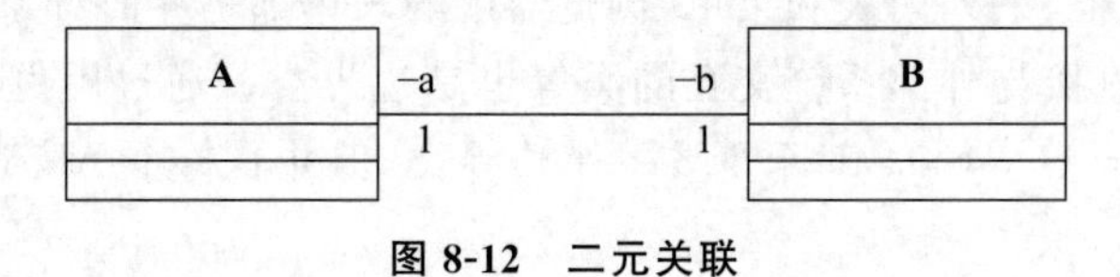

图 8-12 二元关联

```
class A {
    //…
    private B b;
    public void setB(B b) {
        this.b = b;
    }
}
class B {
    //…
    private A a;
    public void setA(A a) {
        this.a = a;
    }
}
```

对于单向关联，如图 8-13 所示，可以从类 A 的实例导航到类 B 的实例，反之不然，则对应如下代码。

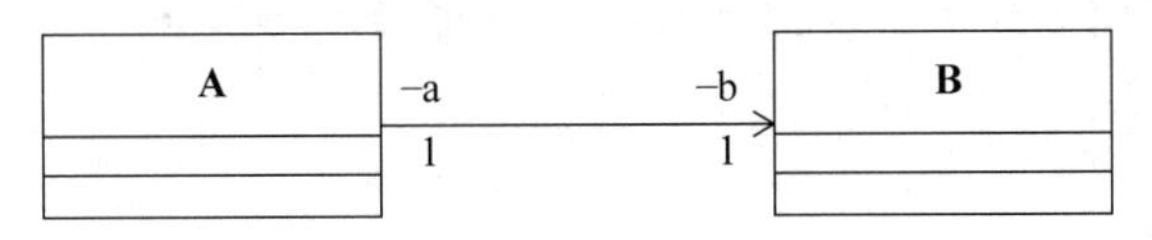

图 8-13　单向关联

```
class A {
    //…
    private B b;
    public void setB(B b) {
        this.b = b;
    }
}
class B {
    //…
}
```

图 8-14 展示了在关联的端点 b 的多重性“1.. * ”。其映射的代码如下。

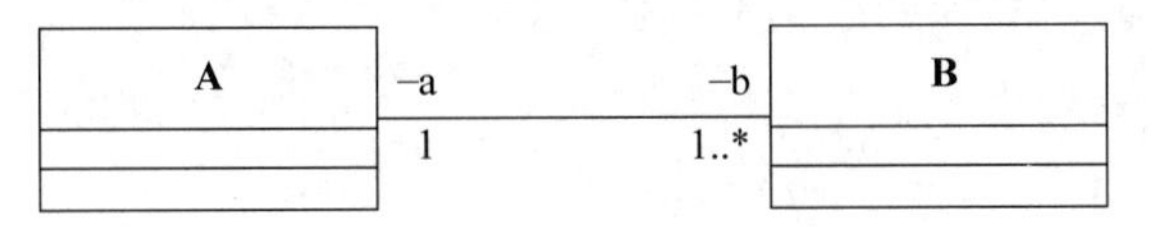

图 8-14　关联端点的多重性

```
public class A {
    private Set<B> bs;
    public A() {
      bs = new HashSet<B> ()
    }
    public void add(B b) {
      bs.add(b);
      b.setA(this);
    }
}

public class B {
    private A a;
    public void setA(A a) {
      this.a = a
    }
}
```

假设类 A 和类 B 具有关联关系，并且关联的名字为“A_B”。关联自身也会具有特征。关联的特征(属性和行为等)不属于类 A,也不属于类 B。在一对一和一对多关联中可以在"一"的一方"寄存"关联的特征,但在"多对多"的关联中类 A 和类 B 均不能寄存关联的特征,此时应使用关联类。关联类通过一个虚线与关联相连,如图 8-15 所示。对应的代码如下。

```
public class A {
    public Set<B> b;
}
public class B {
    public Set<A> a;
}
public class A_B {
    A a;
    B b;
    private Integer attribute1;
}
```

从映射的代码可以看到,关联的端点 a 和 b 归关联所有。

末端为空心菱形的实线表示聚合关联,末端为实心菱形的实线表示组合关联。聚合关联和组合关联都表达了"整体"与"部分"的结构关系,但二者对"部分"的生命周期管理不同。下面是图 8-16 聚合关联所示对应的代码。

```
public class AcademicCommittee {
    public Set<Professor> members;
    public join(Professorp) {
        members.add(p);
    }
}
public class Professor{
    public AcademicCommittee academicCommittee;
}
```

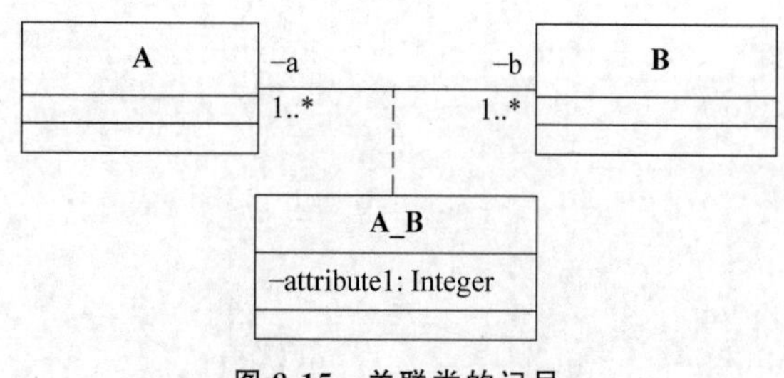

图 8-15 关联类的记号

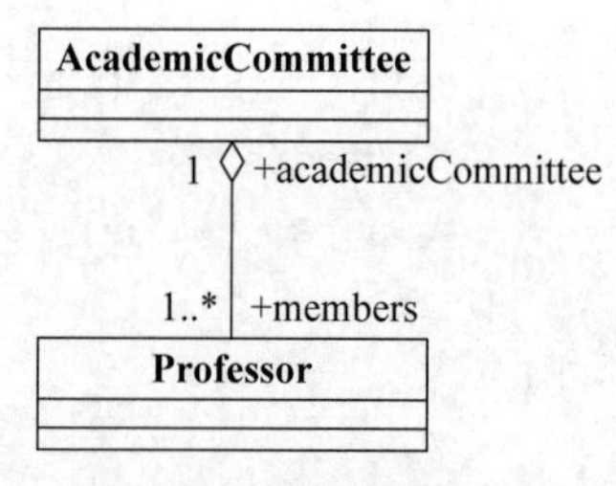

图 8-16 聚合关联的记号

一台计算机中含有 CPU 和内存(MM),计算机和这两个部件形成了组合关联,如图 8-17 所示,对应代码如下。

```
class Computer{
    private CPU cpu;
    private Memory memory;
```

```
    public Computer() {
        cpu = new CPU();
        memory= new Memory();
    }
}
class CPU {…}
class Memory {…}
```

从聚合和组合关联的代码示例可以看到,这两种关系的区别在于构造函数不同:前者"整体"并不负责创建"部分"的对象,而是通过普通的实例方法(join)引用现有的对象,构造函数中要用到教授(Professor)作为参数把值传进来,Professor 的对象可以脱离学术委员会而独立存在,多个"整体"可以共享同一个"部分",一个教授可以参加多个委员会;后者在"整体"的构造方法中创建"部分"的对象,以实现整体与部分具有相同的生命周期:CPU 和内存不能脱离整机。另外,在聚合关系中,客户端可以同时了解"整体"类(AcademicCommittee 类)和"部分"类(Professor 类),因为二者都是独立的;而在组合关系中,客户端只认识"整体"类,根本就不知道"部分"类的存在,因为"部分"类被严密地封装在"整体"类中。

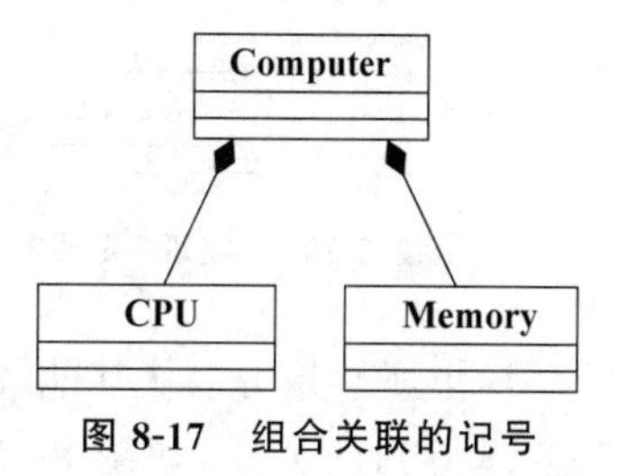

图 8-17　组合关联的记号

文件夹中还可以包含文件,形成了自反的组合关联,如图 8-18 所示。对应代码如下。

```
public class Folder {
    public Folder parent;
    public Set<Folder> children;
}
```

注意,实线末端的菱形符号与"整体"类邻接。

依赖关系的记号是带箭头的虚线。图 8-19 展示了工人使用电动工具拧螺丝的"使用"依赖关系。拧螺丝(screw)是工人(Worker)的操作,这个操作需要参数"电动工具(ElectricScrewDriver)",所以工人拧螺丝的行为依赖于电动工具。

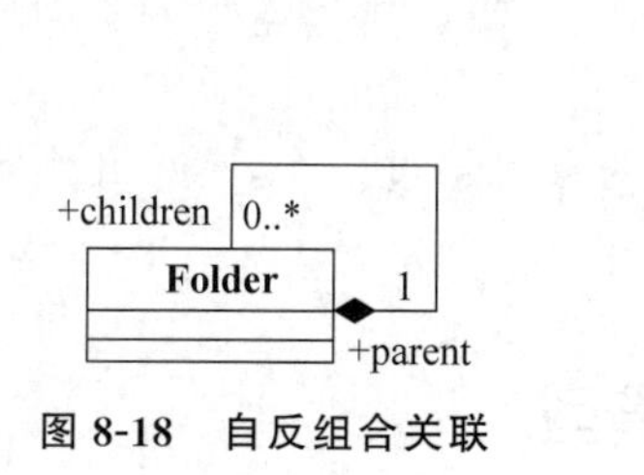

图 8-18　自反组合关联

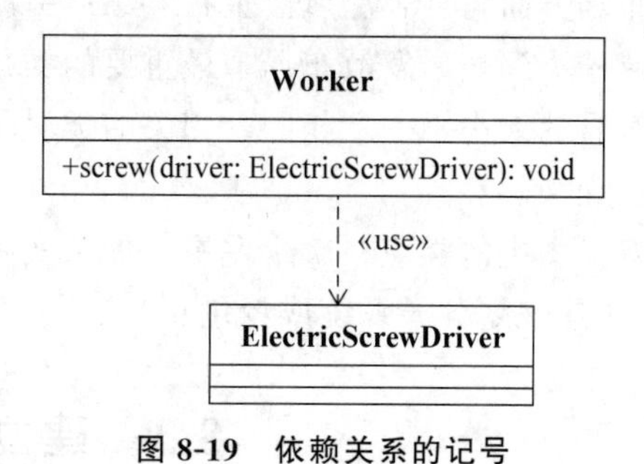

图 8-19　依赖关系的记号

注意,带箭头的虚线指向被依赖的类。在图 8-19 中,依赖关系应读作"Worker 使用 ElectricScrewDriver",也就是 Worker"依赖于"ElectricScrewDriver。

实现是两个模型元素间的抽象与具体的关系:一个表示规约(抽象),另一个表示其实现(具体)。“实现”关系用末端是空心三角的虚线表示,如图 8-20 所示,以数组作为数据结构的类 ArrayList 实现了接口 List。

当使用“球”表示接口时,“实现”关系就直接使用实线,如图 8-21 所示。

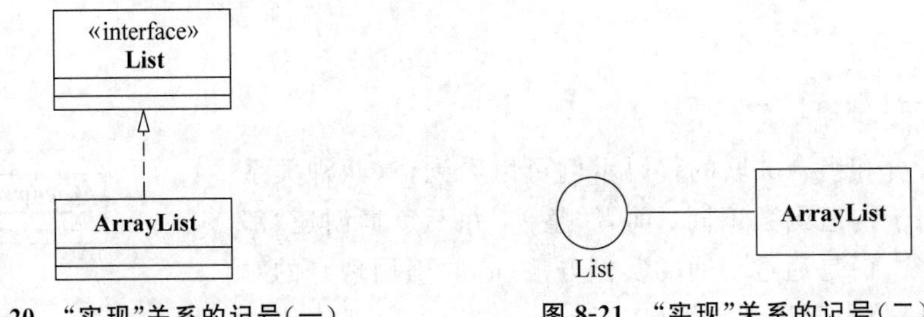

图 8-20 “实现”关系的记号(一)　　图 8-21 “实现”关系的记号(二)

导出属性是可以从其他属性计算或演绎得到值的属性。导出关联是指可以从其他关联演绎得到的关联,如图 8-22 所示的 Person 类的“年龄”属性 age 可以从“生日”属性 birthday 计算得到。导出属性使用属性名字前的斜线表示。图 8-23 展示了一所大学由多个部门组成,一个人为一个部门工作,那么,这个人就为大学工作。所以,关联 WorkForUniversity 是从另外两个关联导出的。同样,在名字前使用“/”表示导出。

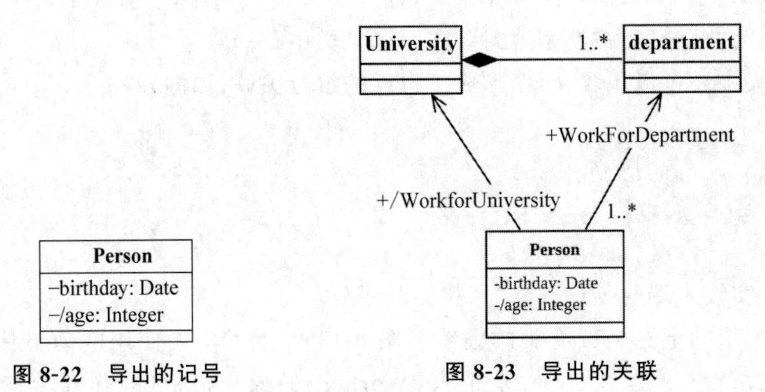

图 8-22 导出的记号　　图 8-23 导出的关联

在布局方面,类图应呈现“星状”或者“雪花状”拓扑结构。也就是说,类图的整体布局应当是从中央到四周发散布局。最重要的类放置在中央位置,次要的类安排在四周。每个图形符号的大小不一定相同。相关的类尽量邻接在一起,以避免表示关系的连线太长或者产生交叉。

一幅类图中的类应在 7 个左右。如果实际的类的数目超过 7 个,有十几个类甚至几十个类,则应该划分子系统或者包。

8.3 建立类模型

针对一个新的软件项目建立其类模型最好的途径是复用已经有的模型。在已有的模型上做适当的修改,就能够作为新项目的类模型。

很多情况下没有可得的类模型,那么只好创建。虽然没有现成的类模型,但是有可能存在关于该领域的一些标准(企业标准、团体标准、地方标准、国家标准和国际标准)、关于该领域的一些业务规范、政策法规、管理规定等。这些文档中一般含有设计领域的术语、概念以及业务规则。从这些文档中可以较为方便有效地建立类模型。

如果没有任何可参考的资料,只有关于需求的文字陈述,那么可以使用语法分析的方法建立类模型,语法分析是通过标记词性(名词、动词、副词、形容词)和短语识别类及其特征。因为类名是名词或名词短语,文字陈述中的名称短语至少为成为可能的类名提供了线索。语法分析法主要规则是从名词与名词短语中识别对象与属性;从动词与动词短语中识别操作与关联;而形容词、副词通常表明该名词应是类特征的名字或值,而不应是对象名。名词短语是一个语法学术语,指语法功能相当于名词的一类短语。名词短语一般可以在句子中充当主语、宾语、定语等成分,如"月上柳梢头"("月"作主语),"保家卫国"("家"作宾语),"学生的成绩得到很大的提高"("学生"作定语)。动宾短语由动词和宾语构成,宾语往往是动作所支配的具体对象,是个名词。

无论什么途径,建立类模型一般有识别类、识别类之间的关系、识别属性、识别操作四个步骤。

8.3.1 识别类

在需求调用的基础上,分析师已经与领域专家进行沟通,对业务有了一定的了解,形成了初步的领域知识。此时,从最重要的业务活动作为切入点,寻找潜在的类。例如,在某单位以行政办公室为运转轴心,所有业务活动都围绕办公室展开并由办公室归结,那么就是从行政办公室的业务活动入手,从用例中识别类。

在问题空间中,类通常表现为外部实体、事物、事件、角色、组织、场所或者结构等。作为经验,可以根据以下六个特征寻找类。

- 留存信息(Retained information)。
- 提供服务(Needed services)。
- 具有多个属性(Multiple attributes)。
- 多实例具有公共属性(Common attributes)。
- 多实例具有公共操作(Common operations)。
- 是本质需求(Essential requirements)。

注意,找到的类并不全面,必须添加其他类以使模型更完整,如在学生选课系统中有Student 类和 Teacher 类,隐式的知识告诉我们,二者都是人,所以应增加 People 类。某些被剔除的潜在类有可能成为被接受类的属性,如学位(Degree)不应作为类而应被整合为 Student 类的属性。

8.3.2 识别关系

对于候选类的对象,逐一思考下面的问题。

- 该对象是另外一个对象吗(存在 Is-A 关系)?
- 该对象与另外的对象共同参与某项业务活动吗(存在链接关系)?
- 该对象逻辑上由另外的对象组成吗(存在 Has-A 关系)?

- 该对象物理上由其他对象组成吗(存在 Contain-A 关系)?
- 该对象完成某功能需要使用其他对象吗(存在依赖关系)?
- 该对象与其他对象通信吗(存在依赖关系)?

从这些问题的回答中就能够初步确定对象所属的类之间是否存在泛化、关联、聚合、组合、依赖等关系。

当确定关系后,马上确定关系多重性,以及对象在关系中承担的角色。

8.3.3 识别属性

属性是对已经选择包含在类模型中的类具体描述。为了给分析类开发一个有意义的属性集合,软件工程师应该研究用例并选择那些合理"属于"类的特征。对每个类逐一回答问题:什么信息能够在当前问题环境内完整地定义这个类?

大部分属性类型应该是简单数据类型,如数字、字符串或者布尔类型。通常属性的类型不应该是复杂的领域概念,如"大学"或"教学楼"。

8.3.4 识别操作

操作是类所承担的职责。在运行时刻,对象执行自己的职责并与其他对象协同完成预定义的功能。所以,识别操作时对于每个候选类,参考用例模型,考虑以下问题。

- 该类的职责有哪些?
- 该类与哪些类有协作关系?

8.4 对象关系映射

在 UML 中,使用类表示了一组具有相同特征的对象,使用类之间的关联表示了对象间的链接。对象在内存中被创建和回收;而作为常见的持久化设施——关系数据库管理系统,则使用关系模型实现对数据的 CRUD(创建、检索、更新和删除)。所以需要解决内存中的对象和磁盘中的关系数据的映射问题。

8.4.1 关系模型

在关系模型中,把由若干行和列组成的二维表格称为关系实例(Relation Instance)或关系(Relation)。二维表格的每一列称为关系的一个属性(Attribute),二维表格的每一行称为关系的一个元组(Tuple),所以从集合角度看,关系是元组的集合。一组具有相同数据类型的值的集合称为域(Domain),每个属性有一个域。在关系中能唯一标识一个元组的属性集称为关系模式的超键(Super Key)。不含多余属性的超键称为候选键(Candidate Key)。用户选作元组标识的一个候选键称为主键(Primary Key),其余的候选键称为替换键(Alternate Key)。外关键字是一个属性或者一组属性,通过这个属性或这组属性引用了另外一个关系的关键字。

关系模型要求:

(1) 属性值不可分解,从而不允许表中有表。

（2）元组不可重复，因此一个关系模式至少存在一个候选键。

（3）没有行序，即元组之间无序。关系是元组的集合，集合的元素是无序的。

关系模式（Relation Schema）是关系的逻辑结构和特征的描述。对应于二维表格的表头。

关系模式简单的表示是：关系名（属性1，属性2，…，属性n）。

关系数据库模式（Relational Database Schema）是关系模式的集合。关系数据库是关系数据库模式的实例。

8.4.2 把类映射到关系

把类映射到关系，一般把类名作为关系名，把类的属性映射为元组的属性，把属性类型映射到关系中的域。

新的问题是如何在关系中表达继承关系，如何表达一对一、一对多和多对多的关联关系，如何表达依赖关系。

关系数据库管理系统中的基本对象是“表（Table）”，表由若干行和列组成。在列上定义数据类型、唯一性、是否为空、默认值以及其他约束。表和其他数据库对象，如索引、视图等，构成了数据库模式（Schema）。这些概念与关系模型一一对应：行（元组）、列（属性）、表（关系）、数据库模式（关系数据库模式），为了方便起见，本节的讨论使用关系数据库管理系统中的术语。

首先，类的属性类型（Attribute Type）映射成列所允许的数据类型。例如，把UML中的String类型映射为varchar(50)。

在非常简单的应用中，类与表可能是一一对应的关系。

例如，如图8-24所示的课程类（Course）可映射为Microsoft SQL Server数据库中的表。

```
CREATE TABLE Course (
    courseNo VARCHAR(6) NOT NULL,
    Name VARCHAR(50),
    credits decimal
);
```

把类与类之间的关系映射到表上去比较复杂。首先考虑继承关系。在关系数据库管理系统中表达继承关系有两种途径：复制法和共享主键法。例如，在如图8-25所示的类模型中，学生类（Student）和教师类（Teacher）都继承了人类（Person）。

Course
–courseNo: String –Name: String –credits: Real

图8-24 “课程”类

“复制”的办法把父类的属性全部下推到子类中，在效果上，每个子类都复制了父类的属性。应用复制法把如图8-25所示的Person类的属性name和ID分别复制到Teacher类和Student类中，从而通过两个表共同的列（加粗字体）表达继承关系。

```
CREATE TABLE student (
```

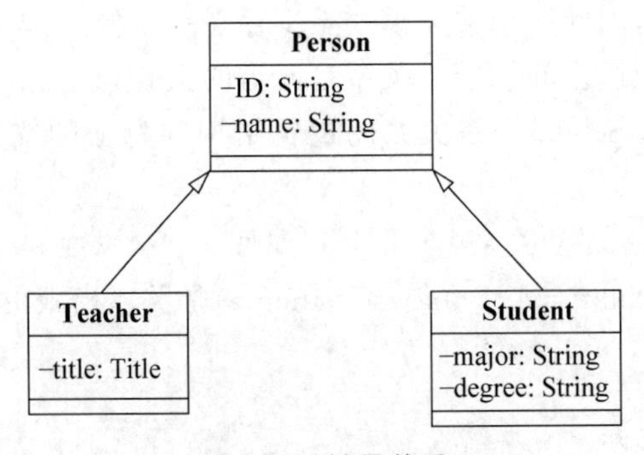

图 8-25 继承关系

```
    ID VARCHAR(9) NOT NULL,
name VARCHAR(60) NOT NULL,
   major CHAR(30),
   dept VARCHAR(30),
   CONSTRAINT PK_student PRIMARY KEY (ID)
);
CREATE TABLE Teacher (
ID VARCHAR(9) NOT NULL,
name VARCHAR(60) NOT NULL,
   title VARCHAR(30),
   CONSTRAINT PK_teacher PRIMARY KEY (ID)
);
```

"共享主键法"把三个类 Person、Teacher 和 Student 分别映射到三个表：person、teacher 和 student。每个表都在列 ID 上建立主键约束。如果每个表中的 ID 值相同，则是同一个对象。

```
CREATE TABLE person(
ID VARCHAR(9) NOT NULL,
name VARCHAR(60) NOT NULL,
   CONSTRAINT PK_person PRIMARY KEY (ID)

}
CREATE TABLE student (
ID VARCHAR(9) NOT NULL,
   major CHAR(30) NOT NULL,
   degree CHAR(3),
   CONSTRAINT PK_student PRIMARY KEY (ID)
);
CREATE TABLE Teacher (
ID VARCHAR(9) NOT NULL,
   title VARCHAR(30),
   CONSTRAINT PK_teacher PRIMARY KEY (ID)
);
```

下面讨论关联关系的映射。

多重性为"1"的关联可通过使用外键来表示。外键允许将表中的某一行与另一表中的行相关联。对于一对多的关联,在"多"所在端的表中增加一个外键来引用"一"端表的主键。

考虑教学计划中一门课程(Course)在某学期可能开设为 0 门或多门课(ScheduledCourse),如图 8-26 所示。那么数据库模式定义如下。

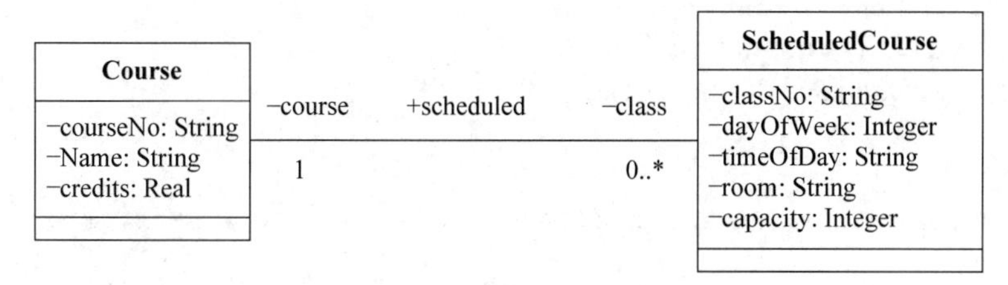

图 8-26　课程及其课

```
CREATE TABLE Course (
    courseNo VARCHAR(6) NOT NULL,
    courseName VARCHAR(30),
    credits decimal,
    CONSTRAINT PK_course PRIMARY KEY (courseNo)
);
CREATE TABLE ScheduledCourse (
    classNo VARCHAR(9) NOT NULL,
    dayOfWeek CHAR(1),
    timeOfDay VARCHAR(12) ,
    room VARCHAR(6),
    capacity int,
    courseNo VARCHAR(6) NOT NULL,
    CONSTRAINT PK_class PRIMARY KEY (classNo)
);
ALTER TABLE ScheduledCourse ADD CONSTRAINT FK _ Class _ Course FOREIGN KEY
(courseNo) REFERENCES Course(courseNo)
```

对于多对多的关联,使用一个独立的、包含两个外键的表来表示。这样的表称为"关联表"。关联表的每一行对应实体(对象)间的一个链接。如果一个学生至少选一门课;一门课里至少有一个学生。那么除了学生和课两个表:

```
CREATE TABLE student(
    ID VARCHAR(9) NOT NULL ,
    name VARCHAR(60) NULL,
    CONSTRAINT PK_student PRIMARY KEY (ID)
)
CREATE TABLE ScheduledCourse(
    classID VARCHAR(9) NOT NULL,
    dayOfWeek CHAR(1),
```

```
    timeOfDay VARCHAR(12) ,
    room VARCHAR(6),
    capacity int,
    CONSTRAINT PK_class PRIMARY KEY (classID)
)
```

再增加一个表“enrollment”，其中，grade是某学生某门课的成绩：

```
CREATE TABLE enrollment(
    ID VARCHAR(9) NOT NULL ,
    classID VARCHAR(9) NOT NULL ,
    grade int
)
ALTER TABLE enrollment ADD CONSTRAINT FK_Student FOREIGN KEY(ID) REFERENCES
Student(ID)
ALTER TABLE enrollment ADD CONSTRAINT FK _ Class FOREIGN KEY (classID)
REFERENCES ScheduledCourse (classID)
```

8.5 对 象 图

对象图是类图的实例，用以展示系统在某个时刻的详细状态的快照，关注一个交互图描绘的动态场景的特定画面。对象图的主要图形元素有：命名匿名对象(类的实例)、链接(关联的实例)。

对象是类的实例，是计算机系统中具有状态、行为和标识的实体。对象图与类图具有相同的图形元素，对象名显示在矩形框的顶端隔间。类的图元通常有类名、类的属性和类的操作三个隔间；而对象的图元只有对象的名称和对象的属性两个隔间。类名称隔间只包含类名；而在对象名后跟一个冒号加上类型名，并且使用下画线与类进行区分。类的属性隔间是属性的定义；而对象的属性隔间则描述属性的当前值。图8-27展示了对象的记号。名称隔间中的a:Student表示类型为Student，引用变量名称为a的对象；属性隔间中列举了对象各个属性值，形成对象状态：名字为Zhang San，年龄18岁。等号前面和冒号后面是属性的类型。

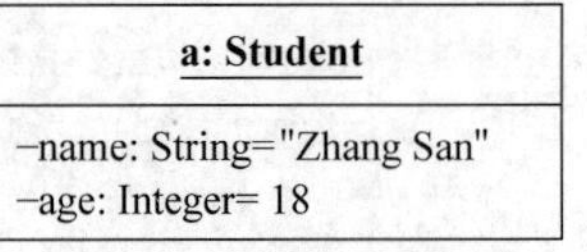

图8-27 对象的记号

如果没有引用变量的名字，则是匿名对象，如图8-28所示。

也可以只写引用变量的名字，如图8-29所示。

链接是关联关系的实例，是两个或多个对象之间的关系。在UML中，链接与类图中的关联一样使用实线段来表示。链接是可导航的：一端的一个对象可以访问另一端上的一个或一组对象。链接的每一端也可以显示一个角色名称。由于对象是单独的实体，所有的链都是一对一的，因此不涉及多重性。

假设使用一个班容量(seatingCapacity)为2的课程(ScheduledCourse)“Data Structure”，通过c对象引用该对象。现在刚好有两位同学Zhang San和Li Si选了“Data Structure”这门课，则可使用对象图展示这个快照，如图8-30所示。

图 8-28　匿名对象的记号

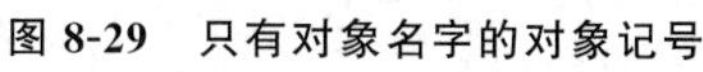

图 8-29　只有对象名字的对象记号

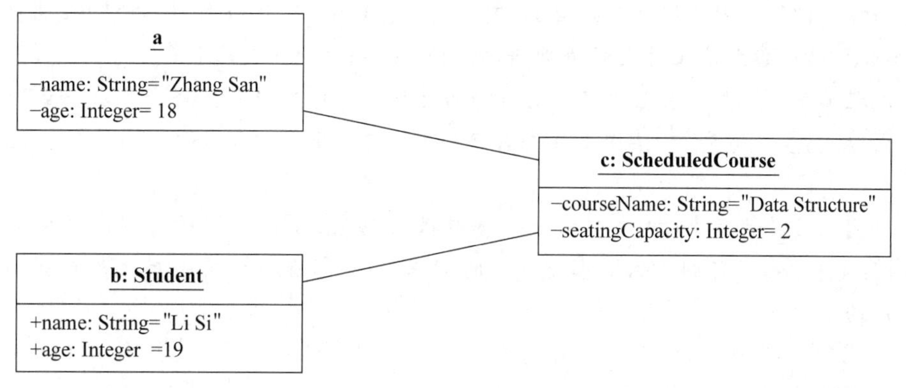

图 8-30　一个选课场景

创建对象图注意：

(1) 通常单个类的对象可能有很多个，应关注对系统具有重要影响的对象。

(2) 重要对象本身可能具有多个功能，所以需要关注主要的功能。

(3) 如果同一个类有两个或两个以上的重要对象时，不同对象各自属性值不应相同。

(4) 添加适当的注释作为补充说明。

8.6　案例研究

某大学图书馆借书流程如下。

(1) 读者登录图书馆主页，检索所需图书，获取相应图书的索书号和馆藏位置。

(2) 按照馆藏位置到相应书库查找图书。

(3) 携图书和校园卡到自助借还机，操作自助设备或请工作人员办理借书手续。

(4) 携书出馆。

还书流程如下。

(1) 携图书至图书馆的自助借还机。

(2) 自助归还并将图书放置到附近的图书车内，检查本人账户，确认图书成功归还。

(3) 到总服务台归还各种不能自助归还的图书。

图书借阅人员称为读者(Reader)，读者一般根据书名、作者查找所需图书的索书号(collectionID)。索书号是图书馆藏书排架用的编码，印在书脊下方的书标上以及图书书名页或封底的上方。

读者借阅时计算机系统记录借阅日期(Date Of Borrowing)和应还日期(Date of Returning)，图书状态由“可借(Available)”转移为“借出(Borrowing)”；读者归还时，计算机系统记录实际归还日期(Date Of Returned),图书状态从“借出”转回为“可借”。读者可以续借。

首先在需求说明上执行名词短语分析。使用“加粗”突出显示 SRS 需求说明中的名词短语,形成初始名词集合。

某大学图书馆借书流程如下:①**读者**登录图书馆主页,检索所需**图书**,获取相应图书的**索书号**和**馆藏位置**;②按照馆藏位置到相应书库查找图书;③携图书和**校园卡**到自助**借还机**,操作自助设备或请工作人员办理借书手续;④携书出馆。

还书流程如下:①携图书至图书馆的自助借还机;②自助归还并将图书放置到附近的**图书车**内,检查本人**账户**,确认图书成功归还;③到**总服务台**归还各种不能自助归还的图书。

图书借阅人员称为读者(Reader),读者一般根据**书名**、**作者**查找所需图书的索书号(collectionID)。索书号是图书馆藏书排架用的**编码**,印在书脊下方的书标上以及图书书名页或封底的上方。

读者借阅时计算机系统记录**借阅日期**(Date Of Borrowing)和**应还日期**(Date of Returning),**图书状态**由“可借(Available)”转移为“借出(Borrowing)”;读者归还时,计算机系统记录实际归还日期(Date Of Returned),图书状态从“借出”转回为“可借”。读者可以续借。

其中,自助借还机就是部署了借阅管系统的计算机系统,总服务台是另外的参与者。“索书号”是“编码”“藏书排架编码”的同义词。把以下名词当作属性而不是类:馆藏位置、书名、作者、索书号、借阅日期、应还日期、实际归还日期、图书状态。

所以,对初始类的候选如下。

- 读者
- 图书
- 账户
- 校园卡
- 图书车

“校园卡”实际上是读者身份的唯一标识,将其作为读者的 ID 属性。“图书车”既没有与计算机系统交互,也不影响图书状态,所以属于系统外的实体,不予考虑。“账户”是读者登录借阅系统的账户,由计算机系统管理员维护,属于维护子系统,在借阅系统中也不考虑。

因此,名词短语分析的结果建立了如下的候选类清单。

- 读者(Reader)
- 图书(Book)

然后建立数据字典。

读者(Reader):读者是图书的阅读者。通过校园卡号标识每一位读者,读者还应有姓名(name)、部门(department)等属性。

图书(Book):指的是某个书目(Catalogue)的一个复本(Copy)。一条书目由图书的

ISBN、标题(title)、作者(author)和出版社(publisher)等属性构成。一个图书复本由馆藏号标识(collectionID)。还有馆藏位置(location)和状态等属性。状态可以是可借(Available)、已借(Borrowing)、丢失(Lost)和破损(Broken)。

至此,候选类中又增加了一个新类:

- 书目(Catalogue)

在需求说明上使用动词短语分析方法:把所有与前面小节中得到的类清单中的类相关的动词短语通过"下画线"突出显示,以确定关联类。

然后抽取出初步的关联以及解释。

- 检索(retrieve):读者根据书名、作者等检索图书的索书号。
- 借阅(borrow):读者使用自助借还机记录借阅人、借阅日期和应还日期。
- 归还(return):读者使用自助借还机记录借阅人、实际归还日期。

检索活动没有持久化需求,所以这个关联不予考虑;借阅和归还都是改变图书的状态,可以合并为一个关联。

在数据字典中已经把识别的属性标识在候选类中。此刻,可得到初步的类模型如图 8-31 所示。其中,Borrowing 是关联类,Status 是枚举类型。

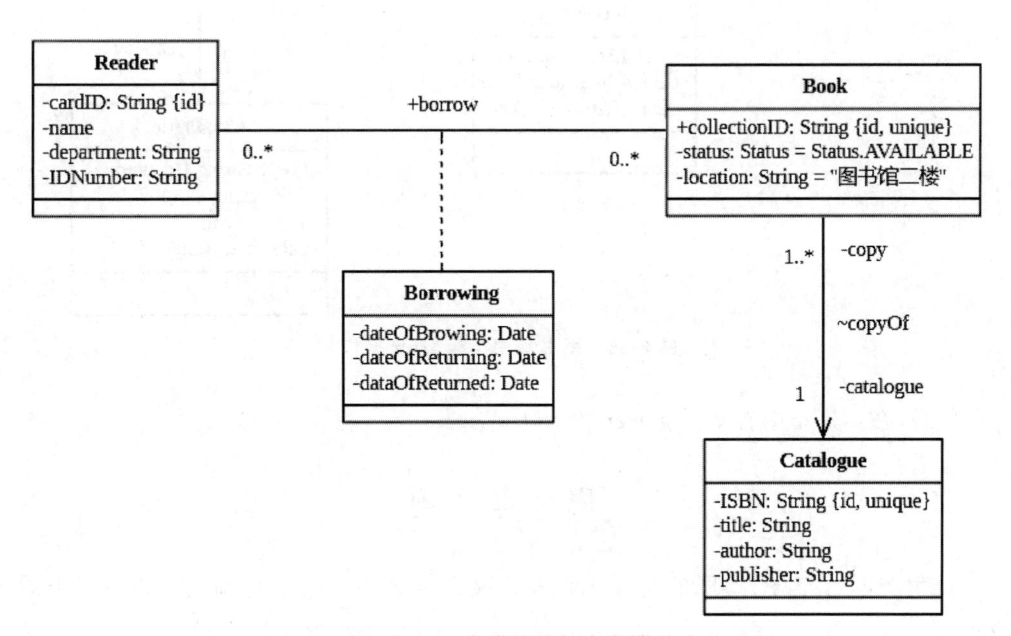

图 8-31　图书借阅的初步类模型

根据需求中的借书流程,可析取读者借书的主场景如下。

(1) 读者在自助借还机登录图书馆主页。

(2) 读者使用自助借还机检索所需图书,获取相应图书的索书号和馆藏位置。

(3) 读者使用校园卡登录自助借还机,记录借阅人、所借图书、借阅日期和应还日期。

(4) 读者退出登录。

把借阅和归还作为读者的操作,那么增加了操作的类模型如图 8-32 所示。也可以把借阅和归还操作作为图书类的操作。

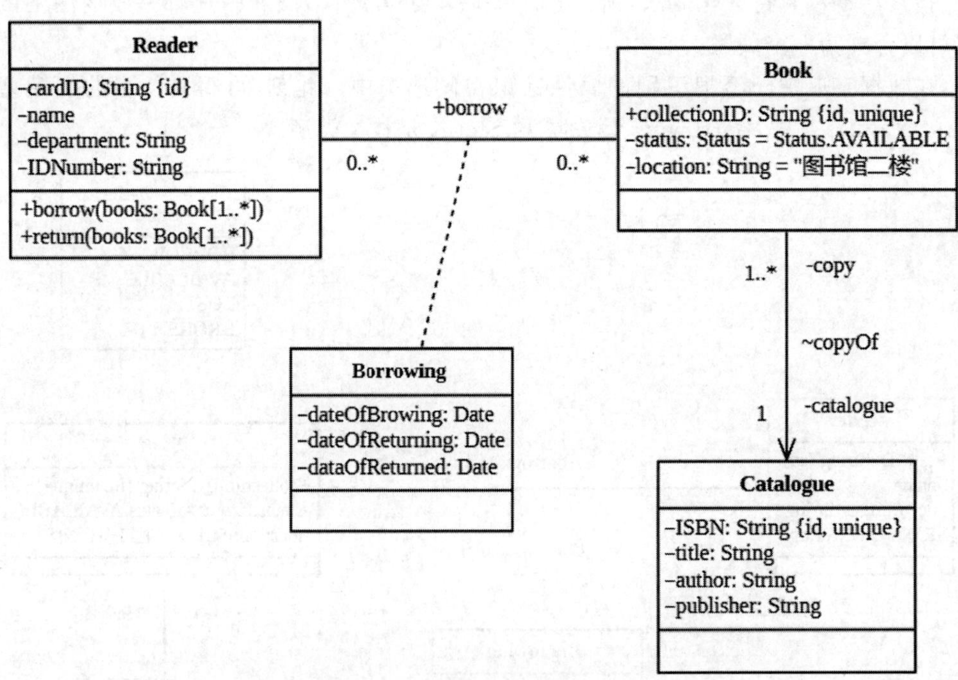

图 8-32 图书借阅类模型(含操作)

注意,在类模型中省略了 getter 和 setter 方法。

思 考 题

1. 举例说明 UML 类图的组成元素及含义。类之间的关系有哪些?如何在类图中表示?

2. 聚合(aggregation)关联和组合(composition)关联有何区别?

3. 如何把类设计映射到数据库表结构设计?

4. 如何表示类模型中成员的可访问性？

5. 解释如图 8-33 所示类模型的含义。

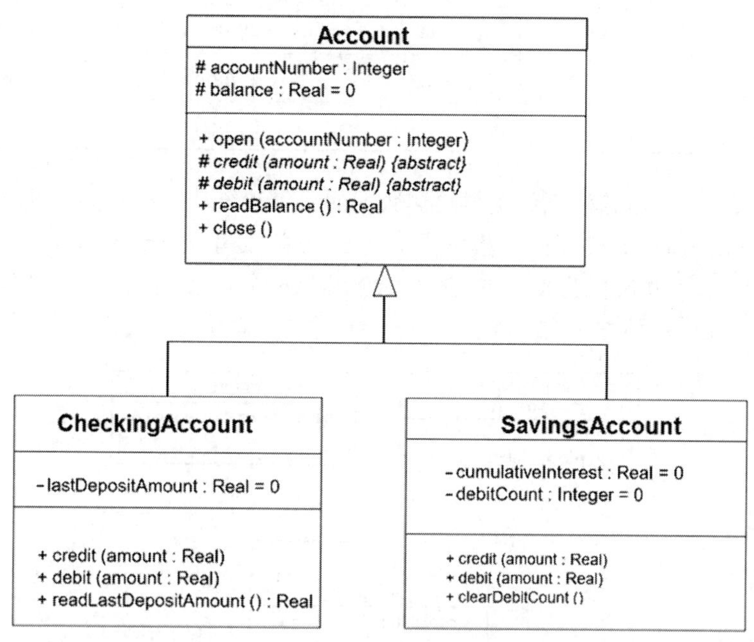

图 8-33　银行账户类图

6. 空气中的污染物臭氧(O_3)、细颗粒物(PM2.5)、二氧化硫(SO_2)、一氧化碳(CO)、二氧化氮(NO_2)、可吸入颗粒物(PM10)等六项综合起来形成空气质量指标(AQI)。AQI 对应的污染级别和类别如表 8-2 所示。

表 8-2　AQI 级别和类别

AQI	0～50	51～100	101～150	151～200	201～300	>300
级别	一级	二级	三级	四级	五级	六级
类别	优	良	轻度污染	中度污染	重度污染	严重污染

某城市的检测站点每小时记录一次。例如，石家庄 2020 年 08 月 04 日 09 时实时空气质量指数：67。各个检测站点检测数据，如表 8-3 所示。

表 8-3　各个检测站点数据

监测站点	AQI	污染等级	PM2.5 浓度	PM10 浓度
22 中南校区	71	良	$29\mu g/m^3$	$91\mu g/m^3$
封龙山	91	良	$43\mu g/m^3$	$132\mu g/m^3$
人民会堂	68	良	$38\mu g/m^3$	$86\mu g/m^3$
世纪公园	69	良	$31\mu g/m^3$	$88\mu g/m^3$

续表

监测站点	AQI	污染等级	PM2.5 浓度	PM10 浓度
西北水源	55	良	39μg/m³	58μg/m³
西南高教	73	良	40μg/m³	95μg/m³
职工医院	65	良	28μg/m³	80μg/m

全国城市空气质量检测系统提供检测数据的采集和统计、查询功能。设计类模型。

7. 图 8-34 是适配器模式的类模型，Adaptee 类并没有 sampleOperation2()方法，而客户端则期待这个方法。为使客户端能够使用 Adaptee 类，提供一个中间环节，即类 Adapter，把 Adaptee 的方法与 Target 接口衔接起来。解释其含义。

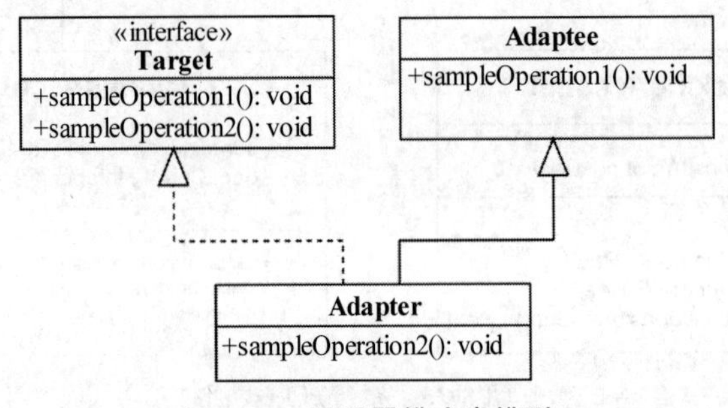

图 8-34 适配器模式类模型

8. 使用类模型表达抽象工厂设计模式。

第9章 状态机与状态机图

状态(State)是对象或者系统行为的一组可观察的情形,此情形下一些条件维持不变,持续一段时间。事件的发生使得对象从一个状态转移到另外一个状态。在转移时、进入一个状态时、离开一个状态时以及处于某个状态时对象可以执行某个动作(Action)。

状态指的是某个对象的状态。这个对象可能是一个学生、一门课,也可能是一个复杂的系统。对象在不同的状态下展现出不同的行为,在不同的事件下,可从一个状态转移到另外一个状态。例如,一台安装了 Windows 10 的笔记本电脑有开机、关机、休眠和睡眠四个状态。休眠(Hibernate)状态下内存中的数据全部转存到硬盘上一个休眠文件中,所有设备断电;睡眠(Sleep)状态下内存不断电,其他设备断电。同时还有文件存储内存中的数据,以便即便是在睡眠过程中意外断电(如检修或被人拔掉插座),也能恢复。当用户在关机状态下按下电源按钮,则进入开机状态;接着合上笔记本,进入睡眠状态;打开笔记本则重新进入开机状态。“按下电源按钮”等事件称为离散事件,有限状态机用以建模离散事件驱动的行为。

9.1 状 态 机

UML 状态机(State Machine)描述了一个对象在不同状态下响应外部离散事件状态转移情况。UML 状态机是确定的有穷自动机的扩展。一个确定的有穷自动机(Deterministic Finite Automata,DFA)M 是一个五元组:

$$M=(K,\Sigma,f,S,Z)$$

其中,

(1) K 是一个状态的有穷集合,它的每个元素称为一个状态。

(2) Σ 是一个有穷字母表,它的每个元素称为一个输入符号,所以也称 Σ 为输入符号表。

(3) f 是转移函数,是在 $K\times\Sigma\rightarrow K$ 上的映射:$f(k_i,a)=k_j(k_i\in K,k_j\in K)$。意思是当前状态为 k_i,输入符为 a 时,将转移为下一个状态 k_j,我们把 k_j 称作 k_i 的一个后继状态。

(4) $S\in K$ 是唯一的一个初态。

(5) $Z\subseteq K$ 是一个终态集,终态也称可接受状态、识别状态或结束状态。

把输入符号串 t 表示成 t_1t_x 的形式,其中,$t_1\in\sum$,$t_x\in\sum^*$。字符串 t 在有穷自动机 M 上“运行”指的是:

$$f(Q,t)=f(Q,t_1t_x)=f(f(Q,t_1),t_x)$$

其中，$Q\in K$。

在确定的有穷自动机基础之上，UML 状态机增加了动作、复合状态（Composite State）以及区域（Region）等。在匹配的事件驱动下，状态机进行状态转移，称为"运行"。一次特定的运行表示为状态机中的一个有效路径。

9.1.1 状态

UML 状态有三种类型：简单状态（Simple State）、复合状态（Composite State）和子状态机（Submachine State）。简单状态中没有内部的状态，也没有内部的转移。复合状态中至少包含一个区域。"子状态机"状态其实是一个引用状态，通过这个引用状态引用了另外一个完整的状态机。

复合状态区域中的任何状态称为该复合状态的子状态（Substate）。如果某个子状态除了包含在某个复合状态中而不再包含在其他状态中，则称为该复合状态的直接子状态（Direct Substate）；否则，称为间接子状态（Indirect Substate）。

复合状态使得 UML 状态机的结构形成了层次结构。一个状态机的运行处于某个子状态，当然也处于该子状态的父状态。这样的层次结构称为状态配置（State Configuration）。例如，考虑学生注册了某门课程，该课程有讲授、实验、学期项目等教学环节，那么该学生可能同时处于讲授和学期项目的状态，"讲授"状态和"学期项目"状态是"课程学习"状态的子状态，所以该学生也处于"课程学习"状态。那么，"课程学习"及其子状态就形成了一个"状态配置"。任何时刻，一个状态机的运行实例只能处于某一个状态配置中，此时的状态配置称为"活动（Active）"状态配置。如果一个状态处于活动的状态配置中，则称该状态为"活动"状态。如果从一个状态配置中不再有新的转移，并且所有入口行为都已经完成，则称该状态配置是稳定的（Stable）。

9.1.2 转移

状态的转移（Transition）表示由事件、条件或者时间触发而导致的状态改变。转自的状态称为源状态，转到的状态称为目标状态。密切相关的状态及转移形成一个区域（Region）。区域只是状态的容器，便于管理大量状态。状态转移使得状态机离开源状态，进入目标状态。在复合状态情形下，状态转移离开主干源状态（Main Source），进入主干目标状态（Main Target）。主干源状态是源状态所在区域的直接子状态；主干目标状态是目标状态所在区域的直接子状态。一旦能够转移，并被触发，则会依次执行下面的步骤。

(1) 退出主干源状态。如果从复合状态退出，那么从活动状态配置中最内层的状态开始退出。

(2) 既包含主干源状态又包含主干目标状态的区域称为二者的最小共同祖先（Least Common Ancestor），在此执行转移行为。

(3) 从最小共同祖先的最外层区域开始，进入目标状态所在的状态配置。执行状态的入口行为。

转移分为两种类型：外部转移和内部转移。外部转移对事件做出响应，引起另外一个状态转移或自身转移，同时触发在转移上绑定的动作；内部转移对事件做出响应，并执行绑定的动作,但并不引起状态变化。

状态的进入转移上的动作执行完毕后才能开始执行目标状态的入口(Entry)动作。入口动作执行后,立即执行状态上定义的动作。所有和退出某个状态相关的动作都结束后,才最后执行状态的出口(Exit)动作。如果在退出状态时行为未结束,则强行终止其运行(Abort)。

9.1.3 事件

事件(Event)就是某时刻发生的事情。事件是离散的、原子的且不消耗时间。事件分为消息事件(MessageEvent)、变化事件(ChangeEvent)和时间事件(TimeEvent)三种。消息事件又分为调用事件(CallEvent)、信号事件(SignalEvent)和接收事件(AnyReceiveEvent)。当与变化事件关联的布尔表达式为真时,变化事件发生。当满足时间表达式(TimeExpression)时,时间事件发生。

动作(Action)是对状态转移产生的效果的处理。动作可能有也可能没有。在状态转移期间,离开源状态上的动作首先被执行,然后执行与转移绑定的动作,接着执行进入目标状态的动作。

一系列事件的发生触发了状态机的运行。由于事件驱动的本质,状态机要么正在转移,要么正处于某个状态。事件的来源称为触发器(Trigger)。对一个事件处理的执行期间,如果有其他事件到达,就只能在队列中等待,不可中断这个正在处理的动作,这就是要运行到完成(Run To Completion)。这个事件处理完后,才能对队列中的其他事件进行处理。所以在活动状态中总是有一个队列,这个队列用来保存发送到本状态机的事件。一个状态机要么执行转移,要么在一个稳定的状态配置等待。状态机检测、分派和处理事件,一次一个:只有当前一个事件处理完成并且状态机进入稳定的状态配置,才能调度下一个等待队列中的事件。事件分派的次序取决于具体的调度算法。

9.2 状态机图

状态机图(StateMachine Diagram)是状态机的可视表示。

一个状态机图由初态、终态和中间状态组成。初态只能有一个;而终态可以是0个、1个或若干个。中间状态可以是简单状态或复合状态。图9-1展示了一个状态机图。图中有一个复合状态A,两个简单状态A1和A2,复合状态A包含简单状态A1和A2。当处于状态A1时如果有“事件”发生,满足“守卫条件”,执行一个动作,转移到状态A2。从初态进入(Entry)状态A1时执行一个动作;然后执行Do关键字后面的活动;当离开(Exit)状态A1时执行一个动作。

复合状态至少有一个区域。状态A的子状态初态A1和A2都在区域中。初态表示区域中状态转移的开始点,终态表示区域中状态转移的完成。来自不同的状态的转移可以汇合(Join)到一个目标状态;反过来,把一个转移分解到不同状态中去,则称为分叉(Fork)。转移终止在区域的出口点上(Exit Point);区域的入口点(Entry Point)则限制了最多有一个转移进入。终态(Terminate)意味着立即终止状态机运行。

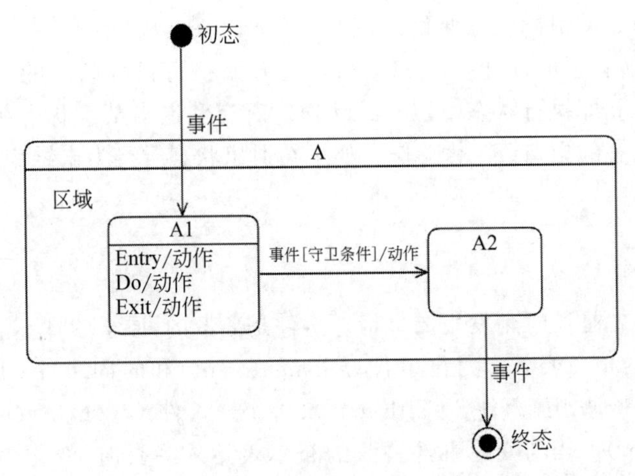

图 9-1　一个状态机图示例

9.2.1　状态的记号

简单状态、复合状态、初始状态和终态的记号如表 9-1 所示。状态使用圆角矩形框表示。简单状态的名字直接写在圆角矩形框中；而复合状态的名字显示在圆角矩形框的顶部的隔间，称为名字隔间。状态隔间使用实线分隔。状态还可以有内部行为隔间和内部转移隔间等。如图 9-2 所示复合状态是一个具有内部行为隔间的状态记号，表示进入该状态时执行动作 Activity1；处于该状态时执行动作 someWork；离开该状态时执行动作 Activity2。

表 9-1　状态的记号

S	S（带名字隔间）	●	◉
简单状态	复合状态	初态	终态

使用实心圆表示初态，带环的实心圆表示终态。初态和终态都是伪状态，伪状态用来组合和引导转移，并不是真正的状态。

除了简单状态和复合状态，还有一种状态是子状态机(Submachine State)状态。该状态与普通状态的图形符号一样，不同的是其名字隔间的语法是：

<状态名>':'<被引用的状态机名字>

假设已经有状态机名字为 StateMachine2(注意不是状态机图)，图 9-3 中的状态 B 就是对 StateMachine2 的引用，进入状态 B，就是进入了状态机 StateMachine2；退出状态 B 就是退出了状态机 StateMachine2。

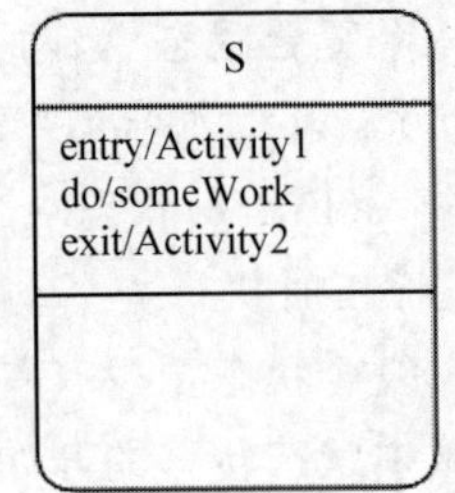

图 9-2　内部行为隔间

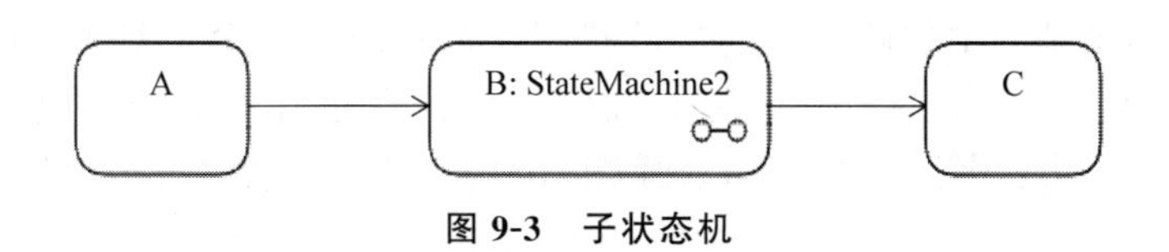

图 9-3　子状态机

9.2.2　转移

转移用带箭头的实线表示，实线上使用文本描述转移。一个事件对应多个触发器。触发器是有名字的建模元素而事件不是。例如，"选课日期到"是一个事件，在这个事件上可以触发多种行为。在一个转移上可以定义0个或若干个触发器。

描述每个转移的语法为：

```
[<触发器> [','<触发器>] * ['[' <守卫条件> ']'] ['/'<行为表达式>]]
```

其中，

```
<触发器> ::= <call 事件> | <signal 事件> | <time 事件> | <change 事件> | <any-
            receive 事件>
<call 事件>::= <调用名> ['('[<参数清单>]')']
<参数清单> ::= <参数名> [','<参数名>] *
<signal 事件> ::= <信号名>['('[<参数清单>]')']
<change 事件> ::= 'when'<布尔表达式>
<any-receive 事件> ::= 'all'
<time 事件> ::= <相对时间> | <绝对时间>
<相对时间> ::= 'after'<时间表达式>
<绝对时间> ::= 'at'<时间表达式>
```

如果匹配的触发器触发而且满足＜守卫条件＞，那么执行＜行为表达式＞。动作是行为的基本单元，是可执行的、不可中断的计算单元，可能具有输入输出。UML中没有定义动作的语法，可使用某种程序设计语言的语法。如果在转移上没有标明事件，则表示在源状态的内部活动执行完毕后自动触发转移。

当对象调用另一对象的操作时触发＜call 事件＞。＜call 事件＞一般是同步的。也就是说，控制就从调用者转移到被调用者；完成操作后，被调用者转移到一个新的状态，控制返还给调用者。例如，"setValue(0)"表示名字为setValue的＜call 事件＞，参数为0。

信号是一种异步通信机制。＜signal 事件＞的语法格式与＜call 事件＞相同。

关键字when及其后随的＜布尔表达式＞一起说明＜change 事件＞。该触发器频繁测试＜布尔表达式＞，只要表达式由假变为真，事件就会发生。例如，when temperature＞120 /alarm()表示当温度大于120℃时执行动作alarm。

时间事件是指在绝对时间或在某个时间间隔内发生的事情所引起的事件。例如，到达某一时间或经过了某一时间段，用关键字at或after表示。例如，"at 5:30 /alarm()"表示当早晨5点30分时执行动作alarm；"after 2 seconds/disConnect()"表示2s后执行动作disConnect断开连接。

图 9-4 展示了某大学生的“大学学习”状态。该状态有三个子状态：正常、学业警告和退学。如果事件“期末考试成绩发布”发生，而且通过计算该学生的平均学分绩点(GPA)小于 1 分，那么执行动作 notice，通知监护人。该学生从“正常”状态转入“学业警告”状态中。

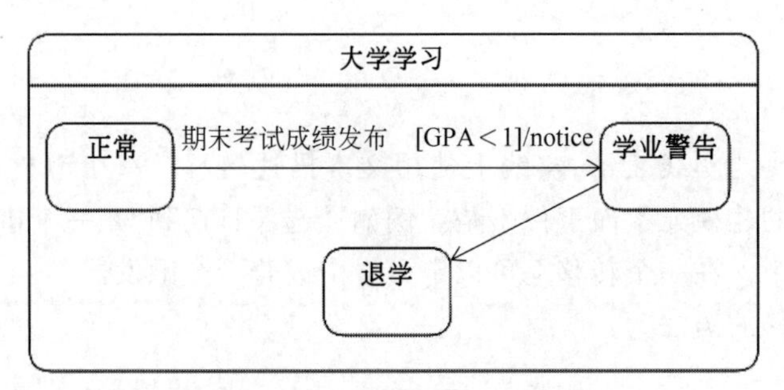

图 9-4 转移的记号及其标记

在对转移的文本说明中，触发器是引起转移的原因；守卫条件是进行转移的必要条件；当事件被触发并且满足守卫条件则执行动作。

9.2.3 区域

复合状态中至少有一个区域，具有多个区域的复合状态或者状态机使用虚线进行区域划分，如图 9-5 所示，状态 S 中有两个区域，使用虚线隔开。

图 9-6 展示了一个带有区域的复合状态“课程学习”。某大学生的某门课在某学期进行期间有 N 次实验活动、M 次课堂讲授活动和期末考试。所以该生可能处于“实验 n”“讲授 m”，或者“期末考试”状态。假设实验和讲授不相关，那么所有实验状态在一个区域中，所有讲授状态在一个区域中，期末考试在第三个区域中。各个区域之间使用虚线隔开。

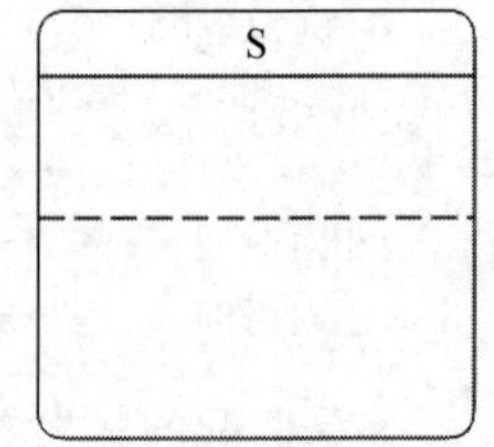

图 9-5 区域的记号

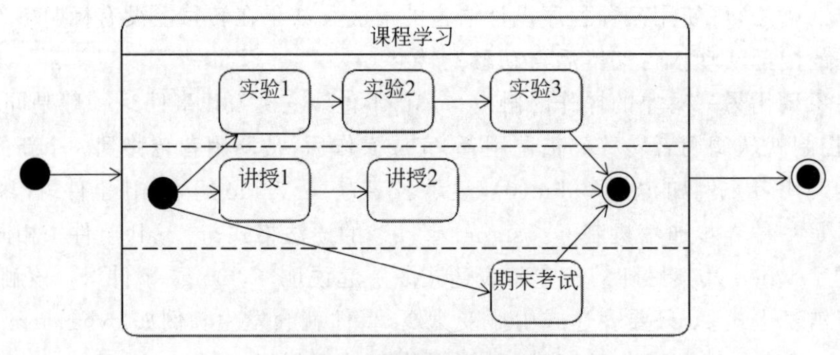

图 9-6 带区域的复合状态

9.2.4 状态的内部行为

在进入状态时刻、离开状态时刻和处于状态中都可以关联行为，称为状态的内部行为。描述每个内部行为的语法为：

<行为类型标签>['/'<行为表达式>]

其中，<行为类型标签>有三个枚举值：entry、exit 和 do，分别表示入口、出口和处于某状态时执行的行为；<行为表达式>与实现语言有关，使用不透明表达式。

当通过外部的转移进入到某状态时执行“入口行为”；当离开状态时执行“出口行为”。进入到某状态后并且执行完“入口行为”才执行“do 行为”。“do 行为”一直执行直到它执行完毕或者由于离开状态而导致中止执行。内部转移的触发不会影响“do 行为”的执行。

图 9-7 展示了主干源状态 S11 到主干目标状态 T111 的转移。当前 S11 和 S1 是活动状态配置。区域入口点使用小圆圈表示，放置在复合状态圆角框的边上；区域出口点使用带叉的小圆圈表示，放置在复合状态圆角框的边上。图中使用这两个记号分别标记了从状态 S1 转移出来的位置和进入状态 T1 的位置。

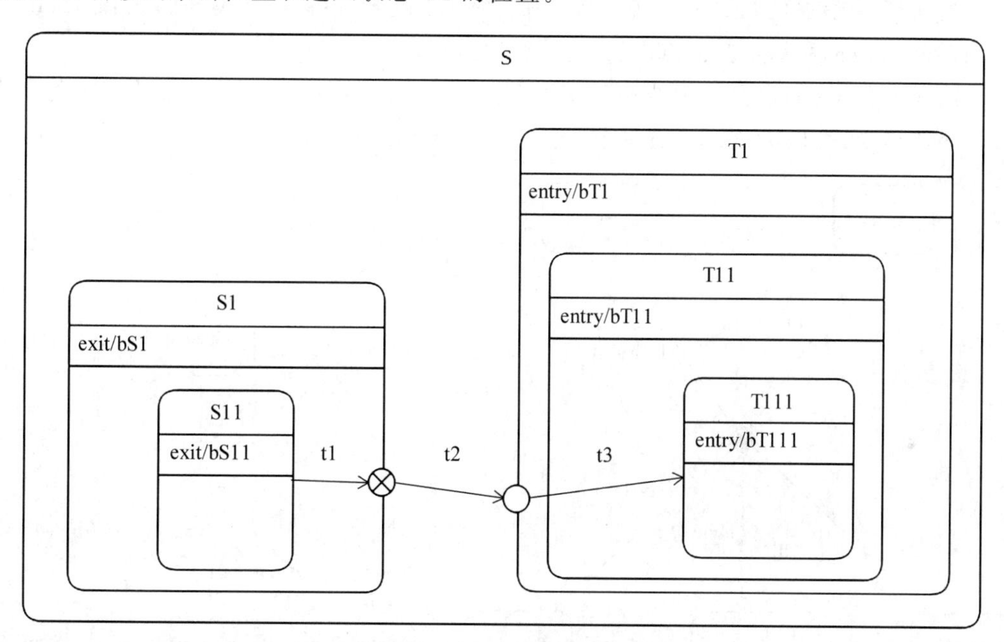

图 9-7　入口点和出口点

当触发转移 t1 的事件发生后，依次执行动作 bS11、bS1、bT1、bT11 和 bT111。当所有转移结束后，T111、T11 和 T1 成为新的活动配置。

9.2.5　伪状态

除了初态和终态，UML 还定义了其他 8 个伪状态，共有 10 个伪状态。

入口点(entryPoint)使用状态边框上的小圆圈表示，如图 9-7 中转移 t2 的目标状态所示。入口点上可以标记名字。出口点(exitPoint)使用带圆圈的叉号表示。图 9-8 展示了两个出口点。

交汇点(Junction State)用于连接多个入转移或者多个出转移，如图 9-9 所示，当满足

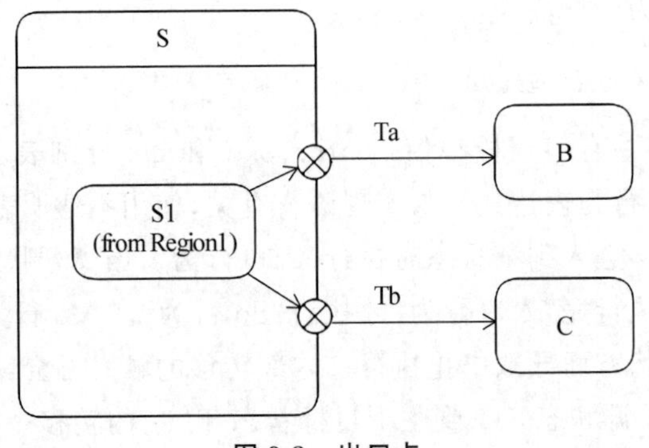

图 9-8　出口点

守卫条件 b<0 时，从 State0 和 State1 有两个转移 t0 和 t1。这两个转移交汇成一个转移。当满足不同的守卫条件(a<0，a=0 和 a>0)时，这个转移进入不同的状态：State3、State4 和 State5，所以从交汇点出发，有三个出转移。

选择节点(Choice)是一种特殊的交汇节点：一个入转移，根据守卫条件产生两个或多个出转移，如图 9-10 所示。选择节点使用空心菱形表示。

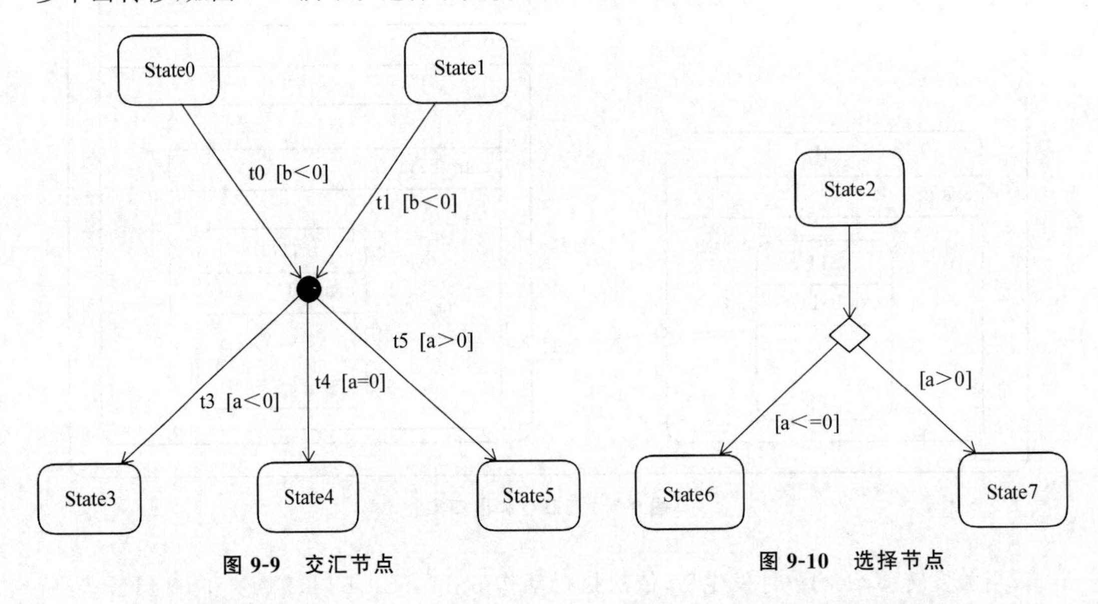

图 9-9　交汇节点　　　　图 9-10　选择节点

短的矩形条表示分叉(fork)和汇合(join)，这是状态间的同步符号，如图 9-11 所示。

由于区域 Region1 中的状态 A1、A2 与区域 Region2 中的状态 B1、B2 可能并发出现，所以使用了分叉和汇合伪状态而不是选择和交汇伪状态。转移从 SetUp 状态出来分叉成为两个转移，分别进入 Region1 和 Region2。当离开 Region1 中的状态 A2 和离开 Region2 中的状态 B2 都发生后，才转移到 CleanUp 状态。这些符号用来同步并发情形。

终止伪状态使用叉号×表示。进入终止伪状态是指状态机生命线已经终止，如图 9-12 所示。当断电事件发生后，由运行状态转移到终止状态。

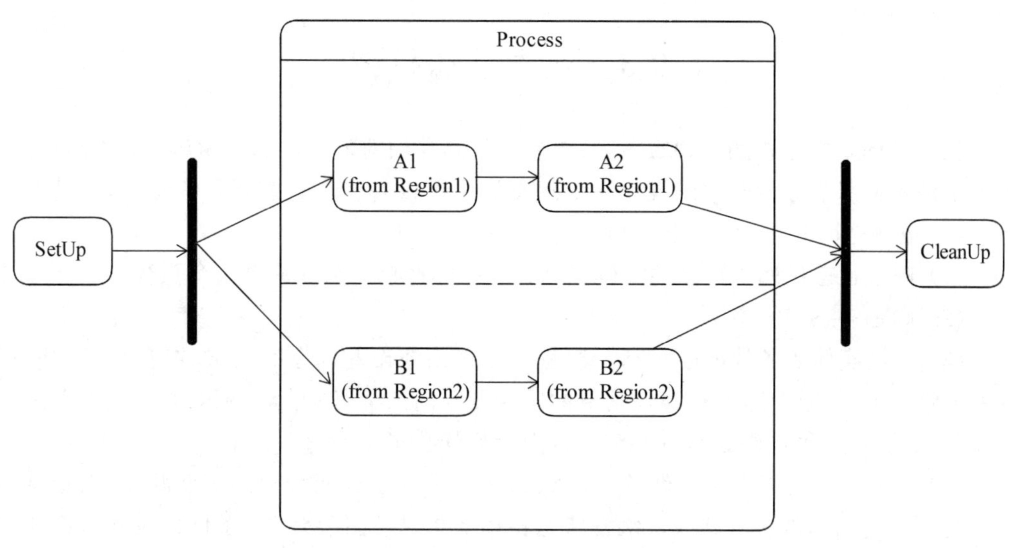

图 9-11　同步符号

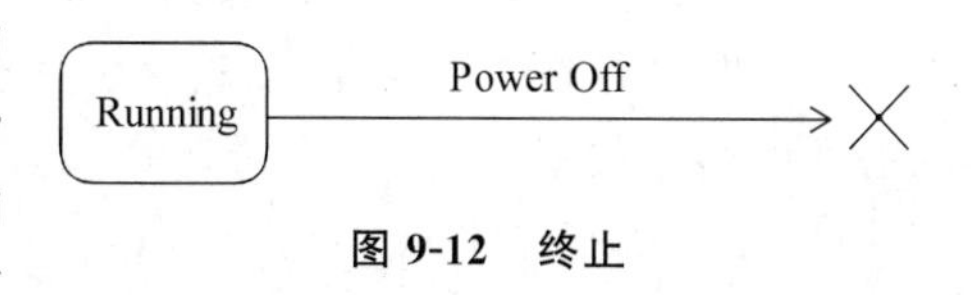

图 9-12　终止

历史状态表示从状态 S 转移出来时所处的状态。当再次进入状态 S 时，不进入 S 的初始状态而进入历史状态。历史状态使用符号Ⓗ和Ⓗ* 表示。Ⓗ表示只记住最外层复合状态的历史，称为“浅历史状态”；Ⓗ* 表示记住所有嵌套的复合状态的历史，称为“深历史状态”。注意，到达终态的历史状态会丢失历史状态，如图 9-13 所示，状态 S 中有 S1、S2 和 S3 三个子状态。正常情况下，从状态 A 转移到状态 S，先进入 S1 状态，再进入 S2 状态，最后从 S3 状态退出。如果在状态 S2 时发生事件 e1，则转移到状态 A。当从状态 A 再次进入状态 S，则直接进入状态 S2，而不是 S1。

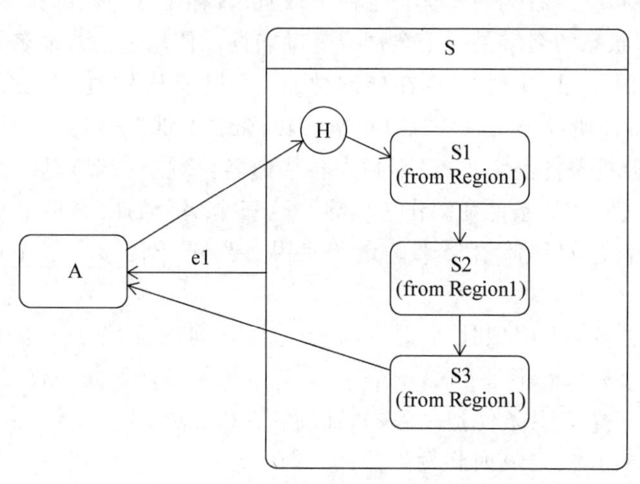

图 9-13　历史状态

9.3 建立状态机图

状态机图是状态机的可视表示,其主要目的是建模对象的动态行为,显示对象在生命周期中的不同状态以及转移情况。一个状态机中可以有多个状态机图。因此,创建状态机图,首先创建状态机。创建状态机图的一般步骤如下。

(1) 确定状态机所要描述的实体,可以是一个对象、子系统甚至整个系统。

(2) 确定初态和终态。

(3) 识别实体的各种可能状态。注意应当仔细找出对问题有意义的对象状态属性,这些属性具有少量的值,且该属性的值的转换受限制。状态属性值的组合,结合行为有关的事件和动作,就可以确定具有特定的行为特征的状态。

(4) 识别状态可能发生的转移。注意已从一个状态可能转移到哪些状态,对象的哪些行为可引起状态的转移并找出触发状态转移的事件、控制转移的条件以及转移时需要执行的动作。

(5) 把必要的动作加到状态或转移上。

(6) 根据需要创建复合状态、分析状态的并发和同步情况、使用各种伪状态精确定义状态间的转移关系。

(7) 绘制状态机图。

(8) 确认每一个状态都是可到达的,确认对象能从中间状态转移出来。

创建状态机图要注意以下几个方面问题。

在图形布局方面,注意把初态放置在图的左上角,终态放在图的右下角。转移的文本说明尽可能放在靠近来源的位置。为了更易于判断哪个文本和转移是一起的,按照如下的规则来放置转移标记:在转移符号上方的文本从左到右放置;在转移符号下方的文本从右到左放置;转移符号右侧的文本自上而下放置;转移符号左侧的文本自下而上放置。

在命名方面,状态的名字是一个名词或者动名词。使用过去式命名触发转移的事件。因为转移是事件的结果,事件发生在转移之前,所以应该用过去式命名。例如,开学(Term Started)事件使得一门课从"注册"状态转移到"开课"状态。为了避免转移名称与转移的触发器或监护条件混淆,一般不必为转移命名。对于一个转移,除了源状态、目标状态外,还要有事件、守护条件和动作等内容。这三个部分的内容不全是必需的,在使用时要根据转移所表达的具体语义来确定。使用逗号隔开转移上多个触发事件的文本描述。

在语义表达方面,使用叙述性文字来描述状态间的变换所要执行的动作。例如getBalance(查询余额),而不是getBalance()。守卫条件必须彼此一致。举例来说,$x<0$,$x=0$及$x>0$的三个守卫条件是一致的,而$x\leqslant 0$和$x\geqslant 0$这两个守卫条件就不是一致的:没有明确地指出当$x=0$时将发生什么。伪状态选择界点上的守卫条件也需要一致。一个状态的守卫条件有可能是不完整的。

在结构化分解方面,一般通过复合状态设计实现层次化的状态和转移,也可以通过子状态机实现。

状态划分时漏掉一些状态,会导致转移逻辑不完整。所以在设计状态机时,需要反复地改进设计的状态机图,最终达到满意的设计方案。

9.4 案例研究

Java线程从被创建开始到终止总是处于这六个状态之一:新建(NEW)、可运行(RUNNABLE)、阻塞(BLOCKED)、等待(WAITING)、等时(TIMED_WAITING)和终止(TERMINATED)。

线程的六个状态及其含义见表9-2。

表9-2 线程状态

状态	描述
新建(NEW)	线程对象已经被创建,但尚未启动
可运行(RUNNABLE)	线程一切就绪,随时可以被调度到中央处理器上运行
阻塞(BLOCKED)	由于访问的资源被锁住而处于不可运行状态
等待(WAITING)	无限等待另外一个线程执行特定的动作
等时(TIMED_WAITING)	线程以参数指定毫秒数处于不可运行状态
终止(TERMINATED)	线程停止运行,不再被调度

一旦线程被创建,就处于NEW状态。在NEW状态下,线程仅是内存中的一个对象。在NEW状态的线程只能做一件事:启动。执行线程对象的start方法启动线程,使其转移到RUNNABLE状态。RUNNABLE状态的线程随时准备在中央处理器上运行。

处于RUNNABLE状态的线程执行System.exit()方法或者代码执行完毕,则进入TERMINATED状态;处于RUNNABLE状态的线程如果所需的资源被锁住,则就会转到阻塞(BLOCKED)状态,直到另一个线程把该资源释放;处于RUNNABLE状态的线程如果需要等待,则就会转到等时(TIMED_WAITING)状态,直到所等的时间到。下面的方法调用使得线程进入等时状态:Thread.sleep(sleeptime)、Object.wait(timeout)、Thread.join(timeout);处于RUNNABLE状态的线程如果需要等待另一个线程完成其工作,则就会转到等待(WAITING)状态,直到所等的线程终止。下面的方法调用使得线程进入等待状态:Object.wait()、Thread.join()。

线程的状态及转移如图9-14所示。

再看一个使用状态机图展示学生入学、休学、退学状态的例子。描述这些业务活动的状态机图如图9-15所示。

新生入学后,首先进行入学军训。学校在三个月内按照国家招生规定对其进行复查。复查合格者予以注册,取得学籍。学生患传染性肝炎、肺结核等传染性疾病,必须休学。学生休学至少一学期,一般以一年为限。学生复学后,休学之前已记入成绩档案的考核成绩继续有效,并作为学籍处理依据。学生复学按下列规定办理。

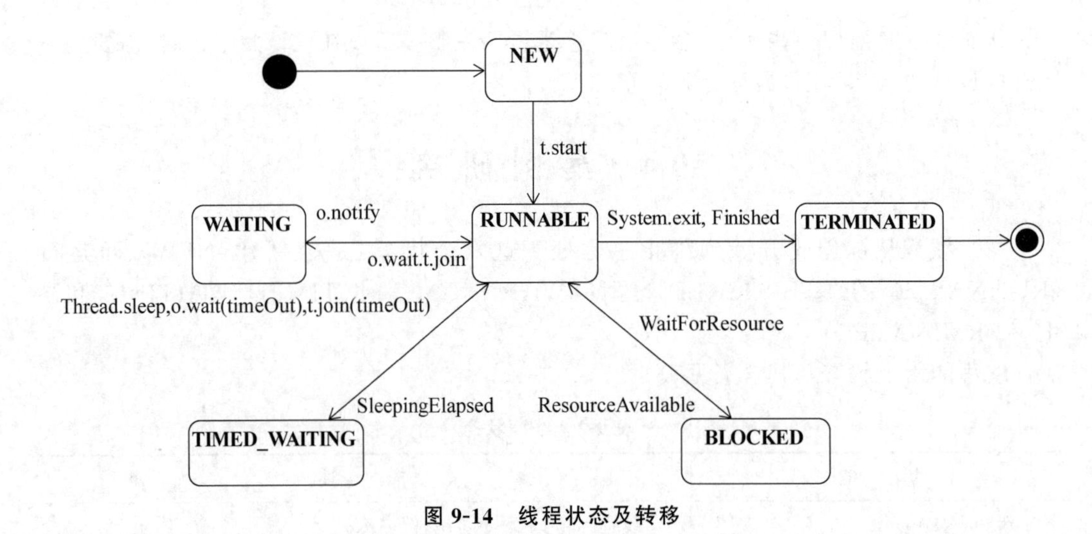

图 9-14 线程状态及转移

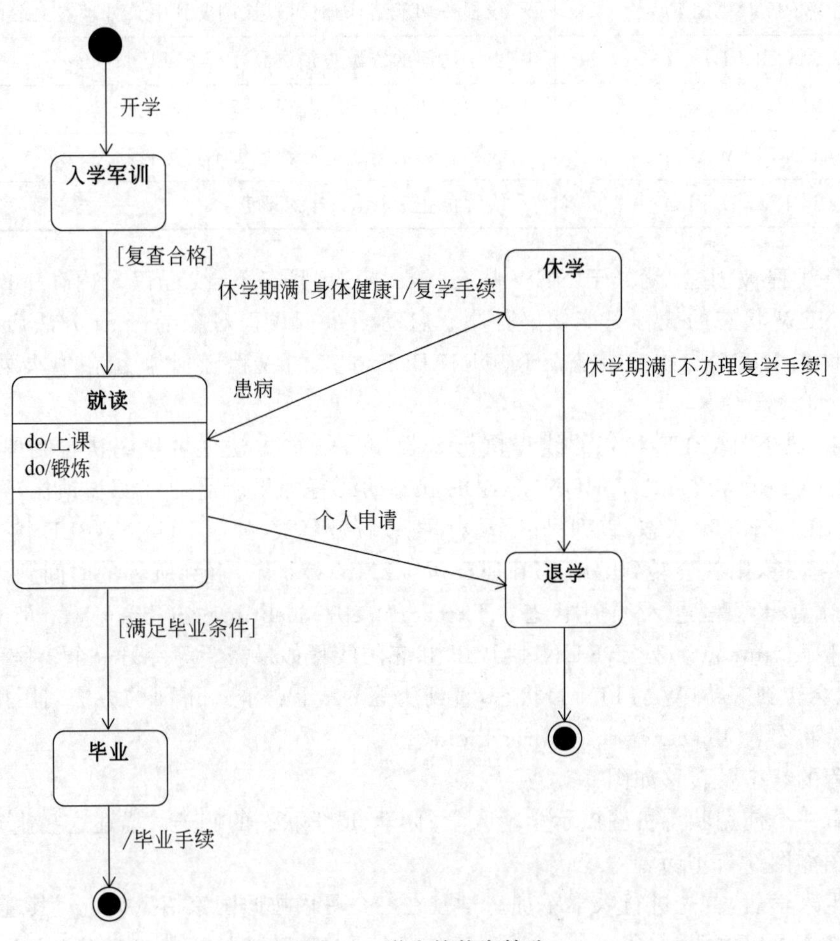

图 9-15 学生的状态转移

（1）学生因伤病休学申请复学时，须持有二级甲等以上医院诊断书，证明身体健康，并经学校指定医院复查合格，方可复学。

（2）学生休学期满后应于学期的注册期内持有关证明，经教务处核准后编入原专业相应班级选课学习。

学生因伤病需要休学，休学、保留学籍期满，在规定期限内不办理复学手续，应予退学。学生本人要求退学，准予退学。学生在规定的学习年限（4年制3～6年，5年制4～7年）内修完本专业培养计划规定的全部教学环节，取得注册专业规定的毕业学分，准予毕业，发给毕业证书。

思　考　题

1. 什么是状态？状态的内部行为有哪些？

2. 什么是状态机？

3. 举例说明状态机图中各个符号及其含义。

4. 解释如图9-16所示"打印"状态机图的含义。

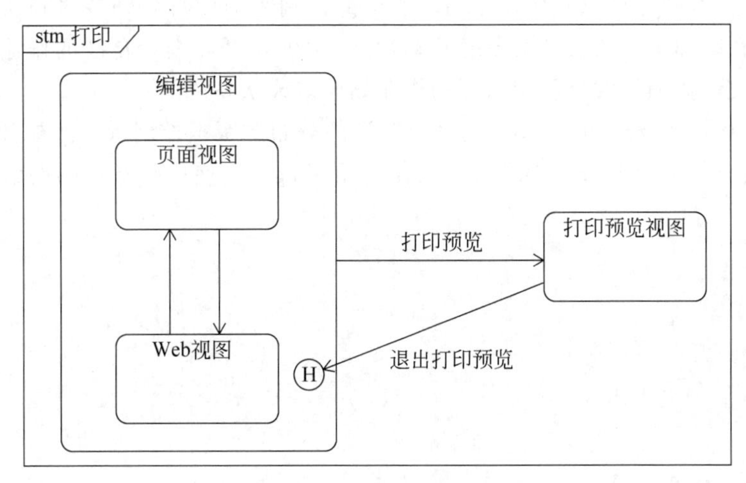

图9-16 "打印"状态机图

5. 用户登录系统的状态有三个：Logging In（登录中）、已登录（Logged In）和登录失败（Login Denied）。解释如图9-17所示状态机图的含义。

6. 使用状态机图表达图书馆借阅管理系统中图书的状态变化。一本图书有两种状态：流通、退出流通。当图书上架，则进入"流通"状态；当图书破损，则进入"退出流通"状态。在"流通"状态有两个子状态："可借阅"和"已借出"。当读者完成借阅登记，图书进入"已借出"状态；当读者归还，该图书返回"可借阅"状态。

7. 使用状态机图展现某网课平台学生交作业和教师评判作业并行进行的情况，这样让使用平台的任课教师很快理解如何与系统正确交互。网课平台学生作业管理功能如下：首先任课老师按章节编辑作业，并定义作业发布时间、作业提交截止时间和成绩发布时间；在发布时间之后和截止时间之前，学生可以提交作业，但是教师不能判作业。过了

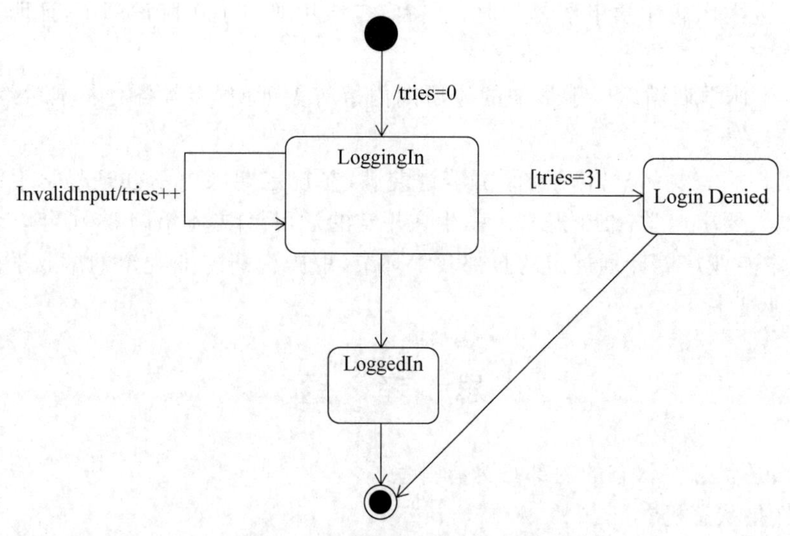

图 9-17 “用户登录”状态机图

截止日期之后，教师才可以判作业。当作业全部评判完毕而且教师核对确认成绩无误后发布成绩。在教师定义的成绩发布时间到达后，学生才可以查看自己的作业成绩。如果允许学生提交作业期间教师就可以评判作业如何修改状态机图？

8. Git(https://git-scm.com/)是一个开源的分布式版本控制系统。被管理的源文件有四个状态：untracked，unmodified，modified 和 staged。使用状态机图展示各状态的转移情况。

第10章 活 动 图

UML 活动图用于业务流程建模或者用例中的场景逻辑模型。例如,用活动图建模财务报销流程,或者建模算法过程。活动图是流程的可视表示,强调流程中活动的顺序和条件。流程就是"先做什么,接着做什么,最后做什么"。业务流程是由不同的人协同完成的一系列活动,活动之间有严格的先后顺序。

10.1 模 型 元 素

活动(Activity)由一系列通过控制流或对象流连接的活动节点组成。活动可以接收或发送数据对象,可以有前置条件、后置条件、参数、入口动作、出口动作,以及内部转移等。活动可以被分解为子活动。

活动节点(ActivityNode)建模行为的执行,如执行业务功能、调用静态方法、访问对象的属性或者实例方法、读文件、写文件、创建对象、销毁对象、对数据库的增删查改、信号的发送接收等。分支、并发等控制结构也是活动节点。这些活动节点通过活动边(ActivityEdge)连接在一起。所以一个活动中有多个活动节点和多个活动边。如果有对其他活动的调用,活动节点还可以形成调用层次结构。面向对象语言中的方法调用是活动调用的基本形式。

活动节点有三种类型:可执行节点(ExecutableNodes)、控制节点(ControlNodes)和对象节点(ObjectNodes)。可执行节点建模系统中某些变换或者过程。控制节点管理控制流。对象节点中存放了对象引用和对象状态。本章后文把活动节点简称为节点。

动作(Action)是最基本的行为单元。一个活动至少包括一个动作。动作是一种可执行节点。动作上可以定义输入引脚(InputPin)和输出引脚(OutputPin),用以接收输入和产生输出。引脚(Pin)说明了输入输出的类型和多重性范围。引脚是一种对象节点。动作不停地执行直到完成。在动作上可以定义局部前置条件(localPrecondition)和局部后置条件(localPostcondition),这些条件在动作开始执行前和结束执行后必须分别为真。

活动边(ActivityEdge)是节点之间的有向连接。有两种类型的活动边:控制流(ControlFlow)和对象流(ObjectFlow)。控制流用来显式说明节点的执行次序。对象流访问对象节点并能够多路广播和接收。进入(Incoming)到节点的活动边称为该节点的入边;从节点出来(Outgoing)的边称为该节点的出边。活动边来自的节点称为该边的源(Source);活动边进入的节点称为该边的目标(Target)。本章中把活动边简称为边。

活动之间存在泛化关系。如果活动 A 是活动 B 的泛化,那么活动 B 继承了 A 的节点和边,并且允许在 B 中重新定义继承来的节点和边。如果在 B 中重新定义了节点 N,那么所有以 N 为源或者目标的边都把源或者目标更新为重新定义后的节点 N。类似地,如果在 B 中重新定义了边 E,那么所有以该边为入边或出边的节点都把入边或者出边更新到重定义后的边。B 中所有继承的节点和边的集合与 B 中自定义的节点和边的集合(包括重定义)的并集是执行活动 B 的实际节点和边。

10.1.1 令牌

活动的执行还需要令牌(Tokens)而不是仅依靠边。边仅表示前一个动作节点完成后可以转移到下一个动作节点,但是否进行转移则由令牌决定。令牌的不同类型形成了不同的流。

令牌分为两种:控制令牌和对象令牌。控制令牌只能沿着控制流传递,并且不携带任何数据;对象令牌沿着对象流传递,携带与对象有关的值。如果没有任何值,则称之为空令牌。对象令牌还可以沿着控制流传递。

来自于源节点的令牌并不会立即沿着边进行传递,而是需被边接受(accepted)才可以传递下去。目标节点只有接受令牌,才能继续向下个节点发出(offer)令牌。对象令牌只能被对象节点接受;控制令牌只能被可执行节点接受。控制节点上不定义令牌的接受,仅对令牌进行路由。

10.1.2 可执行节点的执行

当满足来自入流的令牌指定的条件,可执行节点具备了执行能力。来自于入流的令牌被全部或部分接受后,可执行节点开始执行,接受的令牌停留(placed on)在该节点上。可执行节点对令牌的持有状态表明该节点正处于执行状态。当执行完毕,可执行节点把令牌发出到该节点的所有出流上。可执行节点的入流和出流必须是控制流。如果没有通过活动边建立两个可执行节点的执行次序,则这两个可执行节点可能并发执行。

来自于同一个节点的令牌可能发出到多个活动边,但是,某一时刻某一令牌只能被某一目标接受。如某一时刻令牌发送给了多个节点,则至多有一个节点接受该令牌。至于哪个节点接受,则取决于流的语义,所以,在模型中可能出现不确定性。

可执行节点通过对象节点处理其入口参数和出口参数。当一个活动被调用时,通过把对象令牌中的值放置在活动参数节点(ActivityParameterNode)完成其入口参数的值传递。

当一个活动被首次调用时,如果该活动没有入口参数而且没有入边,那么该活动立即能够执行。没有入流而且没有入口参数的可执行节点和初始节点(InitialNodes)就是这样的节点。如果该活动有参数节点和入边,那么只有参数获得并持有控制令牌才能执行。

对于非首次调用的活动,默认情况下按照新的参数重新执行,即活动的特征 isSingleExecution 默认为假。

活动的参数还可以是流(参数属性 isStreaming 为真)。这样的参数在活动执行期间的任意时刻都可以传入活动或者传出,而不是仅在活动的调用开始或者完成时刻。如果一个活动具有流参数,那么会有多个令牌流入或者流出。

对于没有流参数的活动，如果没有正在执行的节点、没有能够执行的节点，或者使用结束节点显式地终止，那么该活动完成执行；对于具有流入口参数的活动，只有传递给入口参数实参的个数到达入口参数多重性范围的下界才终止执行；对于具有流出口参数的活动，只有传递给出口参数的值的个数到达流出口参数多重性范围的下界才终止执行。

当活动执行完毕后，所有的参数节点持有至少该参数多重性范围下界数目的非空的对象令牌。输出参数节点持有的对象令牌所关联的值传递给出口参数，这样活动的调用者就能够访问。

出口参数可能是异常。如果到达出口参数节点的对象令牌和异常参数关联，那么活动的执行立即终止。令牌中的值传递给异常出口参数，其他与非流输出关联的出口参数节点中的令牌全部丢失。已经传递给流输出参数的值不受异常的影响。

当令牌被发送到边上，还需要通过边上的针对该令牌的守卫条件(如果有)才能进行传递。权重(Weight)定义了某一时刻边上传递的最少的令牌数目。如果某个令牌未能通过守卫条件从而导致不能满足权重要求，那么所有令牌都无法继续发出。权重是一个正整数，默认的权重值是1。

只有输入控制流向可执行节点发出了令牌，并且被接受后，可执行节点才开始执行。在执行期间，如果节点特性 isLocallyReentrant 为真，那么可能有多个实例并发执行，但每个执行实例都持有一个控制令牌。当可执行节点执行完毕，控制令牌从可执行节点发送到该节点的所有出控制流上。

10.1.3 控制节点的执行

控制节点有开始节点(InitialNode)、结束节点(FinalNode)、分叉节点(ForkNode)、汇合节点(JoinNode)、分支节点(DecisionNode)、归并节点(MergeNode)等。

开始节点标识活动执行的启动位置。一个活动可以有多个开始节点。执行一个具有多个开始节点的活动意味着启动了从每个开始节点启动了并发控制流。开始节点没有入边，其出边必须是控制流。开始节点持有的控制令牌同时发送给各个输出控制流。

结束节点接受入流带来的所有令牌。

分叉节点通过令牌复制，把一个控制流变换成多个并发控制流；汇合节点接受所有控制流的令牌后将这一组并发控制流汇合成一个新的控制流。

进入到归并节点的所有令牌都发送到出边上；分支节点接收的令牌发送到至多一个出边上，并不复制令牌。如果令牌未能通过出边上定义的守卫条件，那么令牌停止在该出边传递。如果分支节点的出边上都没有定义守卫条件或者令牌能够通过多个守卫条件，那么至多在一条出边上传递令牌。此时可能出现不确定问题。为了避免不确定问题，应当针对每个接收的令牌，仔细安排至多一个守卫条件为真。

10.1.4 对象节点与对象令牌

在活动执行期间，对象节点持有对象令牌。令牌从该节点的入边到达，从出边离开。对象节点可以持有多个令牌，即使这些令牌具有相同的值。如果对象节点没有类型说明，则对持有的值没有类型要求；否则要求所持有的值满足类型要求。对象节点所持有的令牌数目不能超出上界所规定的数目。

对象节点所持有的令牌向出边发出的次序有：无序(unordered)、先进先出(FIFO)、后进先出(LIFO)和自定义顺序(ordered)。如果对象节点使用自定义顺序，那么该顺序由 select 行为确定。select 行为负责从对象持有令牌中选择一个。

10.1.5 异常

异常(Exception)是非正常执行情形的标识。如果通过产生异常动作(RaiseExceptionAction)产生了异常，可执行节点要么进行处理，要么向活动的调用者传播。

可执行节点的异常处理器处理在该节点上产生的异常。一个可执行节点上可以定义多个异常处理器(ExceptionHandler)。在执行期间产生异常后，如果该异常的类型与异常处理器所处理异常的类型匹配(相同或者子类型)，则称异常处理器捕获了该异常。如果有多个匹配，那么异常至多被一个异常处理器捕获。异常处理器捕获异常后将其包装成对象令牌，并放在处理器的 exceptionInput 对象节点上。接着就开始执行异常处理过程。异常处理过程通过对象节点 exceptionInput 访问异常。异常处理过程执行完毕后，控制令牌发送到产生异常的控制节点的出控制流上，这与该控制节点正常结束后的控制令牌发送情况一样。异常执行过程没有入边和出边，作为异常执行过程的可执行节点只能作为另外一个可执行节点的异常抛出的响应而执行。通常把异常执行过程放在结构化的节点(StructuredActivityNode)中。exceptionInput 是结构化节点的输入引脚(InputPin)。定义了异常处理器的可执行节点称为受保护的节点(protectedNode)。

10.1.6 活动组

活动组(ActivityGoups)是对活动中节点和边的划分，简称“组”。一个节点或一个边可以划分到多个活动组中。活动分区(ActivityPartition)和可中断活动分区(InterruptibleActivityRegion)是两种类型的组，以后分别简称为“分区”和“可中断分区”。分区中的活动具有共同的特征，例如，同属于业务活动中的某一个业务部门。

分区不会影响令牌流。可中断分区支持终止某一活动的执行。

10.2 活 动 图

有两种类型的活动图：简单活动图和泳道活动图。简单活动图仅可视化流程的并发过程模型；而泳道活动图还将对流程所涉及的参与者进行可视化。每个参与者的活动划分到各自泳道中。

图 10-1 展示了一个研究生学位论文从撰写到归档的业务流程。参与到此业务流程的有学位候选人(Candidate)、导师(Supervisor)、外审专家(Reviewer)和学术委员会(Academic Comittee)。学位候选人撰写论文，此时论文处于草稿状态。导师提出修改意见，候选人修改论文；导师同意外审后，论文转给外审专家。外审专家形成评审报告，返回学术委员会。学术委员会根据外审意见，决定是否允许答辩。若不能答辩，则继续修改论

文;若可以,则候选人进行答辩,形成归档论文,最后提交论文。

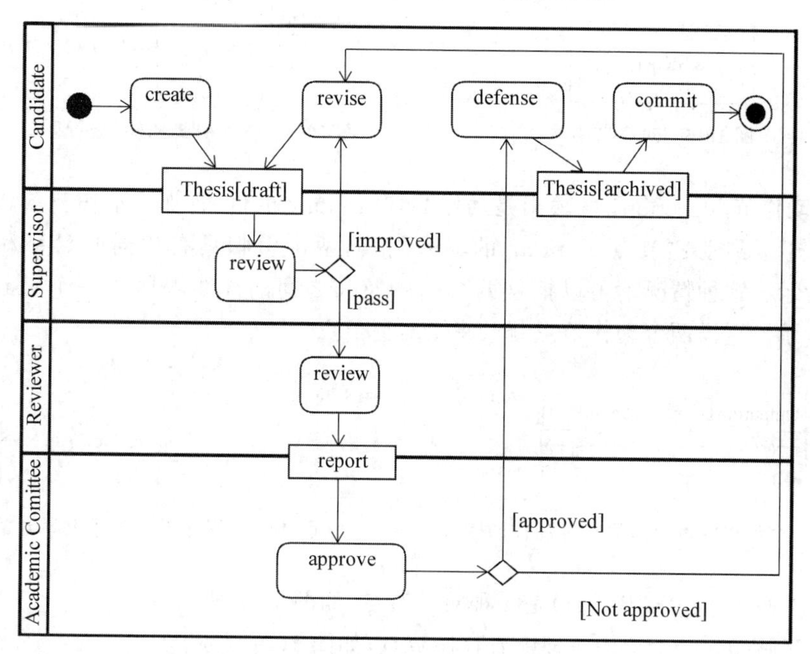

图 10-1　泳道活动图-学位论文

10.2.1　动作节点和对象节点

动作节点使用圆角矩形表示,如图 10-2 所示。可执行节点也使用这个图形元素表示。

一般使用动词或者动宾短语作为动作节点的名字。还可以使用某种计算机程序设计语言对动作节点进行详细描述。图 10-3 展示了使用某种语言描述动作节点所执行动作的情形。

图 10-2　动作节点　　　　图 10-3　使用特定语言的动作节点

对象节点使用矩形框表示,如图 10-4 所示。矩形框使用对象的名字标记,也可以使用"name:type"格式的兼有名字和类型信息的标记。

输入引脚和输出引脚是对象节点,也使用矩形框表示,如图 10-5 所示。与一般对象节点不同的是,表示引脚的矩形框相对小些并且附着在动作节点上。另外,在输入引脚的矩形框中有一可选的箭头指向动作节点;在输出引脚的矩形框中有一可选的箭头离开动作节点。

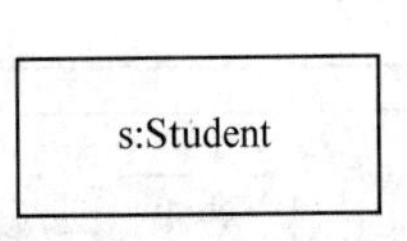

图 10-4　对象节点

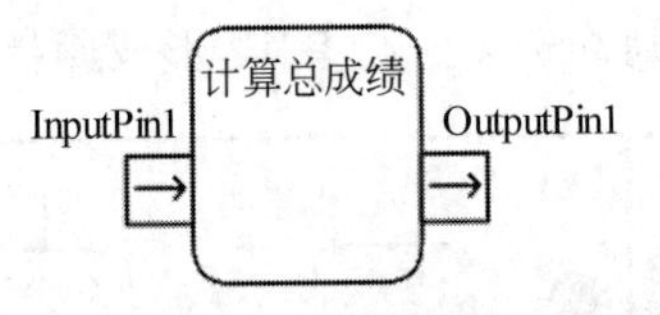

图 10-5　输入引脚和输出引脚

如果动作节点 Action1 的输出是动作节点 Action2 的输入，那么动作节点 Action1 的输出引脚连接到动作节点 Action2 的输入引脚，两个引脚具有相同的名字和类型，如图 10-6 所示。这种情况下可以把这两个引脚及其之间的连线映射为一个对象节点，如图 10-7 所示。这样两个动作节点就共享了对象节点。

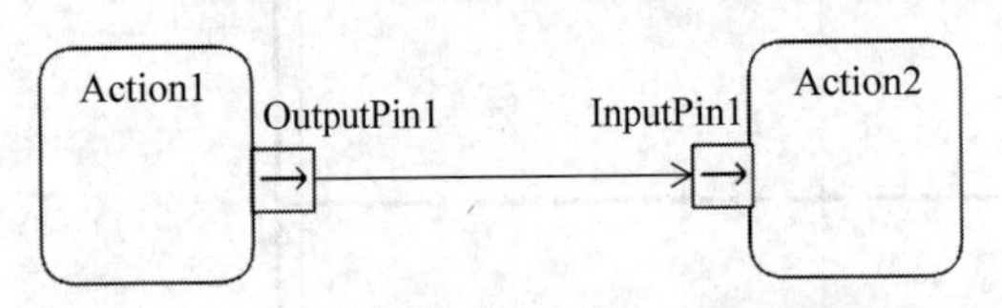

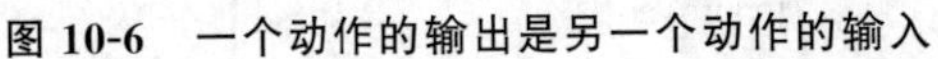

图 10-6　一个动作的输出是另一个动作的输入

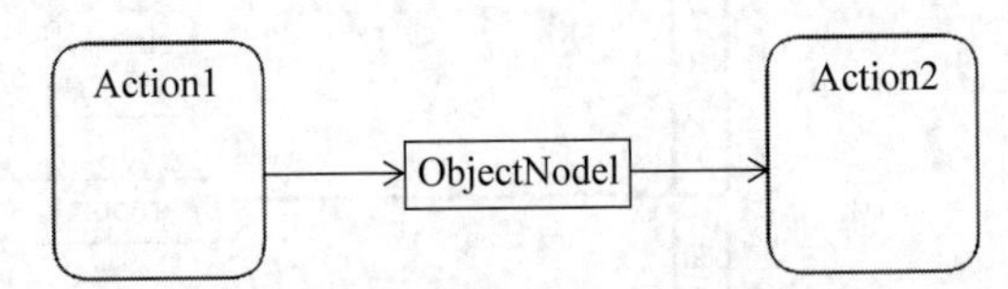

图 10-7　两个动作节点共享对象节点

中心缓冲区(centralBuffer)是一种对象节点，如图 10-8 所示。

数据存储(datastore)是一种中心存储节点，如图 10-9 所示。

图 10-8　centralBuffer 节点

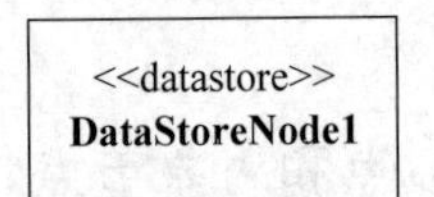

图 10-9　datastore 节点

图 10-10 展示了中心缓冲区的使用。两个工厂 Factory1 和 Factory2 制造零件，成品发送到中心缓冲区存放。其中一些零件根据需要使用(Use)；没有被使用的零件则被打包(Pack)。

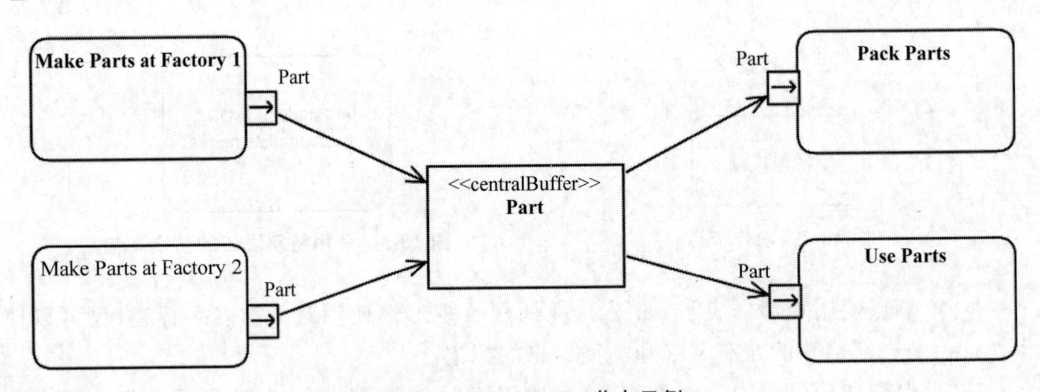

图 10-10　centralBuffer 节点示例

图 10-11 展示了如何使用数据存储。聘用雇员后，雇员的信息存储在数据存储中。版型为 selection 的注释意思是选择没有工作岗位(assignment＝null)的雇员。从数据存储到动作 Assign Emplyee 的对象流表示没有工作岗位的雇员，动作 Assign Emplyee 为

这些雇员分配工作岗位。每年(Once a year)对全部雇员进行考核。由于数据存储出边的权重为{weight=＊}，所以“全部”雇员对象的对象令牌均可通过出边发送到Review Employee动作节点。沙漏形状的符号表示“接受事件动作(AcceptEventAction)”，这是一个等时动作，在该流程中每年触发一次，生成一个控制令牌。当这个控制令牌和对象令牌都到达汇合节点后才执行Review Employee动作子节点。

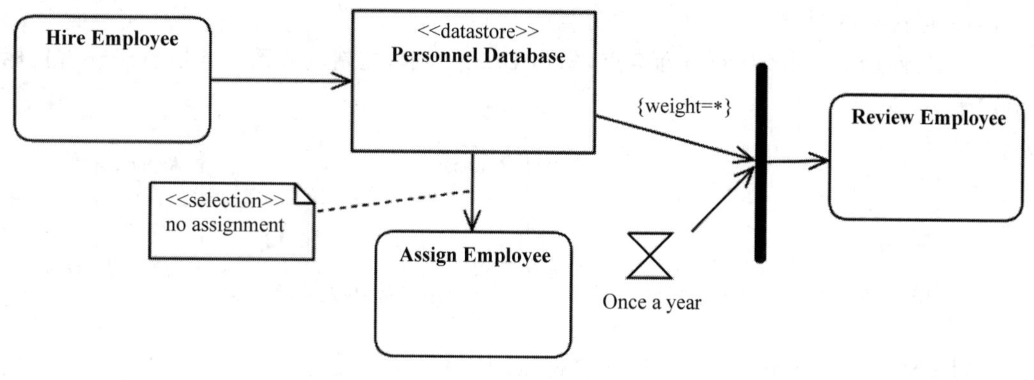

图10-11　数据存储的示例

结构化的节点是一种包含多个节点和多条边的动作节点。该节点有多个输入引脚和多个输出引脚。顺序节点(SequenceNode)、分支节点(ConditionalNode)和循环节点(LoopNode)是三种结构化节点。结构化节点的记号是虚线圆角矩形框，顶部标记版型<<structured>>，如图10-12所示。

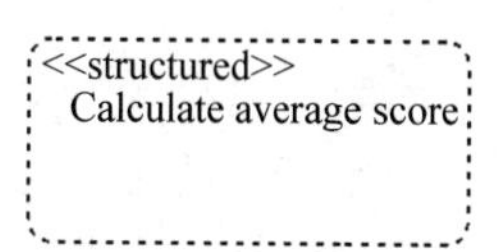

图10-12　结构化节点

使用之字形记号表示从一个受保护的节点抛出异常，如图10-13所示。

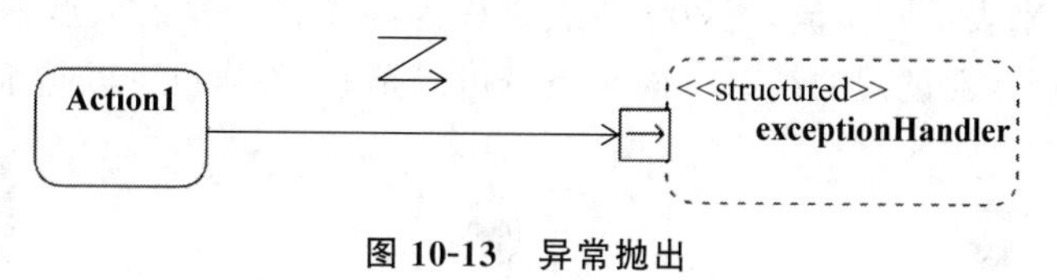

图10-13　异常抛出

发送信号动作(SendSignalAction)使用凸五边形表示，如图10-14所示。

凹五边形表示接收信号动作(AcceptSignalAction)，如图10-15所示。

图10-14　发送信号　　图10-15　接收信号

10.2.2　边

活动图中边的记号是带箭头的实线，如图10-16所示。

边上可以标注名字，如图10-17所示。

边上还可以标注权重,如图 10-18 所示。

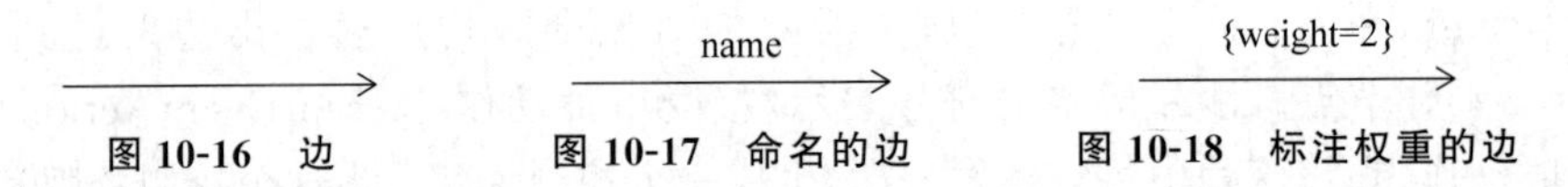

图 10-16　边　　**图 10-17　命名的边**　　**图 10-18　标注权重的边**

如果边很长,可分成两个短边并使用连接器(connector)连接,如图 10-19 所示。其中,n 是连接器的标号。

控制流连接了源节点和目标节点,如图 10-20 所示,控制流的源节点是 Action1,目标节点是 Action2。

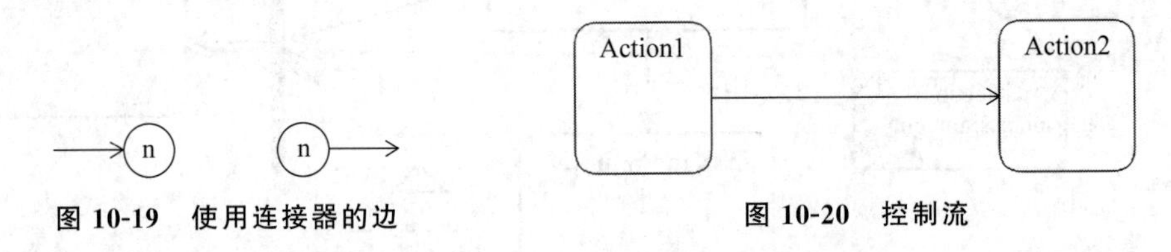

图 10-19　使用连接器的边　　**图 10-20　控制流**

对象流连接动作节点上的引脚或者连接动作节点和对象节点。

10.2.3　控制节点

控制节点有开始节点、结束节点、分叉节点、汇合节点、分支节点、归并节点等。

开始节点的记号是一个实心圆,如图 10-21 所示。

控制流在结束节点终止。结束节点的记号如图 10-22 所示。

分叉和汇合节点的记号是短矩形条,如图 10-23 所示。分叉节点有且仅有一个入边,一般有两个或多个出边;而汇合节点有且仅有一个出边,一般有两个或多个入边。分叉节点和汇合节点用来表示同步流,所以该节点也称为同步条。分叉节点表示并发过程的开始,汇合节点表示并发过程的结束。同步条既可以是垂直的,也可以是水平的。

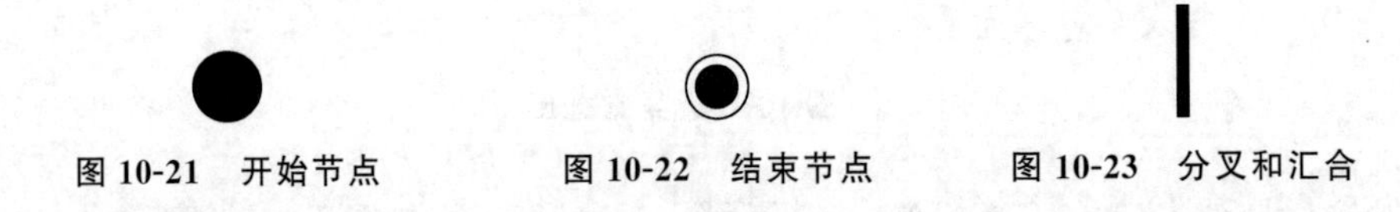

图 10-21　开始节点　　**图 10-22　结束节点**　　**图 10-23　分叉和汇合**

图 10-24 展示了通过分叉和汇合节点的使用。该活动图描述了两个并发控制流:＜Action1,Action2＞和＜Action3,Action4,Action5＞。

分支节点和归并节点的记号都是菱形,如图 10-25 所示。分支节点有且仅有一个入边,至少有一个出边;而归并节点至少有一个入边,有且仅有一个出边。归并和分支不进行同步。如果归并节点的出边是控制流,那么所有的入边也必须是控制流;如果归并节点的出边是对象流,那么所有的入边也必须是对象流。

在如图 10-26 所示的活动图中,动作 A 结束后接着执行动作 C;而动作 B 结束后也接着执行动作 C。所有动作 C 会执行两次:一次在控制流＜A,C＞中,一次在控制流＜B,C＞中。

图 10-27 展示了在分支节点的出边上,如果令牌通过了守卫条件[i＞0]则执行动作

B;如果通过守卫条件[i<=0]则执行动作 C。

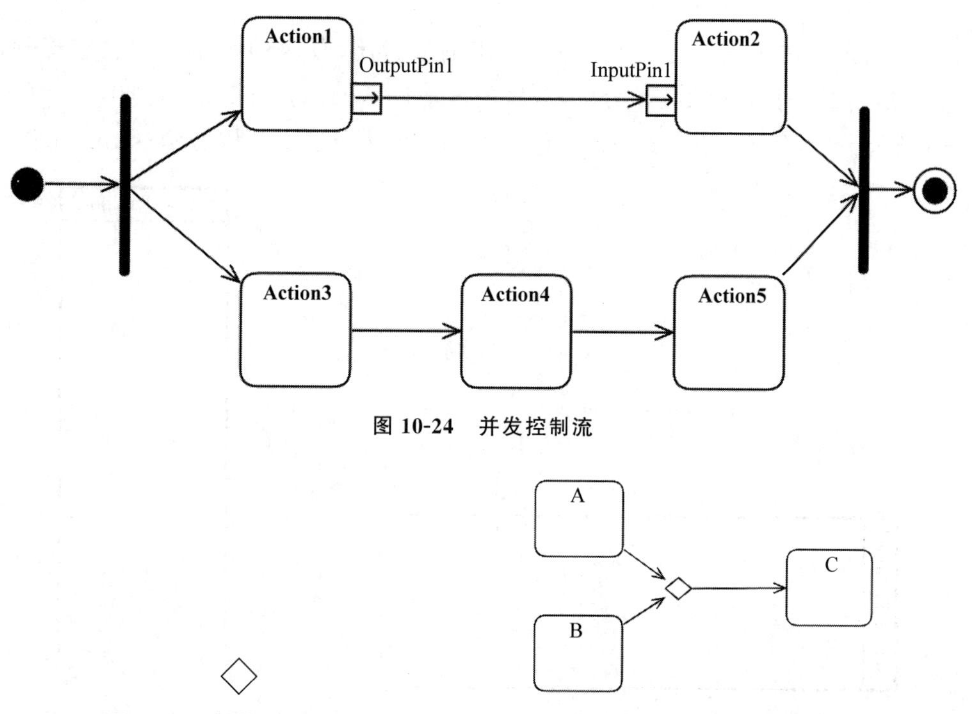

图 10-24　并发控制流

图 10-25　归并和分支节点

图 10-26　归并节点

分支节点和归并节点可以组合成一个节点,如图 10-28 所示。图 10-28 中的菱形节点把具有两个入边和一个出边的归并节点和具有一个入边和三个出边的分支节点组合成一个具有两个入边和三个出边的控制节点。

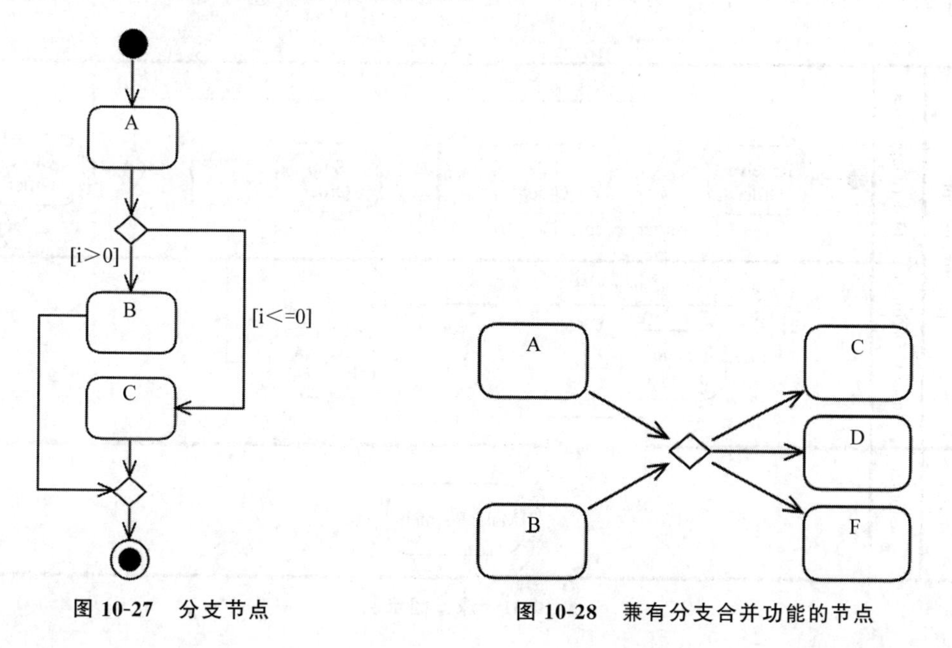

图 10-27　分支节点

图 10-28　兼有分支合并功能的节点

10.2.4 分区

分区的记号是两条并行直线,一端被矩形框封闭,分区的名字标记在矩形框内。图 10-29展示了一个水平放置的分区,分区的名字是 ActivityPartition1;图 10-30 展示的是一个垂直分区,分区的名字是 ActivityPartition2。这种记号称为"泳道(swimlane)"。

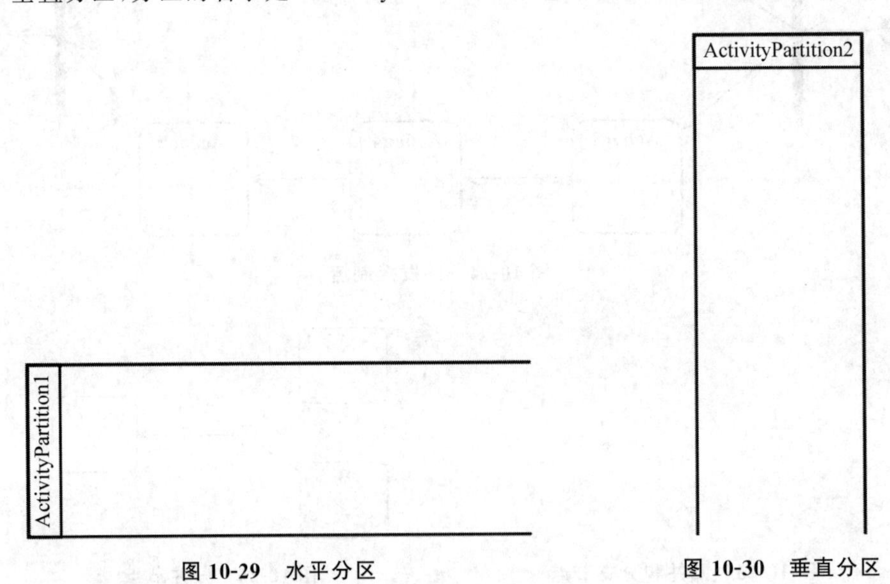

图 10-29 水平分区　　图 10-30 垂直分区

图 10-31 展示了一个使用泳道图建模业务流程的例子。该活动图涉及订单部门(Order Department)、财务部门(Acctg Department)两个执行部门,以及顾客(Customer),一个公司外部活动执行者。订单部门收到订单,接收该订单后进行出库;出库完成后进行

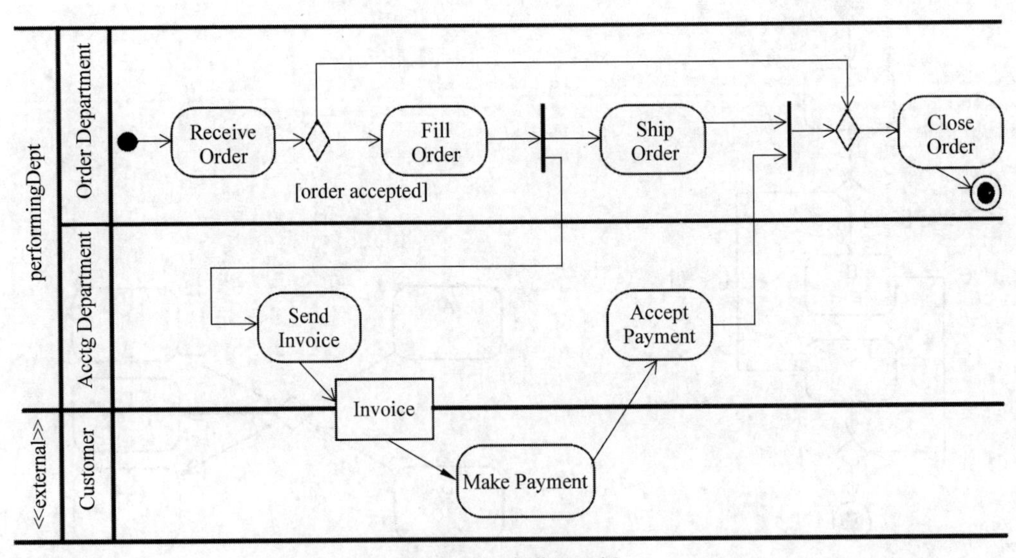

图 10-31 泳道图示例

快递运输的同时由财务部门负责向顾客发送发票；顾客根据发票完成付款；财务部门接收付款而且货物运输完成后关闭流程。注意，Ship Order 动作前后有控制流的分叉和汇合。表示分叉和汇合的两条同步条之间有两条并行执行流程：Ship Order 所在流程和另外一条处理发票(Invoice)的流程。

把多个水平分区和多个垂直分区组合在一起，形成两维甚至多维分区，其中每个泳道单元是多个分区的交叉点。每个维度中的分区可以分组到一个封闭的活动分区中。两维分区如图 10-32 所示。水平方向有一个维度的名字，如地理区域；垂直方向有一个维度名字，如公司部门。分区名则是某维度下的成员，如地理区域的成员可能有：华东、华北、华南等；公司部门可能有销售、财务、生产等。

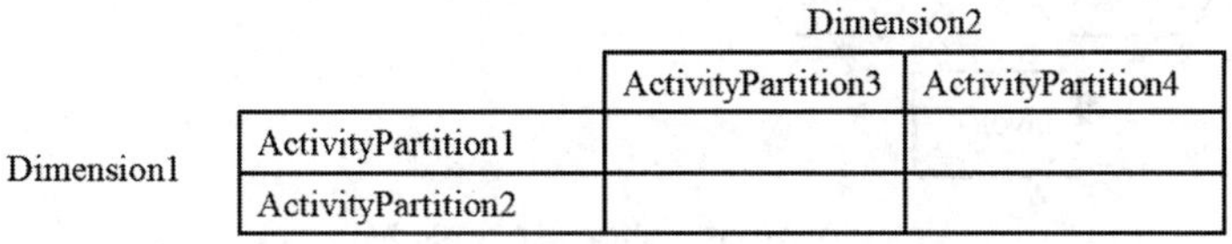

		Dimension2	
		ActivityPartition3	ActivityPartition4
Dimension1	ActivityPartition1		
	ActivityPartition2		

图 10-32　两维分区

当活动被认为发生在特定模型范围之外时，该分区可以用版型<<external>>标记。

使用虚线的圆角矩形框表示可中断区域，使用之字形记号标记中断边(interruptingEdge)，如图 10-33 所示。

或者使用闪电符号表示来自可中断区域的中断边，如图 10-34 所示。

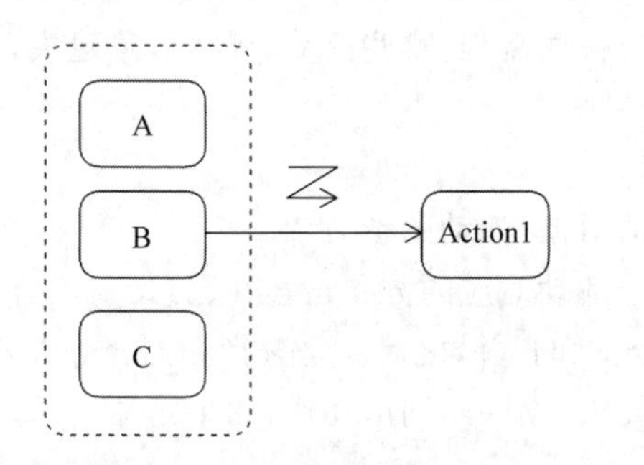

图 10-33　可中断区域以及中断边

图 10-34　来自可中断区域的边

图 10-35 展示了可中断区域的例子。如果在订单出库、订单运输期间收到取消订单请求(Order cancel request)，那么中断订单执行流程，转去执行取消订单(Cancel Order)动作。

在图 10-35 中，圆角矩形框内的活动是可中断活动，中断发生在接收信号“Order cancel request”上。

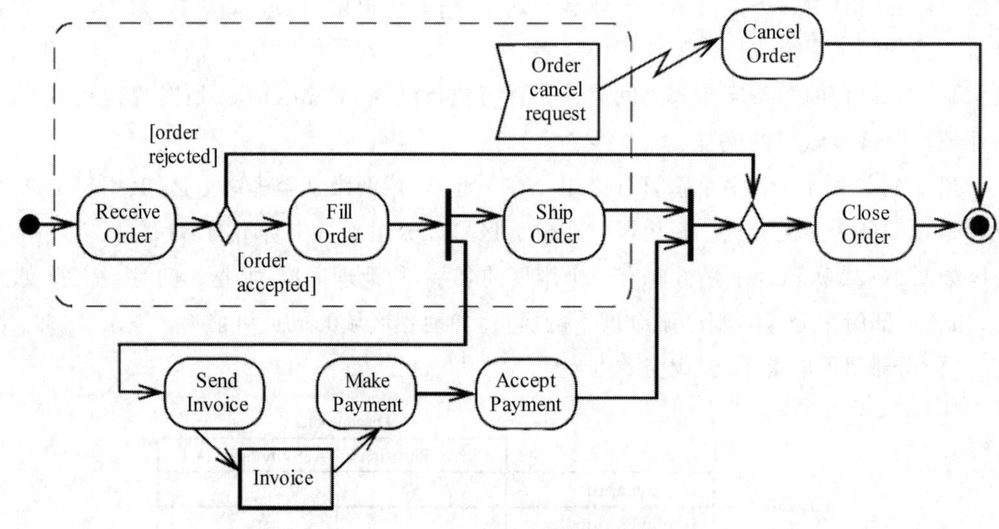

图 10-35 可中断区域示例

10.3 绘制活动图

通常使用活动图建模业务流程，说明系统的动态行为。

活动图建模步骤如下。

(1) 识别活动图的范围和边界，确定对哪些流程、哪些活动、哪些对象建模，明确活动的前置条件、后置条件及边界。

(2) 确定流程的开始节点和结束节点。

(3) 识别流程的各个活动、活动产生的对象、活动的参与者。

(4) 识别流程中活动之间的转换、各个活动对应的分支与合并、分叉与汇合关系。对于节点的转换，先处理顺序动作，再考虑分支和合并，之后才是分叉和汇合等并发场景。

(5) 从开始节点出发，按照流程模型要求，逐一绘制出动作；如果是泳道图，则先绘制泳道，再在泳道中逐一绘制动作。

(6) 通过转移、分支和归并节点、分叉和汇合节点连接动作节点。

(7) 检查活动图是否符合 UML 规范，调整布局使其构成符合美学要求，如对称性、疏密一致性等。

绘制活动图时应注意以下几个问题。

(1) 可执行节点只有一个入边和一个出边。只有入边而没有出边的活动称为“黑洞”活动，应当避免；只有出边而没有入边的活动称为“奇异”活动，一般仅作为起始点。

(2) 每个离开分支节点的出边都应有守卫条件，并且守卫条件是互斥的，所有的守卫条件覆盖了所有可能的情况。

(3) 分叉节点只有一个入边，汇合节点只有一个出边。并发流程使用分叉和汇合进行同步。

（4）一般业务过程使用水平泳道。泳道的顺序应体现业务逻辑，泳道的数量一般为 5 个左右，在泳道的框线上放置共享的对象。

（5）活动图中的对象节点仅仅是活动执行期间创建的对象实例。

（6）分支节点产生的分支流程必须通过归并节点归并成一个流程。

10.4　案例研究

图 10-36 展示了到电影院看电影的活动流程。两位同学 A 和 B 相约去电影院看电影。首先两个人来到电影院，到了电影院后，同学 A 去排队买票，同学 B 去排队买爆米花。这两个活动同时进行，所以活动图中使用了分叉和汇合两个同步条表示并发活动流。当电影票和爆米花都买到后，两人进入放映厅寻找座位。找到座位后，吃着爆米花，聊着天等十分钟开始看电影。

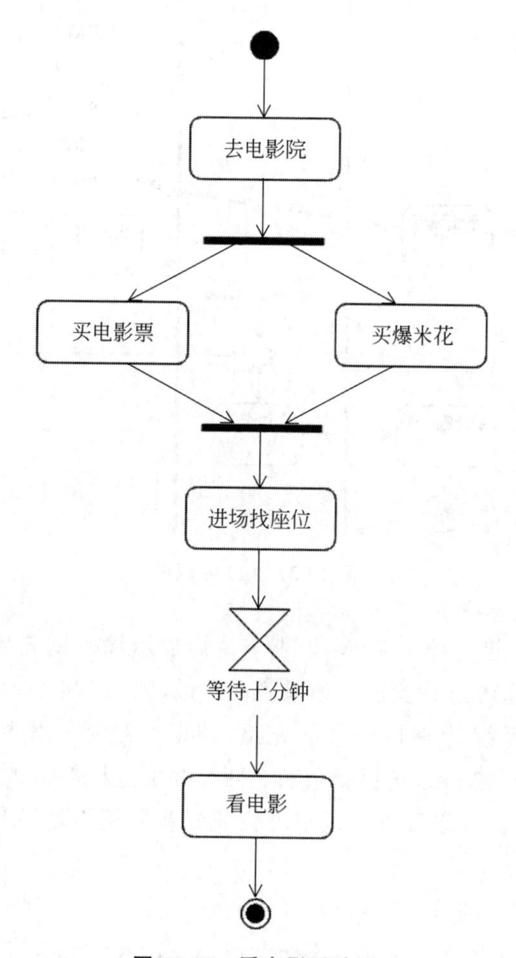

图 10-36　看电影活动图

图 10-37 展示了一个在银行自动柜员机 ATM 取款的活动流程。该流程涉及客户(Customer)、ATM 和银行计算机系统(简记为 Bank)三个活动的执行角色(参与者),每个角色的活动分组到一个泳道中,泳道的名字就是角色的名字。

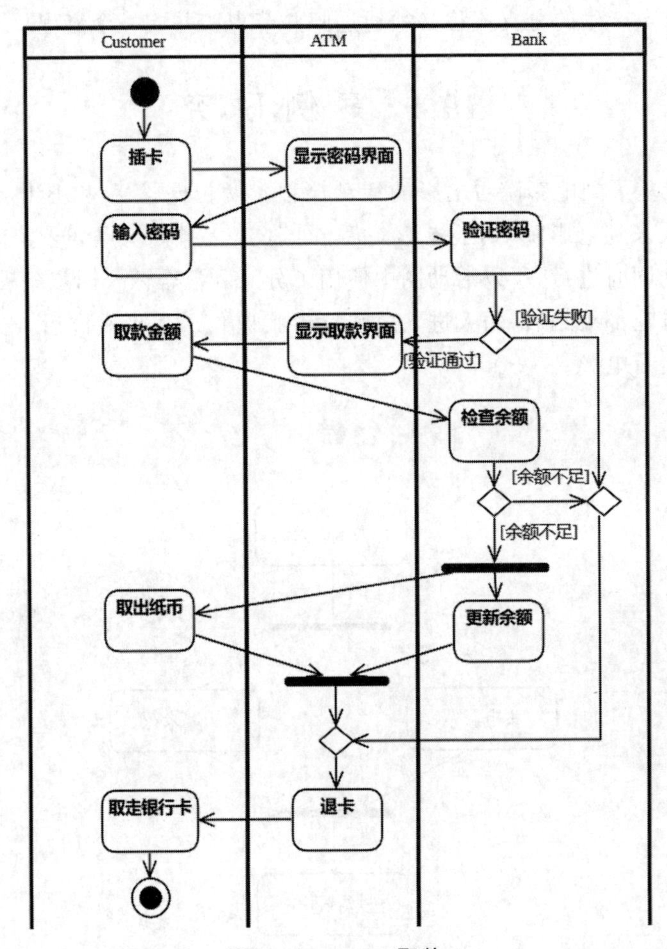

图 10-37　ATM 取款

客户首先插卡,发起流程。ATM 识别卡片后显示输入密码界面,顾客输入密码,密码发送给银行计算机系统进行验证。如果验证通过,则 ATM 显示取款界面,用户输入取款金额,银行计算机系统检查是否余额充足,如果充足则并发执行两个流程:客户从 ATM 取走纸币;银行计算机系统更新余额。两个并发流程都结束后,ATM 退卡,顾客取走卡片,取款活动结束。如果没有通过密码验证或者余额不足,则控制汇合在一起,执行退卡动作。

注意,验证密码后面的分支节点产生的两个分支流程一直到退卡动作前才归并;检查余额动作后面的分支节点产生的分支流程也是一直到退卡动作前才归并。二者对应了同一个归并节点。

思　考　题

1. 什么是活动?
2. 举例说明简单活动图的组成元素及含义。
3. 举例说明泳道活动图的组成元素及含义。
4. 什么是令牌?
5. 图 10-38 展示了计算 x 绝对值的算法过程，写出相应的 Java 语言实现。
6. 根据如图 10-39 所示显示 N 个偶数的算法描述，设计 Java 语言程序。

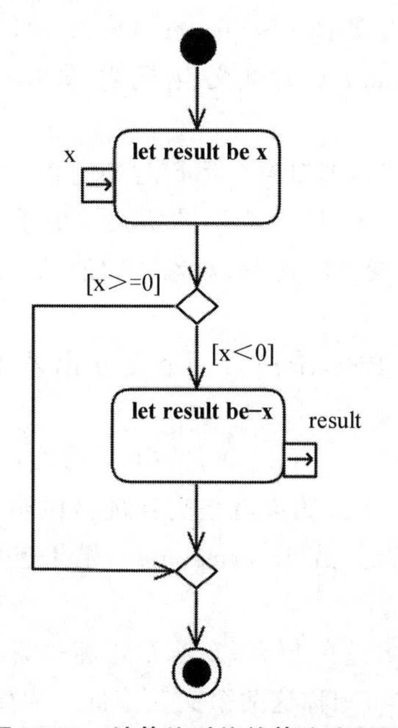

图 10-38　计算绝对值的算法流程图

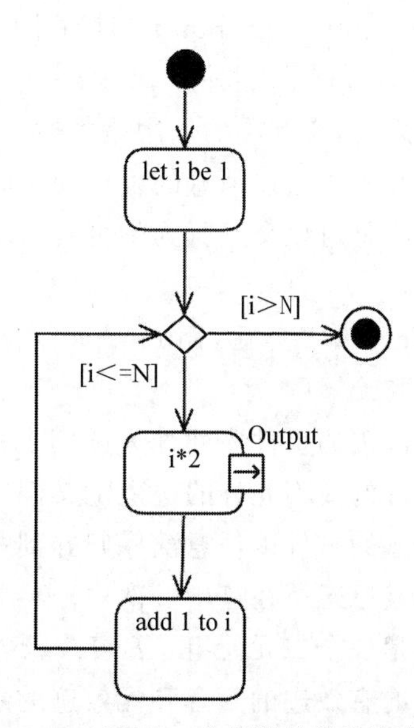

图 10-39　显示 N 个偶数的算法流程图

7. 已知数学函数:

$$y=\begin{cases}2x^2+1 & (x<0)\\ 6x-4 & (x\geqslant 0)\end{cases}$$

使用活动图表达求解过程。

第11章 交互图

用例图、状态机图和活动图都属于 UML 行为图(Behavior Diagram),还有一种行为图,称为交互图(Interaction Diagram),包括顺序图(Sequence Diagram)、协作图(Communication Diagram)、时序图(Timing Diagram)和交互概览图(Interaction Overview Diagram)四种。

一般来说,交互图的作用是描述系统的动态行为,即对象在运行时刻的各种交互。对象间的交互主要通过消息的发送和接收实现,所以"消息"是交互图所关注的重要建模元素。交互图是对象交互行为的可视表示,强调参与交互的对象、对象间的消息以及消息的顺序。

在 UML 中,交互(Interaction)是一种行为(Behavior)。一个交互由若干个动作(Action)组成。

依次出现的事件序列称为迹(Trace),记为$<e_1, e_2, \cdots, e_n>$,其中,$e_i(1 \leqslant i \leqslant n)$是事件。在允许的或不允许的迹上定义偏序(Partial Order)约束就是交互规格说明。来自两个或多个迹的事件以任意次序归并到一个迹中称为交错(Interleaving),结果迹中的事件仍然维持其原来所在迹中的次序。

交互是一个二元元组$<P, I>$,其中,P 是有效迹的集合,I 是无效迹的集合。如果两个交互的有效迹的集合和无效迹的集合分别相等,则称这两个交互等价。为简单起见,后文仅使用有效迹的集合 P 表示交互。

11.1 顺序图

顺序图是最常见的交互图。顺序图中的"顺序"指的是对象间消息交互的顺序。

一个基本的顺序图如图 11-1 所示,图中使用 UML 注释(Note)标记了其组成记号的含义。

在顺序图中有以下模型元素:对象(Object)、生命线(Lifeline)、消息(Message)、组合片段(Combined Fragment)、交互使用(Interaction Use)、状态不变量(State Invariant)等。下面分别介绍。

11.1.1 生命线

顺序图将交互表示为一个二维图。纵向是时间轴,时间沿竖线向下延伸;横向是在协作中各自独立的对象。

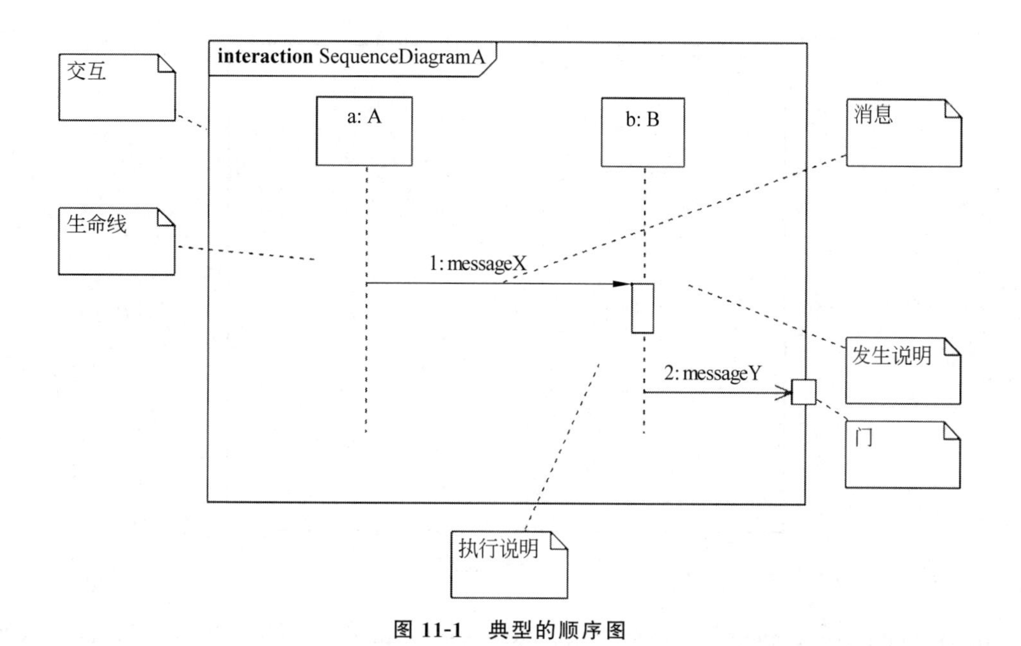

图 11-1　典型的顺序图

生命线表示对象从创建到销毁的生命周期。生命线是一条垂直于表示对象的矩形框的直线(可以是虚线),如图 11-2 所示。图中展示了两条生命线:对象 a 的生命线,其类型为 A;对象 b 的生命线,其类型为 B。如果仅有冒号和类型名,则称为匿名对象生命线。沿着生命线向下时间持续增长。生命线随着对象创建而出现,随着对象销毁而截止。

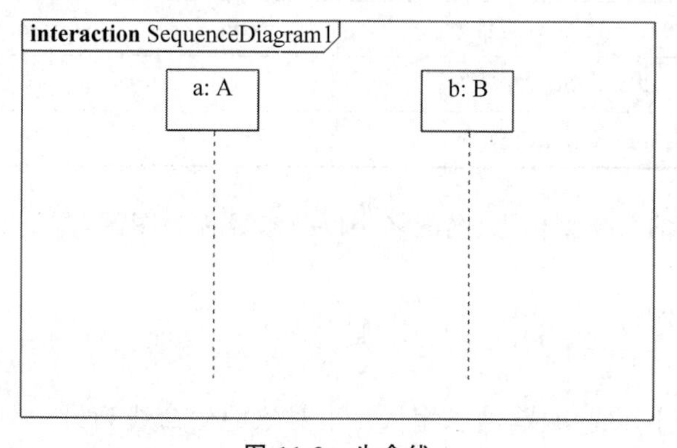

图 11-2　生命线

在生命线上距离对象的远近并不是时间长短的度量。各个生命线是独立的,没有约定同步,也没有约定时间的粒度。唯一的约束是消息在接收之前必须发送。当对象处理接收的消息时称为"激活",此时生命线变成窄的矩形条。

顺序图中交互定义在图框(Frame)中,图框的记号是实线矩形框,如图 11-3 所示。在矩形框左上角贴有一个缺角四边形,其中是交互的名字(如 SequenceDiagram1) 以及参数。交互中可以定义局部属性,如同在类中定义属性一样。

交互图图框的类型使用 interaction 标识。在 UML 中其他的类型标识还有:

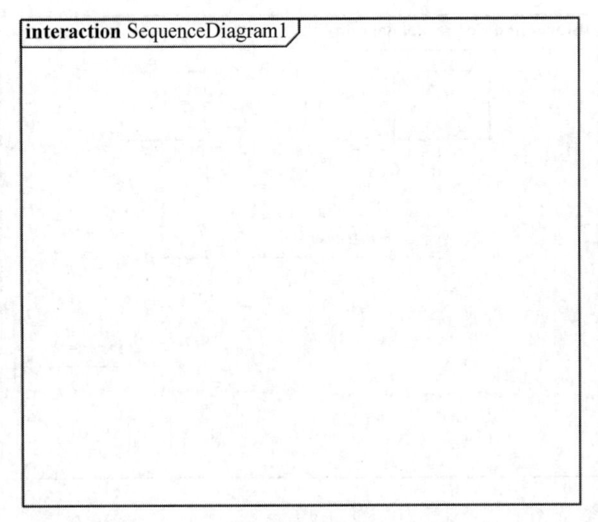

图 11-3　图框

activity、class、component、deployment、package、state machine 和 use case 等。也可以使用缩写形式，如表 11-1 所示。

表 11-1　图框类型缩写

缩写	图　框	缩写	图　框
act	activity(活动)	pkg	package(包)
cmp	component(组件)	stm	state machine(状态机)
dep	deployment(部署)	uc	use case(用例)
sd	interaction(交互)		

缺角四边形中的图类型标识、图的名字以及参数称为图的首部(heading)。矩形框围起来的区域称为内容区。

11.1.2　消息

一个交互由若干消息组成，消息用从一个对象的生命线到另一个对象生命线的线段表示。线段以时间顺序在图中从上到下排列。源代码中的实例方法的调用就是一种消息。对象发送和接收消息的顺序定义了事件的顺序。

一个完整的消息有两个端点(MessageEnd)：一个发送消息，另外一个接收消息。端点发送消息称为发送事件(sendEvent)；端点接收消息称为接收事件(receiveEvent)。所以，消息是一个二元组<sendEvent, receiveEvent>。

按照消息的发送事件和接收事件的出现情况，消息分为四种类型：完整(Complete)、丢失(Lost)、找回(Found)和未知(Unknown)。只有发送事件而没有接收事件的消息称为丢失消息；只有接收事件而没有发送事件的消息称为找回消息。既有发送事件又有接收事件的消息称为完整消息；没有发送事件也没有接收事件的消息称为未知消息。

使用指向实心圆箭头表示丢失消息，如图 11-4 所示。

找回消息的记号与丢失消息相反，使用从实心圆出发的箭头表示，如图 11-5 所示。

图 11-4　丢失消息　　　　图 11-5　找回消息

按照形成消息的动作类型，消息分为六种：同步调用（synchCall）、异步调用（asynchCall）、异步信号（asynchSignal）、创建消息（createMessage）、删除消息（deleteMessage）和回复（reply）。

假设有 A 类型的对象 a 和 B 类型的对象 b。如果 a 向 b 发送消息 getSomething 后暂停执行，等待 b 的返回值，称为“同步消息”；如果 a 向 b 发送消息 setSomething 后继续执行，不等待 b 的返回，称为“异步消息”；当 b 执行完异步消息 setSomething 后，通过“回复消息”向消息发送者回复；信号消息异步发送；创建消息指示在运行时创建对象；删除消息用以删除对象。

同步调用消息的线段末端是实心箭头，如图 11-6 中序号为 1 的消息 getSomething 所示；异步调用消息的线段末端箭头是开箭头，如图 11-6 中序号为 3 的消息 doSomething 所示。异步消息 doSomething 执行完毕后由序号为 5 的回复消息 return 向对象 a 报告执行情况，回复消息使用末端为开箭头的虚线段表示；创建消息也使用末端为开箭头的虚线段表示，如序号为 2 的消息。使用版型<<create>>表示消息的类型。删除消息销毁另一个对象，作为被删除对象的生命线在末尾标记叉号“×”表示被删除了，如序号为 6 的消息所示，此消息中还使用了版型<<destroy>>标识消息的类型。序号为 4 的 isOver 消息是一个异步信号消息。

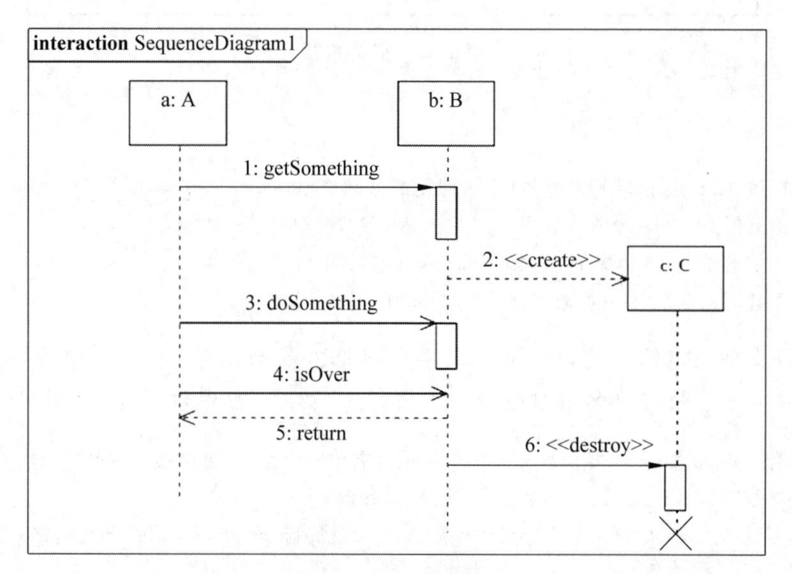

图 11-6　同步消息

发送方和接收方相同的消息称为自我消息(Self Message)。自我消息的记号如图11-7所示。

生命线上的窄的矩形条称为执行说明(ExecutionSpecifications),如图11-6所示。矩形条使用白色填充或者灰色填充。如果执行有交叠(Overlapping),则使用交叠的矩形条表示。如图11-8所示,对象aa执行消息op1期间,接收了对象aa发来的callself消息,于是执行该消息。那么这就形成了交叠:表示callself消息执行的矩形条叠加在表示op1消息执行的矩形条上。

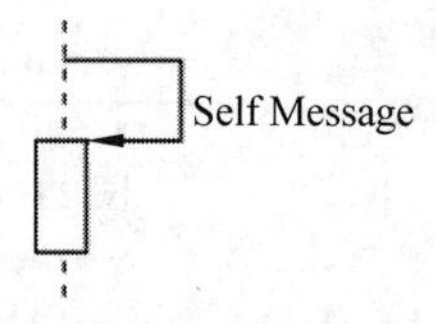

图11-7 自我消息

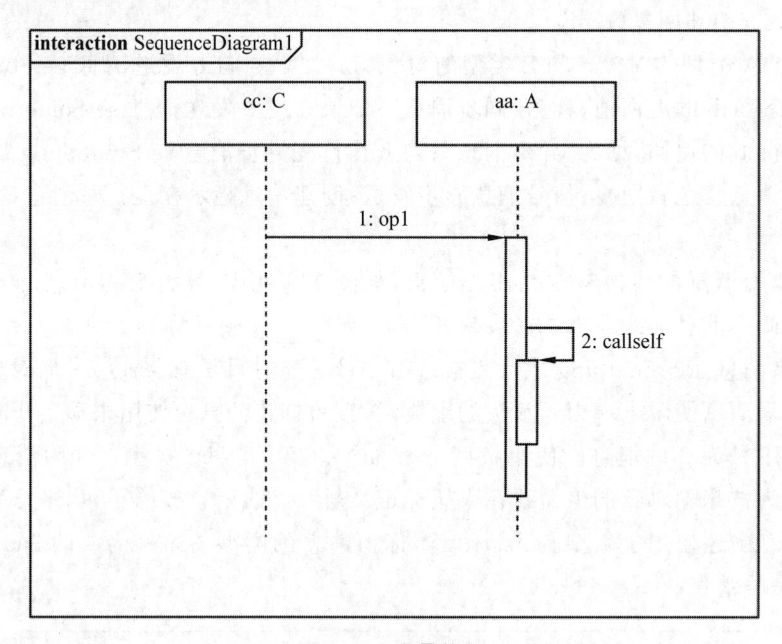

图11-8 交叠执行

消息标签的BNF语法如下。

<消息标签> ::= <请求消息标签> | <回复消息标签> | '*'
<请求消息标签> ::= <消息名字> ['('[<入口参数清单>] ')']
<入口参数清单> ::= <入口参数> [','<入口参数> *]
<入口参数> ::= [<入口参数名字> '='] <值> | '-'

非回复类型消息的标签含有消息名字和可选的参数清单,参数清单放在圆括号中。每个参数是一个等号连接名值对或者一个值。连字符"-"是参数通配符,匹配任意参数。

<回复消息标签> ::= [<赋值目标> '='] <消息名字> ['(' [<出口参数清单>] ')'] [':' <值>]
<出口参数清单> ::= <出口参数> [','<出口参数>]*
<出口参数> ::= <出口参数名字> ':' <值> | <赋值目标> '=' <出口参数名字> [':' <值>]

回复消息的名字前面可以有赋值目标,名字后面是可选的出口参数清单和可选的返回值。出口参数是冒号连接的名值对。

常见消息标签如 doSomething,set(x,y),x=getX()等。

消息的交叠执行为方法的递归提供了表示手段。假设有方法 fib 计算第 n 个 fibonacci 数：

```
class A {
    private long fib(long n) {
        if (n == 0) {
            return 0L;
        }
        if (n == 1) {
            return 1L;
        }
        return fib(n - 1) + fib(n - 2);
    }
}
```

那么该方法的交互图如图 11-9 所示。

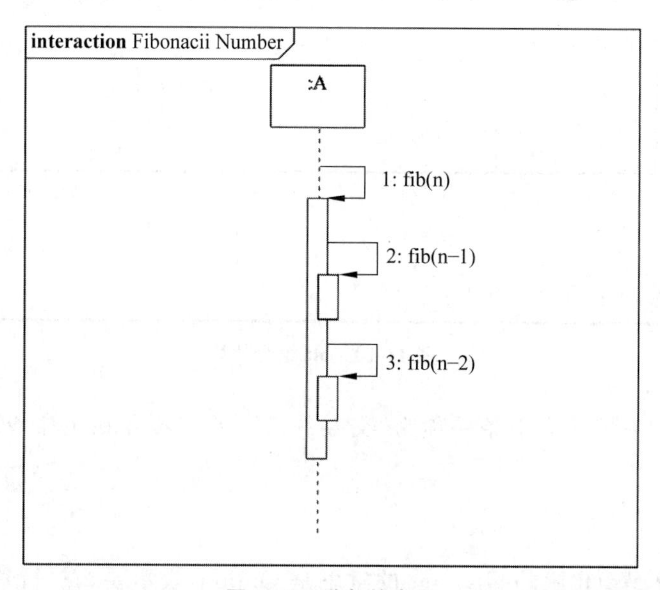

图 11-9　递归的表示

11.1.3　交互片段

交互片段是使用交互操作符标识组合片段的功能。这些交互操作符有：alt,opt,break,par,strict,loop,critical,neg,assert,ignore 和 consider,共有 11 个。

在图 11-10 中,内容区左上角带有五边形的矩形框表示组合片段,五边形中是组合片段操作符枚举量。此例中的枚举量 alt 意思是 Alternatives,表示行为的选择。在 alt 组合片段中根据虚线划分成多个交互操作片段,至多一个被选择。此例中是一条虚线划分成两个片段：当满足守卫条件 balance>0 时执行消息 withdraw 所在的片段；当满足条件 balance<=0 时执行消息 reject 所在的片段。如果守卫条件是[else]则表示其他守卫条

件都不成立的情形。如果任何一个守卫条件都不成立，则不执行组合片段中的任何片段，接着执行该组合片段后面的消息。alt 操作符可映射到高级语言中的 IF-THEN-ELSE 语句或者 SWITCH 语句。

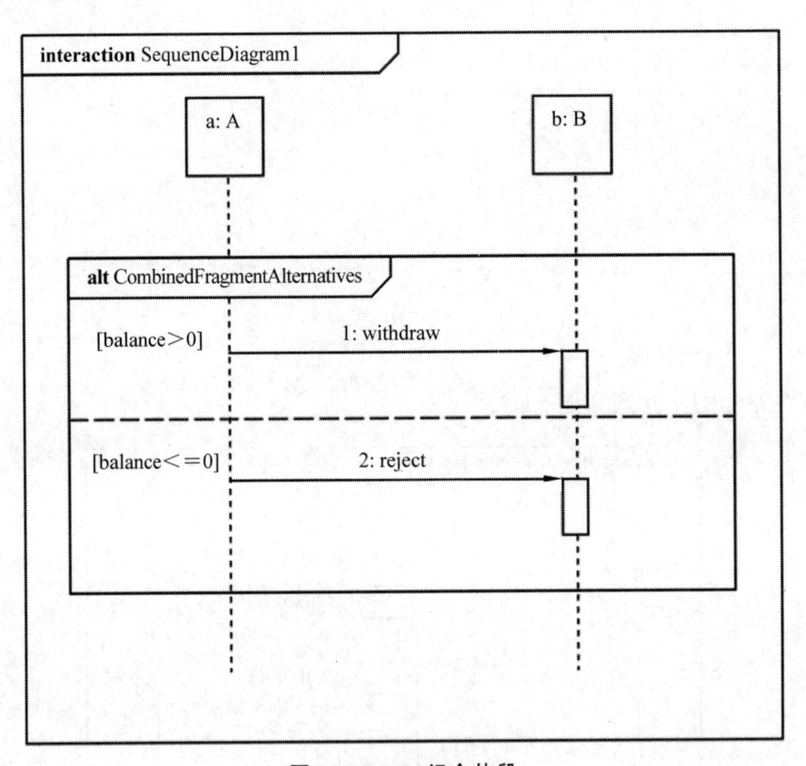

图 11-10 alt 组合片段

组合片段中使用的守卫条件称为“交互约束”，要求覆盖在生命线上。交互约束的 NBF 定义如下。

```
<交互约束> ::='['(<布尔表达式>| 'else') ']'
```

操作符 opt 是简化版的 alt。opt 的意思是 Option，表示要么执行片段要么不执行。相当于只有一个片段的 alt 组合片段。图 11-11 的组合片段 CombinedFragmentoption 是一个 opt 组合片段，其含义是如果满足交互约束[isInvalid]，那么向对象 b 发送消息 getPassword。opt 操作符可映射到高级语言中的 IF-THEN 语句。

交互操作符 loop 表示循环执行组合片段中的消息序列。循环的次数通过(min，max)格式的参数指定，其中，min 是一个非负整数，max 是一个正整数，分别表示循环次数的下界和上界。如果没有指定循环边界(min，max)，则默认 min 等于 0 而 max 不限(表示为 *)；如果仅指定下界 min，则认为上界等于下界；如果既指定下界 min 又指定上界 max，则 max 应大于等于 min，循环至少 min 次，至多 max 次。在 loop 组合片段中可以指定交互约束条件。图 11-12 中的 loop 组合片段表示循环预期至少执行 5 次，至多执行 9 次。

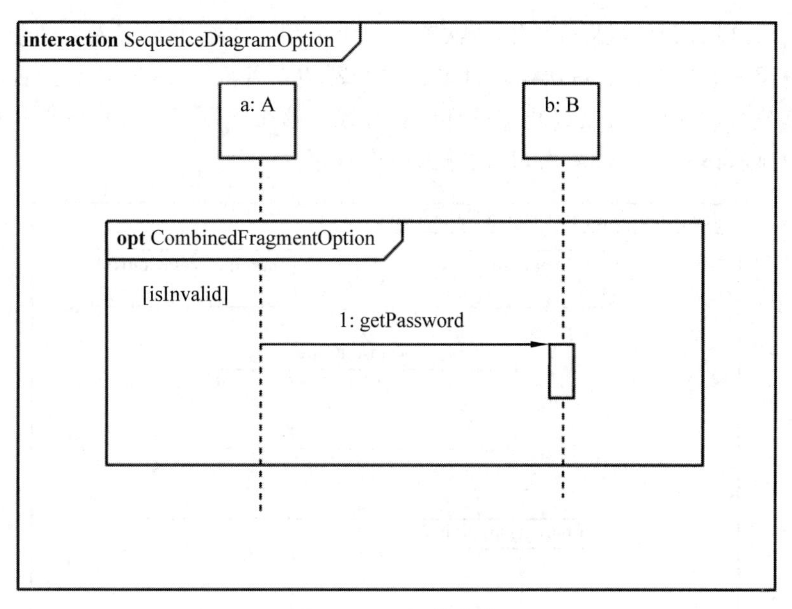

图 11-11　opt 操作符

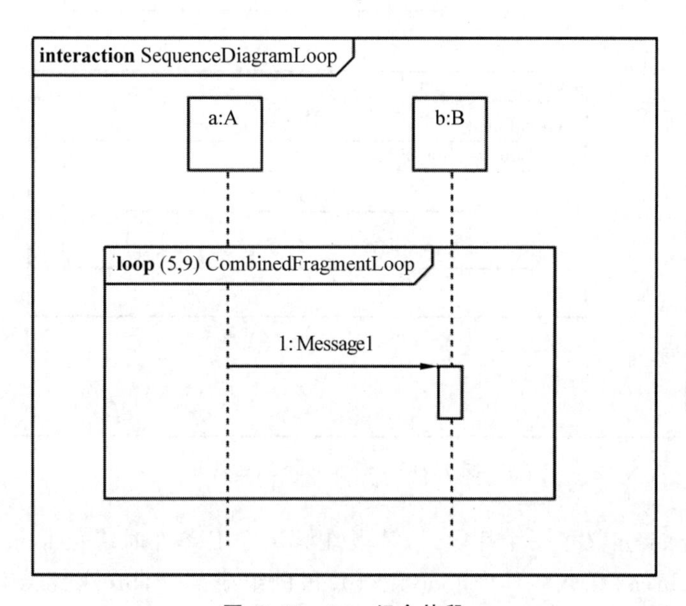

图 11-12　loop 组合片段

操作符 loop 的 BNF 定义如下。

```
<操作符 loop> ::= 'loop[ '(' <min>[ ',' <max> ] ')' ]
<min> ::= 非负自然数
<max> ::= 非负自然数(大于等于 <min>) | '*'
```

其中，* 的意思是没有限制(unlimited)。

图 11-13 描述了用户(person)和访问控制界面(panel：AccessControl)交互的情形。用户插入银行卡(insertCard)，访问控制界面要求用户提供密码(GivePin)。接下来是一

个循环组合片段,该片段循环 4 次,每次输入一个数字。再接下来进入下一个循环组合片段,该片段至多循环 2 次:每次循环都要首先判断约束条件[wrong Pin]是否满足。如果是,则继续执行循环体;否则终止本循环组合片段。这个循环组合片段的循环体也是一个循环组合片段,该片段循环 4 次,每次输入一个数字。

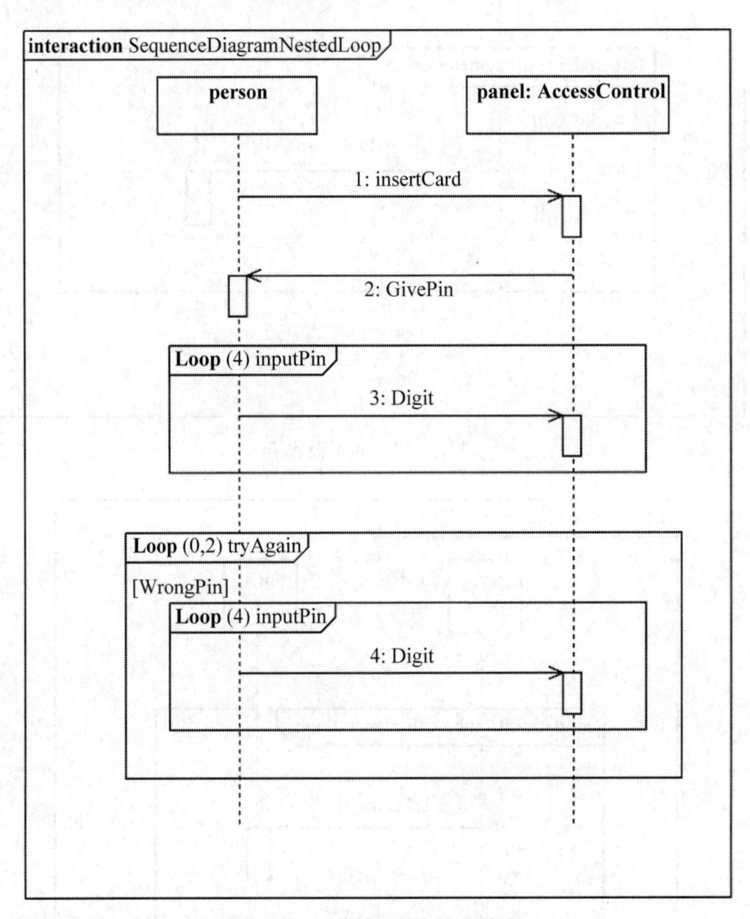

图 11-13　嵌套 loop 组合片段

操作符 break 定义了一个片段,该片段在满足守卫条件时终止 loop 片断,可映射到高级语言中的 break 语句。作为 loop 组合片段的组成部分,break 组合片段必须定义守卫条件,并且 break 组合片段必须覆盖从守卫条件位置开始的到 loop 组合片段的生命线结束的范围。当满足 break 守卫条件时,跳过 break 组合片段的执行,转而执行 loop 组合片段后面的行为。

在图 11-14 中,循环片段 combinedFragmentloop 中含有两个消息:message1 和 message2,其中,message2 定义在 break 组合片段 combinedFragmentBreak 中。如果守卫条件[x<0]满足,那么不执行片段 combinedFragmentBreak,转去执行 combinedFragmentloop 后面的消息 message3。

par 组合片段定义了一组并发执行的片段。par 的全拼是 parallel。如图 11-15 所示,par 组合片段中定义了三个子片段,使用两条虚线隔开,分别包含 message1、message2 和

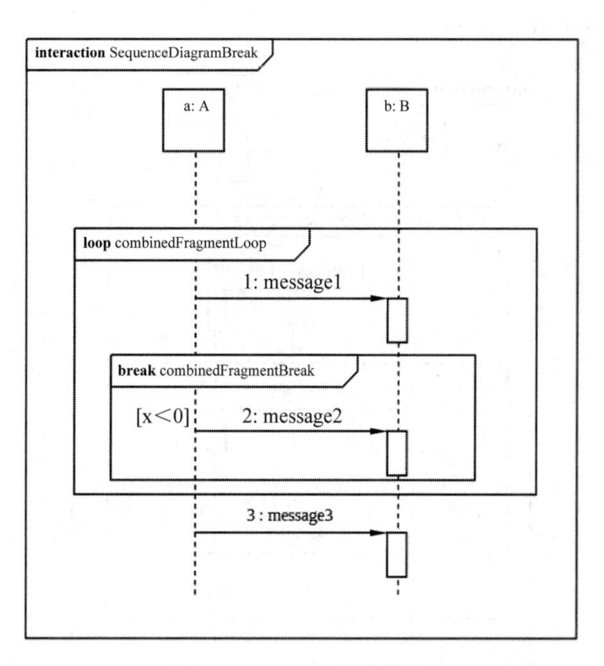

图 11-14 break 组合片段

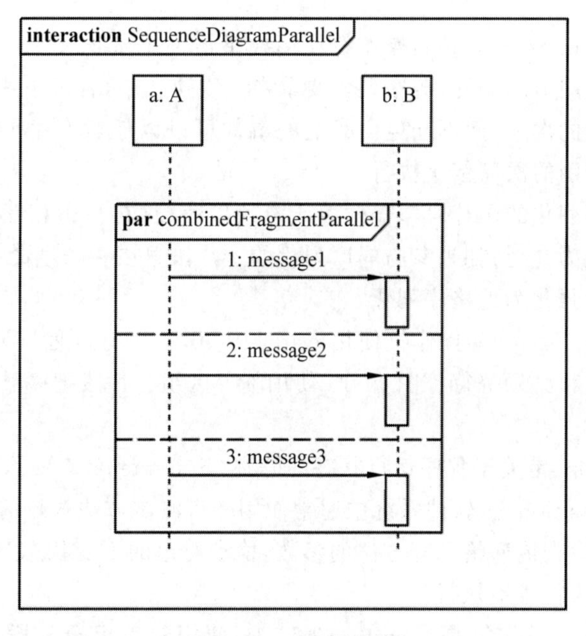

图 11-15 par 操作符

message3。这三个交互片段中的消息可以以任意次序交替执行。

严格序列化(Strict Sequencing)操作符的枚举值为 strict。该操作符要求组合片段中的所有参与严格序列化的子片段严格按照沿生命线声明的次序执行,每个片段内的行为也是严格按照声明次序执行。图 11-16 展示了 strict 组合片段。该片段要求序号为 1、2、

3的三个消息严格按照次序执行。

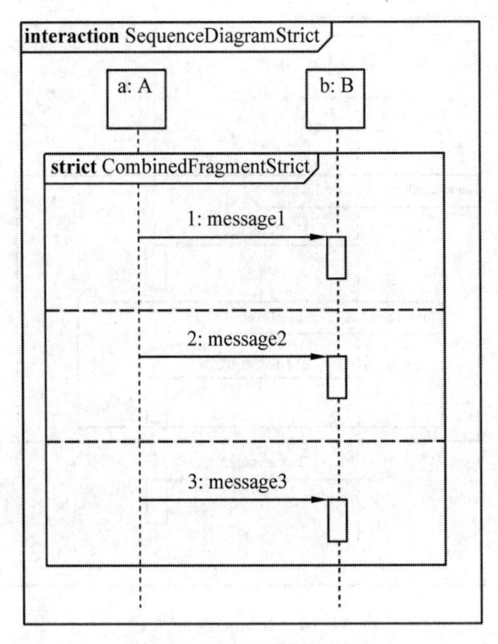

图 11-16 strict 操作符

弱序列化(Weak Sequencing)操作符使用枚举值 seq,如图 11-17 所示。参与弱序列化的三个子片段使用虚线隔开,弱序列化要求在一次执行中,各个子片段中的某生命线上的事件维持片段内的次序;而不同生命线上的事件可以以任意次序出现。同一个生命线上的子片段按照声明的次序依次执行。

如果参与弱序列化的子片段覆盖两条或多条生命线(在一组相互分离的参与者上),那么弱序列化退化为并行;如果参与弱序列化的子片段只在一条生命线上(只有一个参与者),那么弱序列化强化为严格序列化。

临界区(Critical Region)操作符使用 critical 标识。当有进程进入临界区时,其他试图进入临界区的进程必须等待。图 11-18 使用临界区组合片段把序号为 1、2 和 3 的消息定义到临界区中。

断言(Assertion)是关于程序运行状态的陈述(Statement)。要么为真要么为假的断言称为命题(Proposition)。软件系统中通常使用断言测试方法执行的前置条件和后置条件,断言可以用于检查传递给私有方法的参数,检查对象的不变状态等。通过控制编译开关变量,断言可被执行或不执行。

断言组合片段的操作符是 assert。图 11-19 使用断言组合片段要求在事务完成后(transaction.isCompleted())执行日志记录消息。

一些消息未必显式声明在生命线上,已经声明在生命线上的消息未必需要执行。可以使用操作符 consider 和 ignore 结合 assert 处理这种情形。例如,assert consider{add, remove}的意思是断言考虑消息 add 和 remove;assert ignore{add, remove}的意思是断言忽略消息 add 和 remove。

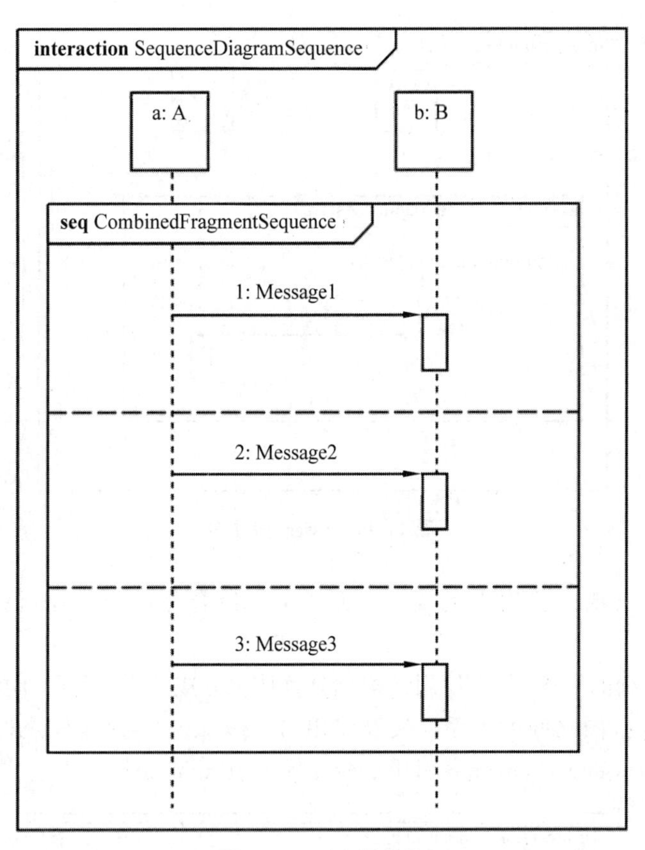

图 11-17　seq 操作符

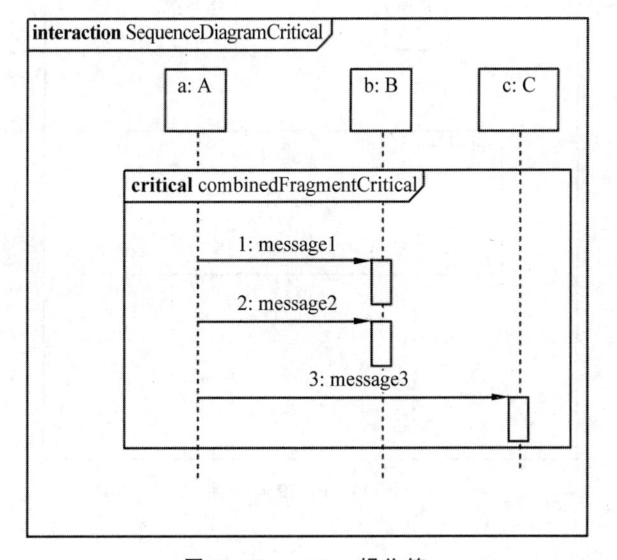

图 11-18　critical 操作符

忽略和考虑的 BNF 定义如下。

```
('ignore' | 'consider')  '{' <消息名字>[',' <消息名字>]* '}'
```

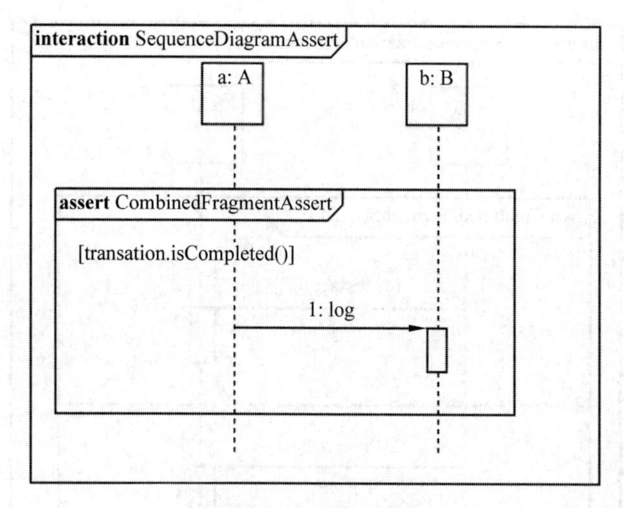

图 11-19 assert 操作符

系统失败时出现的迹称为无效迹。无效迹的组合片段使用操作符 neg(negative)标识。

对于大而复杂的顺序图,应使用结构化分解技术分成若干小而简单的顺序图,并通过引用(ref)建立这些图之间的关系。交互使用(InteractionUse)建模这种情形。图 11-20 展示了交互图 SequenceDiagram8 引用了交互模型 Interaction1。

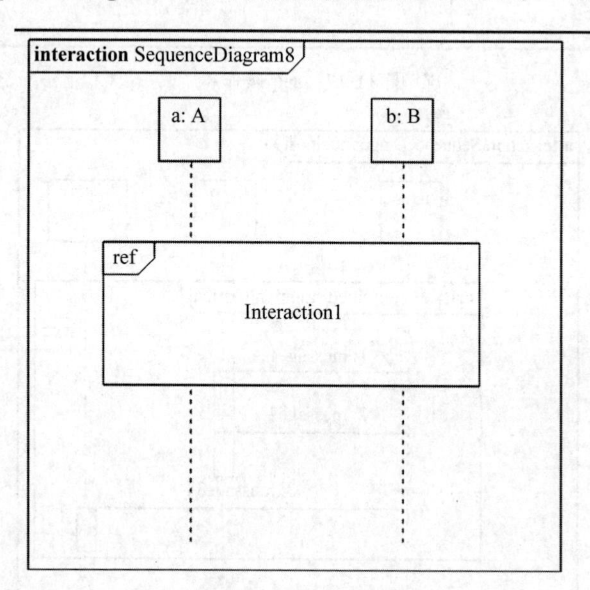

图 11-20 交互使用

命名交互使用的 BNF 语法如下。

```
<名字> ::=[<属性名>'=']<交互名>
['('<参数>[','<参数>]* ')']['：'<返回值>]
<参数> ::= <入口参数> | 'out'<出口参数>
```

其中，<属性名>是接收结果的属性的名字；<交互名>是被引用的交互模型的名字；<参数>是消息的实在参数，默认是入口参数，如果使用出口参数则在参数名字前增加 out。

延续(Continuations)是一种异步消息执行机制，允许消息暂停执行后能够再重新从暂停处执行。延续可以覆盖多条生命线。例如，下面的操作 generateLargeCSV 用来生成一个很大的 CSV 文件(以逗号分隔的值文件)，并发送到浏览器端。

```
public void generateLargeCSV() {
    CSVGenerator generator = new CSVGenerator();
    response.contentType = "text/csv";
    while(generator.hasMoreData()) {
          String someCsvData = await(generator.nextDataChunk());
          response.writeChunk(someCsvData);
    }
}
```

即使这个 CSV 的生成要耗费一个小时，每当有最新的结果时就返回给客户端。延续在 alt 组合片段或弱序列化组合片段中使用。延续的记号形如跑道，如图 11-21 中标签为 continuation1 的图形元素所示。该图展示了 generateLargeCSV 方法体中循环体的执行。首先向 CSVGenerator 对象 generator 发送消息 nextDataChunk，一旦生成部分结果 someCsvData 就通过 writeChunk 消息写入响应对象 response。生成的过程不是连续的，从而使用“延续”标记继续生成。

对象在其生命周期中的某个状态可能一直保持不变，如班级容量一直保持 30。这种情形使用状态不变量(StateInvariant)描述。状态不变量的记号如图 11-22 所示，对象 a 有一个属性 P，一直维持 30 的状态。

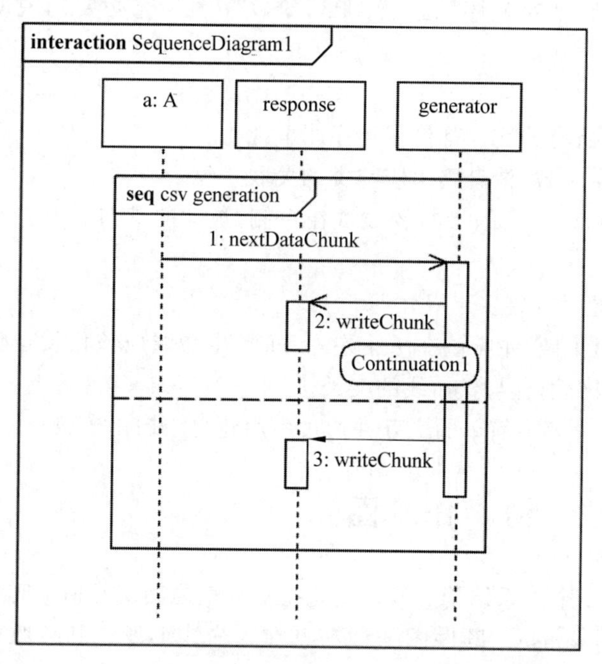

图 11-21　Continuation 的记号

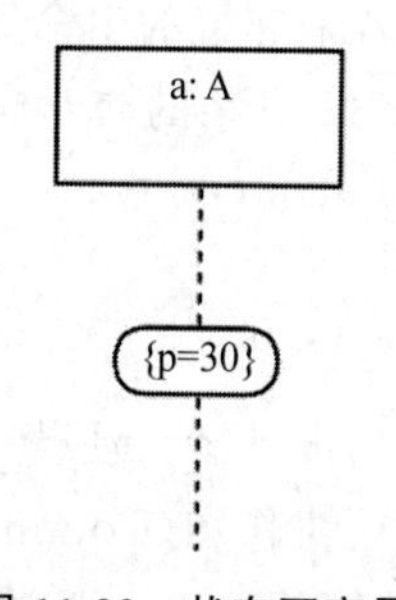

图 11-22　状态不变量

11.1.4 顺序图的绘制方法

使用顺序图的目的是按照对象之间交互事件发生的顺序可视化对象之间的交互。用例通常进一步扩展为多个顺序图。顺序图提供了源代码可视化的手段，尤其在当前基于框架、容器和 MVC 设计模式的多层应用中，源代码部署在应用的不同位置，由不同的引擎或者对象执行，要想可视化一个业务功能是如何设计完成的，顺序图是一个有效的工具。顺序图描述了设计模型，更为详细地解释了用例。

创建顺序图的步骤如下。

(1) 对每个用例，识别关键的交互。

(2) 识别出参与基本事件流的对象。通过识别对象在交互中扮演的角色，设置交互的上下文；识别出这些对象是主动对象还是被动对象；识别出这些对象发出的消息是同步消息还是异步消息。

(3) 为每个对象安排生命线。

(4) 从主动对象开始向接收对象发消息，识别出这些对象发出的消息的类型。从产生某个消息的位置开始，在生命线之间自上而下依次放置消息，标记消息的名字、参数等信息；如果接收对象需要再调用其他对象的服务，需要向其他对象再发消息；如此重复，最后返回给主动对象有意义的结果。

(5) 对于处于各种控制结构(alt、loop、par 等)中的消息，首先在生命线上安排组合片段，然后根据控制结构的具体构成在组合片段中安排若干子片段，再在子片段中放置消息。

(6) 根据顺序图的语法和设计原则对顺序图进行调整，给顺序图补充必要的说明文档。

创建顺序图应当满足如下原则。

(1) 关注于关键的交互，并不是所有的交互都使用顺序图可视化。

(2) 类的名字与类模型中的名字一致；消息路由应与类的关联一致。

(3) 从上到下、自左而右排列消息，主动的参与者放置在左侧，被动的参与者放置在右侧。

(4) 一个交互中的生命线不宜超过 5 个。

(5) 一个交互中的一条生命线上的事件应该在 7 个左右；每条生命线应该仅发送消息给若干邻接的生命线，应尽可能减少消息与生命线的交叉。

(6) 复杂的交互应进行结构化，分解为简单的交互并通过引用建立结构化模型。

11.2 协 作 图

当设计者关注若干对象构成的一个体系结构以及在对象生命周期之间交互情况时适合使用协作图(Communication Diagrams)。顺序图强调消息在生命线上发送和接收的顺序；而协作图则强调对象之间的关系。二者可以进行相互转换。

协作图也有图框(Frame)，表示交互行为的边界，如图 11-23 所示。

在协作图中有三个基本元素：对象(Object)、链接(Link)和消息(Message)。

对象表示交互中参与者所扮演的角色，和时序图中的对象概念一致。不过在协作图中，无法表示对象的创建和撤销。对象使用矩形框表示，如图11-24所示。其中，A是对象的类型。冒号前面是实例的名字，如果没有则表示匿名对象。

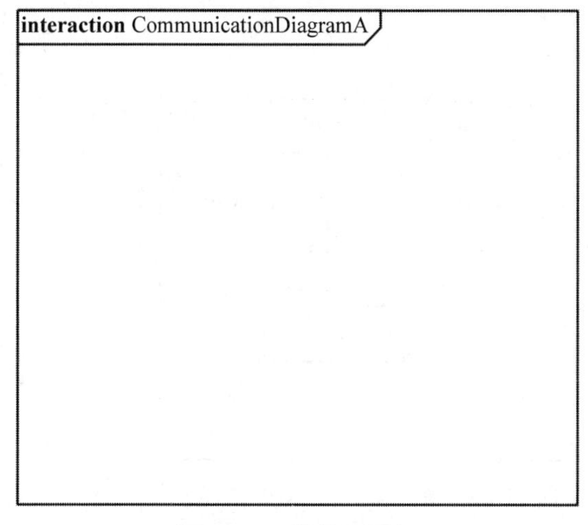

图 11-23　协作图图框

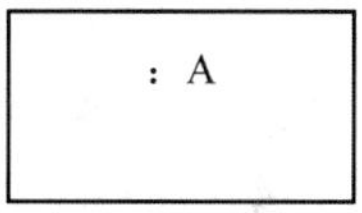

: A

图 11-24　对象

协作图中的链接是关联的实例，其寿命受限于协作的长短，就如同顺序图中对象的生命线一样。

在协作图中，链接的表示形式为一个或多个相连的线或弧。在自身关联的类中，链接是两端指向同一对象的回路，是一条弧。为了说明对象是如何与另外一个对象进行连接的，可以在链的两端添加上可访问性修饰。

在协作图中，消息使用带有箭头和标签的短线段表示，附在连接发送者和接收者的链接上。发送者链接了接收者，箭头的指向便是接收者，表示通信方向。消息也可以通过发送给对象本身的方式，依附在连接自身的链上。在一个链接上可以有多个消息，它们沿着相同或不同的路径传递。每个消息前有一个序号表达式。消息由一个名字、参数和可选的返回值等信息构成。

消息序号表达式采用点分整数(Dot-separated List)模式，末尾是一个冒号(注意都是西文字符)。

```
<序号表达式> ::= <项> '.'  . . .':'
```

每个项可以为空，也可以是一个整数或者一个字母。序号为1.1.2的消息意味着该消息出现在序号为1.1.1的消息后面；消息1.1.1和消息1.1.2都由消息1.1在执行期间调用。字母则表示并发执行。例如，消息3.1.a和消息3.1.b是消息3.1执行期间启动的并发消息a和b。

在＜项＞中还可通过守卫条件设置消息执行的条件，如[x＞7]；通过*号表示消息的多次发送。

图11-25展示了一个基本的协作图。该图展示了a、b和c三个对象具有链接。a对

象首先发送给 b 对象消息 messageX;然后 a 对象向 c 对象发送消息 messageY;最后 b 对象给 c 对象发送消息 messageZ。

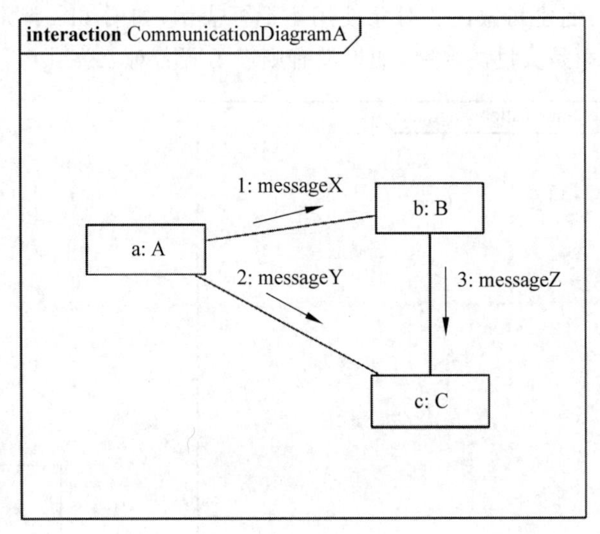

图 11-25 协作图

创建协作图的步骤如下。

(1) 确定关注的交互过程,识别该交互与所在环境的边界。

(2) 识别参与交互的对象,如果必要,设置对象的初始状态。

(3) 参考类模型,确定对象之间的链接。

(4) 从启动交互过程的初始消息开始,逐一把消息标记在链接上。使用点分整数表示法表示消息的嵌套。如果需要,可在消息上附加重复执行和有条件执行的说明。

(5) 调整对象的位置,使最重要的对象放在协作图最中心的位置。

11.3 交互概览图

交互概览图是一种特殊的活动图,是 UML 2.0 新增的图。交互概述图并没有引入新的建模元素。交互概览图关注从整体上概览交互过程中节点间的控制流,包括交互图之间的引用。交互概览图中没有生命线和消息。

交互概览图中有三种元素:图框(Frame)、交互(Interaction)和交互使用(InteractionUse)。

交互概览图的图框与顺序图图框一样:左上角贴有缺角四边形的实线边矩形框,图的名字标记在五边形中。

交互概览图仅有两种可执行节点:交互和交互使用。交互概览图中可以使用活动图中控制节点:分支节点、归并节点、分叉节点和汇合节点等。由于交互内联在交互概览图中,分支和归并必须正确嵌套。

图 11-26 展示了一个简单的交互概览图。图中有三个交互使用节点分别引用了交互 A、B、C;一个选择节点,当守卫条件为 Yes 时执行交互 B,再执行交互 C;当守卫条件为

No 时，直接执行交互过程 C。

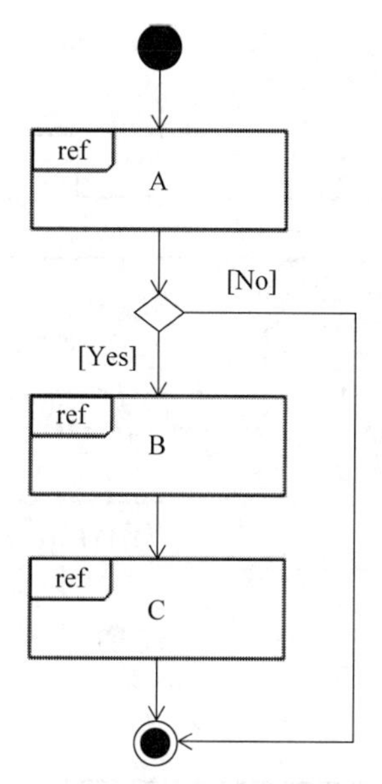

图 11-26　交互概览图

交互概览图建模步骤如下。

（1）确定交互概述图中需要覆盖的重要交互控制流。

（2）确定作为主线的交互图以及作为细化的另一种交互图。

（3）确定主线交互图中的主要交互节点，根据复杂度和重要性确定需要细化的节点。

11.4　时　序　图

时序图是一个二维图，有对象和时间两个维度，消息在各对象之间传递，依照时间顺序排列。时序图关注生命线上和生命线间线性时间轴上的状态或条件变化。

图 11-27 是一幅描述 Web 浏览器、域名服务器和 Web 服务器协同工作的时序图。可以看到，时序图中图框的记号与顺序图相同。

图中有横纵两个轴：时间轴作为横轴，而对象作为纵轴。时间轴上显示了时刻标尺(timing ruler)和刻度值(tick mark value)，s 表示时间单位“秒”。

时序图上的生命线放置在图框中。生命线表示了交互中的个体参与者，使用矩形框表示，矩形框中是实例名称和类型名称。图 11-28 展示了类型为 WebBrowser 的匿名生命线。

一般使用几个枚举量表示对象的不同状态(State)或者条件(Condition)。例如，WebBrowser 有三个离散状态：等待服务器响应(Waiting)、处理用户请求或渲染服务器响应(Processing)和空闲(Idle)。不同状态可能持续不同时间，时间的持续表示为状态名字对应的时间线。时间线(timeline)表示了沿着时间轴不同状态的持续以及状态转移。图 11-29 展示了 WebBrowser 对象的三个状态(Waiting、Processing 和 Idle)。

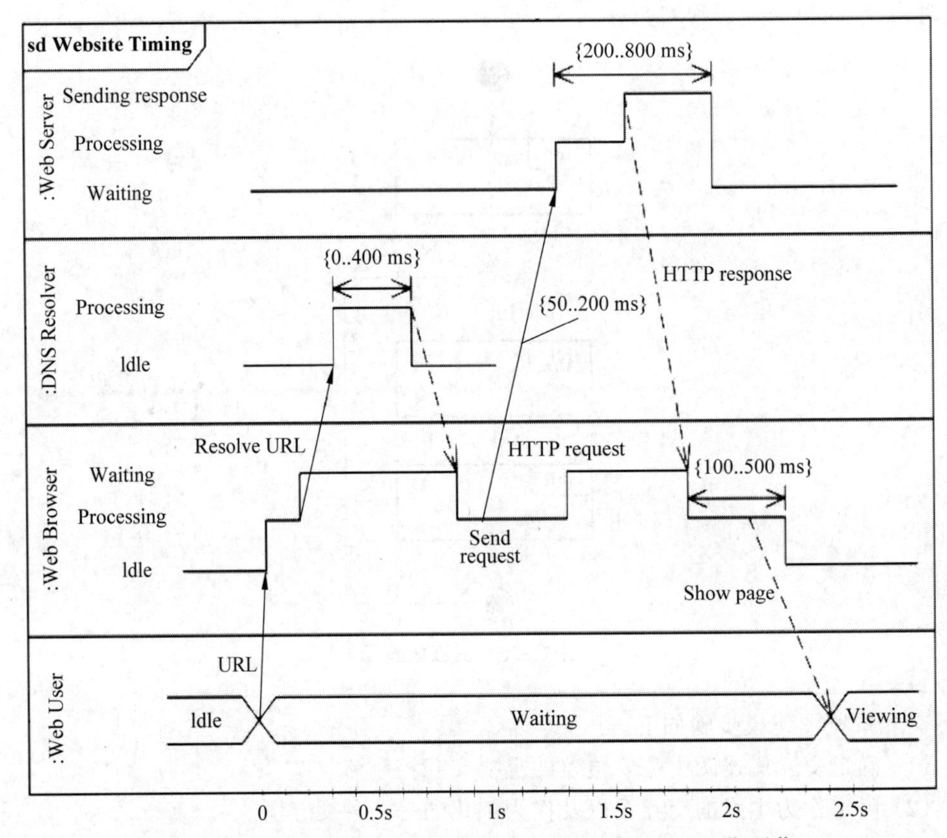

图 11-27 时序图(www.360doc.com/userhome/51135619,有删节)

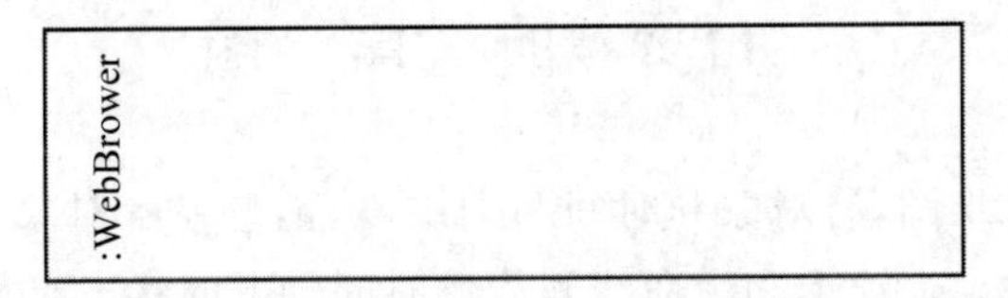

图 11-28 类型为 WebBrowser 的生命线

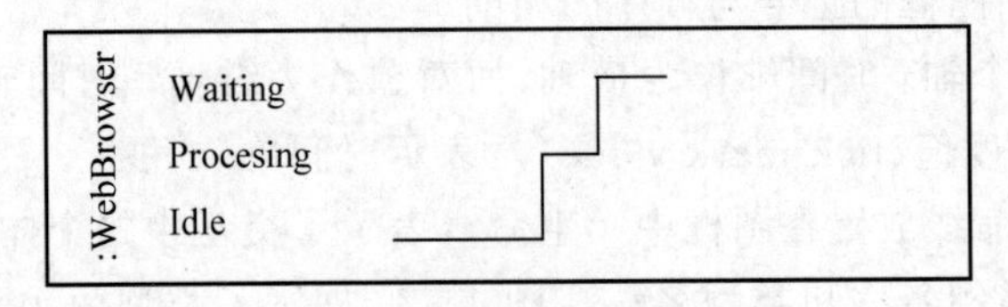

图 11-29 状态及相应的时间线

消息(Message)的记号同顺序图中消息的记号:不同类型的消息使用不同形状的带箭头线段表示,箭头上标记消息文本。在图 11-27 中,名字为 HttpRequest 的消息就是一个同步消息,表示浏览器发出请求后等待服务器响应。

持续时间约束(Duration Constraint)是指某状态持续一段时间。在图 11-27 中,{200..800ms}表示 Web 服务器的"Sending response"状态持续 200～800ms。持续时间

约束记号如图 11-30 所示。

时间约束(Time Constraint)也是区间约束,其记号如图 11-31 所示。表示从 min 开始到 max 结束中的某个时间。例如,{5:40am..6:00am}表示从早晨 5:40 到早晨 6:00 之间的某个时间。

图 11-30　持续时间约束　　　　图 11-31　时间约束

通用状态值时间线(General value lifeline)把状态值、状态持续和状态转换压缩在一起,如图 11-27 中 Web 用户的时间线所示。该时间线把可接续的状态值作为事件的函数,使用文本显式地标记状态值,使用叉号(×)标记状态变化事件。

11.5 案例研究

假设使用 Servlet+JDBC+MySQL 实现一个 Web 应用中比较常见的"用户登录"用例。用户在浏览器中打开登录界面,如图 11-32 所示,输入用户名和密码,应用程序检查用户名和密码的有效性,如果有效,则提示登录成功;否则提示登录失败。

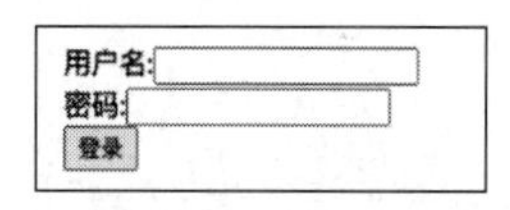

图 11-32　浏览器中的登录表单

登录页面 login.html 中只有一个表单,表单中有名字为 username 和 password 的两个输入框。当用户单击"登录"按钮后,浏览器请求"/login/loginServlet"。

```
<html>
<head>
<meta charset= "UTF-8">
<title>登录</title>
</head>
<body>
<form action= "/login/LoginServlet" method= "post">
        用户名:<input type= "text" name= "userName"><br>
        密码:<input type= "password" name= "password"><br>
<input type= "submit" value= "登录">
</form>
</body>
</html>
```

使用以下语句在 MySQL 中创建 login 数据库和 user 表。

```
CREATE DATABASE login;
USE login;
CREATE TABLE user(
    id INT PRIMARY KEY auto_increment,
    username VARCHAR(50) UNIQUE NOT NULL,
    password VARCHAR(8) NOT NULL
)
```

在 Eclipse 项目中创建配置文件 druid.properties。

```
driverClassName= com.mysql.jdbc.Driver
url= jdbc:mysql:///login
username= root
password= root
initialSize= 5
maxActive= 10
maxWait= 2000
```

设计实体类 User。

```
public class User {
    private int id;
    private String userName;
    private String password;

    public int getId() {
        return id;
    }

    public void setId(int id) {
        this.id = id;
    }

    public String getUserName() {
        return userName;
    }

    public void setUserName(String userName) {
        this.userName = userName;
    }

    public String getPassword() {
        return password;
    }

    public void setPassword(String password) {
        this.password = password;
    }

    @Override
    public String toString() {
        return "User(" +"id= " +id +", username='"+userName +'\'' +", password='"
                + password + '\'' + ')';
    }
}
```

设计工具类 JDBCUtils。

```
import com.alibaba.druid.pool.DruidDataSourceFactory;

import javax.sql.DataSource;
import java.io.IOException;
import java.io.InputStream;
import java.sql.Connection;
import java.sql.SQLException;
import java.util.Properties;

public class JDBCUtils {
    private static DataSource ds ;
    static {
        try {
            Properties properties = new Properties();
            InputStream inputStream = JDBCUtils.class.getClassLoader()
                .getResourceAsStream("druid.properties");
            properties.load(inputStream);
            ds = DruidDataSourceFactory.createDataSource(properties);
        } catch (Exception e) {
            e.printStackTrace();
        }
    }

public static DataSource getDataSource(){
        return ds;
    }

    public static Connection getConnection() throws SQLException {
        return ds.getConnection();
    }

}
```

在类 UserDAO 中提供登录方法 login。

```
import cn.guizimo.domain.User;
import cn.guizimo.util.JDBCUtils;
import org.springframework.dao.DataAccessException;
import org.springframework.jdbc.core.BeanPropertyRowMapper;
import org.springframework.jdbc.core.JdbcTemplate;
public class UserDAO {
    private JdbcTemplate template= new JdbcTemplate(JDBCUtils.getDataSource());
    public User login(User loginUser) {
        try {
            String sql = "select * from user "
                            + "where username = ? and password = ?";
```

```
            User user = template.queryForObject(sql,
                    new BeanPropertyRowMapper<User>(User.class),
                    loginUser.getUsername(), loginUser.getPassword());
            return user;
        } catch (DataAccessException e) {
            e.printStackTrace();
        }
    }
}
```

设计控制器类 LoginServlet。

```
import javax.servlet.ServletException;
import javax.servlet.annotation.WebServlet;
import javax.servlet.http.HttpServlet;
import javax.servlet.http.HttpServletRequest;
import javax.servlet.http.HttpServletResponse;
import java.io.IOException;

@WebServlet("/LoginServlet")
public class LoginServlet extends HttpServlet {
    @Override
    protected void doGet (HttpServletRequest request, HttpServletResponse
response)
        throws ServletException, IOException {
        request.setCharacterEncoding("utf-8");
        String userName = request.getParameter("userName");
        String password = request.getParameter("password");
        User loginUser = new User();
        loginUser.setUsername(userName);
        loginUser.setPassword(password);

        UserDAO dao = new UserDAO();
        User user = dao.login(loginUser);

        if(user == null){
            request.getRequestDispatcher("/FailureServlet")
                .forward(request,response);
        }else{
            request.setAttribute("user",user);
            request.getRequestDispatcher("/SuccessServlet")
                .forward(request,response);
        }
    }

    @Override
    protected void doPost(HttpServletRequest request, HttpServletResponse
        response)
```

```
        throws ServletException, IOException {
        this.doGet(request,response);
    }
}
```

处理成功登录的 SuccessServlet 类。

```
@WebServlet("/SuccessServlet")
public class SuccessServlet extends HttpServlet {
    @Override
    protected void doGet(HttpServletRequest request, HttpServletResponse
        response)
        throws ServletException, IOException {
        this.doPost(request, response);
    }

    @Override
    protected void doPost(HttpServletRequest request, HttpServletResponse
        response)
        throws ServletException, IOException {
        User user = (User) request.getAttribute("user");
        if(user != null){
            response.setContentType("text/html;charset=utf-8");
            response.getWriter().write("登录成功！欢迎"+user.getUsername());
        }
    }
}
```

处理登录失败的 FailureServlet 类。

```
@WebServlet("/FailureServlet")
public class FailureServlet extends HttpServlet {
    @Override
    protected void doGet(HttpServletRequest request
        , HttpServletResponse response)
        throws ServletException, IOException {
        this.doPost(request, response);
    }

    @Override
    protected void doPost(HttpServletRequest request
        , HttpServletResponse response)
        throws ServletException, IOException {
        response.setContentType("text/html;charset=utf-8");
        response.getWriter().write("登录失败,用户名或密码错误。");
    }
}
```

在用户登录交互行为中,涉及用户、浏览器表单(Form)、用以响应登录请求的控制器 LoginServlet 对象、完成数据库访问并具体执行登录功能的 UserDAO 对象等。通过 UML 顺序图,能够全面展示这些对象间的交互过程,如图 11-33 所示。

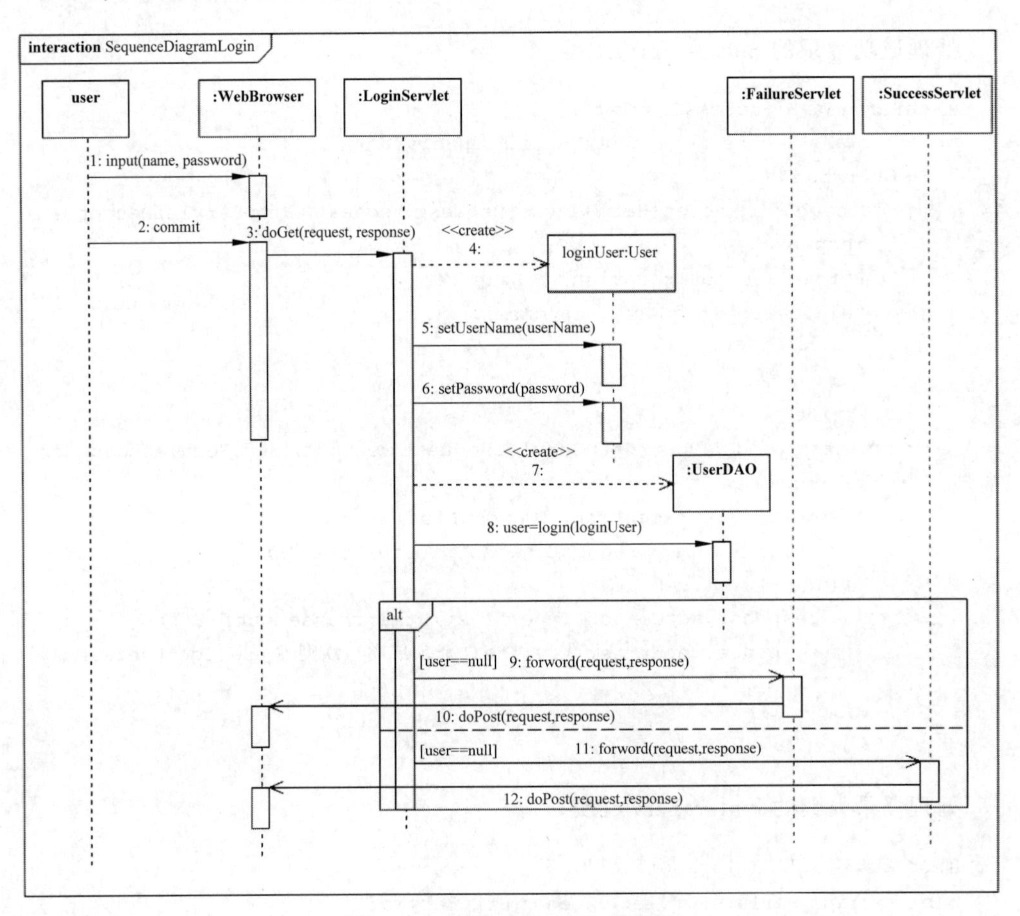

图 11-33 用户登录 UML 顺序图

在图 11-33 中,自上而下、自左而右地按照消息的序号顺序阅读。首先用户在浏览器中输入用户名和密码,然后单击“提交”按钮。一个 HTTP 请求对象 request 就发送给了服务器中的 LoginServlet 对象。LoginServlet 对象创建登录用户 User 对象 loginUser,设置登录用户的用户名和密码,然后创建 UserDAO 对象并把 loginUser 对象发送给 UserDAO 对象,该对象访问数据库(图中略去),查询是否存在该用户名和密码,将查询结果 user 返回。

如果查询结果 user 为空,意味着没有此用户或者密码错误,则向 FailureServlet 发送 doPost 消息,显示“登录失败,用户名或密码错误。”;否则,向 SuccessServlet 发送 doPost 消息,显示“登录成功! 欢迎”。

思 考 题

1. 举例说明顺序图中各种图形元素及含义。

2. 从表达力、综合性、清晰性和构建代价四个方面比较顺序图和协作图。

3. 顺序图和协作图消息的语法和语义有何不同？

4. 假设类 A 的实例方法 doX()调用了类 B 的实例方法 doY()；而 doY()中又调用了 doX()。如何在顺序图中表示这种递归调用？

5. 某个 Web 应用中，用户在浏览器中设置了开始时间、结束时间、污染物、检测站点和区域范围等参数后，单击“图表显示”按钮，浏览器将用户选取的参数请求发送到服务器端(IIS)。Web 服务器端接收到请求后读取参数，通过 AJAX 异步数据传输接口将参数传送给 SQL Server 数据库，通过 SQL 语句查询出结果并将结果返回给 Web 服务器，计算相关系数。将获取的数据转换为地图所需的 JSON 格式，通过 AJAX 异步数据传输接口，给图表提供所需要的数据。客户端把这些数据通过 Echarts 图表控件生成图表显示，如图 11-34 所示。该顺序图有何问题？如何改正？

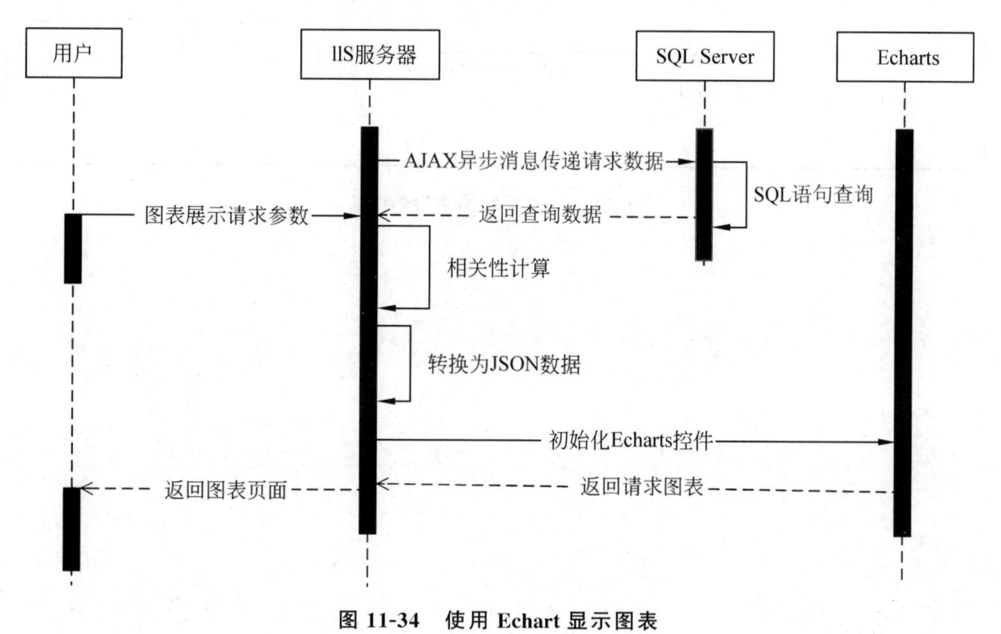

图 11-34 使用 Echart 显示图表

6. 某图书馆借阅管理系统图书管理员“新增馆藏图书”模块的顺序图如图 11-35 所示。该图描述了图书管理员操作界面对象(按钮、窗口、下拉列表、提交按钮)的界面事件(mouseClick 等)、向实体类发送的消息 getNo 等。该顺序图存在的问题有哪些？如何改正？

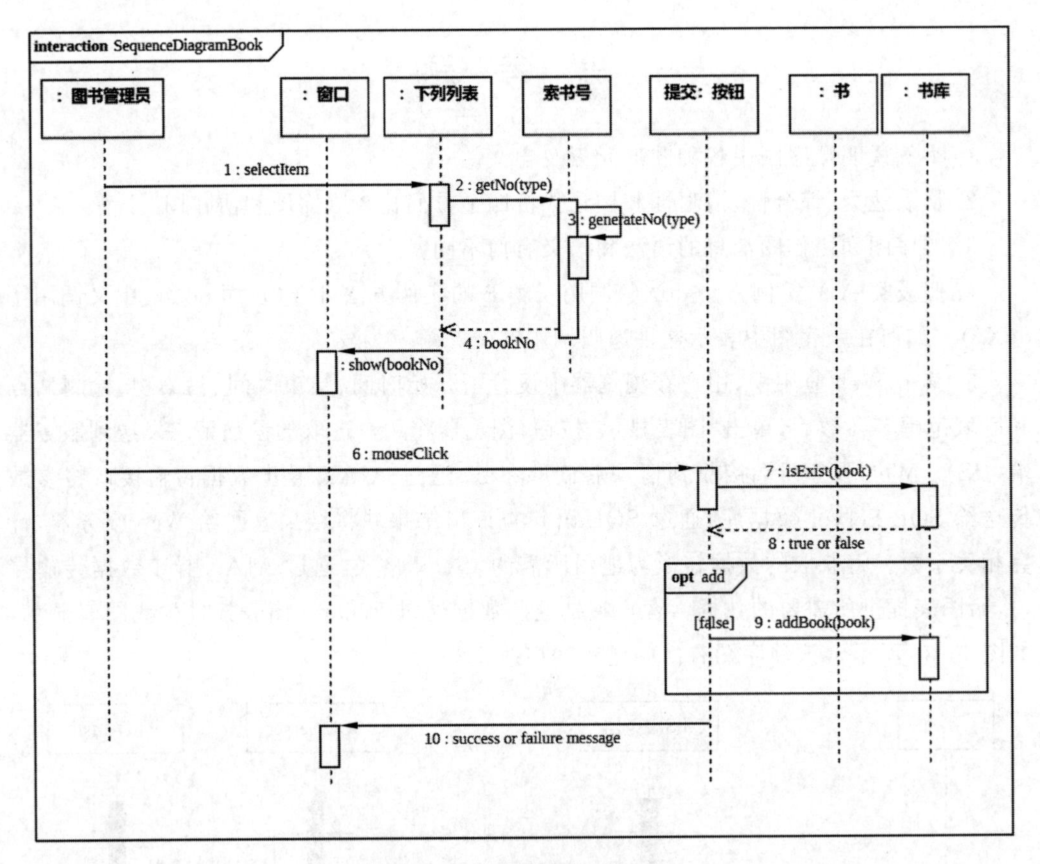

图 11-35 “新增图书”顺序图

第 12 章 物理模型

除了行为模型,另外一类模型是结构模型,有类图、对象图、包图、组件图、复合结构图和部署图。类图和对象图反映了系统的逻辑结构模型,而包图、组件图、复合结构图和部署图则反映了系统经过分析和设计后产生的物理结构模型。

12.1 包 图

包(Packages)为 UML 模型提供了通用的结构化和组织能力。包是一种名字空间(Namespace),一个包中含有若干类型(Type)。

通过包,若干类型划分到了不同的名字空间中。这些作为包成员的类型称为被打包的元素(packagedElement),包拥有(Owns)其成员,或者说,包含(Contains)其成员。通过归并(Merging),一个包能够导入另外一个包中的成员。

Java 语言把一组相关的类型(类、接口等)定义在同一个包中。JDK(Java Development Kit)包含丰富的预先写好的类,这些类称为应用程序接口(Application Programming Interfaces,API)。

这些 JDK 中的 API,也称为标准 API,为程序员编写网络、图形等应用提供了通用的类,并组织在不同的包中。例如,java.lang 包是编写 Java 程序最基本的包,其中包含 String、Math、System 等最常用的类。例如,String 类提供了字符串处理功能。java.util 包含 Calendar、Scanner、Set 和 Queue 等实用类和接口。java.io 包中有完成字节方式输入输出和字符方式输入输出的类,例如,InputStream、OutputStream、Reader、Writer。java.swing 提供了轻量级的图形用户接口(GUI)组件,例如,JButton、JComboBox。图 12-1 展示了在 JDK 1.8 中 API 的包的组织。

在一个 Java 项目中,通常把相关的类型组织在不同的包中。例如,实体类 Course、Student 等放在包 com.zxs.entity 中。

在 UML 中,各种建模元素都可以作为包的成员:用例、活动、类、接口、协作、状态机、节点、参与者、枚举、信号、数据类型、模型、概要、子系统以及包。创建 UML 包图的目的在于展现设计的高层视图,将一个大而复杂的系统模型进行模块化组织。

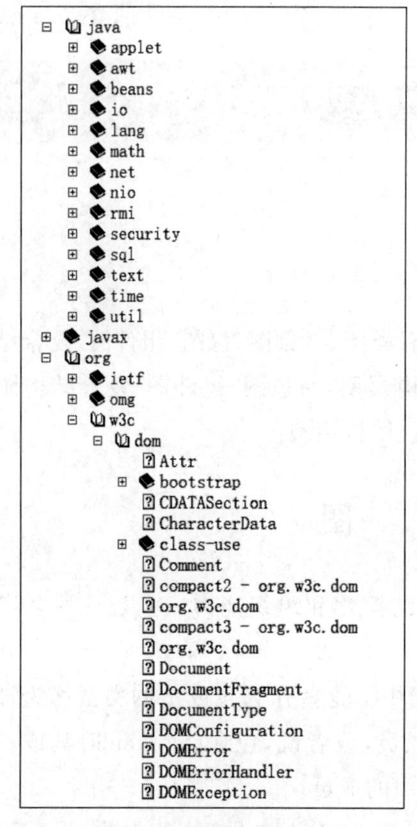

图 12-1 JDK 1.8 API

图 12-2 Java 项目中的包

12.1.1 包与包之间的关系

包的记号如图 12-3 所示。这个记号由两部分组成：大一点儿的矩形框及其左肩膀上的小矩形框(标签，tab)。

如果在大的矩形框里没有显示成员，那么应该放置包的名字；否则，把包的名字放在标签中，如图 12-4 所示。在图中所示的包中有 A 和 B 两个类。

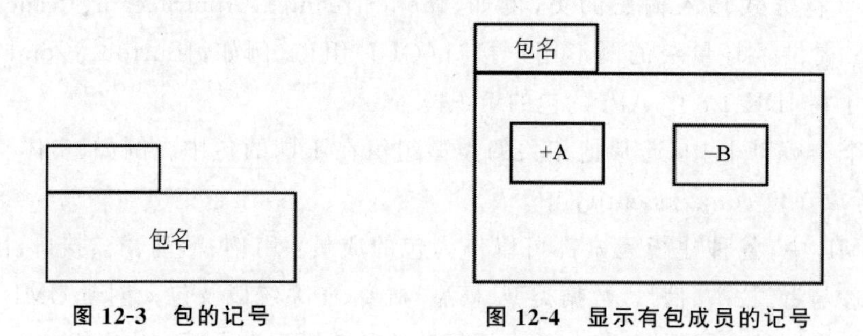

图 12-3 包的记号　　图 12-4 显示有包成员的记号

成员名字前面的加号(＋)或者减号(－)表示了可访问性：＋表示公共；－表示私有。

成员也可以放在大矩形框的外面，通过分支连线(Branching Line)与包记号连接，并

且在包记号的连接点上放置一个带有圆圈的加号表示成员关系，如图 12-5 所示。

UML 模型是特征集、事件和行为这三类建模元素的集合。模型的记号如图 12-6 所示，在大矩形框的右上角使用一个三角形标记，或者在小矩形框中使用版型<<model>>。

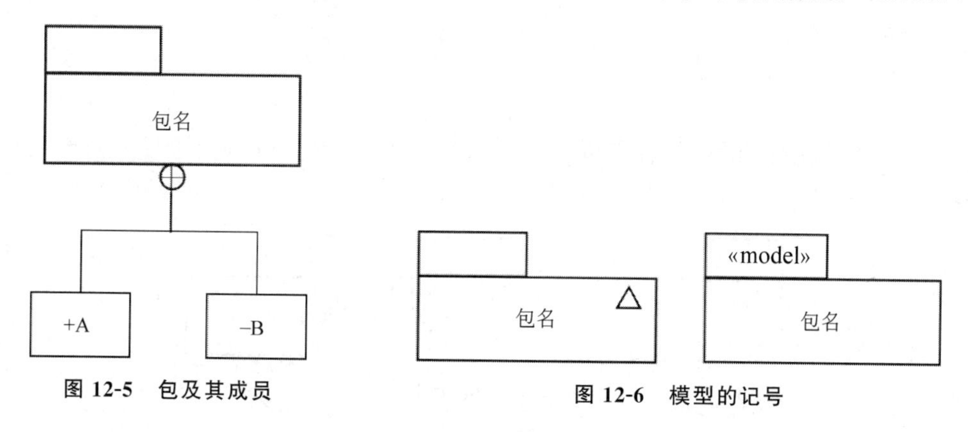

图 12-5　包及其成员

图 12-6　模型的记号

图 12-7 表示学生选课系统模型由分析模型和设计模型组成。

子系统(Subsystem)的记号如图 12-8 所示，在大矩形框的右上角有一个表示分支的符号。

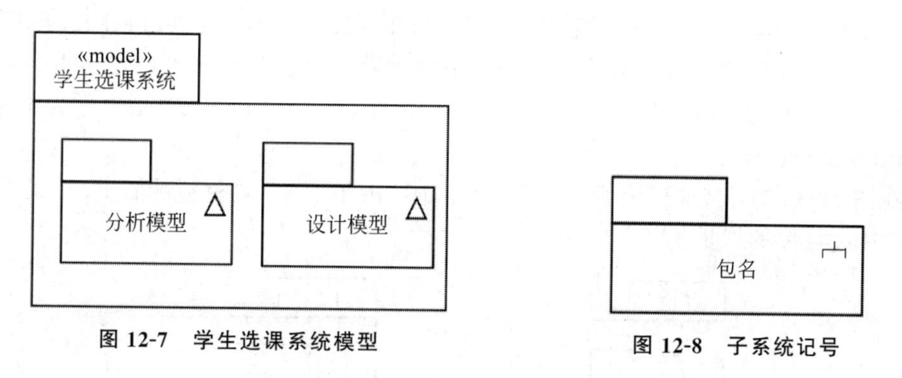

图 12-7　学生选课系统模型

图 12-8　子系统记号

依赖是包之间的基本关系。

UML 的依赖关系有三种：使用、抽象和部署。使用是默认的包依赖关系。实例化(instantiate)、参数(parameter)、调用(call)、信号发送(send)和连接(connect)都是使用依赖。“实例化”表示客户实例化了提供者的对象。“参数”指客户把提供者作为操作的参数。“调用”指客户调用了提供者的操作。“信号发送”指客户使用了提供者发送的信号。“连接”指客户使用了提供者的连接器。如果包 B 中的模型元素(如类)使用服务提供者包 A 来实现或者运作，则称包 B 依赖于包 A。“使用”依赖使用带箭头的虚线表示，虚线使用版型<< use >>标识。实现(implement)、跟踪(trace)、细化(refine)和导入/导出(import/export)称为“抽象”依赖。

依赖关系用带有开放箭头的虚线来表示。虚线的尾部位于具有依赖性的元素(客户)，箭头位于虚线头部并指向支持这种依赖的元素(提供者)。

下面的 Java 代码显示类 A 定义在包 com.abc.ui 中，类 A 需要使用 java.util 包中的类 ArrayList。

```
package com.abc.ui;
import java.util.ArrayList;
class A{
    //…
}
```

那么,包 com.abc.ui 就依赖于包 java.util。图 12-9 展示了这种由于导入而产生的依赖关系。

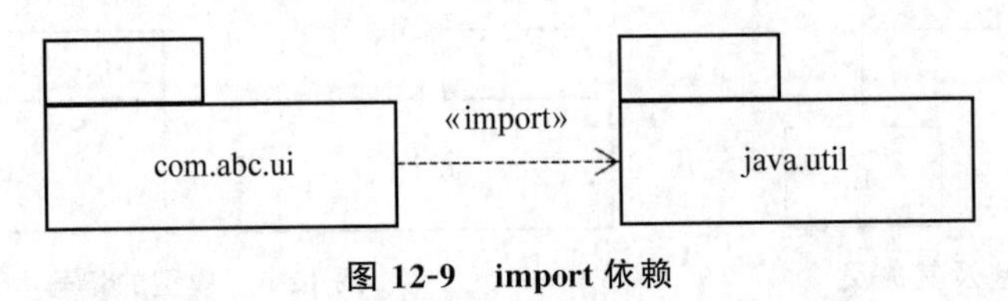

图 12-9　import 依赖

12.1.2　包的归并

归并是两个包之间的有向关系：把被归并包(mergedPackage)的被归并元素(merged element)根据 UML 预定义的规则,归并到接收包(receivingPackage)中去。归并关系不具有自反性。归并前的被归并包中的元素称为被归并元素(merged element);归并前源包中的元素称为待接收元素(receiving element);归并后的元素称为结果元素(resulting element)。

在图 12-10 中,P2 原来有类 A,又归并了 P1 中的类 A。这就意味着 P1 中的类 A 成为 P2 中的类 A 的增量。

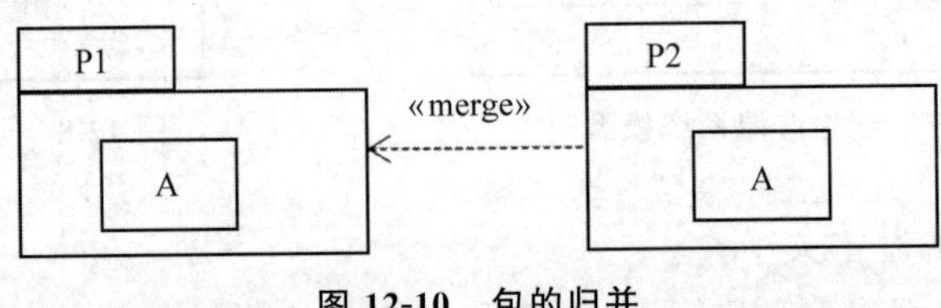

图 12-10　包的归并

UML 仅定义了一般元模型(如包、类、数据类型、特性、关联)的归并规则,而状态机、交互等则与领域规则紧密相关,UML 无法定义。

如果满足下面的约束,则称两个模型元素匹配。

(1) 只能归并 Package、Class、DataType、Property、Association 的模型元素。

(2) 模型元素(例如属性、参数)类型必须相容,相容类型指要么相同类型,要么具有共同的超类型(supertype)。

(3) 在<<merge>>关系的有向图中没有环路。

(4) 不能归并自己所包含在的包,无论是直接包含还是间接包含。

(5) 不能归并自己包含的包,无论是直接包含还是间接包含。

(6) 待接收元素不能显式引用任何被归并元素。

(7) 与匹配关联的重定义不能冲突。

包归并是有效的(Valid)当且仅当归并所需所有约束满足。如果两个模型元素匹配,那么按照如下规则进行归并。

(1) 无论是被归并元素还是待接收元素,如果是没有匹配的元素就深度复制到结果包中(默认规则)。

(2) 相互复制的、名字和元类型匹配的两个模型元素进行归并的结果是待接收元素。

(3) 结果元素是匹配元素的特征组合。

归并后,所有对结果包中类型的引用变换为对结果元素的引用。在图 12-11 中,包 P2 中的类 A 是 P2 中原有的类 A 与 P1 中的类 A 的组合。因为这两个模型元素元类型都是类,名字也相同,根据规则 3 则进行组合,所以归并后的包 P2 中的结果模型元素"类 A"是组合后的类 A。包 P3 导入结果包 P2 中的类 A,根据规则 4,导入的是组合后的类 A。

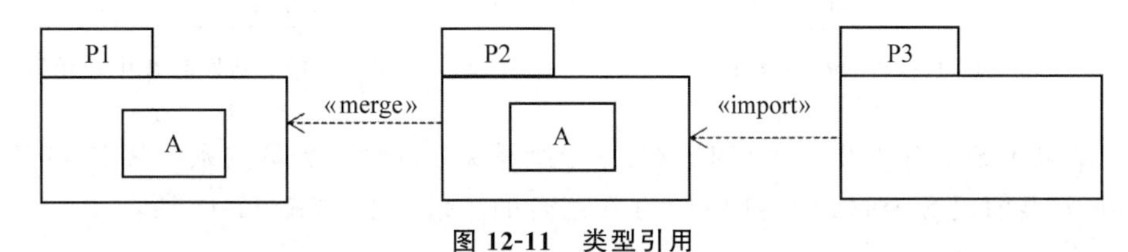

图 12-11　类型引用

按照以下规则在归并时处理模型元素的特性。

(1) 对所有匹配的元素,如果二者都是私有的,那么结果元素也是私有的;否则,结果元素是公共的。

(2) 对所有匹配的特征集元素,如果二者 isAbstract = true,那么结果元素 isAbstract = true;否则,结果元素 isAbstract = false。

(3) 对所有匹配的特征集元素,如果二者 isFinalSpecialization = true,那么结果元素 isFinalSpecialization = true;否则,结果元素 isFinalSpecialization = false。

(4) 对所有匹配的元素,如果二者都不是导出的,结果元素也不是;否则,结果元素是导出的。

(5) 对所有匹配元素的多重性范围,结果元素的多重性范围下界是二者中较小的一个,结果元素的多重性范围上界是二者中较大的一个。

(6) 应用于模型元素的任何版型都应用于结果元素。

(7) 对于匹配的可重定义的元素,不同的重新定义都应用于结果元素。

(8) 对于匹配的可重定义的元素,如果二者 isLeaf=true,则结果元素 isLeaf=true;否则,结果元素 isLeaf=false。

在图 12-12 中,包 R 归并包 P 和包 Q,包 S 只归并包 Q。归并前包 R 中有类 A,包 P 中有类 A 及其子类 B,包 Q 中有类 A 和类 C,包 S 中有类 A、类 B 和类 D。

归并后,包 R 中有 A、B、C 三个类:C 来自包 Q;B 来自包 P;包 R 中的类 A 与包 B 中的类 A 组合,形成结果元素,这个结果元素继续与包 Q 中的类 A 组合,形成最终的结果元素，名字仍然是A。B与A的继承关系以及C与A的关联关系同样复制到包R中。所以结果包R的情况如图12-13所示。

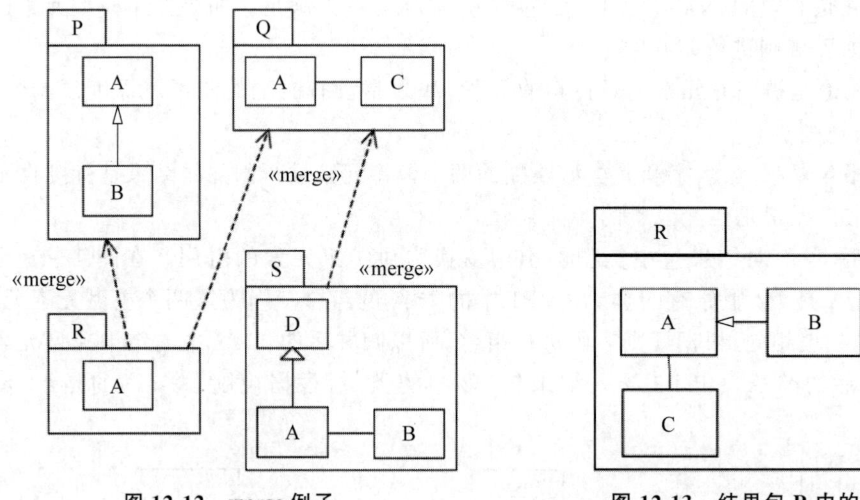

图 12-12　merge例子　　图 12-13　结果包R中的元素

在结果包S中有A、B、C、D四个类、一个继承关系和两个关联关系。其中，C来自Q包，A是归并前包S中的A与包Q中的A组合的结果元素，如图12-14所示。

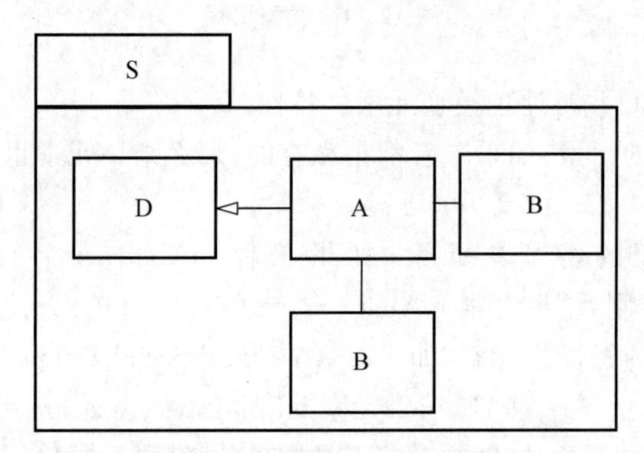

图 12-14　结果包S中的元素

12.1.3　案例研究

三层体系结构是流行的Web应用架构之一。这种架构划分为表示层、业务逻辑层和数据访问层三层，各层之间采用接口相互访问，并通过实体类传递数据。使用包图可展示这种体系结构，如图12-15所示。

表示层负责收集用户输入，将输入发送到业务逻辑层处理，并显示业务逻辑层返回的处理结果；业务逻辑层负责接收界面输入，与数据层交互执行预先设计的业务操作（业务逻辑、系统服务等），将处理结果发送到表示层；数据访问层负责数据的持久化、增删查改和数据完整性。

四层体系结构在表示层和业务逻辑层之间增加一个控制层，该层路由用户请求，交给

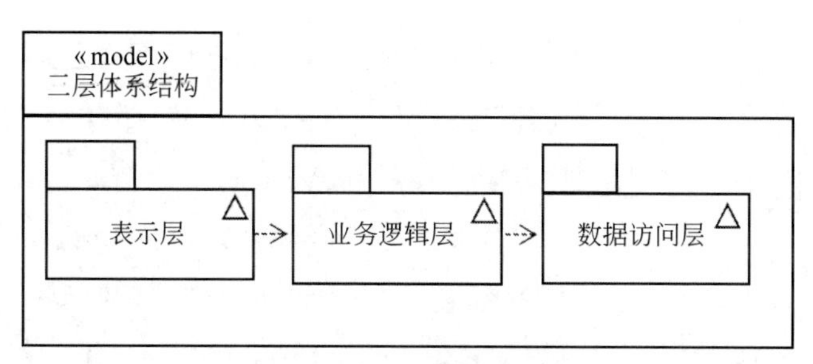

图 12-15　三层体系结构

业务逻辑层,将结果返回给用户。当单击 Web 页面中的超链接和发送 HTML 表单时,控制层本身不输出任何信息和做任何处理。它只是接收请求并决定调用哪个模型组件去处理请求,然后再确定用哪个 JSP 视图来显示返回的数据。该体系结构的包图如图 12-16 所示。

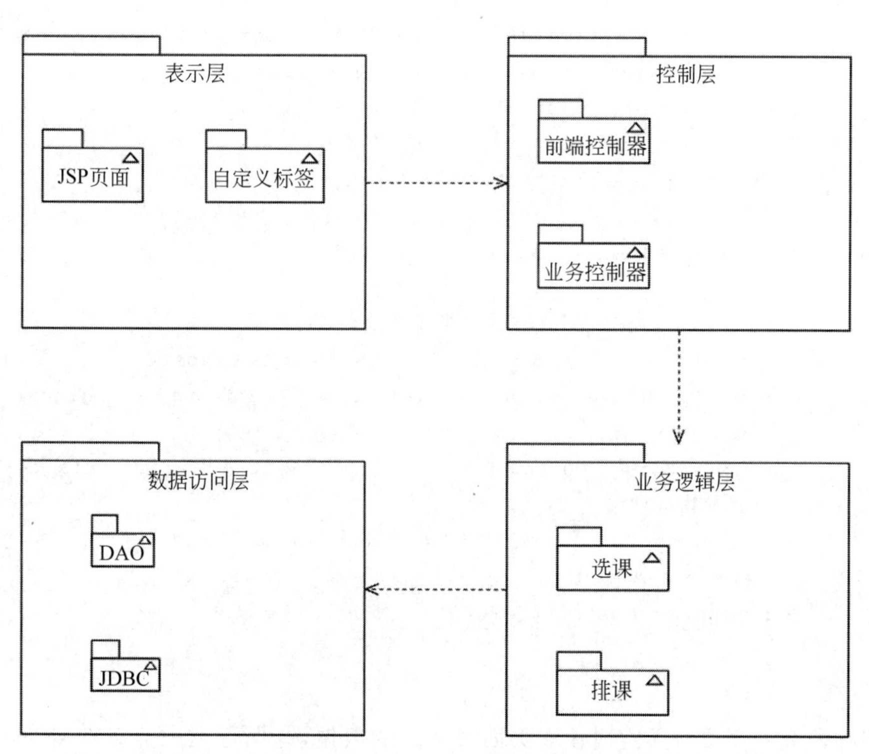

图 12-16　四层体系结构的包图

再看一个具体的应用。图 12-17 是某城市的空气质量实时检测数据,该数据以表格形式展示了"职工医院"等 8 个站点的空气质量指数(AQI)检测数据。

表头以及第 1 行"职工医院"对应的 HTML 源代码如下。

```
<div class="pj_area_data_title">
    <span class="pjadt_location">监测站点</span>
    <a class="pjadt_aqi aqi_arrow_top"
```

监测站点	AQI	空气质量状况	首要污染物	PM2.5浓度	PM10浓度
职工医院	90	良	颗粒物(PM10)	57 μg/m³	129 μg/m³
高新区	62	良	颗粒物(PM10)	40 μg/m³	73 μg/m³
西北水源	94	良	细颗粒物(PM2.5)	70 μg/m³	110 μg/m³
西南高教	68	良	细颗粒物(PM2.5)	49 μg/m³	75 μg/m³
世纪公园	64	良	颗粒物(PM10)	40 μg/m³	77 μg/m³
人民会堂	65	良	颗粒物(PM10)	43 μg/m³	80 μg/m³
封龙山	98	良	细颗粒物(PM2.5)	73 μg/m³	— μg/m³
22中南校区	68	良	颗粒物(PM10)	43 μg/m³	86 μg/m³

图 12-17　空气质量实时检测(http://www.pm25.com/city/shijiazhuang.html,2020/7/23)

```
            href="javascript:void(0)" style="cursor:default;"></a>
        <span class="pjadt_quality">空气质量状况</span>
        <span class="pjadt_wuranwu">首要污染物</span>
        <span class="pjadt_pm25">PM2.5 浓度</span>
        <span class="pjadt_pm10">PM10 浓度</span>
    </div>
    <ul class="pj_area_data_details">
        <li>
            <a class="pjadt_location">职工医院</a>
            <span class="pjadt_aqi">90<i class=""></i></span>
            <span class="pjadt_quality"><em class="pjadt_quality_bglevel_2">
                良</em></span>
            <a class="pjadt_wuranwu" title="颗粒物(PM10)" target="_blank">
                颗粒物(PM10)</a>
            <span class="pjadt_pm25">57 <em>μg/m³</em><i class=""></i></span>
            <span class="pjadt_pm10">129 <em>μg/m³</em><i class=""></i></span>
            <div class="clear"></div>
        </li>
    …
```

现在研究者需要每天定时读取页面表格中的数据,并保存到一个文本文件中。如果使用 Java 语言设计实现这样的应用,一种可行的方案是使用 HTML 解析器 Jsoap(jsoap.org),那么 Java 程序中需要导入以下类。

```
import java.io.File;
import java.io.IOException;
import java.io.FileWriter;

import org.jsoup.*;
import org.jsoup.Connection.Response;
```

```
import org.jsoup.nodes.Document;
import org.jsoup.nodes.Element;
import org.jsoup.select.Elements;

import java.text.SimpleDateFormat;
import java.util.Date;
```

假设 Java 应用程序中的类名是 AQIcollector，那么就可以使用包图展示这个应用逻辑架构，如图 12-18 所示。

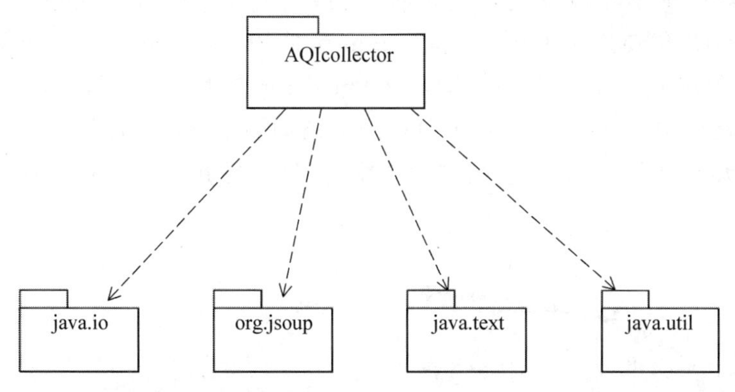

图 12-18　获取页面表格数据 Java 应用的包依赖

12.1.4　设计包的原则

根据“高内聚、低耦合”的原则，把概念上、语义上、功能上接近的类、接口等模型元素纳入一个包中，依赖关系是耦合性的体现，如果两个包中模型元素之间存在依赖关系，那么这两个包就存在依赖关系，从而形成一定程度的耦合。

设计包的原则有 4 条：复用-发布等价（Reuse-Release Equivalency）、共同复用（Common Reuse）、共同闭包（Common Closure）和无圈依赖（Acyclic Dependencies）。

复用-发布等价要求复用的粒度就是发布的粒度。某个可复用包应当具有以下特征。

(1) 清晰的文档和接口说明。

(2) 当前有人维护。

(3) 发布新版本时客户能够得到及时的通知，如果当前版本已经满足客户的要求，那么客户可以拒绝升级。

(4) 包中的类都是可复用的，不能包含不可复用的类。

(5) 包有且只有一个明确的目的。

共同复用原则要求一个包中的模型元素应该是一起进行复用。如果复用了包中的一个类，那么就要复用包中的所有类。共同复用原则的作用不仅是告诉我们应该将哪些模型元素放在一起，更重要的是告诉我们应该将哪些模型元素分开。由于依赖关系的存在，每当被引用包发生变更时，引用它的包一般也需要做出相应的变更，即使引用者不需要变更源代码，一般也需要重新编译、验证和部署。因此，包中的所有类是不能拆分的，即不应该出现使用者只需要依赖它的某几个类而不需要其他类的情况。简而言之,共同复用原则实际上是说,不紧密耦合的元素不应该被放在同一个包里,不要依赖含有不需要的元素的包。

共同闭包原则要求一个包中的所有模型元素针对同一个变化是封闭的:一个元素的变更只影响包里所有的元素,而不会影响到其他包。如果两个类紧密耦合在一起,即二者总是同时变更,那么就应属于同一个包。将由于相同原因而修改,并且需要同时修改的元素放在一起;将由于不同原因而修改,并且不同时修改的元素划分到不同包中。

无圈依赖原则不允许在包图中出现任何环路。通过创建新包可以消除圈。在图 12-19 中,GUI 包使用了 Comm 包,Comm 包使用了 Modem Control 包和 Protocol 包,这两个包使用了 Comm Error 包,而 Comm Error 包使用了 GUI 包,这些依赖关系形成了环路。为了切断 Comm Error 包和 GUI 包之间的依赖,可引用一个新的包 Message Manager 作为被观察者,GUI 包则作为观察者,显示更新后的消息。修改后的包图如图 12-20 所示。

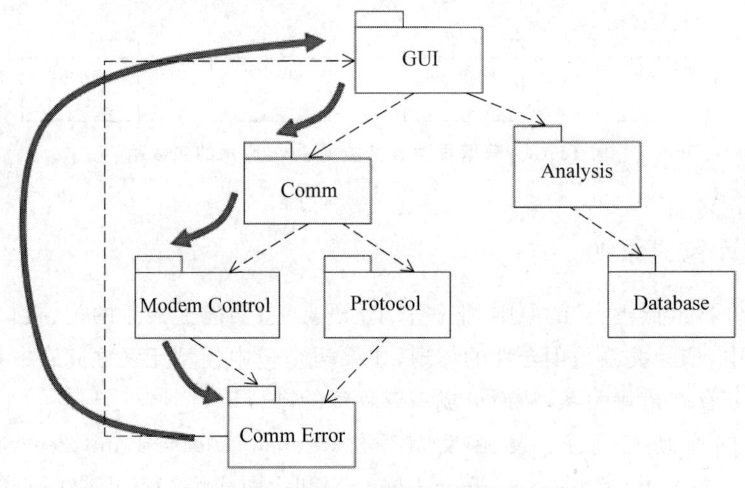

图 12-19 有环路的包图

建立包图的步骤如下。

(1) 分析系统模型元素(通常是类),把概念上或语义上相近的模型元素纳入一个包。

(2) 对于每一个包,标出其模型元素的可访问性:公共或私有。

(3) 确定包与包之间的依赖关系。

(4) 绘制包。

(5) 绘制依赖。

(6) 按照包设计原则,检查和改进包图。

注意,可以从类的功能的相关性来确定纳入包中的对象类。以下几点可作为分析对象类的功能相关性的参考:一个类的行为和/或结构的变更要求另一个相应的变更;两个类之间频繁地交互或通信;两个类之间有一般/特殊关系;如果删除一个类后,另一个类便变成是多余的;一个类激发创建另一个类的对象。

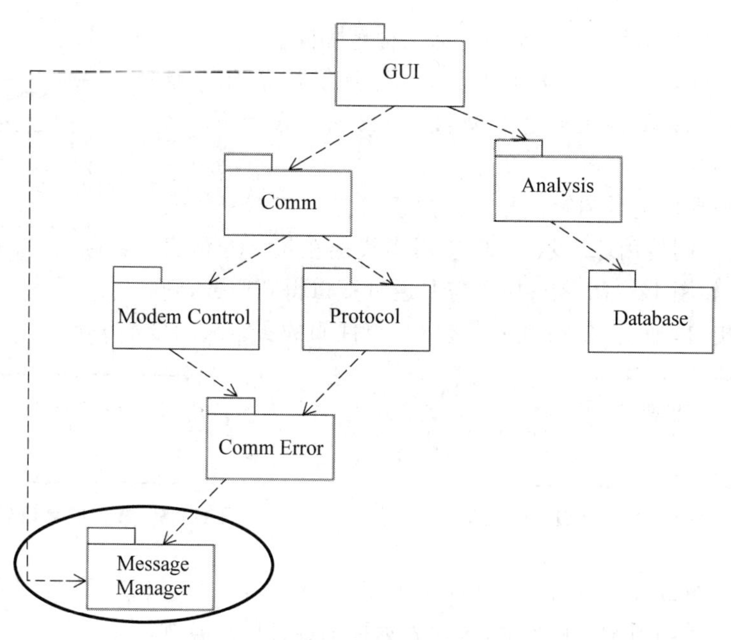

图 12-20　断开环路

12.2　组　件　图

12.2.1　组件

组件(Component)是在运行环境中封装了功能实现的、可替换的模块。组件的表现形式为各种工件(Artifacts)：源代码，包括源代码文件，如 C++ 的.h 文件和.cpp 文件，Java 的.java 文件，JSP 文件；运行时组件，如.dll，.class，.exe 等；可执行组件，如静态链接库.lib，.jar 等。

组件是封装了特征集的状态和行为的自包含单元。组件以接口的形式为组件的使用者(客户)提供了形式的服务约定规格说明。如果在设计时刻或者运行时刻组件能被另外一个具有等价功能和兼容接口组件替换，那么称该组件是可替换的。一旦环境完全兼容组件所需要的接口、提供的接口，组件就能够和环境交互。

组件图又称构件图，用来描述组件的拓扑结构以及各组件之间的依赖关系，是一种物理视图。组件的记号是一个矩形框，使用版型<<component>>标识，如图 12-21 所示。

也可以在矩形框的右上角放置一个组件图标，如图 12-22 所示，此时可以不显示<<component>>。

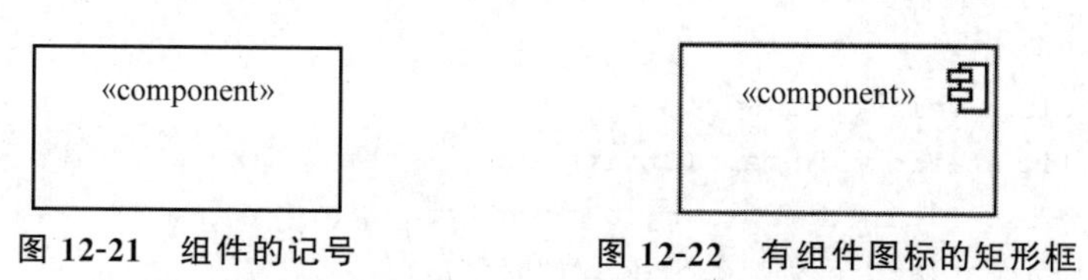

图 12-21　组件的记号　　图 12-22　有组件图标的矩形框

组件记号中也有属性、操作和内部结构等隔间。

在组件图中，接口的记号有两种，一种是使用带有版型<<interface>>标识的特征集记号，如图 12-23 所示表示一个名字为 IA 的接口。

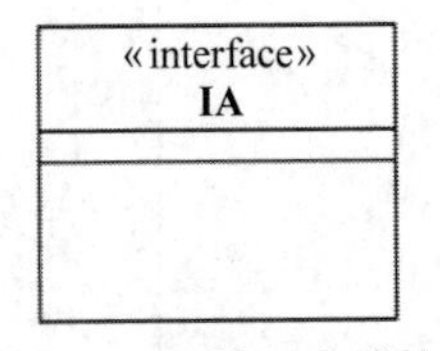

图 12-23 组件图中的接口

另外一种是球记号和窝记号。如果组件是接口规格说明的服务提供者，则使用球表示接口，使用实线连接组件和球表示提供关系，如图 12-24 所示；如果需要通过接口得到服务，则使用窝表示接口，如图 12-25 所示，接口与组件间的实线表示依赖关系。

图 12-24 接口的球记号

图 12-25 接口的窝记号

假设一个组件 T 提供了三个接口 IA、IB 和 IC，需要两个接口 IX 和 IY，使用接口的球和窝记号表示如图 12-26 所示，这种表示称为组件的黑盒视图。

需要的接口和提供的接口可以列在矩形框的隔间中，如图 12-27 所示。

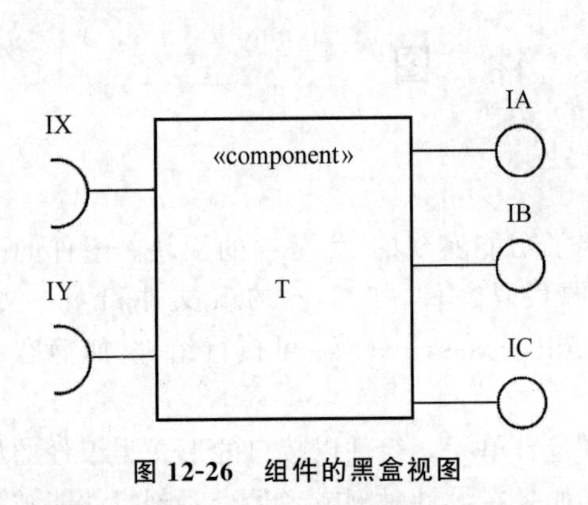

图 12-26 组件的黑盒视图

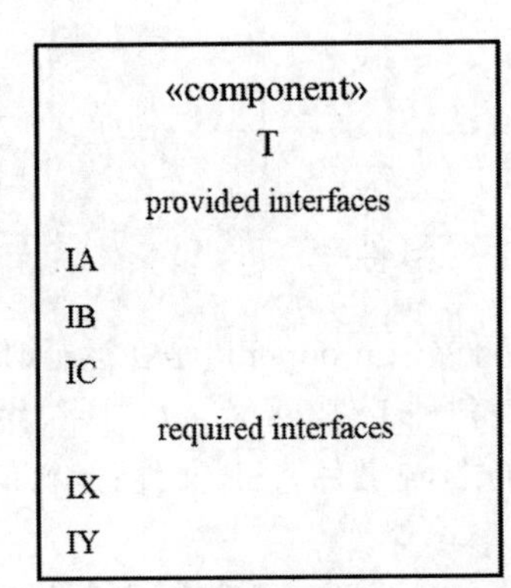

图 12-27 黑盒视图的特征集表示

在黑盒表示的基础上增加接口的实现类隔间和工件隔间，就成为组件的白盒表示，如图 12-28 所示。

下面的例子展示了如何表示组件间的依赖关系。已知有如下 Java 源代码：

```
import java.math.BigInteger;
import java.util.Collections;
import java.util.List;

public class CollectionSort {
    public static void main(String args[]) throws Exception {
        List<BigInteger> target = new ArrayList();
        target.add(new BigInteger("345"));
        target.add(new BigInteger("456"));
```

```
        Collections.sort(target);
    }
}
```

静态方法 sort 对线性表 target 进行排序，排序时需要调用对象的实例方法 compareTo 来比较对象大小，所以要求被排序的对象必须实现 Comparable 接口。该接口里面只有 compareTo 抽象方法。BigInteger 实现了 Comparable 接口。这三个组件之间的关系如图 12-29 所示。

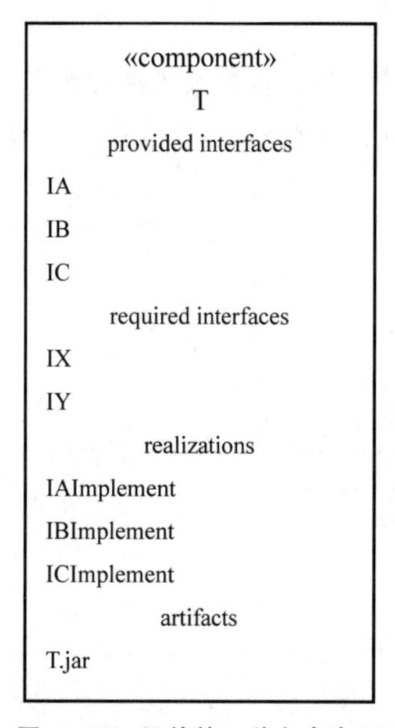

图 12-28　组件的一种白盒表示

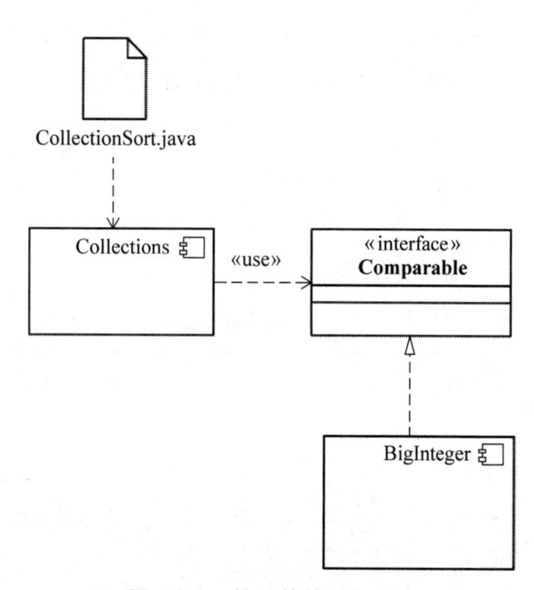

图 12-29　接口的使用和实现

端口(Port)是特征集与所处环境之间的交互点，使用特征集矩形框边框上的小正方形表示。通常左侧矩形框放置输入端口，右侧矩形框放置输出端口。输入端口和输出端口通常是单向的。

创建组件图的步骤如下。

(1) 从系统的愿景和需求分析出发，识别各个子系统。

(2) 从子系统的各个包中识别组件并绘制在图中。

(3) 识别组件之间的关系并绘制在图中。

(4) 调整布局和进行细化。

注意，组件粒度要适中，一张图中组件的数目要适中；组件图中的元素关系需要与类图及包图中元素关系保持一致；组件图中的元素名称与来源文件保持一致，与部署图中的元素保持一致。

组件图与包图在以下 4 个方面有显著区别。

(1) 包图侧重对类、接口及包等元素的抽象；而组件图侧重对库文件、源代码文件、可执行文件等元素的抽象。

(2) 包图侧重静态的、不再改变的名字空间结构;组件图侧重动态的、随编译/链接/执行过程改变的文件结构。

(3) 包图侧重模型元素间的组织关系和层次,不具有可部署性;组件图中的组件本身具有动态可执行性,所以可部署。

(4) 包图元素之间的关系大多是静态包含或关联;组件图元素之间的关系大多是动态调用或实现。

12.2.2 案例研究

如图 12-30 所示,银行短信系统实现个人消费信贷客户还款提醒及逾期催缴通知、网上支付与手机支付的确认信息通知、个人储蓄账户余额变动通知、客户生日祝福通知发送等。

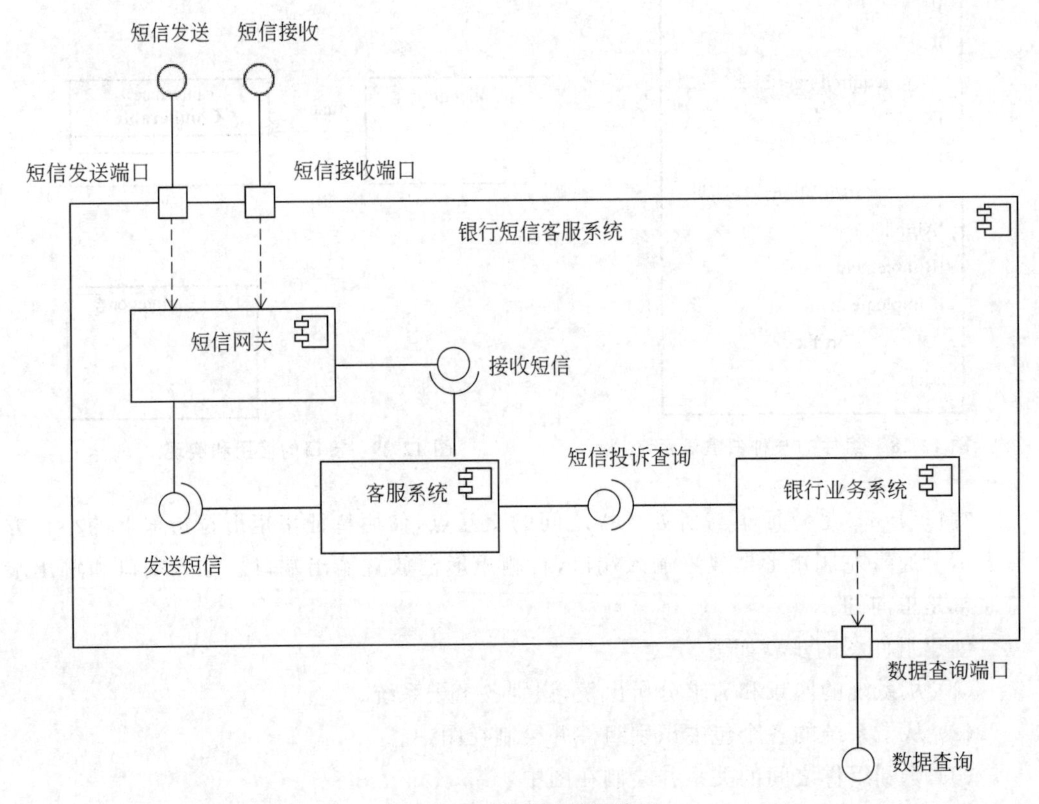

图 12-30 银行短信组件图

需发送的短信由客服系统生成,由短信网关负责进行发送。客服系统也能够从短信网关接收客户投诉短信。银行业务系统通过“短信投诉查询”接口获取短信进行处理,并向外提供数据查询服务。

12.3 部 署 图

部署(Deploy)就是把工件安装在物理目标上。一个部署含有多个工件(Artifacts)，一个目标上有多个部署(Deployments)。部署建立了目标和工件之间的关系。从类型级别看，部署关联了一类部署目标和工件；从实例级别看，部署链接了特定的部署目标和特定的工件。

部署图呈现硬件的拓扑结构，是软件架构规范的一部分。部署图可视化了目标系统中软件和硬件之间的关系，说明了目标系统中硬件和软件的分布，有利于系统维护和识别性能瓶颈。

12.3.1 部署图的组成

部署图中基本的组成元素是工件和节点。

工件是在软件开发过程中产生的或者使用的，或者在运行时刻使用的信息项，如模块文件、源文件、脚本、可执行文件、数据库表、可交付的成果、字处理文档以及电子邮件等。工件是物理世界中的具体事物，具有自己的特征和行为。

工件使用带有版型<<artifact>>标识的矩形框表示。矩形框的右上角可以有(也可以没有)一个折角的文档图标，图 12-31 展示了名字为 Connector.jar 的工件。

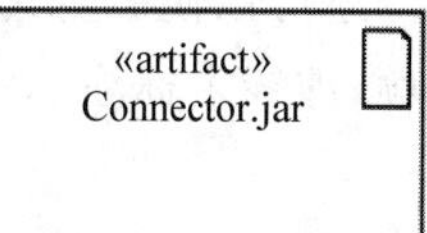

图 12-31 工件的记号

节点(Node)是可部署工件的计算资源。通过嵌套和连接，节点可能具有复杂的内部结构。节点分为两种：设备(Devices)和执行环境(Execution Environments)。设备就是物理的机器。可执行环境是工件运行时刻所需要的软件系统，其版型有<<OS>>、<<workflow engine>>、<<database system>>和<<J2EE container>>等。节点之间可以存在通信路径用于交换信号和消息，从而形成网络拓扑，如图 12-32 所示，设备节点的记号是<<device>>标识的透视立方体；执行环境节点的记号是<<executionEnvironment>>标识的透视立方体。设备 DBServer 和 AppServer 之间具有网络连接，该连接使用关联的记号表示。由于节点是一个类的实例，因此其名称的格式是“节点名：类名”，这两个部分是可选的，但如果是包含类名，则必须加上“：”。

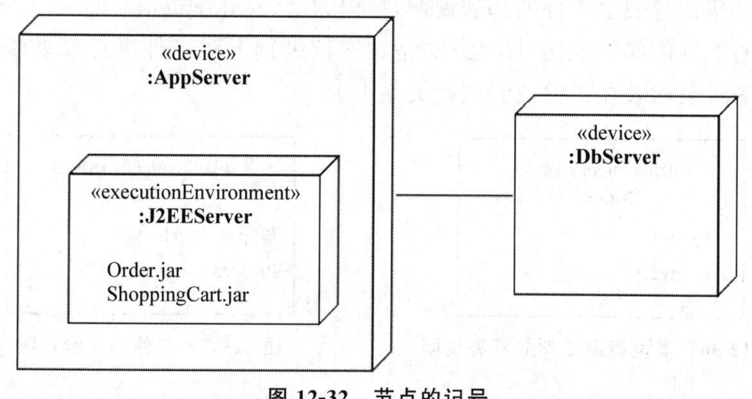

图 12-32 节点的记号

当安排某一节点进行工件部署时，该节点称为部署目标。部署目标的记号也是立方体的透视形状，里面标记目标的名字，名字前是一个冒号。

已经部署在目标上的工件有两种表示方法：记号平铺和文本列表。图 12-33 展示了在部署目标 AppServer1 上部署了两个工件：ShoppingCar.jar 和 Order.jar，前者依赖于后者。图 12-34 展示了这两个工件的文本列表表示。

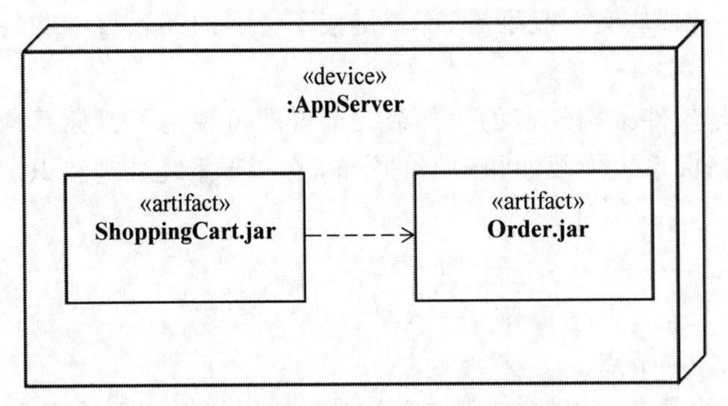

图 12-33　记号平铺的工件部署

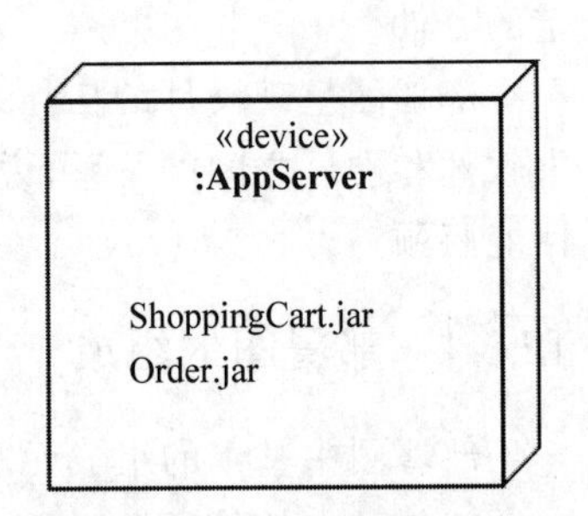

图 12-34　文本列表表示

还可以使用显式的依赖表示部署关系，如图 12-35 所示。尾部是开箭头的虚线表示依赖，虚线上标注<<deploy>>。注意，箭头指向部署目标。

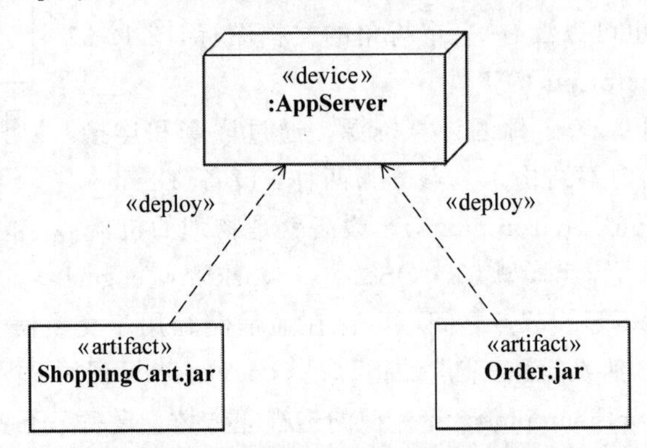

图 12-35　使用依赖表示部署关系

使用特征集记号表示工件的部署说明，标识为 <<deployment spec>>。图 12-36 是在类型级别上对工件的部署说明；图 12-37 是在实例级别上对工件进行部署说明。使用依赖箭头把部署说明附着在工件或者依赖关系上。

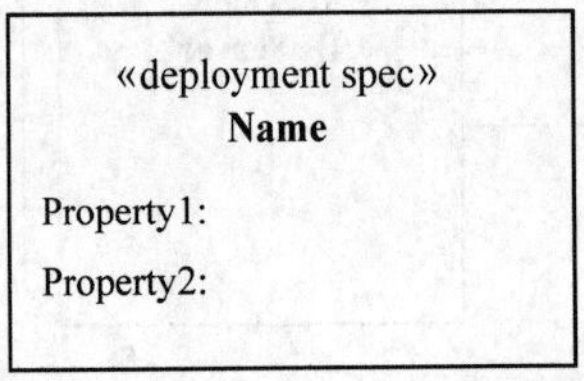

«deployment spec»
Name
Property1:
Property2:

图 12-36　类型级别工件的部署说明

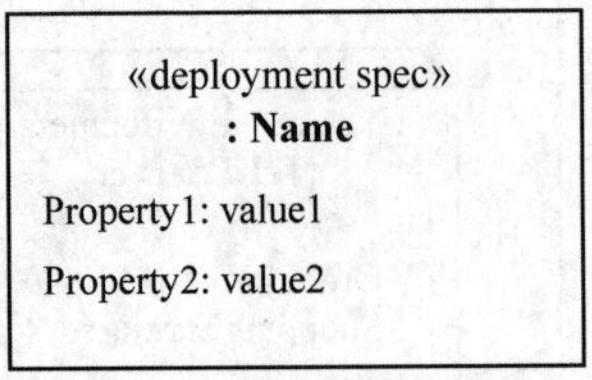

«deployment spec»
: Name
Property1: value1
Property2: value2

图 12-37　工件的实例说明

在节点的关联关系的端点上可以具有多重性说明，标记关系的名字，如图12-38所示，该图使用协议名称HTTP、USB和JDBC作为关联关系的名字。

绘制部署图的步骤如下。

(1) 识别目标系统中的设备节点、执行环境。

(2) 按照子系统，找出工件以及运行工件所需的节点。

(3) 绘制节点。

(4) 绘制部署在节点上的工件。

(5) 连接节点。

(6) 对图的部件进行调整，必要时补充多重性和部署说明。

12.3.2 案例研究

某大型程序设计竞赛的海选使用OJ(Online Judge)进行。参赛者在约定的日期和时间通过某种语言进行程序设计对题目求解。程序运行通过，则提交给OJ进行评判。一般比赛有9个题目，假设参赛选手有1000万规模。需求是：

(1) 动态展示前一百名。

(2) 动态展示个人排名，如：张三，当前排名105679。

Redis(redis.io)的排行榜功能就能实现这个需求。Redis是高性能的key-value数据库，遵守BSD协议。那么该排名应用的部署图如图12-39所示。

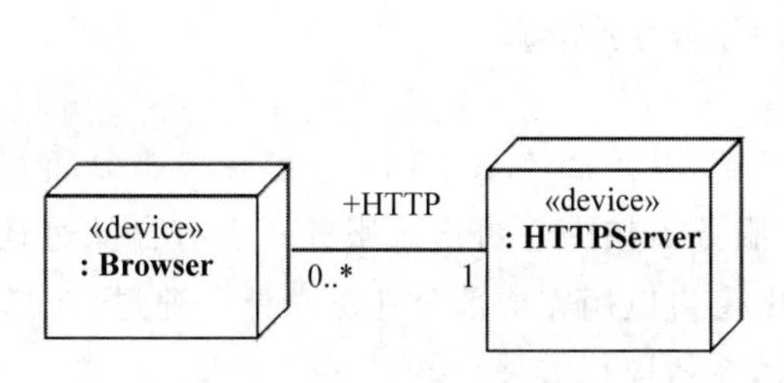

图12-38 节点之间的通信路径

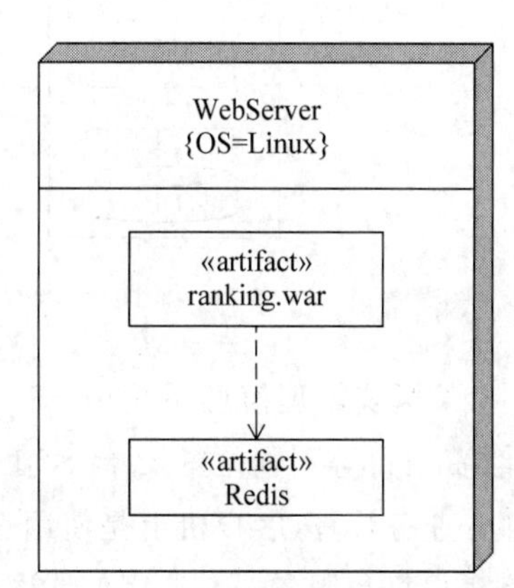

图12-39 动态排名应用的部署图

思 考 题

1. 单体式开发把所有的功能打包在一个WAR包里，除了容器基本没有外部依赖，部署在一个JEE容器(Tomcat，JBoss，WebLogic)里，包含DO/DAO，Service，UI等所有逻辑，如图12-40所示。使用UML包图展示这种体系结构。

2. 基于微服务架构的设计目的是有效地拆分应用，实现敏捷开发和部署，如图12-41

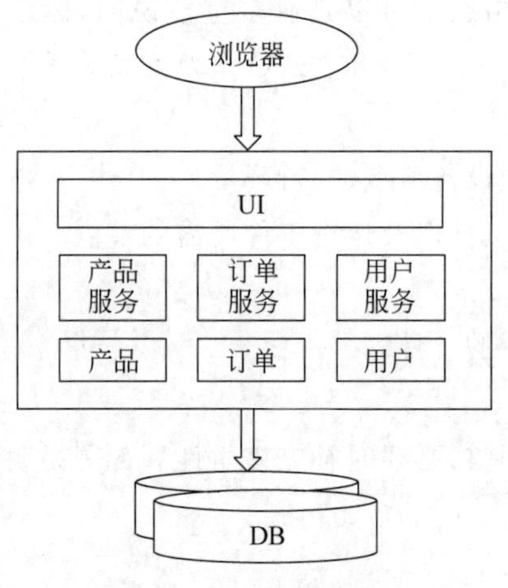

图 12-40 单体体系结构

所示。使用 UML 部署图展示此体系结构。

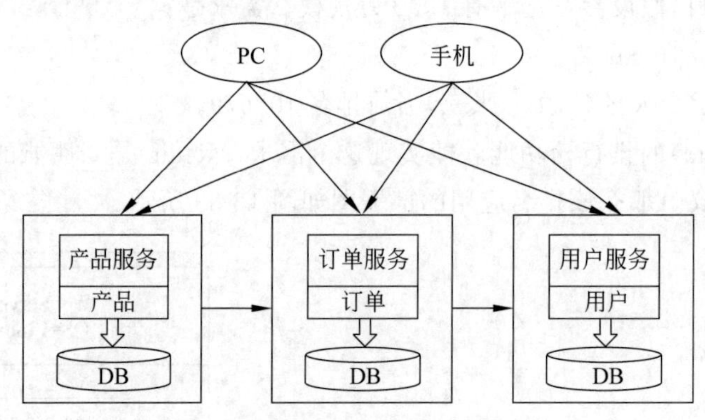

图 12-41 基于微服务的架构

3.某医院管理信息系统(HIS)采用客户机-服务器体系结构,10 台客户机分布在药房、收费窗口等不同位置,2 台 SQL Server 服务器在中心机房。服务器上有存储过程完成部分业务计算,客户机上是使用 Windows 窗口应用完成部分业务功能。通过 TCP/IP 连接客户机和服务器。使用部署图展示此体系结构。

4. 系统访问一般遵循二八定律:80%的业务访问集中在 20%的数据上。所以某系统采用远程分布式缓存,把数据库中访问较集中的一小部分数据存储在缓存服务器中,减少数据库的访问次数,降低数据库的访问压力。同时也采用本地缓存解决其他业务数据访问,如图 12-42 所示。使用 UML 组件图展示该体系结构。

5. Git 是一个分布式版本控制软件,定义了五个存储区域:工作区(Workspace)、暂存区(Staging/Index)、本地仓库(Local Repository)、远程仓库的引用(/refs/remotes)、远程仓库(Remote)。使用 UML 组件图展示其关系。

6. JFinal(https://www.jfinal.com/)是基于 Java 语言的 Web + ORM + AOP +

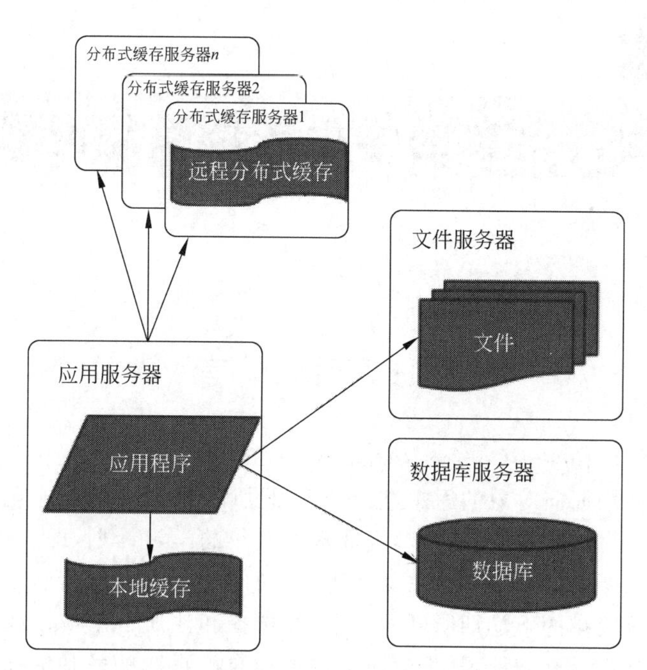

图 12-42　分布式缓存

Template Engine 框架。使用 UML 包图描述开发时刻包的依赖关系；使用 UML 组件图描述运行时刻体系结构。

第 13 章 面向对象的学生选课系统开发

13.1 引　　言

学生选课系统(Student Course Registration System,SRS)就是大学生完成选课的软件系统。该系统使用面向对象的思想进行分析和设计,并使用 Java 实现。

当学生入学后,大学一般已经为学生准备了四年的学习计划,即为了满足学历、学位的要求而应完成的课程(Course)。在每学期期末的选课(Class)时间,学生都能通过选课系统查看排课系统安排的下学期所开设课程,并选择和注册自己应该或有兴趣学习的课程。如果多个教师讲授这门课程,学生还可以选择自己喜欢的教师的课程。如果有空余的选课名额,那么学生就选课成功。选课成功则通过付费系统支付学费。任课教师可以查看选课学生的名单。

为了通过 SRS 案例理解建模、构建和部署的思想和过程,帮助读者建立起"对象"的概念,分离应用中人机界面、业务逻辑处理和持久化处理,建立起架构的概念,本案例按照迭代的方式进行组织:首先构建一个无持久层、无图形用户界面的控制台应用系统。无持久层就意味着没有外存支持。接着是文件持久层的系统构建、基于 MySQL 数据库的系统构建和图形用户界面的实现。这些系统均为桌面应用系统,除了 JVM 外,不需要容器支持。为了实现 Internet 访问,本案例介绍了以 Tomcat 作为容器的基于 JSP 的 Web 系统构建。

13.2 用 例 模 型

与学生选课系统交互的参与者有学生、教师、教务管理员、排课系统、付费系统等。学生选课系统中的一些用例可能是:

- 注册课程。
- 取消课程的注册。
- 查看某学期可以选修的课程。
- 查看课程成绩。
- 任课教师查看选课名单。
- 安排某学期的课程(例如,添加、删除课程,设置课程任课教师等)。

有了用例模型后,绘制用例图如图 13-1 所示。该图以"选课系统"为主体,包括 7 个用例、5 个参与者,并表达了参与者与用例的关联。其中,参与者"用户"是参与者"学生"

和“教师”的泛化。

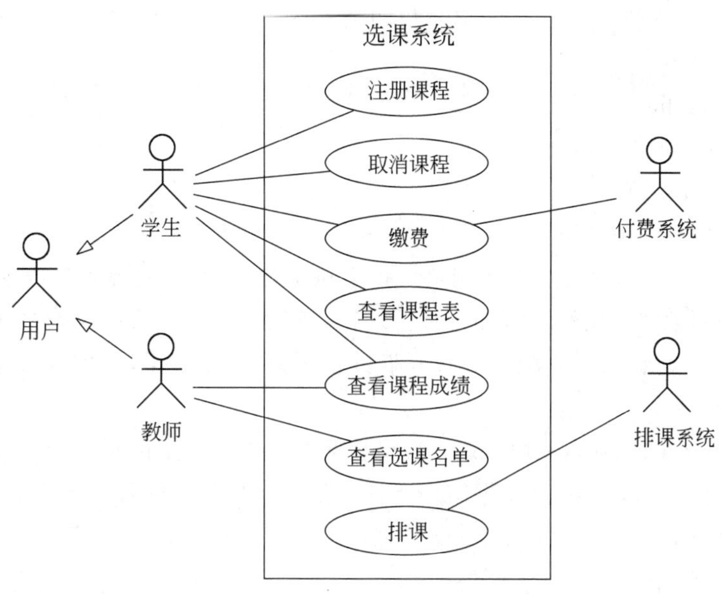

图 13-1　学生选课系统用例图

对用例“注册课程”的规格说明见表 7-1。其他用例的规格说明略。

13.3 类　模　型

13.3.1　名词短语分析

首先在 SRS 需求说明上执行名词短语分析。使用“加粗”突出显示 SRS 需求说明中的名词短语，形成初始名词集合。

当**学生**入学后，大学一般已经为学生准备了四年的**学习计划**，即为了满足**学历**、**学位**的要求而应完成的**课程**(Course)。在每学期期末的选课(Class)时间，学生都能通过选课系统查看**排课系统**安排的下**学期所开设课程**，并选择和注册自己应该或有兴趣学习的课程。如果多个**教师**讲授这门课程，学生还可以选择自己喜欢的教师的课程。如果有空余的**选课名额**，那么学生就选课成功。选课成功则通过**付费系统**支付学费。任课教师可以查看选课学生的**名单**。

其中，排课系统、付费系统是本系统的外部参与者。“选课名额”是“课程容量”的同义词。“学习计划”是排课系统的核心概念，这里略去。所以，对初始的名词集合进行精选如下：课程(Course)、教师(Teacher)、排课(Schedule of Course)、课(Class)、课堂容量(Capacity)、学期(Semester)、学生(Student)、名单(Roster)。

把以下名词当作属性而不是类：课堂容量(Capacity)将被整合为 Class 类的属性；学期(Semester)将被整合为 Class 类的 String 类型属性；学历是学生的属性；学位是学生的

属性;名单是课(Class)的属性。

因此,基于对SRS进行名词短语分析的结果建立了如下候选类列表。

- 课程(Course)
- 教师(Teacher)
- 课(ScheduledCourse)
- 学生(Student)

接着建立数据字典如下。

课程(Course):课程是与专业相关获得学位的教学单元,通常具有学分、学期、性质(选修/必修)、周学时等属性。例如,"数据结构与算法"是计算机科学与技术工学学士学位的必修课程。该课程5个学分,第3学期开设,每周讲授4学时、实验2学时。共开设18周。

课(ScheduledCourse):即Class。特定学期的每周的特定的每一天和每天特定时间提供的特定课程。例如,课程"数据结构与算法"在2018春季每周一的下午2:00到4:00在公共教学楼A座101教室由Donald教授讲授。因为与Java关键字class同名,故此处使用ScheduledCourse一词。

教师(Teacher):为某一课上课或指导学生的教师。

学生(Student):目前被大学录取并且有资格选一个或多个课的人。

13.3.2 确定关联类

在需求说明上使用动词短语分析方法:把所有与13.3.1节中得到的类列表中的类相关的动词短语通过"下画线"突出显示。

当**学生**入学后,大学一般已经为学生准备了四年的学习计划,即为了满足学历、学位的要求而应完成的课程(Course)。在每学期期末的选课(Class)时间,学生都能通过选课系统查看排课系统安排的**下学期所开设课程**,并<u>选择</u>和**注册**自己应该或有兴趣学习的课程。如果多个**教师**<u>讲授</u>这门课程,学生还可以选择自己喜欢的教师的课程。如果有空余的选课名额,那么学生就选课成功。选课成功则通过付费系统支付学费。任课教师可以查看选课学生的**名单**。

然后抽取出初步的关联以及解释。

(1) 选课(enroll):学生通过选课学习某课程,按时上课并完成所有的作业和考试,最后得到一个代表学生对课程内容掌握程度的成绩。

(2) 讲授(teaches):教师在某门课上授课。教师负责授课、布置经过深思熟虑的作业、考查学生掌握知识点情况。

13.3.3 识别属性

教师和学生都是人,所以作为"人"的共同属性,如身份证号、姓名等,应放在Person类中。Person类并没有出现在需求描述中,但是根据隐含的领域知识,可以分析抽象出该类。

修订数据字典,补充修改所有在组成这个模型时识别的新属性、关系和类的定义。例如,添加“人”类。

人(Person):人是组成社会活动的个体。

类及其属性定义如下。

Person

Person.ID:赋予个人的唯一的身份证号码。

Person.name:姓名,按照“姓、名”的顺序。

Teacher

Teacher.title:教师的专业技术职称(教授、副教授、讲师、助教)。

Student

Student.major:学生主修专业(一个学生只能修一个主要专业,不考虑辅修)。

Student.degree:学生正在攻读的学位(例如,工学学士学位)。

Course

Course.courseNo:赋予一门课程的唯一编号。

Course.Name:描述课程主题的完整名称(例如,“面向对象软件工程”)。

Course.credits:课程的学分。

ScheduledCourse

ScheduledCourse.classNo:用来区分同一学期内的同一课程(Course)的不同课(Class)的唯一编号。一门课程在某个学期被指派了资源(时间、地点、授课教师、选课学生)后,就形成了 ScheduledCourse 对象。

ScheduledCourse.dayOfWeek:周几。

ScheduledCourse.timeOfDay:上课的具体时间(例如,下午 2 点到 4 点)。

ScheduledCourse.room:上课的教学楼和教室号(例如,公教楼 A 座 101 教室)。

ScheduledCourse.seatingCapacity:某门课允许选课的最大学生数量。

这个时候就可以形成初步的类模型,如图 13-2 所示。这个模型中有 5 个类:Person、Teacher、Student、Course、ScheduledCourse。其中,Person 泛化了 Teacher 和 Student。“某教师讲授某课”表达为类 Teacher 和类 ScheduledCourse 之间的关联,关联的名字是 teaches。参与到该关联的一名教师可讲授 0 门或多门课;一门课至少有一名教师讲授。“某学生注册了某门课”表达为类 Student 和类 ScheduledCourse 之间的关联,关联的名字是 enroll。参与在该关联中的一个学生可注册一门或多门课;一门课里至少有一名学生。一门课程(Course)可以在某学期安排为若干门课,形成“同头课”。也可能不安排,即不开。

在模型中,教师的职称属性为 title,这是定义一个枚举类型,该枚举类型使用类的矩

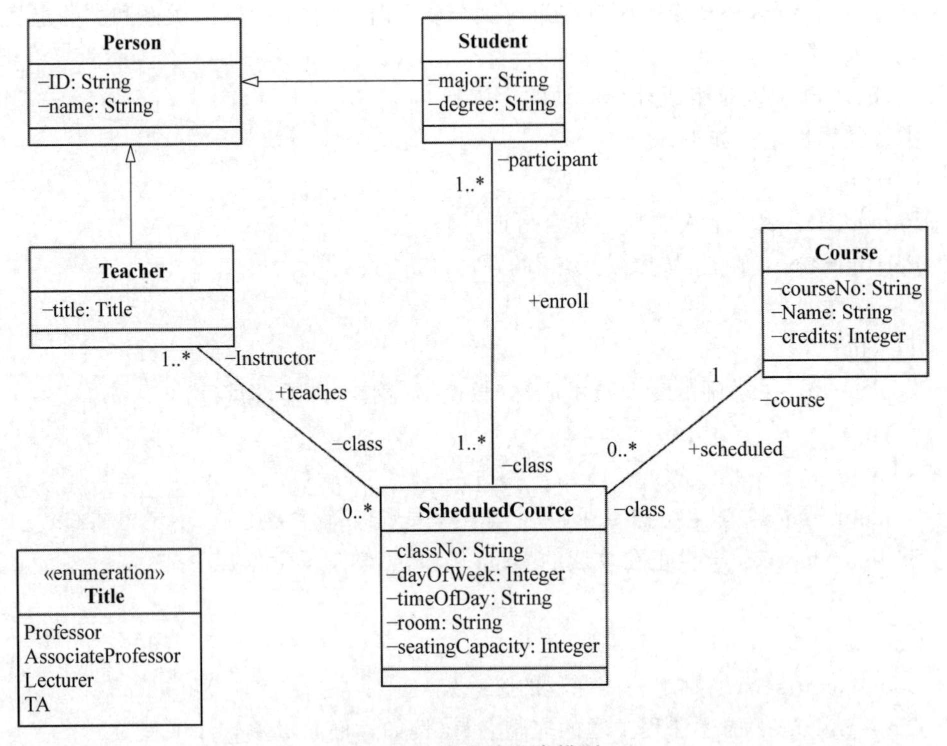

图 13-2 学生选课类模型

形记号表示。枚举名放在顶部的隔间中,枚举的属性清单放在中间的隔间里。可以定义枚举类型的操作。

13.3.4 识别方法

确定了类、类之间的关系和类的属性后,接下来确定类的行为,设计类的方法。

方法的识别要从需求描述或者用例规格说明中用寻找"动词"的方法。例如,在"学生……注册自己应该或有兴趣学习的课程……"的需求描述中有动词"注册",那么注册就应该称为一个方法。问题是该方法是"学生"类的成员方法呢?还是"课程"类的成员方法呢?这取决于学生与课程的关联在代码中是如何实现的。从如图 13-2 所示类模型看,学生 Student 和课程 ScheduledCourse 是多对多关系,可以在 ScheduledCourse 的实例中设计群集成员变量 enrolledStudents 存放注册到本课程的学生对象(引用);也可以在 Student 的实例中设计群集成员变量 takenCourses 存放学生对象所有注册的课程对象 ScheduledCourse(引用);或者二者兼有,形成双向关联。

如果采用在 ScheduledCourse 的实例中设计群集成员变量 enrolledStudents 存放注册到本课程的学生对象(引用)的设计方案,假设学生对象 s1,课程对象 class1 和群集对象 enrolledStudents,根据表 7-1,可设计出更为具体的交互模型,如图 13-3 所示。

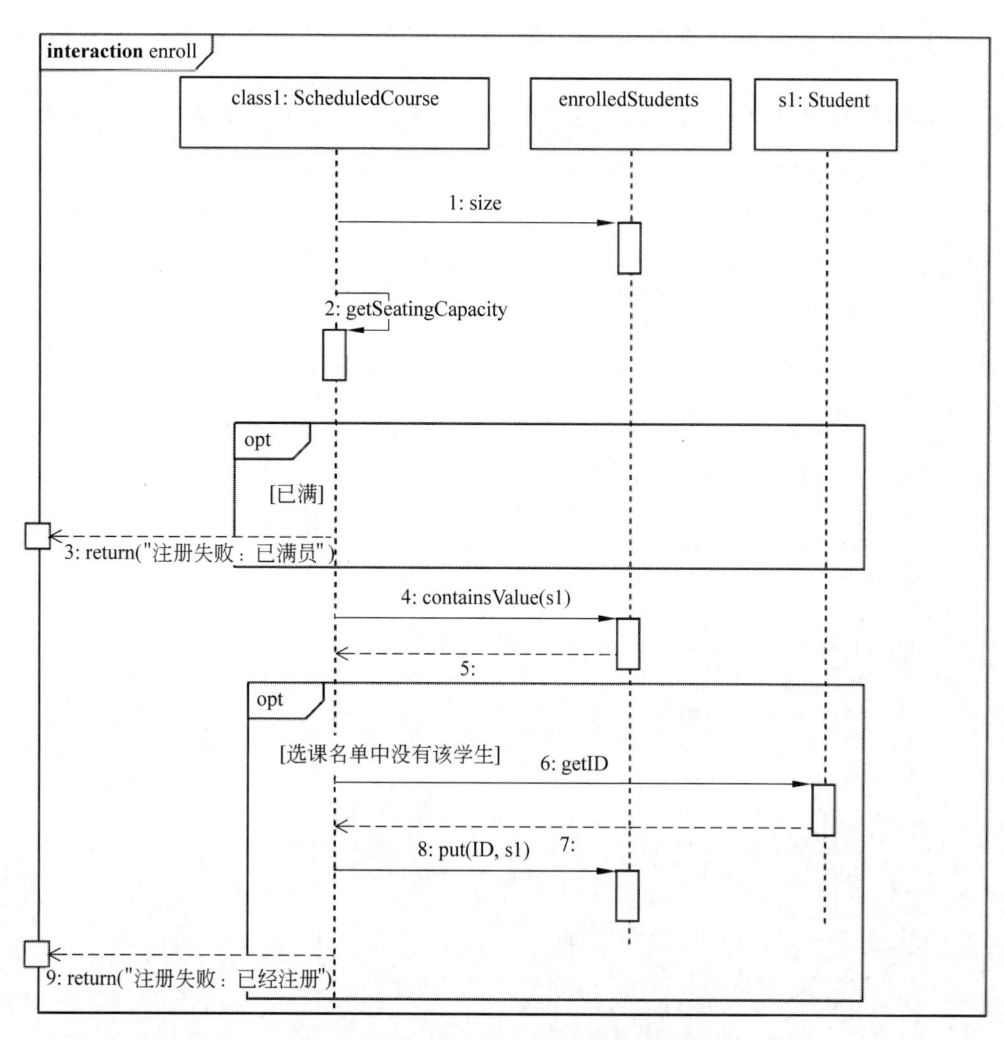

图 13-3　选课用例的交互模型

13.4　把类模型映射到代码

根据如图 13-2 所示学生选课类模型以及图 13-3 选课用例的交互模型等，可以得到 Java 编码的实体类。

假设有如下开发环境：Windows 10，JDK 8，Eclipse IDE for Java Developers Version：Oxygen.1 Release（4.7.1）。在 Eclipse 中新建项目 SRS。新建包 com.abc.domain。在该包中参考下面的代码，依次创建 Person、Student、Professor、Course、ScheduledCourse 5 个类，并创建枚举类型 EnrollmentStatus。

通过 ScheduledCourse 的私有成员变量 private Professor instructor 实现类模型中 Professor 与 ScheduledCourse 的关联关系，变量名称就是参与到关联关系的角色名称（任课教师）；通过 ScheduledCourse 的私有群集对象成员 private Map＜String，Student＞

enrolledStudents 存放选课名单，实现学生 Student 类和 ScheduledCourse 之间的关联关系。

Person 类应该被设计为抽象类，这样可以防止客户代码直接实例化 Person 对象。

```
package com.abc.domain;

/**
 * Person.java
 * @author Dong
 * 2020-08-23
 *
 * /

public abstract class Person {

    private String name;
    private String ID;

    public Person(String name, String ssn) {
        this.setName(name);
        this.setID(ssn);
    }

    public Person() {
        this.setName("");
        this.setID("");
    }

    public void setName(String name) {
        this.name = name;
    }

    public String getName() {
        return name;
    }

    public void setID(String ID) {
        this.ID = ID;
    }

    public String getID() {
        return ID;
    }

    @Override
    public String toString() {
        return "Person [姓名: " + name + ",证号: " + ID + "]";
```

```
    }

    public int hashCode() {
        final int prime = 31;
        int result = 1;
        result = prime * result + ((ID == null) ? 0 : ID.hashCode());
        return result;
    }

    public boolean equals(Object obj) {
        if (this == obj)
            return true;
        if (obj == null)
            return false;
        if (getClass() != obj.getClass())
            return false;
        Person other = (Person) obj;
        if (ID == null) {
            if (other.ID != null)
                return false;
        } else if (!ID.equals(other.ID))
            return false;
        return true;
    }

}
```

Student 类设计为 Person 的子类。

```
package com.abc.domain;

/**
 * Student.java
 * @author Dong
 * 2020-08-23
 *
 */
public class Student extends Person {

    private String major;
    private String degree;

    public Student(String name, String sid, String major, String degree) {
        super(name, sid);

        this.setMajor(major);
```

```
        this.setDegree(degree);
    }

    public void setMajor(String major) {
        this.major = major;
    }

    public String getMajor() {
        return major;
    }

    public void setDegree(String degree) {
        this.degree = degree;
    }

    public String getDegree() {
        return degree;
    }

    /*
     * 返回如下格式的字符串表示：<br> 张三 (201901001)［硕士 - 计算机科学与技术］
     *
     * @see hebtu.dd.Person# toString()
     */
    public String toString() {
        return this.getName() + " (" + this.getID() + ") ［" + this.getDegree()
                + " -" + this.getMajor() + "］";
    }

    @Override
    public int hashCode() {
        return this.getID().hashCode();
    }

    @Override
    public boolean equals(Object obj) {
        if (obj== null)
            return false;
        Student s = (Student) obj;
        if(this.getID().equals(s.getID())){
            return true;
        }
```

```
        return false;
    }

}
```

Teacher 类也是 Person 的子类。

```
package com.abc.domain;

/**
 * Teacher.java
 * @author Dong
 * 2020-08-23
 *
 */

public class Teacher extends Person {
    private String title;
    private String department;

    public Teacher(String name, String pid, String title, String dept) {
        super(name, pid);
        setTitle(title);
        setDepartment(dept);

    }

    public void setTitle(String title) {
        this.title = title;
    }

    public String getTitle() {
        return title;
    }

    public void setDepartment(String dept) {
        department = dept;
    }

    public String getDepartment() {
        return department;
    }


    public String toString() {
        return getName() + " (" + getTitle() + ", " + getDepartment() + ")";
    }
```

```
}
```

Course 类：

```
package com.abc.domain;

/**
 * Course.java
 * @author Dong
 * 2020-08-23
 *
 */
public class Course {
    private String courseNo;
    private String courseName;
    private double credits;

    public Course(String cNo, String cName, double credits) {
        setCourseNo(cNo);
        setCourseName(cName);
        setCredits(credits);
    }

    public void setCourseNo(String cNo) {
        courseNo = cNo;
    }

    public String getCourseNo() {
        return courseNo;
    }

    public void setCourseName(String cName) {
        courseName = cName;
    }

    public String getCourseName() {
        return courseName;
    }

    public void setCredits(double c) {
        credits = c;
    }

    public double getCredits() {
        return credits;
    }

    public String toString() {
```

```
        return getCourseNo() + ": " + getCourseName() + "," + getCredits()
            + "学分";
    }

    public ScheduledCourse getScheduledClass(String day, String time, String
        room, int capacity, int classNo) {

        return new ScheduledCourse(classNo, day, time, this, room, capacity);
    }

}
```

ScheduledCourse 类：

```
package com.abc.domain;

import java.util.HashMap;
import java.util.Map;

/**
 * ScheduledCourse.java
 * @author Dong
 * 2020-08-23
 *
 */
public class ScheduledCourse {

    private int classNo;                                  //课号
    private String dayOfWeek;                             //周几
    private String timeOfDay;                             //时间
    private String room;                                  //教室
    private int seatingCapacity;                          //课容量
    private Course representedCourse;                     //课程
    private Teacher instructor;                           //任课教师
    private Map<String, Student> enrolledStudents;        //选课名单

    public ScheduledCourse(int sNo, String day, String time, Course course,
            String room, int capacity) {
        setClassNo(sNo);
        setDayOfWeek(day);
        setTimeOfDay(time);
        setRepresentedCourse(course);
        setRoom(room);
        setSeatingCapacity(capacity);

        setInstructor(null);
        enrolledStudents = new HashMap<String, Student>();
```

```
}

public void setClassNo(int no) {
    classNo = no;
}

public int getClassNo() {
    return classNo;
}

public void setDayOfWeek(String day) {
    dayOfWeek = day;
}

public String getDayOfWeek() {
    return dayOfWeek;
}

public void setTimeOfDay(String time) {
    timeOfDay = time;
}

public String getTimeOfDay() {
    return timeOfDay;
}

public void setInstructor(Teacher prof) {
    instructor = prof;
}

public Teacher getInstructor() {
    return instructor;
}

public void setRepresentedCourse(Course c) {
    representedCourse = c;
}

public Course getRepresentedCourse() {
    return representedCourse;
}

public void setRoom(String r) {
    room = r;
}

public String getRoom() {
```

```
        return room;
    }

    public void setSeatingCapacity(int c) {
        seatingCapacity = c;
    }

    public int getSeatingCapacity() {
        return seatingCapacity;
    }

    /**
     * 返回如下格式: <br> CS101-1,周一,上午 8:00-10:00,赵教授,2
     */
    public String toString() {
        return getRepresentedCourse().getCourseNo() + "-" + getClassNo()
                + ", " + getDayOfWeek() + ", " + getTimeOfDay() + ", "
                + getInstructor() + ", " + getSeatingCapacity();
    }

    /**
     * 课程号(course no.)和班号(class no.)合称为"完整课号"。例如"CS101-1"
     */
    public String getFullScheduledClassNo() {
        return getRepresentedCourse().getCourseNo() + "-" + getClassNo();
    }

    /**
     * 如果容量满,则返回枚举对象"secFull"
     * 如果当前课里没有这个学生,则把该学生加入到选课名单中。
     *
     * @see EnrollmentStatus
     */
    public EnrollmentStatus enroll(Student s) {
        EnrollmentStatus status= EnrollmentStatus.SUCCESS;
        if (enrolledStudents.size() >= getSeatingCapacity()) {
            status= EnrollmentStatus.SECTION_FULL;
            return status;
        }
        if(!enrolledStudents.containsValue(s)){
            enrolledStudents.put(s.getID(), s);
        }else {
            status= EnrollmentStatus.PREV_ENROLL;
        }
        return status;
    }
```

```
    /**
     * 退课
     */
    public boolean drop(Student s) {
        if (!isEnrolledIn(s))
            return false;
        else {
            enrolledStudents.remove(s.getID());
            return true;
        }
    }

    public int getTotalEnrollment() {
        return enrolledStudents.size();
    }

    public Map<String, Student> getEnrolledStudents() {
        return enrolledStudents;
    }

    public boolean isScheduledClassOf(Course c) {
        if (c == representedCourse)
            return true;
        else
            return false;
    }

    /**
     * 判断是否已经选过本课
     *
     */
    public boolean isEnrolledIn(Student s) {
        if (enrolledStudents.values().contains(s))
            return true;
        else
            return false;
    }

}
```

最后是枚举类型选课状态的定义。

```
package com.abc.domain;
/**
 * EnrollmentStatus.java
 * @author Dong
 * 2020-08-23
 * 定义学生选课状态：成功、因满员失败、因前驱课失败和重复注册失败
```

```
 */
public enum EnrollmentStatus {
    //枚举量
    SUCCESS("注册成功"), SECTION_FULL("注册失败: 已满员"),
    PREREQ("注册失败: 前驱课未修"), PREV_ENROLL("注册失败: 已经注册");

    //实例变量
    private final String value;

    EnrollmentStatus(String value) {
        this.value = value;
    }

    public String value() {
        return value;
    }
}
```

13.5 控制台应用

首先我们仅考虑对象及对象间的交互来完成业务活动，即课程注册。没有界面，没有持久化设施，如文件、数据库等。

那么，数据从哪里来？不管数据是通过“硬编码”以字面量的形式在程序中给出，还是以某种形式存储在磁盘上，应用程序总希望以某种方式访问数据。所以，处理业务逻辑的应用就和“数据”以及管理数据的设施之间存在一个访问约定。首先以接口的形式定义这个约定。

13.5.1 创建接口

在项目中新建包 com.abc.dao，参考如下代码创建接口 CourseDAO、TeacherDAO、StudentDAO、ScheduledClassDAO 和 TeachingAssignmentDAO。

```
package com.abc.dao;

import java.util.List;

import com.abc.domain.*;
/**
 *
 * @author Dong
 * 2020-08-01
 * CourseDAO.java
 */
public interface CourseDAO {
```

```
    /*
     * 初始化教学计划中的课程
     */
    void initialize();

    /*
     * 根据课程号查询课程对象,如果没有该对象则返回 null
     */
    Course getByCourseNo(String courseNo);

    /*
     * 返回所有的课程对象
     */

    List<Course> getAll();
}

package com.abc.dao;

import java.util.List;
import com.abc.domain.ScheduledCourse;
/**
 *
 * @author Dong
 * 2020-08-01
 * ScheduledCourseDAO.java
 */
public interface ScheduledCourseDAO {
    /*
     * 初始化某学期拟开出的若干门课,这些课必须是教学计划中的课程
     */
    void initialize(CourseDAO course);

    /*
     * 返回所有的课对象
     */
    List<ScheduledCourse> getAll();

    /*
     * 根据课号查找课
     */

    ScheduledCourse getByID(String id);
}
```

```
package com.abc.dao;

import java.util.List;
import com.abc.domain.*;
/**
 *
 * @author Dong
 * 2020-08-23
 * TeacherDAO.java
 */
public interface TeacherDAO {
    /*
     * 初始化若干个教师
     */
    void initialize();

    /*
     * 返回所有的教师
     */
    List<Teacher> getAll();

    /*
     * 根据工号返回教师对象
     */

    Teacher getByPID(String pid);
}

package com.abc.dao;

import java.util.List;

import com.abc.domain.Student;
/**
 *
 * @author Dong
 * 2020-08-23
 * StudentDAO.java
 */
public interface StudentDAO {
    /*
     * 初始化若干个学生
     */
```

```
    void initialize();

    /*
     * 返回所有学生对象
     */
    List<Student> getAll();

    /*
     * 根据姓名返回学生对象
     */
    Student getByName(String name);
}

package com.abc.dao;
/**
 *
 * @author Dong
 * 2020-08-23
 * TeachingAssignmentDAO.java
 */
public interface TeachingAssignmentDAO {
    void initialize(TeacherDAO teachers,ScheduledCourseDAO classes);
}
```

13.5.2 创建实现类

然后,在项目中新建包 com.abc.dao.impl,在该包中创建各个接口的实现类:CourseDaoImpl、TeacherDaoImpl、StudentDaoImpl、ScheduledClassDaoImpl、TeachingAssignmentsImpl。

以 StudentDAO 类和 StudentDaoImpl 为例,本节中新的设计类的类模型的局部视图如图 13-4 所示。

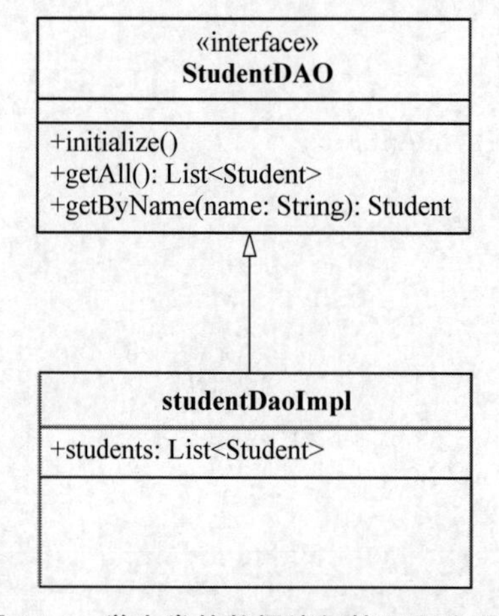

图 13-4 学生类的数据访问接口和实现类

这些实现类使用字面量实例化了三位教师、三名学生和五门课程，并把这些对象由 List 对象或 Map 等群集对象进行管理。然后根据时间、地点和课程容量创建某学期的七门课，并为这七门课安排了任课教师。

控制台应用让学生张三注册 CS201-1，结果显示注册成功；再让王五注册 CS201-1，由于该门课容量仅有一人，所以王五注册失败。

此设计应用了 DAO 设计模式。DAO (Data Access Object)的意思是“数据访问对象”，目的是将数据操作封装起来，并提供面向对象的数据访问接口。DAO 模式提供了访问数据所需操作的接口，其优势就在于它实现了两个隔离。

(1) 隔离了数据访问代码和业务逻辑代码。业务逻辑代码直接调用 DAO 方法即可，完全不必关心数据模式。数据访问层代码变化不影响业务逻辑代码，符合单一职能原则。

(2) 隔离了不同数据库实现。如果持久化设施发生变化，如由 MySQL 变成 MS SQL Server，只要增加 DAO 接口的新实现类即可，原有业务逻辑实现不用修改。符合“开闭”原则。

一个典型的 DAO 模式主要由以下 4 部分组成。

(1) DAO 接口。定义对数据库的所有操作的抽象方法。

(2) DAO 实现类。针对不同数据库给出 DAO 接口定义方法的具体实现。

(3) 实体类。用于存储与传输对象数据。

(4) 数据库连接和关闭工具类。

以上代码实现中虽然没有使用持久化设施，但是仍然采用了 DAO 模式，目的是方便后文所涉及的增加持久化设施，保持架构的一致性。

使用包图展示基于控制台的学生选课系统实现如图 13-5 所示。

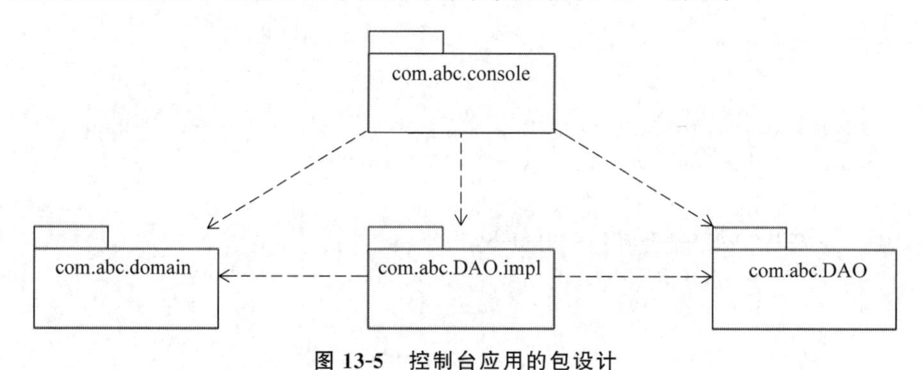

图 13-5　控制台应用的包设计

```
package com.abc.dao.impl;

import java.util.HashMap;
import java.util.LinkedList;
import java.util.List;
import java.util.Map;

import com.abc.dao.CourseDAO;
```

```java
import com.abc.domain.Course;
/**
 *
 * @author Dong
 * 2020-08-01
 * CourseDaoImpl.java
 */
public class CourseDaoImpl implements CourseDAO {
    private Map<String, Course> courses = new HashMap<String, Course>();

    @Override
    public void initialize() {
        Course c1, c2, c3, c4, c5;
        c1 = new Course("CS101", "C 程序设计", 3.0);
        c2 = new Course("CS102", "面向对象程序设计", 3.0);
        c3 = new Course("CS103", "数据结构与算法", 4.0);
        c4 = new Course("MAT101", "概率与统计", 3.0);
        c5 = new Course("CS201", "离散数学", 3.0);

        courses.put(c1.getCourseNo(), c1);
        courses.put(c2.getCourseNo(), c2);
        courses.put(c3.getCourseNo(), c3);
        courses.put(c4.getCourseNo(), c4);
        courses.put(c5.getCourseNo(), c5);

    }

    @Override
    public Course getByCourseNo(String courseNo) {

        return courses.get(courseNo);

    }

    @Override
    public List<Course> getAll() {
        List<Course> c = new LinkedList<Course>();
        for(Map.Entry<String, Course> entry : courses.entrySet()) {
            c.add(entry.getValue());
        }
        return c;
    }

}
```

```
package com.abc.dao.impl;

import java.util.HashMap;
import java.util.LinkedList;
import java.util.List;
import java.util.Map;

import com.abc.dao.CourseDAO;
import com.abc.dao.ScheduledCourseDAO;
import com.abc.domain.Course;
import com.abc.domain.ScheduledCourse;
/**
 *
 * @author Dong
 * 2020-08-01
 * ScheduledCourseDaoImpl.java
 */
public class ScheduledCourseDaoImpl implements ScheduledCourseDAO{
    private Map<String, ScheduledCourse> scheduledCourses
            = new HashMap<String, ScheduledCourse>();

    /*
     * 从课程(Course)安排某学期开出的课(scheduled Course)
     *
     */
    @Override
    public void initialize(CourseDAO course) {
        ScheduledCourse class1, class2, class3, class4, class5, class6
            , class7;
        Course c = course.getByCourseNo("CS101");
        class1 = c.getScheduledClass("周一",  "上午 8:00-10:00", "A101"
            , 30, 1);
        class2 = c.getScheduledClass("周二", "上午 8:00-10:00", "C202", 30, 2);

        c = course.getByCourseNo("CS102");
        class3 = c.getScheduledClass("周三", "下午 2:00-4:00", "C105", 25, 1);
        class4 = c.getScheduledClass("周四", "下午 4:00-6:00", "D330", 25, 2);

        c = course.getByCourseNo("CS103");
        class5 = c.getScheduledClass("周一", "下午 6:00-8:00", "E101", 20, 1);

        c = course.getByCourseNo("MAT101");
        class6 = c.getScheduledClass("周五", "下午 4:00-6:00", "D241", 15, 1);
```

```
        c = course.getByCourseNo("CS201");
        class7 = c.getScheduledClass("周一", "下午 4:00-6:00", "A205", 1, 1);

        scheduledCourses.put(class1.getFullScheduledClassNo(), class1);
        scheduledCourses.put(class2.getFullScheduledClassNo(), class2);
        scheduledCourses.put(class3.getFullScheduledClassNo(), class3);
        scheduledCourses.put(class4.getFullScheduledClassNo(), class4);
        scheduledCourses.put(class5.getFullScheduledClassNo(), class5);
        scheduledCourses.put(class6.getFullScheduledClassNo(), class6);
        scheduledCourses.put(class7.getFullScheduledClassNo(), class7);

    }

    @Override
    public List<ScheduledCourse> getAll() {
        List<ScheduledCourse> c = new LinkedList<ScheduledCourse>();
        for(Map.Entry<String, ScheduledCourse> entry
                : scheduledCourses.entrySet()) {
          c.add(entry.getValue());
        }
        return c;

    }

    @Override
    public ScheduledCourse getByID(String id) {
        return scheduledCourses.get(id);
    }

}

package com.abc.dao.impl;

import java.util.ArrayList;
import java.util.List;
import java.util.ListIterator;

import com.abc.dao.StudentDAO;
import com.abc.domain.Student;
/**
 *
 * @author Dong
 * 2020-08-01
```

```
 * StudentDaoImpl.java
 */
public class StudentDaoImpl implements StudentDAO{
    private List<Student> students = new ArrayList<Student>();

    @Override
    public void initialize() {
        Student s1, s2, s3;
        s1 = new Student("张三", "201901001", "数学", "学士");
        s2 = new Student("李四", "201901002", "计算机科学与技术", "学士");
        s3 = new Student("王五", "201901003", "计算机科学与技术", "学士");

        students.add(s1);
        students.add(s2);
        students.add(s3);

    }

    @Override
    public List<Student> getAll() {
        return students;
    }

    @Override
    public Student getByName(String name) {
        Student s = null;
        ListIterator<Student> iterator = students.listIterator();
        while (iterator.hasNext()){
            s = iterator.next();
            if (s.getName().equals(name)) break;
        }
        return s;
    }

}

package com.abc.dao.impl;

import java.util.ArrayList;
import java.util.List;
import java.util.ListIterator;

import com.abc.dao.TeacherDAO;
import com.abc.domain.Teacher;
```

```
/**
 *
 * @author Dong
 * 2020-08-01
 * TeacherDaoImpl.java
 */
public class TeacherDaoImpl implements TeacherDAO{
    private List<Teacher> professors = new ArrayList<Teacher>();

    @Override
    public void initialize() {
        Teacher p1,p2,p3;
        p1 = new Teacher("董永", "123401", "副教授","计算机科学与技术");
        p2 = new Teacher("赵云", "123402", "教授",  "计算机科学与技术");
        p3 = new Teacher("郭天", "123403", "教授",  "数学");
        professors.add(p1);
        professors.add(p2);
        professors.add(p3);

    }

    @Override
    public List<Teacher> getAll() {
        return professors;
    }

    @Override
    public Teacher getByPID(String PID) {
        ListIterator<Teacher> it = professors.listIterator();
        Teacher p = null;
        while (it.hasNext()) {
            p = it.next();
            if (PID.equals(p.getID())) break;
        }
        return p;
    }

}

package com.abc.dao.impl;

import com.abc.dao.TeacherDAO;
import com.abc.dao.ScheduledCourseDAO;
import com.abc.dao.TeachingAssignmentDAO;
```

```
/**
 *
 * @author Dong
 * 2020-08-01
 * TeachingAssignmentsImpl.java
 */
public class TeachingAssignmentsImpl implements TeachingAssignmentDAO{

    @Override
    public void initialize(TeacherDAO teachers, ScheduledCourseDAO classes){

        //根据工号查找教师对象,安排所任课
        classes.getByID("CS101-1")
                .setInstructor(teachers.getByPID("123403"));
        classes.getByID("CS101-2")
                .setInstructor(teachers.getByPID("123402"));
        classes.getByID("CS102-1")
                .setInstructor(teachers.getByPID("123401"));
        classes.getByID("CS102-2")
                .setInstructor(teachers.getByPID("123403"));
        classes.getByID("CS103-1")
                .setInstructor(teachers.getByPID("123401"));
        classes.getByID("MAT101-1")
                .setInstructor(teachers.getByPID("123402"));
        classes.getByID("CS201-1")
                .setInstructor(teachers.getByPID("123403"));

    }

}
```

13.5.3 运行一个业务场景

现在可以通过创建一个具有 main 方法的类 SRS 来创建对象的程序,完成选课。初始化这些对象后,由于课 CS201-1 的班容量为 1,所以让学生张三选课 CS201-1,应成功;再由学生王五注册同一门课 CS201-1,会因班容量限制失败。

控制台应用的显示结果如下。

```
========= 教师=========
董永 (副教授, 计算机科学与技术)
赵云 (教授, 计算机科学与技术)
郭天 (教授, 数学)
========= 学生=========
张三 (201901001)[学士 - 数学]
```

```
李四 (201901002) [学士 - 计算机科学与技术]
王五 (201901003) [学士 - 计算机科学与技术]
========== 开出的课==========
CS102-2, 周四, 下午 4:00-6:00, 郭天 (教授, 数学), 25
CS103-1, 周一, 下午 6:00-8:00, 董永 (副教授, 计算机科学与技术), 20
MAT101-1, 周五, 下午 4:00-6:00, 赵云 (教授, 计算机科学与技术), 15
CS101-1, 周一, 上午 8:00-10:00, 郭天 (教授, 数学), 30
CS101-2, 周二, 上午 8:00-10:00, 赵云 (教授, 计算机科学与技术), 30
CS102-1, 周三, 下午 2:00-4:00, 董永 (副教授, 计算机科学与技术), 25
CS201-1, 周一, 下午 4:00-6:00, 郭天 (教授, 数学), 1

学生 张三 试图注册 CS201-1
注册成功
学生 王五 试图注册 CS201-1
注册失败: 已满员
```

在项目中新建包 com.abc.console,创建含 main 方法的类如下。

```
package com.abc.console;

import com.abc.dao.CourseDAO;
import com.abc.dao.TeacherDAO;
import com.abc.dao.ScheduledCourseDAO;
import com.abc.dao.StudentDAO;
import com.abc.dao.TeachingAssignmentDAO;
import com.abc.dao.impl.CourseDaoImpl;
import com.abc.dao.impl.TeacherDaoImpl;
import com.abc.dao.impl.ScheduledCourseDaoImpl;
import com.abc.dao.impl.StudentDaoImpl;
import com.abc.dao.impl.TeachingAssignmentsImpl;
import com.abc.domain.*;

/**
 *
 * @author Dong
 * 2020-08-23
 * AppConsole.java
 */
public class AppConsole {

    public static void main(String[] args) {
        TeacherDAO teachers = new TeacherDaoImpl();
        teachers.initialize();
```

```
        System.out.println("========= 教师========= ");
        for (Teacher p : teachers.getAll()) {
            System.out.println(p);
        }

        StudentDAO students = new StudentDaoImpl();
        students.initialize();
        System.out.println("========= 学生========= ");
        for (Student s : students.getAll()) {
            System.out.println(s);
        }

        CourseDAO courses = new CourseDaoImpl();
        courses.initialize();

        ScheduledCourseDAO scheduledCourses = new ScheduledCourseDaoImpl();
        scheduledCourses.initialize(courses);
        //安排任课教师
        TeachingAssignmentDAO ta = new TeachingAssignmentsImpl();
        ta.initialize(teachers, scheduledCourses);
        System.out.println("========== 开出的课========== ");
        for (ScheduledCourse s : scheduledCourses.getAll()) {
            System.out.println(s);
        }
        System.out.println();

        //下面演示学生张三注册了一门容量为 1 的课,王五再注册时则失败。
        EnrollmentStatus status ;

        System.out.println("学生 张三 试图注册 CS201-1");
        status = scheduledCourses.getByID("CS201-1")
            .enroll(students.getByName("张三"));
        System.out.println(status.value());

        System.out.println("学生 王五 试图注册 CS201-1" );
        status = scheduledCourses.getByID("CS201-1")
            .enroll(students.getByName("王五"));
        System.out.println(status.value());

    }
}
```

13.6 使用文件作为持久化设置

前面已经开发了 SRS 应用程序核心的类，即 SRS 应用程序的模型层。并且编写了 SRS 类的控制台应用来运行一个业务场景测试这个模型，即实例化不同类型的对象并测试，以确保已经实现的这些类的方法的逻辑是正确的。接下来考虑如何从数据文件中实例化对象而不是在源程序中使用字面量。文件是持久化设施之一。

13.6.1 从文件记录创建对象

为了体验使用文件管理数据和使用数据库管理系统管理数据的差异，设计两套方案：基于文件管理的系统和基于数据库的系统。首先讨论基于文件的版本。使用 5 个文本数据文件来分别存储课程、教师、开设课程、学生和任课安排。

- Courses.dat
- Teachers.dat
- ScheduledCourses.dat
- Students.dat
- TeachingAssignments.dat

这 5 个文本数据文件放在项目的 plainFiles 文件夹中。

Teachers.dat 包含的记录由三个制表符分隔的字段构成，分别表示教师的姓名、工号(ID)、职称与所在的系。记录格式如下。

```
<姓名>  <工号>  <职称>  <系别>
```

换句话说，这个数据文件中的每个记录代表了一个 Teacher 对象的属性值。下面是 Teachers.dat 文件的实际内容，这些数据用于初始化将被存储在 teachers 容器中的 Teacher 对象。

```
董永  123401  副教授  计算机科学与技术
赵云  123402  教授    计算机科学与技术
郭天  123403  教授    数学
```

学生的数据文件应该包含三条记录，这条记录包含三个由制表符分隔的字段，分别表示学生的姓名、学号、专业和攻读的学位。

```
    <姓名>  <学号>  <专业>  <学位>
有三个学生对象：
张三    201901001    数学        学士
李四    201901002    计算机科学与技术    学士
王五    201901003    计算机科学与技术    学士
```

Courses.dat 包含的记录由两个制表符分隔的字段构成：编号、名称和用浮点数表示的学分。记录格式如下。

<编号> <名称> <学分>

下面是 Courses.dat 文件的实际内容，这些数据用于初始化将被存储在 Courses 集合中的 Course 对象。

```
CS101     C 程序设计     3.0
CS102     面向对象程序设计     3.0
CS103     数据结构与算法     3.0
MAT101    概率与统计     3.0
CS201     离散数学     3.0
```

ScheduledCourses.dat 包含某学期的课程安排信息。每个记录包含由制表符分隔的 6 个字段，分别代表课程号、同头课编号、每周星期几上课、每天什么时间上课、教室，以及这个课的座位容量。记录格式如下。

<课程号> <同头课编号> <星期> <时间> <教室> <容量>

由于 Course 类和 ScheduledCourse 类之间的一对多关联，文件中的每个记录同时表示 ScheduledCourse 对象维持的与特定 Course 对象的连接，这个特定 Course 对象的“课程号”就是记录的第一个字段。下面是 ScheduledCourses.dat 文件的实际内容，这些数据用于初始化将被存储在群集对象中的 ScheduledCourse 对象，并且也用于链接这些 ScheduledCourse 对象和它们对应的 Course 对象。

```
CS101    1    周一    上午 8:00-10:00    A101    30
CS101    2    周二    上午 8:00-10:00    A202    30
CS102    1    周三    下午 2:00-4:00     C105    25
CS102    2    周四    下午 4:00-6:00     D330    25
CS103    1    周一    下午 6:00-8:00     E101    20
MAT101   1    周五    下午 4:00-6:00     D241    15
CS201    1    周一    下午 4:00-6:00     A205    1
```

TeachingAssignments.dat 包含哪一个教师讲授哪一门课。该教师的工号在第一个字段，第二个字段是完整课号(课程编号加连字符加同头课编号)。记录格式如下。

<工号> <课>

这个文件表示了存在于 Teacher 类和 ScheduledCourse 类之间的二元关联“teaches”，因此每个记录表示了 Teacher 对象和 ScheduledCourse 对象之间的链接(通过工号和完整课号)，下面是 TeachingAssignments.dat 文件的实际内容。

```
123403  CS101-1
123402  CS101-2
123401  CS102-1
123403  CS102-2
123401  CS103-1
123402  IoT101-1
123403  CS201-1
```

如果学生已经在以前的SRS会话中选了一个或多个课程，那么该学生的选课情况应再使用一个单独的数据文件保存。

13.6.2 封装持久化细节

在SRS项目中新建包com.abc.dao.impl.file，用以创建通过文件实现SRS的数据访问的类。这些类从文件中读取记录，根据记录创建对象，与上个版本一样，仍然把这些对象缓存在容器中。所不同的是，数据是从文件中读取的，而不是以字面量形式给出的。这些实现类包括：CourseDaoImplFile、TeacherDaoImplFile、StudentDaoImplFile、ScheduledCourseDaoImplFile和TeachingAssignmentsImplFile。

仍然以学生类Student为例，在类模型中，数据访问对象StudentDAO增加了实现类StudentDaoImplFile，那么相应的StudentDAO类及其实现类的类模型如图13-6所示。

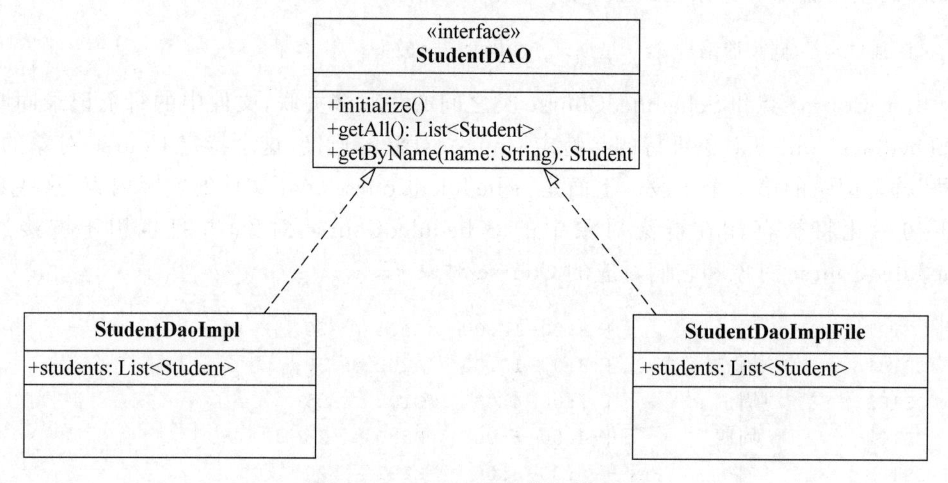

图13-6 StudentDAO的文件实现

当使用以文件为持久化设施的方案后，原来基于控制台应用使用的实体类和DAO接口保留，增加了新的实现类，新的基于文件的学生选课系统的包图如图13-7所示。

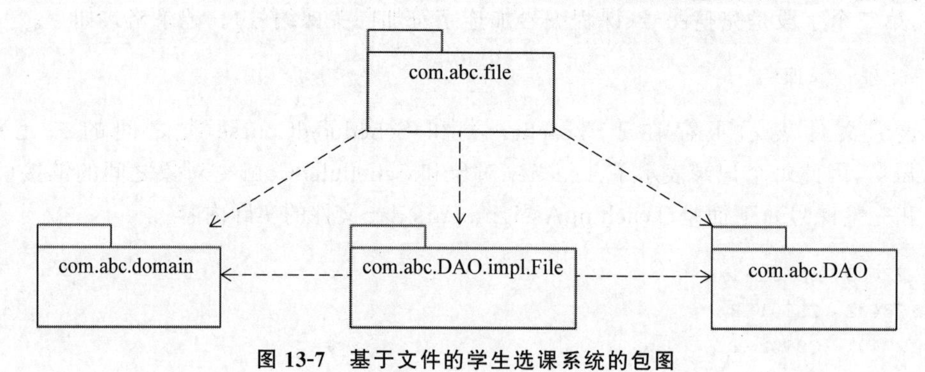

图13-7 基于文件的学生选课系统的包图

这样的设计使得当数据来源发生变换时，面向DAO接口的客户程序无须修改。下面是各个DAO接口的实现类。

```
package com.abc.dao.impl.file;

import java.io.File;
import java.io.IOException;
import java.util.HashMap;
import java.util.LinkedList;
import java.util.List;
import java.util.Map;
import java.util.Scanner;

import com.abc.dao.CourseDAO;
import com.abc.domain.Course;
/**
 *
 * @author Dong
 * 2020-08-01
 * CourseDaoImplFile.java
 */
public class CourseDaoImplFile implements CourseDAO{
    //从文件中读取课程记录,创建课程对象,并把所有课程缓存在容器中
    private Map<String, Course> courses = new HashMap<String, Course>();

    @Override
    public void initialize() {

        Scanner bIn = null;
        try {
            bIn = new Scanner(new File("plainFiles//Courses.dat"));
            while (bIn.hasNext()) {
                String courseNumber = bIn.next();
                String courseName = bIn.next();
                double courseCredits = bIn.nextDouble();
                Course c = new Course(courseNumber, courseName, courseCredits);
                courses.put(c.getCourseNo(), c);
            }
        } catch (IOException e) {
            System.out.println(e.getMessage());
        } finally {
            try {
                bIn.close();
            }catch(Exception e) {
                System.out.println(e.getMessage());
            }
        }
```

```
    }

    @Override
    public Course getByCourseNo(String courseNo) {
        return courses.get(courseNo);

    }

    @Override
    public List<Course> getAll() {
        List<Course> c = new LinkedList<Course>();
        for(Map.Entry<String, Course> entry : courses.entrySet()) {
            c.add(entry.getValue());
        }
        return c;
    }

}

package com.abc.dao.impl.file;

import java.io.File;
import java.io.IOException;
import java.util.HashMap;
import java.util.LinkedList;
import java.util.List;
import java.util.Map;
import java.util.Scanner;

import com.abc.dao.CourseDAO;
import com.abc.dao.ScheduledCourseDAO;
import com.abc.domain.Course;
import com.abc.domain.ScheduledCourse;
/**
 *
 * @author Dong
 * 2020-08-23
 * ScheduledCourseDaoImplFile.java
 */
public class ScheduledCourseDaoImplFile implements ScheduledCourseDAO {
    Map<String, ScheduledCourse> classes
            = new HashMap<String, ScheduledCourse>();
```

```
@Override
public void initialize(CourseDAO course) {
    Scanner bIn = null;

    try {
        bIn = new Scanner(new File("plainFiles//ScheduledCourses.dat"));

        while (bIn.hasNext()) {
            String courseNumber = bIn.next();
            int sectionNo = bIn.nextInt();
            String whichDay = bIn.next();
            String whichTime = bIn.next();
            String whichRoom = bIn.next();
            int capacity = bIn.nextInt();

            Course c = course.getByCourseNo(courseNumber);

            ScheduledCourse s = new ScheduledCourse(sectionNo, whichDay,
                        whichTime, c, whichRoom, capacity);

            classes.put(s.getFullScheduledClassNo(), s);

        }
    } catch (IOException e) {
        System.out.println(e.getMessage());
    } finally {
        try {
            bIn.close();
        } catch (Exception e) {
            System.out.println(e.getMessage());
        }
    }
}

@Override
public List<ScheduledCourse> getAll() {
    List<ScheduledCourse> c = new LinkedList<ScheduledCourse>();
    for (Map.Entry<String, ScheduledCourse> entry : classes.entrySet()){
        c.add(entry.getValue());
    }
    return c;
}

@Override
```

```
    public ScheduledCourse getByID(String id) {
        return classes.get(id);
    }

}

package com.abc.dao.impl.file;

import java.io.File;
import java.io.IOException;
import java.util.LinkedList;
import java.util.List;
import java.util.ListIterator;
import java.util.Scanner;

import com.abc.dao.StudentDAO;
import com.abc.domain.Student;
/**
 *
 * @author Dong
 * 2020-08-01
 * StudentDaoImplFile.java
 */
public class StudentDaoImplFile implements StudentDAO {
    //从纯文本文件中读取学生记录,创建对象,并缓冲在容器中
    List<Student> students = new LinkedList<Student>();

    @Override
    public void initialize() {
        Scanner bIn = null;

        try {
            bIn = new Scanner(new File("plainFiles//Students.dat"));

            while (bIn.hasNext()) {
                String ID = bIn.next();
                String Name = bIn.next();
                String Major = bIn.next();
                String Degree = bIn.next();

                Student s = new Student(ID, Name, Major, Degree);
                students.add(s);
            }
        } catch (IOException e) {
```

```
                System.out.println(e.getMessage());
            } finally {
                try {
                    bIn.close();
                } catch (Exception e) {
                    System.out.println(e.getMessage());
                }
            }

    }

    @Override
    public List<Student> getAll() {
        return students;
    }

    @Override
    public Student getByName(String name) {
        Student s = null;
        ListIterator<Student> iterator = students.listIterator();
        while (iterator.hasNext()){
            s = iterator.next();
            if (s.getName().equals(name)) break;
        }
        return s;
    }

}

package com.abc.dao.impl.file;

import java.io.File;
import java.io.IOException;
import java.util.ArrayList;
import java.util.List;
import java.util.ListIterator;
import java.util.Scanner;

import com.abc.dao.TeacherDAO;
import com.abc.domain.Teacher;
/**
 *
 * @author Dong
 * 2020-08-01
```

```
 * TeacherDaoImplFile.java
 */
public class TeacherDaoImplFile implements TeacherDAO {
    //把纯文本文件中的教师记录读取到教师对象中并缓冲在群集 teachers 中。
    private List<Teacher> teachers = new ArrayList<Teacher>();

    @Override
    public void initialize() {
        Scanner bIn = null;
        try {
            bIn = new Scanner(new File("plainFiles//Teachers.dat"));
            while (bIn.hasNext()) {
                String name = bIn.next();
                String pin = bIn.next();
                String title = bIn.next();
                String department = bIn.next();
                Teacher p = new Teacher(name, pin, title, department);
                teachers.add(p);
            }
        } catch (IOException e) {
            System.out.println(e.getMessage());
        } finally {
            try {
                bIn.close();
            }catch(Exception e) {
                System.out.println(e.getMessage());
            }
        }

    }

    @Override
    public List<Teacher> getAll() {
        return teachers;
    }

    @Override
    public Teacher getByPID(String PID) {
        ListIterator<Teacher> it = teachers.listIterator();
        Teacher p = null;
        while (it.hasNext()) {
            p = it.next();
            if (PID.equals(p.getID())) break;
        }
```

```
        return p;
    }
}
package com.abc.dao.impl.file;

import java.io.File;
import java.io.IOException;
import java.util.Scanner;

import com.abc.dao.TeacherDAO;
import com.abc.dao.ScheduledCourseDAO;
import com.abc.dao.TeachingAssignmentDAO;
import com.abc.domain.Teacher;
/**
 *
 * @author Dong
 * 2020-08-01
 * TeachingAssignmentsImplFile.java
 */
public class TeachingAssignmentsImplFile implements TeachingAssignmentDAO {

    @Override
    public void initialize(TeacherDAO teachers, ScheduledCourseDAO classes) {
        Scanner bIn = null;
        Teacher p = null;
        try {
            bIn = new Scanner(new
                    File("plainFiles//TeachingAssignments.dat"));

            while (bIn.hasNext()) {
                String pin = bIn.next();
                String classNo = bIn.next();

                //根据工号查找教师对象
                p = teachers.getByPID(pin);
                if (p != null) {
                    classes.getByID(classNo).setInstructor(p);
                }
            }
        } catch (IOException e) {
            System.out.println(e.getLocalizedMessage());
        } finally {
            try {
                bIn.close();
```

```
            } catch (Exception e) {
                System.out.println(e.getMessage());
            }
        }
    }

}
```

13.6.3 运行同一个业务场景

在项目中新建包 com.abc.file,把 com.abc.console 包中的驱动类 AppConsole 复制过来。把×××DaoImpl 实现类全部替换成相应的×××DaoImplFile 实现类,如下面代码所示。

```
package com.abc.file;
import com.abc.dao.CourseDAO;
import com.abc.dao.TeacherDAO;
import com.abc.dao.ScheduledCourseDAO;
import com.abc.dao.StudentDAO;
import com.abc.dao.TeachingAssignmentDAO;
import com.abc.dao.impl.file.*;
import com.abc.domain.*;
/**
 *
 * @author Dong
 * 2020-08-23
 * AppFile.java
 */
public class AppFile {

    public static void main(String[] args) {
        TeacherDAO teachers = new TeacherDaoImplFile();
        teachers.initialize();

        System.out.println("== == == == = 教师== == == == = ");
        for (Teacher p : teachers.getAll()) {
            System.out.println(p);
        }

        StudentDAO students = new StudentDaoImplFile();
        students.initialize();
        System.out.println("========= 学生========= ");
        for (Student s : students.getAll()) {
            System.out.println(s);
        }
```

```
        CourseDAO courses = new CourseDaoImplFile();
        courses.initialize();

        //安排拟开出的课
        ScheduledCourseDAO scheduledClasses =
            new ScheduledCourseDaoImplFile();
        scheduledClasses.initialize(courses);

        //安排教师任课
        TeachingAssignmentDAO assignments =
            new TeachingAssignmentsImplFile();
        assignments.initialize(teachers, scheduledClasses);

        System.out.println("========== 开出的课========== ");
        for (ScheduledCourse s : scheduledClasses.getAll()) {
            System.out.println(s);
        }
        System.out.println();

        //下面演示学生张三注册了一门容量为 1 的课,王五再注册时则失败。
        EnrollmentStatus status ;

        System.out.println("学生 张三 试图注册 CS201-1");
        status = scheduledClasses
            .getByID("CS201-1").enroll(students.getByName("张三"));
        System.out.println(status.value());

        System.out.println("学生 王五 试图注册 CS201-1" );
        status = scheduledClasses.getByID("CS201-1")
            .enroll(students.getByName("王五"));
        System.out.println(status.value());

    }
}
```

13.7　使用 MySQL 作为持久化设施

在初始的持久化应用基础之上,使用 MySQL 数据库作为持久化设施,设计相应的表和其他数据库对象,并通过 JDBC 访问。

在基于 MySQL 数据库服务器的实现中,保留了实体类和数据访问对象 DAO 接口,增加了基于数据库持久化设施的实现类。例如,StudentDAO 增加的实现类如图 13-8 所示。

前文基于文件持久化的版本与无持久化设施的控制台应用版本共享了实体类和数据

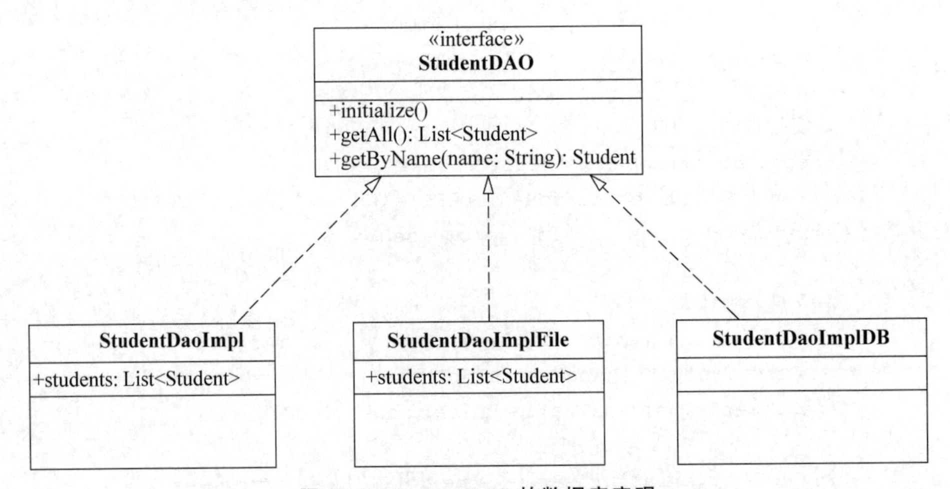

图 13-8 StudentDAO 的数据库实现

访问对象接口;类似地,基于数据库持久化的版本也与无持久化设施的控制台应用版本共享了实体类和数据访问对象接口。新的基于数据库的学生选课系统的包图如图 13-9 所示。

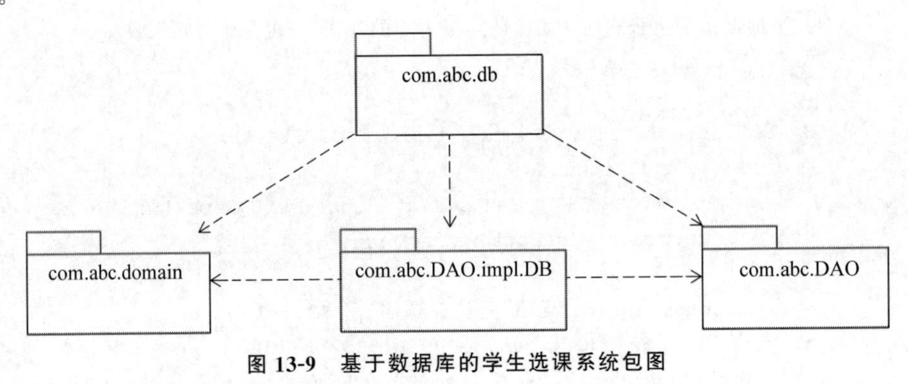

图 13-9 基于数据库的学生选课系统包图

13.7.1 准备数据库和建表

首先准备以 root 身份登录 MySQL,创建 SRS 数据库,然后准备 SQL 文件以向 SRS 数据库装载数据。

```
use srs;
CREATE TABLE faculty (
    name VARCHAR(60) NOT NULL,
    pid VARCHAR(6),
    title VARCHAR(30),
    dept VARCHAR(30)
);
INSERT INTO faculty VALUES
    ('董永','123401','副教授','计算机科学与技术');
```

```
INSERT INTO faculty VALUES ('赵云','123402','教授','计算机科学与技术');
INSERT INTO faculty VALUES ('郭天','123403','教授','数学');

CREATE TABLE student (
    name VARCHAR(60) NOT NULL,
    id VARCHAR(9),
    major CHAR(30),
    degree CHAR(3)
);
INSERT INTO student VALUES ('张三','201901001','数学','学士');
INSERT INTO student VALUES ('李四','201901002','计算机科学与技术','学士');
INSERT INTO student VALUES ('王五','201901003','计算机科学与技术','学士');

CREATE TABLE CourseCatalog (
    courseNo VARCHAR(6) NOT NULL,
    courseName VARCHAR(30),
    credits decimal
);
INSERT INTO CourseCatalog VALUES ('CS101','C 程序设计',3.0);
INSERT INTO CourseCatalog VALUES ('CS102','面向对象程序设计',3.0);
INSERT INTO CourseCatalog VALUES ('CS103','数据结构与算法',3.0);
INSERT INTO CourseCatalog VALUES ('MAT101','概率与统计',3.0);
INSERT INTO CourseCatalog VALUES ('CS201','离散数学',3.0);

CREATE TABLE ScheduledClasses (
    courseNo VARCHAR(6) NOT NULL,
    classNo tinyint,
    dayOfWeek CHAR(1),
    timeOfDay VARCHAR(12) ,
    room VARCHAR(6),
    capacity tinyint
);
INSERT INTO ScheduledClasses
     VALUES ('CS101',1,'周一','上午 8:00-10:00','A101',30);
INSERT INTO ScheduledClasses
     VALUES ('CS101' ,2,'周二','上午 8:00-10:00','A202', 30);
INSERT INTO ScheduledClasses
     VALUES ('CS102' ,1,'周三', '下午 2:00-4:00', 'C105',25);
INSERT INTO ScheduledClasses
     VALUES ('CS102', 2,'周四','下午 4:00-6:00', 'D330', 25);
INSERT INTO ScheduledClasses
     VALUES ('CS103' ,1,'周一', '下午 6:00-8:00', 'E101', 20);
INSERT INTO ScheduledClasses
     VALUES ('MAT101',1,'周五', '下午 4:00-6:00', 'D241', 15);
INSERT INTO ScheduledClasses
     VALUES ('CS201', 1,'周一', '下午 4:00-6:00', 'A205', 1);
```

```
CREATE TABLE teachingAssignments (
    pid VARCHAR(6) NOT NULL, classNo VARCHAR(30)
);
INSERT INTO teachingAssignments VALUES ('123403','CS101-1');
INSERT INTO teachingAssignments VALUES ('123402','CS101-2');
INSERT INTO teachingAssignments VALUES ('123401','CS102-1');
INSERT INTO teachingAssignments VALUES ('123403','CS102-2');
INSERT INTO teachingAssignments VALUES ('123401','CS103-1');
INSERT INTO teachingAssignments VALUES ('123402','MAT101-1');
INSERT INTO teachingAssignments VALUES ('123403','CS201-1');
```

13.7.2 创建数据库访问实用类

首先准备数据库访问参数文件 db.properties,并放置在项目根文件夹。

```
driver=com.mysql.jdbc.Driver
dburl=jdbc:mysql://localhost:3306/srs
username=root
password=root
```

然后配置项目 buidpath。在 SRS 项目上右击,选择 buildpath|Configure Build Path 命令,出现如图 13-10 所示 Java Build Path 窗口。

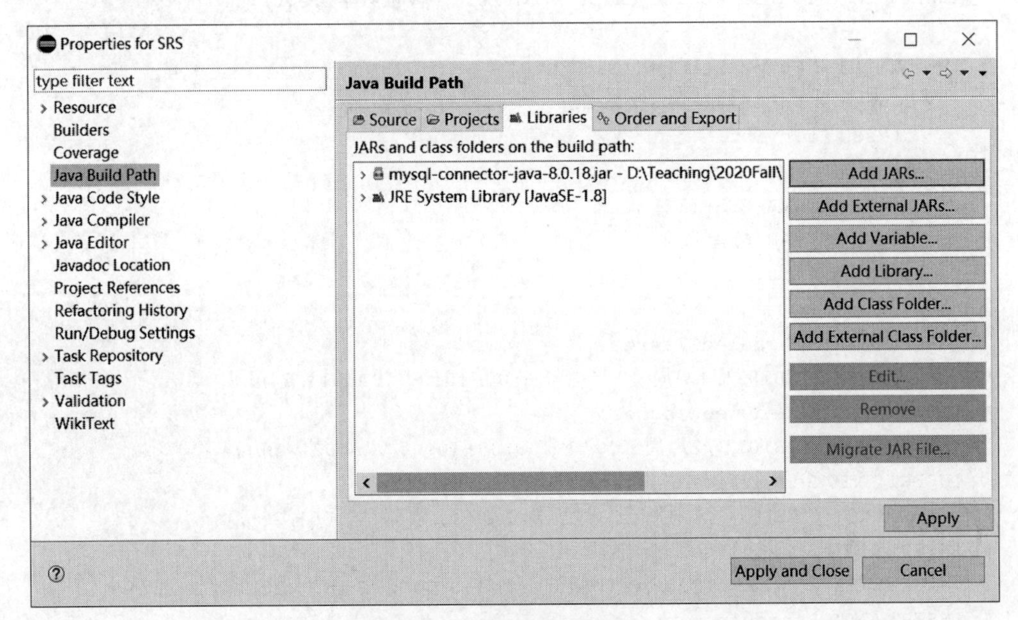

图 13-10 项目构建路径

在该窗口中,单击 Libraries 标签,单击 Add External Jars 按钮,把预先下载的 mysql-connector-java-8.0.18.jar 添加到项目构建路径中,结果如图 13-11 所示。

最后新建包 com.abc.dao.impl.db,在其中首先创建数据库访问实用类 JDBCAccess。该

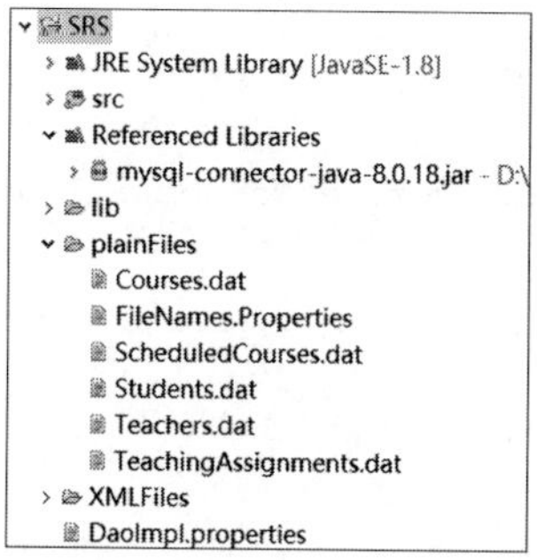

```
SRS
  JRE System Library [JavaSE-1.8]
  src
  Referenced Libraries
    mysql-connector-java-8.0.18.jar - D:\
  lib
  plainFiles
    Courses.dat
    FileNames.Properties
    ScheduledCourses.dat
    Students.dat
    Teachers.dat
    TeachingAssignments.dat
  XMLFiles
  DaoImpl.properties
```

图 13-11　项目构建路径设置结果

类提供一个静态块用于加载驱动类，一个 getConnection()方法返回 JDBC 数据库连接；一个 release()方法释放 JDBC 数据库连接。数据库访问实用类 JDBCAccess 的源代码如下。

```
package com.abc.dao.impl.DB;

import java.io.FileInputStream;
import java.sql.Connection;
import java.sql.DriverManager;
import java.util.Properties;
/**
 *
 * @author Dong
 * 2020-09-01
 * JDBCAccess.java
 */
public class JDBCAccess {
    static String dbUrl = null;
    static String userName = null;
    static String password = null;
    static {
        Properties prop = new Properties();
        try {
            prop.load(new FileInputStream("db.properties"));
            dbUrl = prop.getProperty("dburl");
            userName = prop.getProperty("username");
            password = prop.getProperty("password");
            Class.forName(prop.getProperty("driver"));
        } catch (Exception e) {
            System.out.println(e.getMessage());
        }
    }
```

```
    public static Connection getConnection(){
        Connection conn = null;
        try {
            conn = DriverManager.getConnection(dbUrl,userName,password);
        } catch (Exception e) {
            System.out.println(e.getMessage());
        }
        return conn;
    }

    public static  void release(Connection conn){
        if(conn!= null){
            try {
                conn.close();
            } catch (Exception e) {
                System.out.println(e.getMessage());
            }
        }
    }
}
```

通过数据库访问,从表中读取行实例化对象,并将对象缓存到容器中。首先看TeacherDAO的实现类TeacherDaoImplDB。

```
package com.abc.dao.impl.DB;
import java.sql.Connection;
import java.sql.PreparedStatement;
import java.sql.ResultSet;
import java.util.ArrayList;
import java.util.List;
import java.util.ListIterator;

import com.abc.dao.*;
import com.abc.domain.Teacher;
/**
 *
 * @author Dong
 * 2020-09-01
 * TeacherDaoImplDB.java
 */
public class TeacherDaoImplDB implements TeacherDAO{
    private List<Teacher> teachers = null;

    @Override
    public void initialize() {
```

```
        //获取数据库的连接
        Connection conn = JDBCAccess.getConnection();
        //查询语句
        String sql = "select name,pid,title,dept from faculty";
        try {
            //得到预编译 SQL 的 statement
            PreparedStatement ps = conn.prepareStatement(sql);
            //获得结果集
            ResultSet query = ps.executeQuery();
            //获得要查询的数据
            if (query != null) {
                teachers = new ArrayList<Teacher>();
                while (query.next()) {
                    String name = query.getString(query.findColumn("name"));
                    String pid = query.getString(query.findColumn("pid"));
                    String title = query.getString(query.findColumn("title"));
                    String dept = query.getString(query.findColumn("dept"));
                    Teacher professor = new Teacher(name, pid, title, dept);
                    teachers.add(professor);
                }
            }
        } catch (Exception e) {
            System.out.println(e.getMessage());
        } finally {
            //关闭数据库连接
            JDBCAccess.release(conn);
        }
    }

    @Override
    public List<Teacher> getAll() {
        return teachers;
    }

    @Override
    public Teacher getByPID(String pid) {
        ListIterator<Teacher> it = teachers.listIterator();
        Teacher p = null;
        while (it.hasNext()) {
            p = it.next();
            if (pid.equals(p.getID())) break;
        }
        return p;
    }
}
```

StudentDAO 的实现类 StudentDaoImplDB：

```
package com.abc.dao.impl.DB;

import java.sql.Connection;
import java.sql.PreparedStatement;
import java.sql.ResultSet;
import java.util.ArrayList;
import java.util.List;
import java.util.ListIterator;

import com.abc.dao.StudentDAO;
import com.abc.domain.Student;
/**
 *
 * @author Dong
 * 2020-09-01
 * StudentDaoImplDB.java
 */
public class StudentDaoImplDB implements StudentDAO {
    List<Student> students = null;

    @Override
    public void initialize() {
        //获取数据库的连接
        Connection conn = JDBCAccess.getConnection();
        //查询语句
        String sql = "select name,id,major,degree from student";
        try {
            //得到预编译 SQL 的 statement
            PreparedStatement ps = conn.prepareStatement(sql);
            //获得结果集
            ResultSet query = ps.executeQuery();
            //获得要查询的数据
            if (query != null) {
                students = new ArrayList<Student>();
                while (query.next()) {
                    String name = query.getString(query.findColumn("name"));
                    String id = query.getString(query.findColumn("id"));
                    String major = query.getString(query.findColumn("major"));
                    String degree = query
                                 .getString(query.findColumn("degree"));
                    Student student = new Student(name, id, major, degree);
                    students.add(student);
```

```
                }
            }
        } catch (Exception e) {
            System.out.println(e.getMessage());
        } finally {
            //关闭数据库连接
            JDBCAccess.release(conn);
        }
    }

    @Override
    public List<Student> getAll() {
        return students;
    }

    @Override
    public Student getByName(String name) {
        Student s = null;
        ListIterator<Student> iterator = students.listIterator();
        while (iterator.hasNext()) {
            s = iterator.next();
            if (s.getName().equals(name))
                break;
        }
        return s;
    }
}
```

CourseDAO 的实现类 CourseDaoImplDB：

```
package com.abc.dao.impl.DB;

import java.util.HashMap;
import java.util.LinkedList;
import java.util.List;
import java.util.Map;

import com.abc.dao.*;
import com.abc.domain.Course;
import java.sql.Connection;
import java.sql.PreparedStatement;
import java.sql.ResultSet;
/**
 *
 * @author Dong
```

```
 * 2020-09-01
 * CourseDaoImplDB.java
 */
public class CourseDaoImplDB implements CourseDAO{
    Map<String, Course> courses = null;

    @Override
    public void initialize() {
        //获取数据库的连接
        Connection conn = JDBCAccess.getConnection();
        //查询语句
        String sql = "select courseNo,courseName,credits from coursecatalog";
        try {
            //得到预编译 SQL 的 statement
            PreparedStatement ps = conn.prepareStatement(sql);
            //获得结果集
            ResultSet query = ps.executeQuery();
            //获得要查询的数据
            if (query != null) {
                courses = new HashMap<String, Course>();
                while (query.next()) {
                    String courseNo = query.getString(query
                            .findColumn("courseNo"));
                    String courseName = query.getString(query
                            .findColumn("courseName"));
                    double credits = query.getDouble(query
                            .findColumn("credits"));
                    Course course = new Course(courseNo, courseName, credits);
                    courses.put(courseNo, course);
                }
            }
        } catch (Exception e) {
            System.out.println(e.getMessage());
        } finally {
            //关闭数据库连接
            JDBCAccess.release(conn);
        }
    }

    @Override
    public Course getByCourseNo(String courseNo) {
        return courses.get(courseNo);
    }
```

```
    @Override
    public List<Course> getAll() {
        List<Course> c = new LinkedList<Course>();
        for(Map.Entry<String, Course> entry : courses.entrySet()) {
            c.add(entry.getValue());
        }
        return c;
    }
}
```

ScheduledCourseDAO 的实现类 ScheduledCourseDaoImplDB：

```
package com.abc.dao.impl.DB;

import java.sql.Connection;
import java.sql.PreparedStatement;
import java.sql.ResultSet;
import java.util.HashMap;
import java.util.LinkedList;
import java.util.List;
import java.util.Map;

import com.abc.dao.CourseDAO;
import com.abc.dao.ScheduledCourseDAO;
import com.abc.domain.Course;
import com.abc.domain.ScheduledCourse;
/**
 *
 * @author Dong
 * 2020-09-01
 * ScheduledCourseDaoImplDB.java
 */
public class ScheduledCourseDaoImplDB implements ScheduledCourseDAO {
    Map<String, ScheduledCourse> classes =
                                    new HashMap<String, ScheduledCourse>();

    @Override
    public void initialize(CourseDAO courseDAO) {
        //获取数据库的连接
        Connection conn = JDBCAccess.getConnection();
        //查询语句
        String sql = "select courseNo,classNo,dayOfWeek"
                    + ",timeOfDay,room,capacity from scheduledclasses";
        try {
            //得到预编译 SQL 的 statement
```

```
            PreparedStatement ps = conn.prepareStatement(sql);
            //获得结果集
            ResultSet query = ps.executeQuery();
            //获得要查询的数据
            while (query.next()) {
                String courseNo = query
                    .getString(query.findColumn("courseNo"));
                int classNo = query.getInt(query.findColumn("classNo"));
                String dayOfWeek = query
                    .getString(query.findColumn("dayOfWeek"));
                String timeOfDay = query
                    .getString(query.findColumn("timeOfDay"));
                String room = query.getString(query.findColumn("room"));
                int capacity = query.getInt(query.findColumn("capacity"));
                Course course = courseDAO.getByCourseNo(courseNo);
                ScheduledCourse scheduledClass = course
          .getScheduledClass(dayOfWeek, timeOfDay, room, capacity, classNo);
                classes.put(scheduledClass.getFullScheduledClassNo()
                    , scheduledClass);
            }
        } catch (Exception e) {
            System.out.println(e.getMessage());
        } finally {
            //关闭数据库连接
            JDBCAccess.release(conn);
        }
    }

    @Override
    public List<ScheduledCourse> getAll() {
        List<ScheduledCourse> c = new LinkedList<ScheduledCourse>();
        for (Map.Entry<String, ScheduledCourse> entry : classes.entrySet()){
            c.add(entry.getValue());
        }
        return c;
    }

    @Override
    public ScheduledCourse getByID(String id) {
        return classes.get(id);
    }

}
```

TeachingAssignmentDAO 的实现类 TeachingAssignmentsImplDB：

```
package com.abc.dao.impl.DB;

import java.sql.Connection;
import java.sql.PreparedStatement;
import java.sql.ResultSet;

import com.abc.dao.TeacherDAO;
import com.abc.dao.ScheduledCourseDAO;
import com.abc.dao.TeachingAssignmentDAO;
import com.abc.domain.Teacher;
import com.abc.domain.ScheduledCourse;
/**
 *
 * @author Dong
 * 2020-09-01
 * ScheduledCourseDaoImplDB.java
 */
public class TeachingAssignmentsImplDB implements TeachingAssignmentDAO {

    @Override
    public void initialize(TeacherDAO teachers, ScheduledCourseDAO classes) {
        //获取数据库的连接
        Connection conn = JDBCAccess.getConnection();
        //查询语句
        String sql = "select PID,classNo from teachingassignments";
        try {
            //得到预编译 SQL 的 statement
            PreparedStatement ps = conn.prepareStatement(sql);
            //获得结果集
            ResultSet query = ps.executeQuery();
            //获得要查询的数据
            while (query.next()) {
                String PID = query.getString(query.findColumn("PID"));
                String classNo = query
                    .getString(query.findColumn("classNo"));
                ScheduledCourse c = classes.getByID(classNo);
                for (Teacher teacher : teachers.getAll()) {
                    if (PID.equals(teacher.getID())) {
                        c.setInstructor(teacher);
                    }
                }
            }
        } catch (Exception e) {
            System.out.println(e.getMessage());
```

```
        } finally {
            JDBCAccess.release(conn);
        }
    }
}
```

13.7.3 运行业务场景

在项目中新建包 com.abc.db，把 com.abc.file.AppFile 复制到 com.abc.db，并改名为 AppDB，修改静态初始化方法前的包的名字为 hebtu.dd.db。把×××DaoImplFile 全部改为×××DaoImplDB，如下面的代码所示。

```
package com.abc.db;
import com.abc.dao.CourseDAO;
import com.abc.dao.TeacherDAO;
import com.abc.dao.ScheduledCourseDAO;
import com.abc.dao.StudentDAO;
import com.abc.dao.TeachingAssignmentDAO;
import com.abc.dao.impl.DB.*;
import com.abc.domain.*;

/**
 *
 * @author Dong
 * 2020-09-01
 * AppDB.java
 */
public class AppDB {

    public static void main(String[] args) {
        TeacherDAO teachers = new TeacherDaoImplDB();
        teachers.initialize();

        System.out.println("========= 教师========= ");
        for (Teacher p : teachers.getAll()) {
            System.out.println(p);
        }

        StudentDAO students = new StudentDaoImplDB();
        students.initialize();
        System.out.println("========= 学生========= ");
        for (Student s : students.getAll()) {
            System.out.println(s);
        }
```

```
        CourseDAO courses = new CourseDaoImplDB();
        courses.initialize();

        //安排拟开出的课
        ScheduledCourseDAO scheduledClasses =
                                            new ScheduledCourseDaoImplDB();
        scheduledClasses.initialize(courses);

        //安排教师任课
        TeachingAssignmentDAO assignments = new TeachingAssignmentsImplDB();
        assignments.initialize(teachers, scheduledClasses);

        System.out.println("========== 开出的课========== ");
        for (ScheduledCourse s : scheduledClasses.getAll()) {
            System.out.println(s);
        }
        System.out.println();

        //下面演示学生张三注册了一门容量为 1 的课,王五再注册时则失败。
        EnrollmentStatus status ;

        System.out.println("学生 张三 试图注册 CS201-1");
        status = scheduledClasses.getByID("CS201-1")
                                  .enroll(students.getByName("张三"));
        System.out.println(status.value());

        System.out.println("学生 王五 试图注册 CS201-1" );
        status = scheduledClasses.getByID("CS201-1")
                                  .enroll(students.getByName("王五"));
        System.out.println(status.value());
    }
}
```

13.8　图形用户界面

前面的几个实现版本都是在程序中模拟了一个业务场景(两个学生选课),没有用户界面。现在基于控制台版本增加界面,以使得用户通过与界面的交互实现业务场景。AppGUI 类实现了图形用户界面,与无界面无持久化设施的控制台应用共享了实体类、数据访问对象 DAO 及相应的实现类。图形用户界面版本的包图如图 13-12 所示。

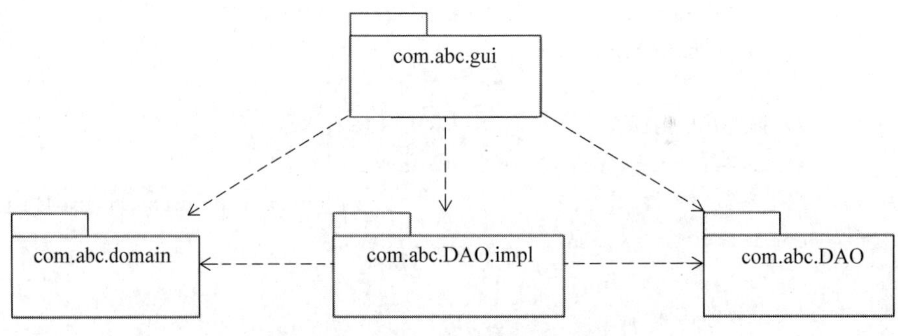

图 13-12　图形用户界面版本的包图

13.8.1　界面需求分析

初步设想的界面如图 13-13 所示。

学生选课系统

供选择的课

完整课...	课程名	学分	周几	上课时间	地点	授课教师	容量	已选人数
CS102...	面向对...	3.0	周四	下午4:...	D330	郭天	25	0
CS103...	数据结...	4.0	周一	下午6:...	E101	董永	20	0
MAT10...	概率与...	3.0	周五	下午4:...	D241	赵云	15	0
CS101...	C程序...	3.0	周一	上午8:...	A101	郭天	30	0
CS101...	C程序...	3.0	周二	上午8:...	C202	赵云	30	0
CS102...	面向对...	3.0	周三	下午2:...	C105	董永	25	0
CS201...	离散数学	3.0	周一	下午4:...	A205	郭天	1	0

学生

学号	姓名
201901001	张三
201901002	李四
201901003	王五

选课

结束

图 13-13　界面

在这个界面中主要包含两部分：供候选的课和学生。把所有 7 个开出的课全部以二维表形式列出；将全部学生对象也以二维表形式列出。当用户在“供选择的课”中选择了一行，如“离散数学”，然后在“学生”列表中选择了一个学生，如“张三”，然后单击“选课”按钮，则把这个选课信息记载在“离散数学”这门课对象的选课学生名单中。

13.8.2　开发工具准备

WindowBuilder 是一个可视化界面设计插件。首先在 Eclipse 的 Help 菜单中选择 Install New Software 命令，在弹出的 Install 对话框（图 13-14）中单击 Add 按钮，输入地址“https://download.eclipse.org/windowbuilder/lastgoodbuild/”，然后在 Install 对话框中单击 Select All 按钮选择所有项目，单击 Finish 按钮。稍等一会儿，Eclipse 就将该插件安装完毕。

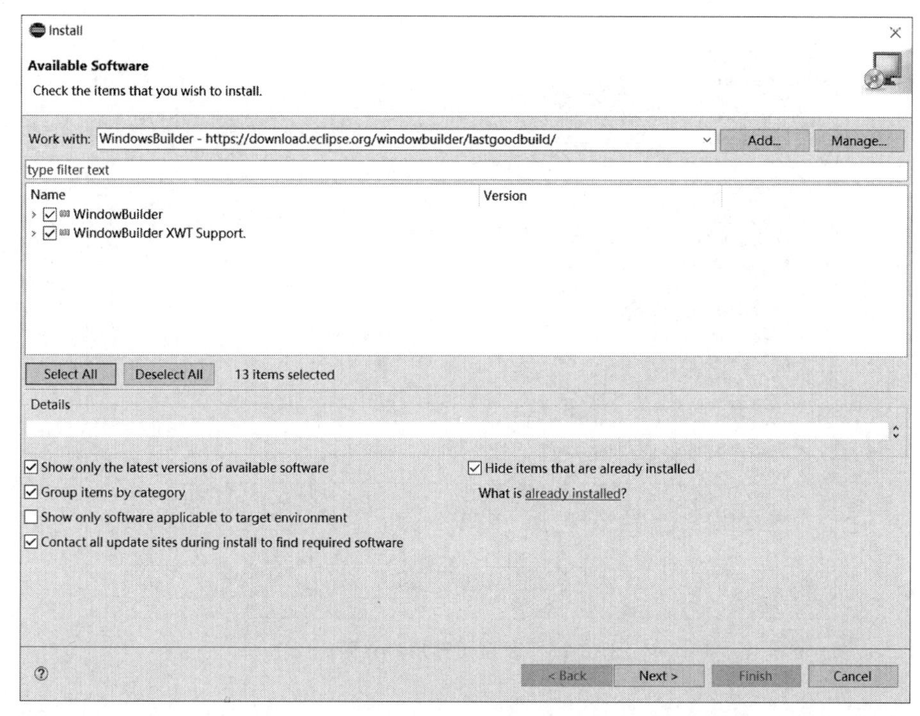

图 13-14　安装插件

13.8.3　设计

总体的设计方案是：在 WindowBuilder 的一个 Application Window 组件中放置两个标签(JLabel)对象，分别显示文本“供选择的课”和“学生”。然后在这两个标签对象的下面分别放置两个 JScrolledPane 对象，用以使用水平滚动条和垂直滚动条控制二维表(JTable)中数据的显示区域。JTable 所显示的数据来自于模型对象 DefaultTableModel。把 7 门课程对象和 3 个学生对象分别存放到两个模型对象中。当用户从两个 JTable 对象中分别通过单击操作选择了一行后，再单击“选课”按钮则激发该按钮上的 Action 事件，设计相应的事件脚本，从相应的 DefaultTableModel 对象中读取完整课号和学生姓名两个参数，通过完整课号从 DAO 对象中得到课对象并向该对象发送选课消息实现业务场景。

第一步，新建 com.abc.gui 包，在该包中新建 Application Window，如图 13-15 所示。

在设计窗口中单击 Design 标签，进入可视化编辑器，如图 13-16 所示。

首先在 Structure 区域的 Components 窗格中选择 frame，在其下面就会显示该对象的属性(Properties)。设计其 title 属性值为“学生选课系统”。然后在 Structure 区域的 Components 窗格中选择 getContentPane()，在 Layouts 窗格中选择 Absolute Layout，将其默认布局管理器改为绝对布局管理器。

然后在 Palette 区域的 Components 窗格中选择 JLabel，根据图 13-13 界面设计的位置单击就在界面中安排了一个标签对象，设置其 variable 属性值为 LabelClass，其 text 属

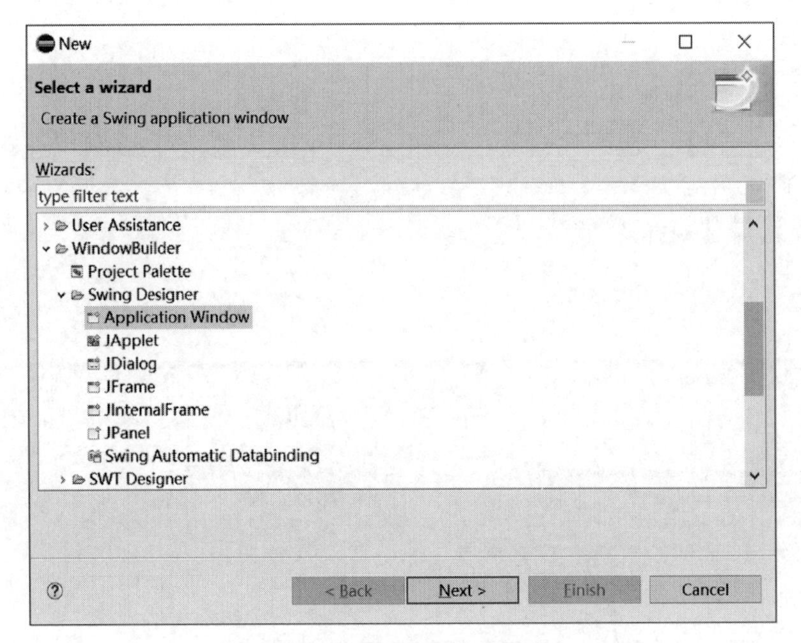

图 13-15　新建图形用户界面窗口

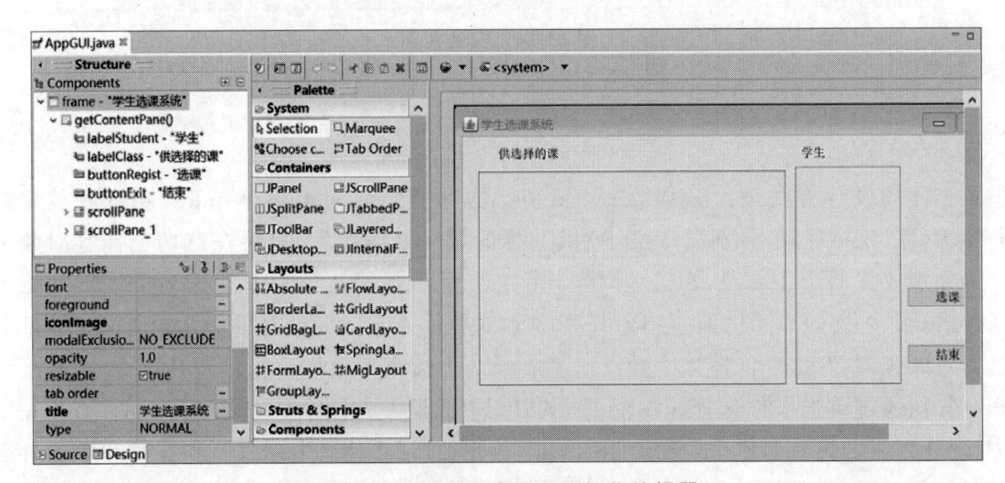

图 13-16　图形用户界面可视化编辑器

性值为“供选择的课”，如图 13-17 所示。

同样的步骤设计另外一个标签显示“学生”。设置其 variable 属性值为 labelStudent，text 属性值为“学生”。

从 Components 窗格中选择 JButton，在 frame 的右下角位置单击，安排两个按钮对象，其 variable 和 text 属性值分别为：buttonRegist，选课；buttonExit，结束。

从 Containers 窗格中选择 JScrollPane，在 frame 的左侧位置拖拉鼠标，形成具有滚动条的面板控件，设置其 Bounds 属性值为(26,52,463,314)，其中前两个值是该控件左上角的位置，后面两个值是长和宽，如图 13-18 所示。

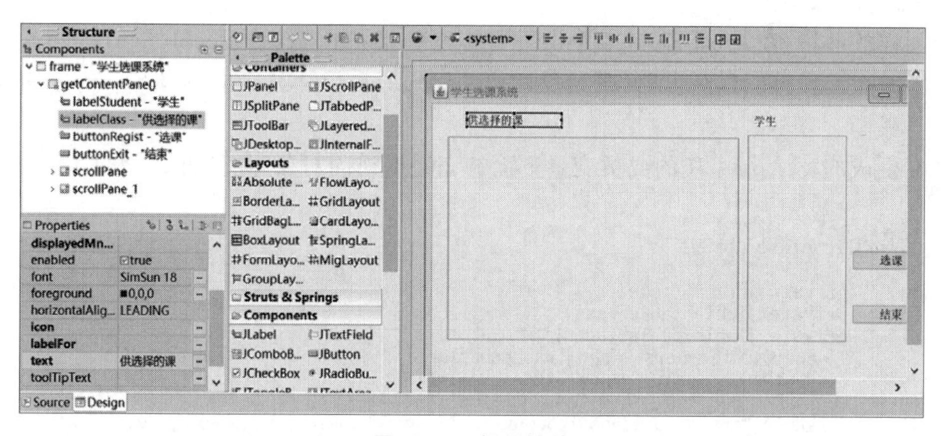

图 13-17　标签控件

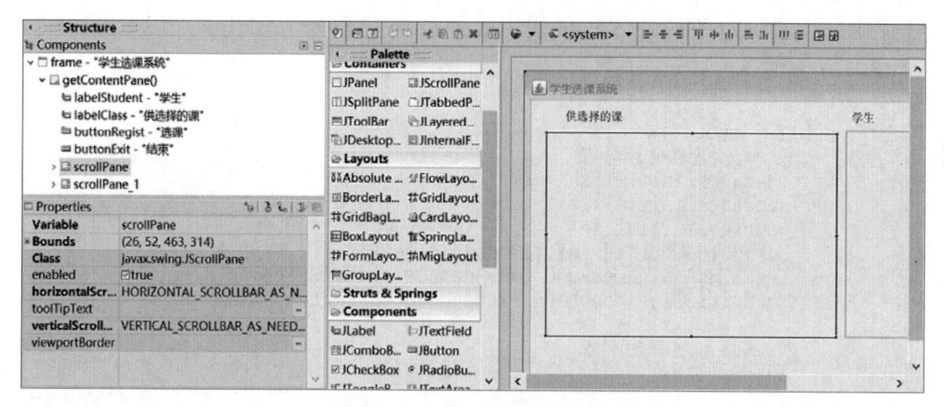

图 13-18　JScrollPane 控件

同样办法设置另外一个 JScrollPane 控件，其 variable 属性值为 scrollPane_1，Bounds 属性值为(504，47，159，319)。

在 Palette 区域的 Components 窗格中选择 JTable，将其拖放到 scrollPane 中，如图 13-19 所示。设置其 variable 属性值为 tableClass，listSelectionModel 属性值为 SINGLE_SELECTION。

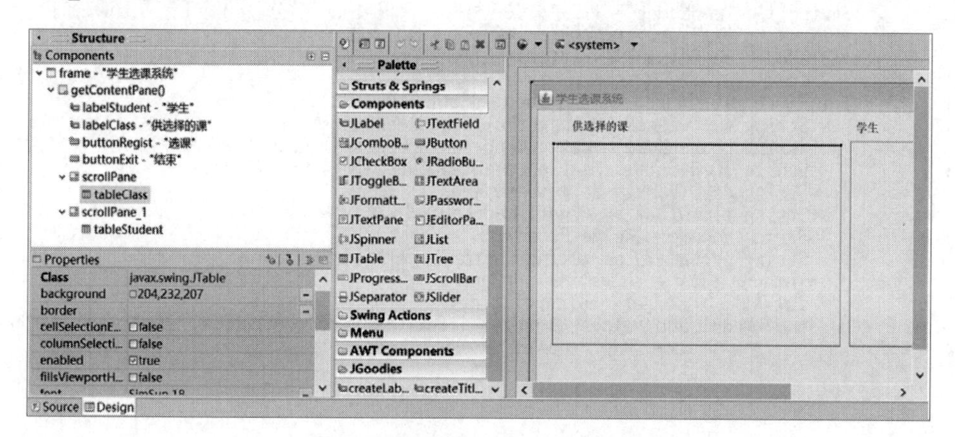

图 13-19　JScrollPane 中的 JTable

同样的办法，在 scrollPane_1 中设置另外一个 JTable 对象 tableStudent。

界面布局安排好以后，下面开始设计业务代码。在设计窗口中单击 Source 标签转到源代码视图。

在生成的类 AppGUI 的成员变量下面补充数据访问对象，如代码 38～41 行所示。

```
32
33 public class AppGUI {
34
35     private JFrame frame;
36     private JTable tableClass;
37     private JTable tableStudent;
38     TeacherDAO teachers = new TeacherDaoImpl();
39     StudentDAO students = new StudentDaoImpl();
40     CourseDAO courses = new CourseDaoImpl();
41     ScheduledCourseDAO scheduledCourses = new ScheduledCourseDaoImpl();
42
```

然后在设计器生成的构造方法中使用数据访问对象的 initialize 方法创建业务对象，如代码 62～67 行所示。

```
60     public AppGUI() {
61         //首先创建业务对象
62         teachers.initialize();
63         students.initialize();
64         courses.initialize();
65         scheduledCourses.initialize(courses);
66         TeachingAssignmentDAO ta = new TeachingAssignmentsImpl();
67         ta.initialize(teachers, scheduledCourses);
68
69         //然后创建界面对象
70         initialize();
71     }
72
```

在设计器生成的 private void initialize()方法体末尾补充代码，将 7 门课和 3 个学生填充到二维表中，如代码 135～170 行所示。

```
135         DefaultTableModel tableModel = (DefaultTableModel) tableClass.getModel();
136
137         //把开出的课填入到表模型中。
138
139         String[] columnNames = { "完整课程号", "课程名", "学分", "周几", "上课时间",
140                 "地点", "授课教师", "容量", "已选人数" };
141         tableModel.setColumnIdentifiers(columnNames);
142
143         for (ScheduledCourse sc : scheduledCourses.getAll()) {
144             String fullClassNo = sc.getFullScheduledClassNo();
145             String courseName = sc.getRepresentedCourse().getCourseName();
146             Double credits = sc.getRepresentedCourse().getCredits();
147             String dayOfWeek = sc.getDayOfWeek();
148             String timeOfDay = sc.getTimeOfDay();
149             String roomNo = sc.getRoom();
150             String proName = sc.getInstructor().getName();
151             int capacity = sc.getSeatingCapacity();
152             int size = sc.getTotalEnrollment();
153             tableModel.addRow(new Object[] { fullClassNo, courseName, credits, dayOfWeek,
154                     timeOfDay, roomNo, proName, capacity, size });
155         }
```

```
156
157         DefaultTableModel tableModelStudent = (DefaultTableModel) tableStudent.getModel();
158
159         String[] studentColumnNames = { "学号", "姓名" };
160         tableModelStudent.setColumnIdentifiers(studentColumnNames);
161
162         for (Student s : students.getAll()) {
163             String id = s.getID();
164             String Name = s.getName();
165
166             tableModelStudent.addRow(new Object[] { id, Name });
167         }
168
169     }
170 }
```

切换到 Design 标签，右击“选课”按钮，从弹出菜单中选择 Add event handler/Action 命令，补充按钮的单击事件处理脚本如代码 95～108 行所示。

```
92          JButton buttonRegist = new JButton("选课");
93⊖         buttonRegist.addActionListener(new ActionListener() {
94⊖             public void actionPerformed(ActionEvent e) {
95                  DefaultTableModel tableModel = (DefaultTableModel) tableClass.getModel();
96                  //完整课程号
97                  String fullClassNo = null;
98                  fullClassNo = (String) tableModel.getValueAt(tableClass.getSelectedRow(), 0);
99
100                 DefaultTableModel tableModelStudent = (DefaultTableModel) tableStudent.getModel();
101                 //完整课程号
102                 String studentName = null;
103                 studentName = (String) tableModelStudent.getValueAt(tableStudent.getSelectedRow(), 1);
104
105                 //选课操作
106                 EnrollmentStatus enroll = scheduledCourses.getByID(fullClassNo)
107                         .enroll(students.getByName(studentName));
108                 JOptionPane.showMessageDialog(null, enroll.value());
109             }
110         });
```

至此，业务活动的代码基本完成。运行 AppGUI，选择“离散数学”，再选择“张三”，然后单击“选课”就会出现选课成功消息对话框。再选择“李四”，然后单击“选课”就会出现选课失败消息对话框，如图 13-20 所示。

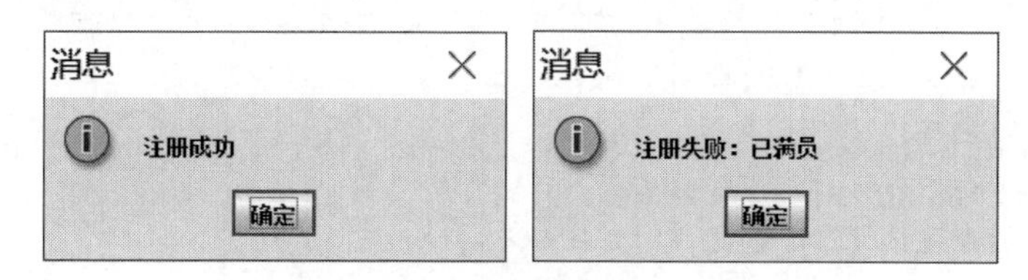

图 13-20　选课状态消息对话框

13.9　Web 应用

13.9.1　准备开发环境

以 Tomcat 作为容器，基于 MySQL 数据库版本的学生选课系统，使用 JSP 技术实现基于 Web 的选课系统。

开发环境：Eclipse Java EE IDE for Web Developers。

首先在 Eclipse 中配置和测试 Tomcat：打开 Eclipse，然后找到菜单栏中的 Window 下的 Preferences，单击打开后找到 Server，单击打开找到 Runtime Enviroments，单击 Add 按钮。在出现的窗口中找到自己下载的 Tomcat 版本，如 Apache Tomcat V9.0，然后单击 Next 按钮。然后在出现的对话框中单击 Browse 按钮，找到 Tomcat 的路径，确定。

在 New Server Runtime Environment 窗口中单击 Install JREs 按钮，选择自己的 JRE。

创建一个动态 Web 工程，建立 Web 应用，名字为 srs，context root 使用默认值 srs，content directory 使用默认值 WebContent。在项目中创建 Source Folder 用来存放 jUnit4 测试类，命名为 jUnitTest。

把 mysql-connector-java-8.0.18.jar 复制到 WebContent\WEB-INF\lib 文件夹中；把 db.properties 复制到 src 文件夹中；把基于 MySQL 数据库版本的学生选课系统中的包 com.abc.domain、com.abc.dao、com.abc.dao.impl.DB 复制到 src 文件夹中。

13.9.2 设计基于 Web 的学生选课系统

当前的 Web 项目中已经有了领域实体类、用于数据库访问的类。只是把界面由图形用户界面更换为基于浏览器的 Web 界面。这个设计把界面部分、对请求响应的控制部分、业务处理部分和持久化部分分离，是一个比较完整的 MVC 架构。

以"选课"功能实现为例，应用 UML 顺序图可更加清楚地展示各个 JSP 页面、Servlet 和实体类的交互，如图 13-21 所示。

在这个顺序图中，为了简单起见，省略了对消息返回结果的判断。

按照运行时刻工件相互引用的次序，下面介绍具体实现过程。在 Web Content 的 WEB-INF 中 JSP 文件夹专门存放 JSP 页面。首先新建 index.jsp。

```
<%@page language= "java" contentType= "text/html; charset= UTF-8"
    pageEncoding= "UTF-8"%>
<!DOCTYPE html PUBLIC "-//W3C//DTD HTML 4.01 Transitional//EN"
"http://www.w3.org/TR/html4/loose.dtd">
<html>
<head>
    <title>学生选课管理系统</title>
</head>
<body>
<a href = "$ {pageContext.request.contextPath}/SrsServlet">初始化</a><br>
<a href = "$ {pageContext.request.contextPath}/ListServlet">
    查看当前状态
</a>
<br>
</body>
</html>
```

该页面提供两个选项：初始化、查看当前状态。要求在用户单击"初始化"链接后，通

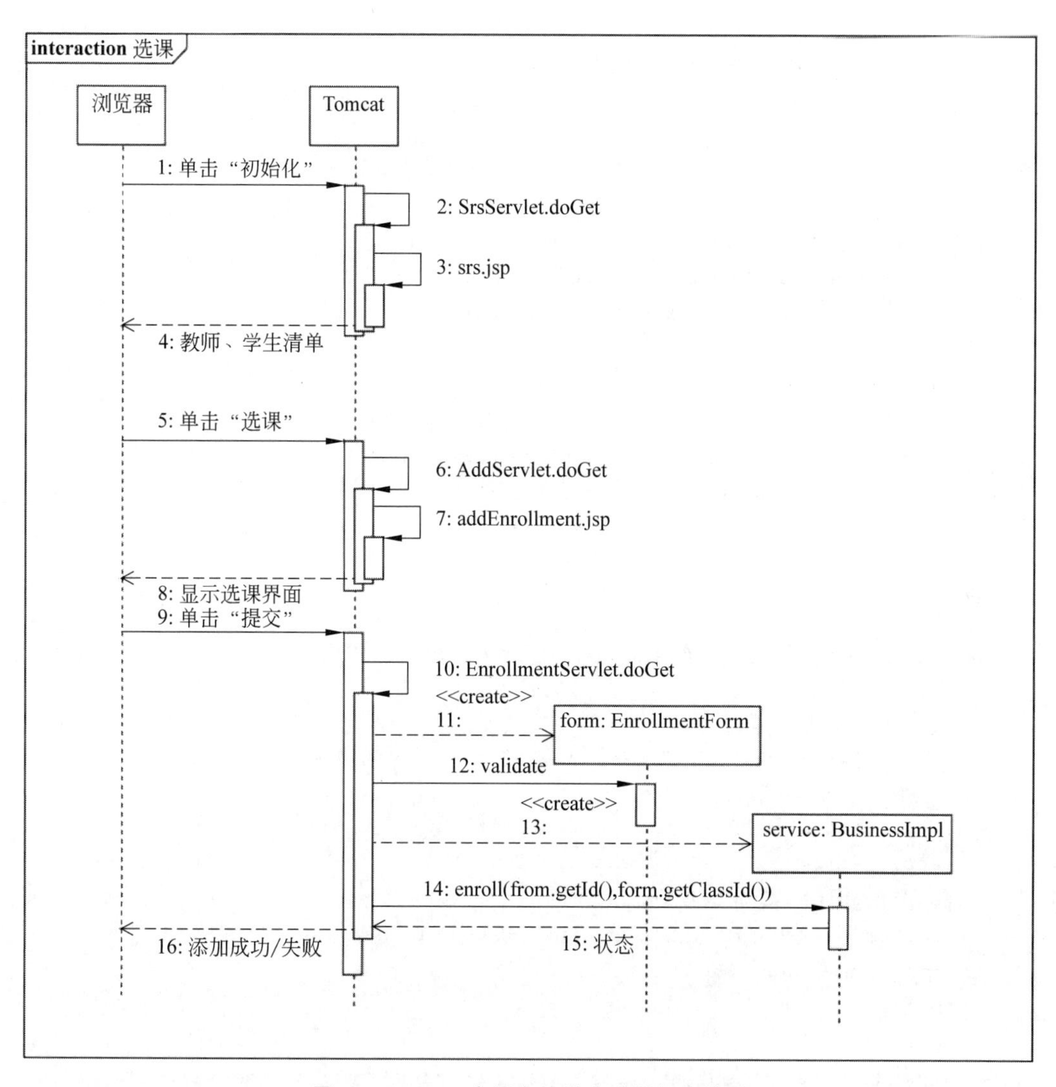

图 13-21　Web 应用中的学生选课行为模型

过 SrsServlet 来处理该请求。该 Servlet 保存在 com.abc.web. controller 包中。

```
package com.abc.web.controller;

import java.io.IOException;
import javax.servlet.ServletException;
import javax.servlet.annotation.WebServlet;
import javax.servlet.http.HttpServlet;
import javax.servlet.http.HttpServletRequest;
import javax.servlet.http.HttpServletResponse;
@WebServlet("/SrsServlet")
public class SrsServlet extends HttpServlet {
    private static final long serialVersionUID = 1L;
```

```
    public SrsServlet() {
        super();
    }

    protected void doGet(HttpServletRequest request,
                HttpServletResponse response)
                throws ServletException, IOException {
        request.getRequestDispatcher("/WEB-INF/jsp/srs.jsp")
                .forward(request, response);

    }

    protected void doPost(HttpServletRequest request,
                HttpServletResponse response)
               throws ServletException, IOException {
    }
}
```

该Servlet仅返回给浏览器srs.jsp。在\WebContent\WEB-INF\jsp文件夹中新建srs.jsp。

```
<%@application language="java" contentType="text/html; charset=UTF-8"
    pageEncoding="UTF-8"%>
<%@application import="com.abc.dao.impl.DB.*"%>
<%@application import="com.abc.domain.*"%>
<%@application import="com.abc.domain.dao.*"%>
<!DOCTYPE html PUBLIC "-//W3C//DTD HTML 4.01 Transitional//EN"
"http://www.w3.org/TR/html4/loose.dtd">
<html>
<head>
<meta http-equiv="Content-Type" content="text/html; charset=UTF-8">
    <title>学生选课系统 SRS</title>
</head>
<body>
    <h1>教师</h1>
    <%
        TeacherDAO teachers = new TeacherDaoImplDB();
        teachers.initialize();
        for (Teacher t : teachers.getAll()) {
            out.println(t);
            out.write("<br>");
        }

        StudentDAO students = new StudentDaoImplDB();
        students.initialize();
```

```
        for (Student s : students.getAll()) {
            out.println(s);
            out.write("<br>");
        }
        CourseDAO courses = new CourseDaoImplDB();
        courses.initialize();

        //安排拟开出的课
        ScheduledCourseDAO scheduledClasses =
            new ScheduledCourseDaoImplDB();
        scheduledClasses.initialize(courses);

        //安排教师任课
        TeachingAssignmentDAO assignments =
            new TeachingAssignmentsImplDB();
        assignments.initialize(professors, scheduledClasses);

        for (ScheduledCourse s : scheduledClasses.getAll()) {
            out.println(c);
            out.write("<br>");
        }
    %>
<a href= "${pageContext.request.contextPath}/AddServlet">选课</a>
<br>
</body>
</html>
```

该页面从数据库中查询各实体信息并显示，还提供了“选课”链接。该链接由AddServlet进行处理。

```
package com.abc.web.controller;

import java.io.IOException;
import javax.servlet.ServletException;
import javax.servlet.annotation.WebServlet;
import javax.servlet.http.HttpServlet;
import javax.servlet.http.HttpServletRequest;
import javax.servlet.http.HttpServletResponse;

@WebServlet("/AddServlet")
public class AddServlet extends HttpServlet {
private static final long serialVersionUID = 1L;
    public AddServlet() {
        super();
    }
```

```
    protected void doGet(HttpServletRequest request,
            HttpServletResponse response)
            throws ServletException, IOException {
        request.getRequestDispatcher("/WEB-INF/jsp/addEnrollment.jsp")
                .forward(request, response);
    }

    protected void doPost(HttpServletRequest request,
            HttpServletResponse response)
            throws ServletException, IOException {
    }
}
```

AddServlet返回给浏览器addEnrollment.jsp。该页面提供了输入学号和完整课号的表单。

```
<%@page language="java" contentType="text/html; charset=UTF-8"
pageEncoding="UTF-8"%>
<!DOCTYPE html PUBLIC "-//W3C//DTD HTML 4.01 Transitional//EN"
"http://www.w3.org/TR/html4/loose.dtd">
<html>
<head>
    <title>新增选课</title>
</head>
<body>
    <form method="get"
        action="${pageContext.request.contextPath}/EnrollmentServlet">
        <table>
        <tr>
            <td>id: </td>
            <td><input type="text" name=id  value =
                    "${form.id}"><span>${form.errors.id}</span></td>
        </tr>
        <tr>
            <td>classId: </td>
            <td><input type="text" name=classId
                    value ="${form.classId}">
                <span>${form.errors.classId}</span>
            </td>
        </tr>

        <tr>
            <td><input type="reset" name="reset" value="清空"></td>
            <td><input type="submit" name=submit value= "提交"></td>
```

```
        </tr>
        </table>
      </form>
</body>
</html>
```

在 com.abc.web.controller 包中新建 EnrollmentServlet。该 Servlet 处理 addEnrollment.jsp 中的表单提交请求，完成选课(未保存到数据库中)。

```
package dd.web.controller;

import java.io.IOException;

import javax.servlet.ServletException;
import javax.servlet.annotation.WebServlet;
import javax.servlet.http.HttpServlet;
import javax.servlet.http.HttpServletRequest;
import javax.servlet.http.HttpServletResponse;

import com.abc.domain.*;
import com.abc.service.Business;
import com.abc.service.BusinessImpl;
import com.abc.web.ui.EnrollmentForm;

@WebServlet("/EnrollmentServlet")
public class EnrollmentServlet extends HttpServlet {
    private static final long serialVersionUID = 1L;
    protected void doGet(HttpServletRequest request,
                HttpServletResponse response)
               throws ServletException, IOException {

        EnrollmentForm form = new EnrollmentForm();
        form.setId( request.getParameter("id"));
        form.setClassId(request.getParameter("classId"));

        if (!form.validate()) {
            request.setAttribute("form", form);
              request.getRequestDispatcher("WEB-INF/jsp/addStudent.jsp")
                     .forward(request, response);
            return;
        }

        //调用服务处理请求
        Business service = new BusinessImpl();
        EnrollmentStatus status =
```

```
            service.enroll(form.getId(),form.getClassId() );
            if (EnrollmentStatus.SUCCESS== status){
            request.setAttribute("message", "添加成功!" );
            request.getRequestDispatcher("WEB-INF/jsp/message.jsp")
                    .forward(request, response);
            }
            else {
            request.setAttribute("message", "异常:" + status);
            request.getRequestDispatcher("WEB-INF/jsp/message.jsp")
                    .forward(request, response);
            return;
        }
    }
    protected void doPost(HttpServletRequest request,
            HttpServletResponse response)
            throws ServletException, IOException {
    }
}
```

通过主页中的“查看当前状态”可由 ListServlet 打开 list.jsp,显示当前选课状态。

```
<%@page language="java" contentType="text/html; charset=UTF-8"
    pageEncoding="UTF-8"%>
<%@page import="com.abc.domain.*"%>
<%@page import="com.abc.dao.*"%>
<%@page import="com.abc.dao.impl.DB"%>
<!DOCTYPE html PUBLIC "-//W3C//DTD HTML 4.01 Transitional//EN"
"http://www.w3.org/TR/html4/loose.dtd">
<html>
<head>
<meta http-equiv="Content-Type" content= "text/html; charset= UTF-8">
    <title>学生选课系统</title>
</head>
<body>
    <h1>教师</h1>
    <%
        for (Teacher : teachers.getAll()) {
            out.println(p);
            out.write("<br>");
        }

        for (Student s : students.getAll()) {
            out.println(s);
            out.write("<br>");
        }
```

```
        for (ScheduledCourse s : scheduledClasses.getAll()) {
            out.println(c);
            out.write("<br>");
        }
    %>
<br>
</body>
</html>
```

新建 com.abc.service 包，在 dd.service 包中创建 Business 接口和 BusinessImpl 服务类。该类实现了课程注册方法 public EnrollmentStatus enroll(String id, String classId)，该方法根据学号和课号实现课程注册。

```
package com.abc.service;
public interface Business {
    public abstract EnrollmentStatus enroll(String id,String classId) ;
}

package com.abc.service;
import com.abc.dao.*;
import com.abc.dao.impl.DB.*;
import com.abc.domain.*;

public class BusinessImpl implements Business {
    @Override
    public EnrollmentStatus enroll(String id, String classId) {
        EnrollmentStatus status;
        Student student = null;
        for (Student s:students.getAll()){
            if (s.getID().equals(id)) {
                student = s;
                break;
            }
        }
        ScheduledCoursec = scheduledClassessgetByID(classId);
        status = c.enroll(student);
        return status;
    }
}
```

最后，在处理选课请求的控制器中使用了 EnrollmentForm 作为页面的 Form 对象在服务器端的映射，方便在后端进行数据验证。

```
package com.abc.web.ui;
```

```
import java.util.HashMap;
import java.util.Map;

public class EnrollmentForm {
    private String id;
    private String classId;
    private Map<String, String> errors = new HashMap<String,String>();

    public Map<String, String> getErrors() {
        return errors;
    }

    public void setErrors(Map<String, String> errors) {
        this.errors = errors;
    }

    public boolean validate(){
        boolean isValid = true;

        if (this.id == null || this.id.trim().equals("")) {
            isValid = false;
            errors.put("id", "id不能为空。");
        }else{
            if (!this.id.matches("[0-9]{9}")){
                isValid = false;
                errors.put("id", "id由9个数字组成。");
            }
        }

        if (this.classId == null || this.classId.trim().equals("")) {
            isValid = false;
            errors.put("title", "课号不能为空。");
        }
        return isValid;
    }

    public String getId() {
        return id;
    }
    public void setId(String id) {
        this.id = id;
    }
    public String getClassId() {
        return classId;
```

```
    }
    public void setClassId(String classId) {
        this.classId = classId;
    }

    @Override
    public String toString() {
        return "StudentForm [id= " + id + ", classId= " + classId
                + ", errors= " + errors + "]";
    }
}
```

思　考　题

1. 补充控制台应用程序，实现“等待队列”功能。即当因某门课因座位满而无法选上时将该学生放入等待队列，一旦有空位，则从队列中移出一位学生进行注册。

2. 修改控制台应用程序，当学生选了 CS201-1 后不能再选 CS201-1，也不能再选 CS201-2（即重头课）。

3. 补充基于文件持久化的程序，使得能够在文件中保存学生选课结果。

4. 补充使用 MySQL 持久化的程序，使得能够在数据库中保存学生选课结果。

5. 补充使用 MySQL 持久化的程序，使得能够添加新的课。

6. 修改 Web 应用，通过 BaseDao 的 addUpdateDelete 方法实现在数据库中保存学生选课结果。

7. 磁盘文件名不应该以字面量形式写在程序中。也就是说，当修改文件名时，程序不应该做任何改动。使用配置文件优化基于文件持久化的程序解决这个问题。提示：java.util 包中的 Properties 类提供了按照“名字-值”对的形式从文本文件中读取配置信息的功能。配置文件名 FileNames.Properties 可通过包含以下 5 个记录实现文件磁盘上的名字与程序中所使用名字的映射。

```
scheduleFile         Classes.dat
facultyFile          Professors.dat
assignmentsFile      TeachingAssignments.dat
courseFile           Courses.dat
studentFile          Students.dat
```

8. 在项目中新建 XMLFiles 文件夹，把 XML 编码的数据文件保存在该文件夹中。在项目中新建 com.abc.dao.impl.xml 包，设计通过 XML 文件实现持久化的 DAO 实现类，并能够实现某个业务场景。下面是 XML 编码课程文件的一部分。

Courses.xml：

```
<?xml version="1.0" encoding="UTF-8"?>
<!--课程编号(cno)、课程名称(title)和用浮点数表示的课程学分(credits) -->
```

```
<courses>
    <course cno="CS101">
        <title>C程序设计</title>
        <credits>3.0</credits>
    </course>
    <!--其他课程>
</courses>
```

9. 把基于数据库的学生选课管理系统所使用的MySQL改为基于SQL Server,需要修改哪些地方?

10. 把ScheduledCourseDaoImplDB中的成员变量classes重命名为scheduledCourses。这个变更会影响哪些类?

11. 使用单例设计模式重构JDBCAccess类。

附录A

StarUML

模型(Model),或者软件模型(Software Model),是对软件系统的某一方面的抽象描述,如结构抽象或者行为抽象。模型可以通过自然语言、数学语言或者图形语言来表达。模型元素(Model Element)是软件模型的基本构造单位。

图(Diagram)是软件模型的几何形状表示。一个软件系统表示为多个描述不同方面的图。图是由图形元素(Graphical Element)构成,图形元素是模型元素的可视表示。一个模型元素对应多个图形元素。模型元素有自己的属性,如名字、类型等。如果模型元素的名字被更改,则所有相应的图形元素的名字也会被更新。在UML中,一个图由图框和绘图区域组成,绘图区域中放置图形元素。一个模型元素可以对应多个绘图元素。当创建了一个图形元素时,默认创建相应的模型元素;反过来,当创建一个模型元素时,并不在绘图区创建图形元素。

StarUML支持模型(Model)与图(Diagram)概念上的分离。在一个模型中可以有多个图,如学生选课系统的模型可能含有类图、用例图、顺序图、部署图等。甚至是一个类模型也可以有多个类图:有的类图仅显示类的名字;有的类图显示类所有成员信息;或者有的类图仅展示局部类模型。

建模一个软件系统设计多个模型,如用例模型、类模型等,这些模型组织到项目中。.mdj就是StarUML的项目文件。一个项目中有多个模型;一个模型中有多个图。

UML (Unified Modeling Language)是一个通用建模语言,与具体的领域或具体的计算机语言实现无关。所以,在一个特定的领域或者平台上使用UML就需要进行扩展。UML扩展机制包括版型(Stereotype)、约束(Constraint)、标签定义(Tag Definitions)和标签值(Tagged Value)等。这些机制扩展了UML建模元素的语义或者使用新的语义定义UML建模元素。用于特定软件领域或者软件开发平台的扩展的集合就是UML概要(Profile)。例如,用于特定编程语言的概要(如C/C++、Java、C#、Python等);用于特定开发方法论的概要(如RUP、敏捷等);用于特定领域的概要(如CRM、ERP等)。

StarUML用户界面如图A-1所示。

图区(Diagram Area)显示当前选择的图。边注栏(Sidebar)中包括工作图面板(Working Diagrams Panel)和工具箱(Toolbox)。工作图面板中被选择的图显示在图区中。工具箱中包含图区所需的图形元素。在图区中创建一个图形元素的步骤为:首先从工具箱中选择一个图形元素;然后在图区按照所需大小拖放鼠标。通过拖放连接图区中的两个图形元素创建关系。

导航(Navigator)中包含模型浏览器(Model Explorer)和编辑器(Editors)。模型浏

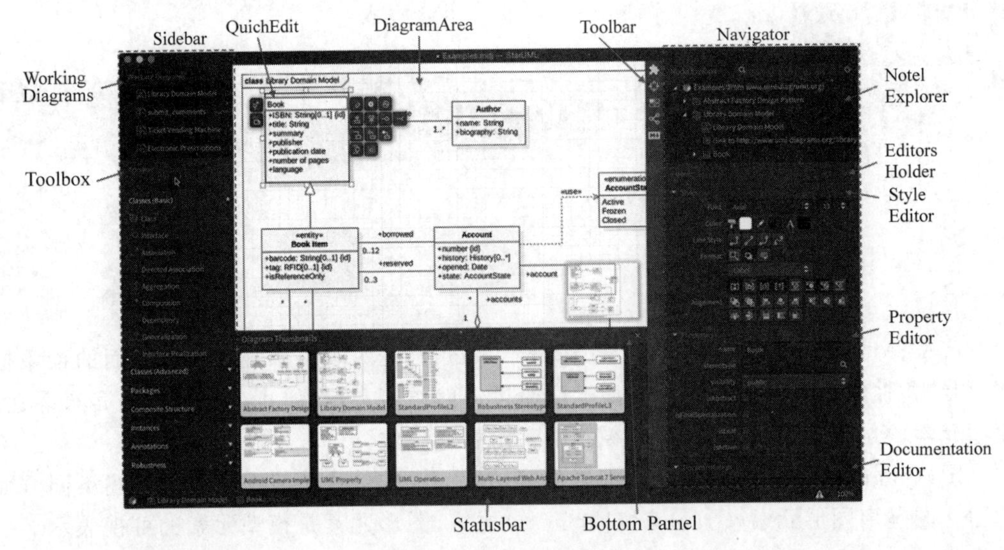

图 A-1 StarUML 界面

览器以树形结构显示了模型元素。Editors 区域包括样式编辑器(Style Editor)、特征编辑器(Property Editor)和文档编辑器(Documentation Editor)。

选择 File|New From Template|UML Conventinal 命令便可创建一个传统项目,其中的模型有用例模型、分析模型、设计模型、实现模型和部署模型,如图 A-2 所示。

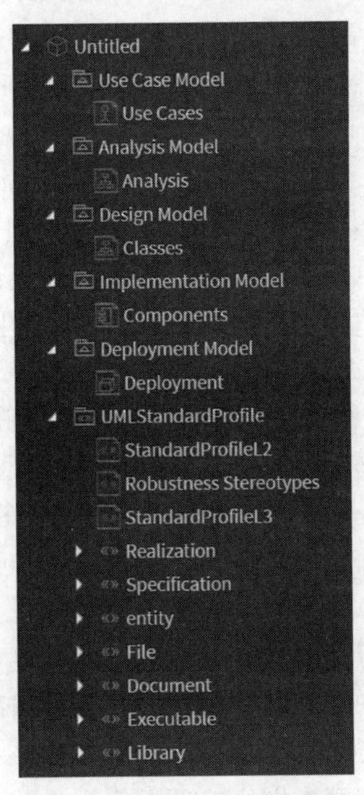

图 A-2 传统项目中的模型

在如图 A-2 所示的项目中包含 Use Case Model、Analysis Model、Design Model、

Implementation Model、Deployment Model 以及 UMLStandardProfile。默认的工程名为 Untitled，可以通过选中工程，编辑 Properties 中的 name 项来修改工程名。

选择 File|New From Template|4+1View Model 命令便可创建一个 4+1 视图的工程，如图 A-3 所示。其中包含场景模型、逻辑模型、部署模型、过程模型和物理模型。

选择 File|New From Template|UML Minimal 命令便可创建一个带有标准 UML 扩展的工程，如图 A-4 所示。

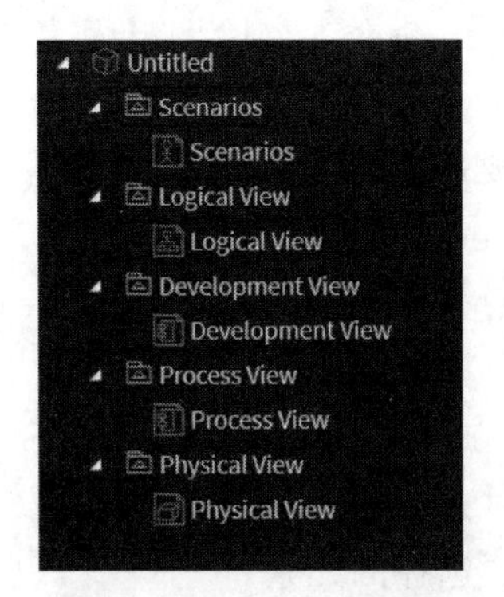

图 A-3 RUP"4+1"模型

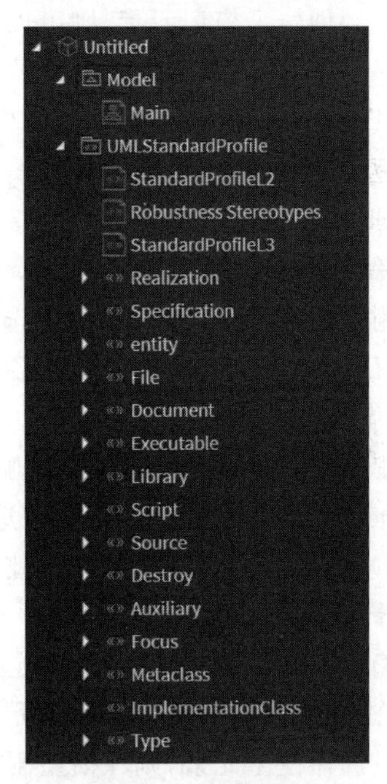

图 A-4 最小模型

对图的操作如下。

(1) 新建图。首先在模型浏览器中选择新图所在位置，然后从菜单中选择 Model|Add Diagram|DiagramType 命令；或者从所属节点的弹出菜单中选择 Add Diagram|DiagramType 命令。

(2) 删除图。首先从模型浏览器中选择被删除的图，然后按 Ctrl+Delete 组合键或者从菜单中选择 Edit|Delete 命令或者从该模型的弹出菜单中选择 Delete 命令。

(3) 打开图。在模型浏览器中双击要打开的图。

(4) 关闭图。在工作图面板中单击要关闭的图前面的"关闭"图标(×)，或者按 F4 键，或者在菜单中选择 View|Close Diagram 命令。

要关闭除了当前图以外的其他图，按 Ctrl+F4 组合键或者从菜单条中选择 View|Close Other Diagrams 命令。

要关闭所有的图，按 Shift+F4 组合键，或者从菜单中选择 View|Close All Diagrams 命令。

(5) 改变当前图(Active Diagram)。在工作图面板中选择一个图则将其激活为当前

图。按Ctrl+Shift+]组合键或者选择View|Next Diagram命令激活下一个图。按Ctrl+Shift+[组合键或者选择View|Previous Diagram命令激活上一个图。

对元素的操作如下。

1. 创建元素

元素有两种：图形元素和模型元素。从工具箱中选择所需要的元素，然后在图中按照所需大小拖放鼠标，既创建了模型元素也创建了图形元素。

如果已经创建了模型元素，则可以再创建图形元素引用该模型元素，首先在模型浏览器中选择一个模型元素，然后将其拖放到图中。

如果只创建模型元素而不创建相应的图形元素，那么首先从模型浏览器中选择一个包含该模型的节点，然后从菜单中选择Model|Add|ElementType命令或者从弹出菜单中选择Add|ElementType命令。

2. 删除元素

如果删除图形元素，首先在图中选择要删除的元素，然后按Delete键或者从菜单中选择Edit|Delete命令，或者从弹出菜单中选择Delete命令。删除图形元素并不能删除模型元素。

如果删除模型元素，首先在模型浏览器中选择要删除的元素，或者在图中选择，然后按Ctrl+Delete组合键或者从菜单中选择Edit|Delete from Model命令，或者在弹出菜单中选择Delete from Model命令。删除模型元素总会删除相应的图形元素。

3. 选择元素

在图编辑器中单击图形元素则选择了该图形元素，如果增加选择，按Shift键的同时，继续单击图形元素。选择了图形元素意味着同时选择了相应的模型元素。

如果只选择模型元素，则在模型浏览器中单击要选择的元素。

附录B

UML 标准版型

在 UML 标准的概要文件中说明了预定义的标准版型。版型要使用尖角双括号<<和>>括起来，形成视觉线索。版型是上下文敏感(Context Sensitive)的。例如，<<create>>除了表示一个构造操作，还可以用于标记两个类之间的使用依赖关系，以指示一个类创建另外一个类的实例。版型是 UML 三种扩展机制之一，另外两种是标记值和约束。版型是在已有的元素上增加新的语义，而不是增加新的文法，相当于扩充了语言的词汇表。表 B-1 是 UML 规范 2.5.1 中列举的预定义标准版型。

表 B-1　UML 规范 2.5.1 中列举的预定义标准版型

版　　型	应　用　于	说　　明
<<Auxiliary>>	Class	支持 Focus 类的辅助类。参见<<Focus>>
<<BuildComponent>>	Component	支持开发活动的构建组件
<<Call>>	Usage	从操作到操作的“使用”依赖
<<Create>>	Usage	创建实例的“使用”依赖
<<Create>>	BehavioralFeature	创建附加指定特征的实例
<<Derive>>	Abstraction	相同类型模型元素间导出关系
<<Destroy>>	BehavioralFeature	部署
<<Document>>	Artifact	人类可读文件，<<File>>的子类
<<Entity>>	Component	表示业务概念的持久化
<<Executable>>	Artifact	可执行的程序文件，<<File>>的子类
<<File>>	Artifact	文件
<<Focus>>	Class	核心业务逻辑或控制流的类。通常和若干辅助类协作。参见 <<Auxiliary>>
<<Framework>>	Package	用于整个系统的含有可复用体系结构的模型元素的包。典型的框架中有类、模式或者模板
<<Implement>>	Component	某<<Specification>>的实现
<<Implementation Class>>	Class	用某种程序设计语言实现了特征集(Classifier)所有操作的类。参见<<Type>>

续表

版　型	应　用　于	说　明
<<Instantiate>>	Usage	创建实例
<<Library>>	Artifact	静态或者动态库文件。参见<<File>>的子类
<<Metaclass>>	Class	元类,实例是类
<<Metamodel>>	Model	元模型,建模概念。参见<<Metaclass>>
<<ModelLibrary>>	Package	被复用的包含模型元素的包。类似于程序设计语言中的库
<<Process>>	Component	基于事务的组件
<<Realization>>	Classifier	对象域定义和物理实现
<<Refine>>	Abstraction	建模元素间的细化关系
<<Responsibility>>	Usage	一个元素对另外元素的合约或者责任
<<Script>>	Artifact	脚本文件。参见<<File>>的子类
<<Send>>	Usage	信号的发送
<<Service>>	Component	无状态的功能组件
<<Source>>	Artifact	源文件。参见<<File>>的子类
<<Specification>>	Classifier	没有物理实现,只有特征描述。参见<<Realization>>
<<Subsystem>>	Component	大系统的层次分解单元
<<SystemModel>>	Model	系统的模型
<<Trace>>	Abstraction	跟踪跨模型的需求变更
<<Utility>>	Class	静态属性的操作

附录C

中英文术语对照

abort 终止
abstract class 抽象类
abstraction 抽象
action 动作
activation 激活
active class 主动类
active object 主动对象
active state 活动状态
activity 活动
actor 参与者
actual parameter 实在参数
aggregate 聚合
aggregation 聚合
analysis 分析
ancester 祖先
architecture 体系结构
argument 实在参数
artifact 工件
assertion 断言
association 关联
association class 关联类
association end 关联端点
asynchronization 异步
attribute 属性
auxiliary class 辅助类
ball-socket 球-窝
baseline 基线
behavior 行为
behavioral feature 行为特征
binary association 二元关联
business modeling 业务建模
broker 中介
cardinality 基数
call 调用
choice 选择
class 类
classifier 特征集
classification 分类
class diagram 类图
client 客户
closure 闭包
code smell 代码异味
collaboration 协作
collection 群集
comment 注释
communication diagram 协作图
compile time 编译时刻
component 组件
component diagram 组件图
composite 组合
composite aggregation 组合聚合
composite state 复合状态
composite structure 复合结构
composition 组合
concrete class 具体类
concurrency 并发
configuration 配置
conform 相容
connector 连接器
constraint 约束
constructor 构造方法
construction 构造
container 容器
containment hierarchy 包含层次结构
context 上下文

datatype 数据类型
decision node 分支节点
defining model 定义模型
delegation 委托
dependency 依赖
deploy 部署
deployment 部署
derive 导出
descendant 后代
design 设计
design pattern 设计模式
development process 开发过程
diagram 图
disjoint substate 互斥子状态
domain 领域
dynamic 动态
elaboration 细化
element 元素
end 端点
entry 入口
enumeration 枚举
event 事件
evolutionary model 演化模型
exit 出口
export 导出
expression 表达式
extend 扩展
extention 扩展
façade 外观
feature 特征
final state 终止状态
fire 激发
focus of control 控制焦点
fork 分叉
formal parameter 形式参数
fragment 片段
frame 图框
framework 框架
full qualified name 完全限定名
gate 门
generalizable 可泛化
generalization 泛化
graphical element 图形元素,图元
guard condition 守卫条件
legency 遗留
idiom 习惯用语
implement 实现
implementation 实现
import 导入
include 包含
inception 初始
incoming 进入
inheritance 继承
initial state 初始状态
input parameter 入口参数
instance 实例
instantiate 实例化
interaction 交互
interaction diagram 交互图
interaction overview diagram 交互概览图
interaction use 交互使用
interface 接口
interface inheritance 接口继承
internal transition 内部转移
join 汇合
junction state 交汇状态
layer 层
lifeline 生命线
link 链接
lowerCamelCase 小驼峰
member 成员
message 消息
merge 归并
metaclass 元类
meta-metamodel 元-元模型
metamodel 元模型
metaobject 元对象
method 方法
milestone 里程碑
model 模型
model elaboration 模型细化
model element 模型元素
model library 模型库
modeling time 建模时刻

module	模块
monolithic	单体式
multiplicity	多重性
multi-valued	多值
n-ary association	n 元关联
name	名字
namespace	名字空间
navigability	可导航性
node	节点
object	对象
occurrence	发生
operation	操作
outgoing	离开
output parameter	出口参数
overlapping	交叠
package	包
package-private	包私有
parameter	形式参数
parameterized element	参数化元素
parent	父类
part	部件
partial order	偏序
participate	参与
partition	划分
pattern	模式
persistent object	持久对象
phase	阶段
polymorphism	多态
port	端口
postcondition	后置条件
precondition	前置条件
primitive type	基本类型
private	私有
process	过程
profile	概要
projection	投影
property	特性
protected	保护
pseudo-state	伪状态
physical system	物理系统
public	公共
publisher	发布者
qualifier	限定符
receivc	接收(一条消息)
receiver	接收者(对象)
reception	接待
refactor	重构
reference	引用
refinement	细化
region	区域
relationship	关系
release	发布
reply message	回复消息
repository	资料库
requirement	需求
responsibility	职责
reuse	复用
role	角色
run time	运行时刻
scenario	场景
self message	自我消息
send	发送(一条消息)
sender	发送者(对象)
sequence	顺序
server	服务器
sibling class	兄弟类
signal	信号
signature	签名
specialization	具体化
specification	规格说明
stable	稳定的
state	状态
statechart diagram	状态机图
state machine	状态机
stereotype	版型
stimulus	激励
supplier	提供者
subscriber	订阅者
swimlane	泳道
synchronization	同步
tagged value	标记值
terminate	终止
template	模板
timing diagram	时序图

tier	层	usage	使用
token	令牌	use case	用例
trace	跟踪/迹	utility	实用
transient object	暂时对象	value	值
transition	转移	vertex	顶点
trigger	触发器	view	视图
type	类型	vision	愿景
UpperCamelCase	大驼峰	visibility	可访问性

参考文献

[1] Bruegge B,Dutoit A H. 面向对象软件工程：使用 UML、模式与 Java[M]. 3 版. 叶俊民,汪望珠,等译. 北京：清华大学出版社,2011.

[2] Mala D J,Geetha S. UML 面向对象分析与设计[M]. 马恬煜,译. 北京：清华大学出版社,2018.

[3] 董东. Java 程序设计基础[M]. 北京：清华大学出版社,2017.

[4] Visser J. 代码不朽：编写可维护软件的 10 大要则(Java 版)[M]. 张若飞,译. 北京：电子工业出版社,2016.

[5] 国家质量监督检验检疫总局,国家标准化管理委员会. 信息技术 软件工程术语. GB/T 11457—2006[S]. 北京：中国标准出版社,2006.

[6] 国家电子信息行业标准. 面向对象的软件系统建模规范,第 3 部分：文档编制. SJ/T 11291-2003[S]. 中国信息产业部,2003.

[7] 国家质量监督检验检疫总局,国家标准化管理委员会. 系统与软件可靠性 第 1 部分：指标体系. GB/T 29832.1—2013[S]. 北京：中国标准出版社,2014.

[8] 国家质量监督检验检疫总局,国家标准化管理委员会. 系统与软件易用性 第 1 部分：指标体系. GB/T 29836.1—2013[S]. 北京：中国标准出版社,2014.

[9] 高科华,李娜. UML 软件建模技术——基于 IBM RSA 工具[M]. 北京：清华大学出版社,2017.

[10] Gomaa,H. 软件建模与设计：UML、用例、模式和软件体系结构[M]. 彭鑫,等译. 北京：机械工业出版社,2014.

[11] 刘伟. Java 设计模式[M]. 2 版. 北京：清华大学出版社,2018.

[12] 麻志毅. 面向对象开发方法[M]. 北京：机械工业出版社,2011.

[13] Shaw M,Garlan D. 软件体系结构(影印版)：一门初露端倪学科的展望[M]. 北京：清华大学出版社,1998.

[14] Dorsey P,Hudicka J R. Oracle 8 UML 对象建模设计[M]. 孟小峰,等译. 北京：机械工业出版社,2000.

[15] Pressman R S. 软件工程：实践者的研究方法[M]. 7 版. 郑人杰,等译. 北京：机械工业出版社,2011.

[16] Brock R W. 面向对象软件设计经典[M]. 张金明,译. 北京：电子工业出版社,2003.

[17] Sommerville I. 软件工程[M]. 9 版. 程成,等译. 北京：机械工业出版社,2011.

[18] 沈军. 软件体系结构：面向思维的解析方法[M]. 南京：东南大学出版社,2012.

[19] 王少锋. 面向对象技术 UML 教程[M]. 北京：清华大学出版社,2004.

[20] 温昱. 软件架构设计[M]. 北京：电子工业出版社,2007.

[21] Watson A. Visual Modelling：Past,Present and Future[EB/OL]. [2020-03-25]. https://www.uml.org/Visual_Modeling.pdf.

[22] Boehm B W. A spiral model of software development and enhancement[J]. Readings in Human-computer Interaction,1995,21(5)：281-292.

[23] Bach J. Heuristics of software Testability[M]. James Bach of Satisfic. Inc. 1999：23-25.

[24] Fowler M,Beck K,Brant J,et al. Refactoring：Improving the Design of Existing Code[M]. Reading MA：Addison-Wesley,1999.

[25] Huang S,Chen J. The Effects of Numeral Classifiers and Taxonomic Categories in Chinese

Speakers' Recall of Nouns[C]. Proceedings of the 33rd Annual Meeting of the Cognitive Science Society,2011: 3199-3204.

[26] IEEE. IEEE Standard for Developing Software Life Cycle Processes. std. 1074-2006[S]. IEEE Computer Society,New York,July 2006.

[27] Jasobson I,Booch G and Rumbaugh J. The Unified Software Development Process[M]. MA: Addison-Wesley Professional. 1999.

[28] Jasobson I. Object-oriented Software Engineering: a Use Case Driven Approach[C]// Tools: International Conference on Technology of Object-oriented Languages & Systems. 1992.

[29] Ousterhout J. A Philosophy of Software Design[M]. Yaknyam Press,2018.

[30] Fakhroutdinov K. UML 类和对象图概述[EB/OL]. 火龙果,Anna,译. [2020-03-24]. http://lib.uml.com.cn/ebook/uml2.5/uml-2.asp.

[31] Kruchten P. The Rational Unified Process: An Introduction[M]. 3rd ed.Boston: Addison-Wesley. 2003.

[32] Kruchten P. Architectural Blueprints-The "4+1" View Model of Software Architecture[J]. IEEE Software,12 (6): 42-50.

[33] Abbott R J. Program design by informal English descriptions[J]. Communications of the Acm, 1983,26(11): 882-894.

[34] MKLabs Co.,Ltd. StarUML[EB/OL]. [2020-03-27]. http://staruml.io/.

[35] Sparx Systems Pty Ltd. Enterprise Architect[EB/OL]. [2020-02-27]. https://sparxsystems.cn/.

[36] Fowler M. Refactoring: Improving the Design of Existing Code[M]. 2nd ed. Addison-Wesley Signature Series,2018.

[37] OMG. Unified Modeling Language[EB/OL]. Version 2.5.1. (2017-12-05)[2019-11-06]. https/www.omg.org/spec/UML/.

[38] Royce W W. Managing the Development of Large Software Systems[M]. in Tutorial: Software Engineering Project Management,IEEE Computer Society,Washington,DC. 1970,118-127.